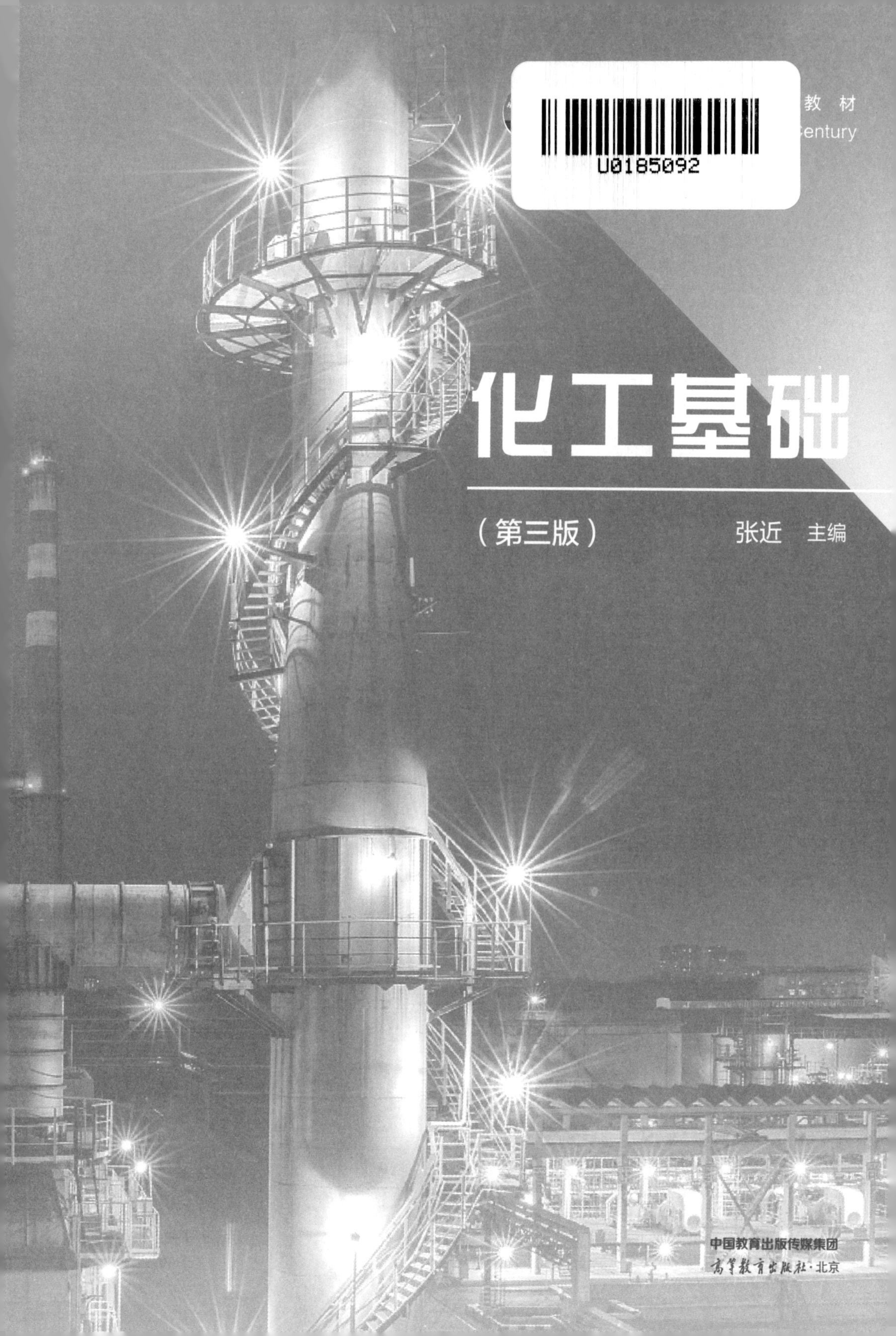

教 材

Century

化工基础

（第三版）

张近 主编

中国教育出版传媒集团
高等教育出版社·北京

内容提要

　　本书基于 2014 年出版的面向 21 世纪课程教材《化工基础》（第二版）修订而成。全书以如何实现化学反应工业化为主线，从化工生产过程介绍入手，以典型产品示例，分析有代表性的化工产品生产过程、设备原理、工艺优化及开发与评价。

　　全书共有八章，分为四个部分。第一部分是化学工业概况和化学工程学简介及它们的发展、现状与展望，由第 1 章和第 8 章组成；第二部分（第 2 章）为典型化工产品工艺学，通过实例对化工生产工艺进行系统的分析与讨论；第三部分由第 3 章至第 6 章构成，为化学工程学基本内容，包括流体流动过程及输送设备、传热过程及换热器、传质过程及塔设备、工业化学反应过程及反应器；第四部分（第 7 章）为化工过程开发与评价，涉及实验室成果开发、化学反应器放大和技术经济评价。

　　本书内容简明扼要、系统连贯。章后的小结给出了教与学的要点以及章节内容提要和知识框架。各章节的参考书目与文献列出不同层次和深度的书籍、论文、专著、手册，为读者进一步学习提供了支持和资讯。

　　本书可作为高等师范院校与综合大学化学、应用化学等专业的教材，亦可作为化学、化工及相关行业技术人员的参考书。

图书在版编目（ＣＩＰ）数据

　　化工基础／张近主编. -- 3 版. -- 北京：高等教育出版社，2023.8

　　ISBN 978-7-04-060612-6

　　Ⅰ．①化… Ⅱ．①张… Ⅲ．①化学工程-高等学校-教材 Ⅳ．①TQ02

　　中国国家版本馆 CIP 数据核字（2023）第 099588 号

HUAGONGJICHU

策划编辑	曹　瑛	责任编辑	曹　瑛	封面设计	王　琰	版式设计	马　云
责任绘图	裴一丹	责任校对	张　然	责任印制	赵义民		

出版发行	高等教育出版社	网　　址	http://www.hep.edu.cn
社　　址	北京市西城区德外大街 4 号		http://www.hep.com.cn
邮政编码	100120	网上订购	http://www.hepmall.com.cn
印　　刷	北京中科印刷有限公司		http://www.hepmall.com
开　　本	787 mm × 960 mm　1/16		http://www.hepmall.cn
印　　张	29	版　　次	2002 年 6 月第 1 版
字　　数	520 千字		2023 年 8 月第 3 版
购书热线	010 - 58581118	印　　次	2023 年 8 月第 1 次印刷
咨询电话	400 - 810 - 0598	定　　价	55.00 元

第三版前言

《化工基础》第一版 2002 年出版，第二版 2014 年发行。作为面向 21 世纪课程教材系列中的一本化工基础教材，至今已经使用了二十余年。

本次修订重点在于反映化学工业最新发展和化学工程学最新进展、更新化学工业的最新数据、增补化学工程学的最新资料和文献。同时在修订过程中，对全书进行充实、完善和提高。主要的增补、修订内容有：

（1）第 1 章　绪论。对我国和世界化学工业新近发展及相关数据进行了更新。鉴于化工安全生产已成为国内化工企业生存与发展的基本要求，增写了化工生产安全防护与管理的内容。

（2）第 2 章　典型化工产品工艺学。添加了我国硫酸工业发展史以及硫酸生产原料结构演变的内容。

（3）第 5 章　传质过程及塔设备。在新型传质分离技术介绍中，充实了膜分离技术内容及其新近研究动向。

（4）第 7 章　化工过程开发与评价。基于国家及有关部门新的要求，就可行性研究报告，更新、增写了相应内容。

（5）第 8 章　化学工业和化学工程学的发展趋势与展望。更新、添加了最新的发展动态，增补了相关的资料和文献。充实了精细化工和生物化工的内容，全新编写了煤化学工业内容，补充了分离技术最新的前沿研究，并添加了复习题。

本书修订编写过程中，查阅了大量的文献资料，参考了新近出版的相关书籍，在此对有关作者表示诚挚的谢意。广西师范大学刘葵和华南师范大学吕向红收集了教与学两方面的使用意见；高等教育出版社曹瑛为本书的编辑、出版做了许多工作，对此一并表示衷心的感谢。

鉴于编者知识水平有限，欠缺和疏漏之处在所难免，欢迎各方面批评、指正。

张　近

2023 年 1 月

第二版前言

《化工基础》第一版于 2002 年出版,作为面向 21 世纪课程教材,至今已经使用了十余年。这期间化学工业的发展、化工技术的进步、化学工程学的研究进展,以及社会经济需求的变化,加之编者近年教学、科研实践和读者多年使用信息的反馈,为本书的修订、再版提供了支持和要求。

《化工基础》第二版的编写,既要总结过去,又要审视现状,更要展望未来。保持原有特色,进而充实、更新、完善和提高,是本书再版修订的基本思路,具体体现在:

(1)教育部高等学校化学类专业教学指导分委员会在 2011 年 10 月编制的《高等学校化学类专业指导性专业规范》中指出,化学类专业的学生在学习化学主干学科知识的基础上,学习化学工程基础等课程,可以拓展知识面、开阔视野,构建合理的知识结构,形成自身的特色和优势,增强适应学科和社会发展的能力。现代化学教学要"把握好作为学科生长点、创新出发点的基础知识、基本理论和基本技能,做到删繁就简、固本强基,保证基本内容的教学,提高教学质量;在学生牢固掌握基础知识、基本理论和基本技能的同时,还必须使学生了解学科发展趋势,发展思维能力和创造能力。"要求知识传授、能力培养、素质教育并重。

审视《化工基础》第一版的编排体系和课程内容,以"如何实现化学反应工业化"为课程主线组织教学内容,覆盖了化学工程学科的基础知识、基本理论和基本技能,并把化学工业和化学工程学的新发展纳入教学内容,符合《高等学校化学类专业指导性专业规范》的精神,便于教学过程实施,有利于化学类专业学生的学习,因而再版修订保持了第一版教材原有的基本框架。

(2)21 世纪的第一个十年是中国高等教育大发展的十年,高校理科化学院系相继开办应用化学、精细化工等专业,这对理科化工教学提出了新的要求。但这种需求是不同层次、有别于工科化工教育的,它重在培养化学应用及开发型人才。基于此认识,《化工基础》再版修订,充实了化工过程开发的内容,添加了"化学反应器的放大"章节,并增加了反应器放大的实例与习题。

(3)《化工基础》作为一本简明教程,力求突出学科体系、覆盖学科知识面,为读者提供学习化学工程的入门引导,但由于篇幅限制,不可能深入展开。《化工基础》的再版修订,在每章(节)后增补参考书目与文献,列出不同层次和深度的书籍、论文、专著、手册,作为扩展阅读的指导,为读者进一步学习提供支持和资讯。

(4)《化工基础》的再版修订,应反映化学工业和化学工程学的新发展,需要更新化学工业的最新数据,增补化学工程学的最新书目、资料和文献。就此,将"绪论"一章世界化学工业近年来的新发展予以更新;在"化学工业和化学工程学的发展趋势与展望"一章,增写了最新的进展,增补了相关的文献。又如,在"新型传质分离技术"一节,重新编写了超临界流体萃取与膜分离技术的内容。

(5)《化工基础》的再版修订,收集了教与学两方面读者的意见,对存在的欠缺和谬误,进行了逐章、逐节的修改;对文字、符号和图表进行了润色、统一与完善;对习题难度和覆盖面做了适当调整,并在第3、6、7章添加了复习题或习题。

(6)《化工基础》的再版修订,更加注重对工程技术研究思想和方法的阐述与传授,力图使读者在获取化工知识的同时,提升分析与解决问题的能力。例如,在"典型化工产品工艺学"一章,对具体的产品工艺,于内容编排上按化学工艺学的研究思路展开,并在小结中就工艺学研究方法进行剖析与提炼。再如,在"传热过程及换热器"一章,对复杂的对流传热过程的工程处理方法及准数关联式的实验获取方法的讨论与分析。

在《化工基础》第二版编写修订过程中,参考了大量的相关书籍和文献,在此对有关作者表示谢意。广西师范大学刘葵对"传质过程及塔设备"一章的修订,华南师范大学吕向红对"工业化学反应过程及反应器"一章的修订,提出了意见;高等教育出版社翟怡编辑为本书的编辑、出版做了许多工作,对此也一并表示衷心的感谢。

尽管编者十分努力,但由于知识水平有限,欠缺和疏漏之处在所难免,欢迎各方面批评、指正。

张 近

2013 年 1 月

第一版前言

1997年11月,教育部师范司组织实施"高等师范教育面向21世纪教学内容和课程体系改革计划",旨在推动高等师范教育的全面改革。陕西师范大学等院校承担了该计划的"面向21世纪'化工基础'课程教学内容和体系改革的研究"项目(项目编号178B),并展开了深入的研究。

1999年8月,经教育部师范司批准,在西安举行了"面向21世纪高等师范院校'化工基础'课程教学内容和体系改革研讨会",与会代表一致认为现行的"化工基础"课程教学内容和体系以及现有的《化工基础》教材急需改革,应该认真总结过去的教学经验,分析现状,展望未来,研究面向21世纪"化工基础"课程教学内容和体系的新模式,编写和出版新的教材。

这本《化工基础》教材就是在此形势下,由陕西师范大学牵头,六所院校共同编写完成的。

本书以21世纪对化学人才的知识和能力结构的要求为依据,结合化学和应用化学专业的培养目标,寻求"化工基础"课程的最佳编排体系和适宜的教学内容。

本书以"如何实现化学反应工业化"为课程主线,从化工生产过程介绍入手,以典型产品示例,系统地分析有代表性的化工产品工艺,涉及化工单元操作、化学反应工程、工艺过程开发和优化、技术经济分析、环境保护与三废处理及化工过程开发等内容(课程框架)。全书将课程主线与课程框架有机地结合起来,并包覆学科知识面、涵盖教学内容,力求达到整体上的系统和完整。

我们将传统教学内容中的"三传一反"内容予以压缩,把化学工业的新发展如精细化工、生物化工等,以及化学工业在发展中所面临的诸如资源和能源利用、洁净生产和环境保护等世界性问题纳入新的教学内容。在内容组织上把重心放在原理和方法,只安排必要的计算,以验证概念和说明问题,给拓宽课程覆盖面提供了空间。

本书在编排上,有意识、有目的地对"化工基础"涉及的工程技术研究思想和方法进行科学阐述与传授,让学生熟悉各种研究方法,了解不同的研究对象采用不同研究方法的原因,体察各种研究方法的实质,学会根据具体对象,按照问题认识程度的不同,选择正确的研究方法,以培养学生独立思考、自我获取知识、扩展知识的能力,突出素质教育。

本书的编写以简明扼要、文字流畅、图片直观、教学容易为目标。每章都有小结、复习题,就该章涉及内容进行总结,为进一步学习提供资讯,希望在教学上有较好的适用性。

参加本书编写的有陕西师范大学张近(第1、8章和附录,第2章2.1节,第6章6.5节及小结和习题);陕西师范大学杨荣榛(第2章2.2节);河南师范大学席国喜、娄向东(第2章2.3节);湖南师范大学杨春明(第3章);陕西师范大学段兴潮(第4章);广西师范大学陈孟林、唐明明、刘葵(第5章);华南师范大学吕向红(第6章6.1~6.4节);华中师范大学李德华(第7章)。全书由张近担任主编,统一修改、定稿。陕西师范大学段兴潮和杨荣榛在本书的出版过程中做了大量的工作。

本书在编写中,参考了诸多的相关书籍和资料,在此对有关作者表示谢意。本书在试用、审稿、出版过程中得到读者、审稿人、编辑的关心和支持,对此表示衷心的感谢。

由于编者的知识水平有限,书中欠缺和谬误之处在所难免,恳请各方面批评、指正。

编　者

2001 年 1 月

符号说明

1 英文符号

A 传热面积、流体作用面积,m^2

a 反应级数

     单位体积填料的有效气液接触面积,$m^2 \cdot m^{-3}$

c 物质的量浓度,$kmol \cdot m^{-3}$

c^* 平衡时物质的量浓度,$kmol \cdot m^{-3}$

c_p 比定压热容,$kJ \cdot kg^{-1} \cdot K^{-1}$

D 扩散系数,$m^2 \cdot s^{-1}$

     塔径,m

D_e 内扩散系数,$m^2 \cdot s^{-1}$

d 直径,m

E 亨利常数,Pa

E_m 单板效率即默弗里效率

Eu 欧拉数,$Eu = \dfrac{\Delta p}{\rho u^2}$

$E(\tau)$ 停留时间分布密度函数

F 流体垂直作用于面积 A 上的力,N

$F(\tau)$ 停留时间分布函数

Gr 格拉晓夫数,$Gr = \dfrac{l^3 \rho^2 g \beta \Delta t}{\mu^2}$

H 溶解度系数,$kmol \cdot N^{-1} \cdot m^{-1}$ 或 $kmol \cdot m^{-3} \cdot Pa^{-1}$

     焓,$kJ \cdot mol^{-1}$

H_e 泵的扬程,m

H_{OG} 气相传质单元高度,m

H_{OL} 　液相传质单元高度,m

H_s 　离心泵吸上真空高度,m

$H_{s,max}$ 离心泵最大吸上真空高度,m

H_T 　板间距,m

h 　表面传热系数,$W \cdot m^{-2} \cdot K^{-1}$

h_f 　直管阻力损失,m

h_l 　管路局部阻力损失,m

K 　传热系数,$W \cdot m^{-2} \cdot K^{-1}$

K_G 　以气相分压差$(p-p^*)$为推动力的总传质系数,$kmol \cdot m^{-2} \cdot s^{-1} \cdot Pa^{-1}$

K_L 　以液相浓度差(c^*-c)为推动力的总传质系数,$m \cdot s^{-1}$

K_X 　以液相摩尔比差(X^*-X)为推动力的总传质系数,$kmol \cdot m^{-2} \cdot s^{-1}$

K_Y 　以气相摩尔比差$(Y-Y^*)$为推动力的总传质系数,$kmol \cdot m^{-2} \cdot s^{-1}$

k 　反应速率常数

k_G 　气相传质系数,$kmol \cdot m^{-2} \cdot s^{-1} \cdot Pa^{-1}$

k_L 　液相传质系数,$m \cdot s^{-1}$

k_g 　外扩散传质系数,$m \cdot s^{-1}$

k_s 　内表面反应速率常数

k_V 　催化剂反应速率常数,s^{-1}

L 　相变热,$kJ \cdot kg^{-1}$

l 　长度,m

l_e 　当量长度,m

m 　流体的质量,kg

　　提馏段理论塔板数

M 　相对分子质量

N 　釜数

N_e 　泵的有效功率,W

N_a 　轴功率,W

N_{OG} 气相传质单元数

N_{OL} 液相传质单元数

N_P 　精馏塔实际塔板数

N_T 　精馏塔理论塔板数

Nu 　努塞尔数,$Nu = \dfrac{hl}{\lambda}$

n 　物质的量,mol

	离心泵的转速, $r \cdot min^{-1}$
p	压力, Pa
p^*	气相平衡分压, Pa
p^0	纯组分的饱和蒸气压, Pa
Pe^*	传质贝克来数, $Pe^* = \dfrac{ul}{D}$
Pr	普朗特数, $Pr = \dfrac{\mu c_p}{\lambda}$
Q	热量, kJ
q	进料热状况参数
	面积热流量, $W \cdot m^{-2}$
q_m	质量流量, $kg \cdot s^{-1}$
q_n	摩尔流量, $kmol \cdot s^{-1}$
q_V	体积流量, $m^3 \cdot s^{-1}$
R	摩尔气体常数, $8.314\ J \cdot mol \cdot K^{-1}$
	热阻, $K \cdot W^{-1}$
	回流比
	催化剂颗粒半径, m
Re	雷诺数, $Re = \dfrac{du\rho}{\mu}$
r	反应速率, $kmol \cdot m^{-3} \cdot s^{-1}$
S	管道横截面积, m^2
	放大因子
S_e	催化剂床层(外)比表面积, $m^2 \cdot m^{-3}$
S_i	单位床层体积催化剂的比表面积, $m^2 \cdot m^{-3}$
Sc	施密特数, $Sc = \dfrac{\mu}{\rho D}$
Sh	舍伍德数, $Sh = \dfrac{kd}{D}$
T	热流体温度, $℃$ 或 K
t	冷流体温度, $℃$ 或 K
	生产辅助时间, s
u	流速, $m \cdot s^{-1}$
V	流体的体积, m^3

	反应物料体积,m³
V_T	反应器实际体积,m³
V_R	反应器有效体积,m³
v	流体的比体积,m³·kg⁻¹
w	质量流速,kg·s⁻¹·m⁻²
	混合物中各组分的质量分数
X	液相摩尔比
x	转化率
	液相摩尔分数
Y	气相摩尔比
y	气相摩尔分数
Z	位压头,m
z	填料层高度,m

2 希腊文符号

α	相对挥发度
β	热膨胀系数,K⁻¹
	选择性
δ	厚度,m
ε	管壁的粗糙度,mm
η	效率
θ	相对时间
λ	摩擦阻力系数
	导热系数,W·m⁻¹·K⁻¹
ρ	密度,kg·m⁻³
σ^2	方差
μ	黏度,Pa·s
ν	运动黏度,m²·s⁻¹
	挥发度,Pa
τ	内摩擦应力、剪应力,N·m⁻²
	空间时间、停留时间,s
Φ	传热速率,W
	催化剂形状系数

φ 气体混合物中各组分的体积分数
收率、装料系数

蒂勒模数 $,\varphi = \dfrac{R}{3}\sqrt{\dfrac{k_V}{D_e}}$

ζ 局部阻力系数

Ω 填料塔横截面积 $,\mathrm{m}^2$

目　　录

第1章

绪　　论

1.1　化学工业概况

1. 化学工业在国民经济中的地位与作用

化学工业是国民经济的重要部门之一,在各国经济发展中举足轻重。化工生产总值一般占国民生产总值的 5% ~ 7%,占工业总产值的 7% ~ 10%,甚至更高,列于各工业部门的 2~5 位。世界化学工业的发展速度长期以来超前于工业平均增长速度,在各工业部门中居前列。

化学工业的蓬勃发展反映了人类对化工产品的需求日益增加,显示了化学工业在人类社会生活中的作用越来越重要。究其原因,化学工业提供了数以万计的化工产品,包括生产资料和生活资料,涉及工农业生产、国防建设和民众生活各个方面,极大地满足了国民经济发展的需求。

化学工业为机械工业提供切割用的电石、模型浇铸用的成型剂、零件修复用的黏合剂以及热处理后酸洗、表面镀等过程用的诸多化学产品。汽车制造业使用合成纤维、合成树脂、合成橡胶、涂料、石棉、玻璃等化工材料的比例已超过20%。化学工业给冶金工业不仅提供了传统的基本无机化工原料酸和碱,还生产着钢材轧制用的金属表面活性剂等精细化学品、上百种化学试剂以及各种合成橡胶制品,对冶金工业提高产品质量、增加新品种起着很大作用。化学工业为电子工业提供的化学品有光刻胶、焊接剂、超高纯试剂、特种气体、塑料封装材料以及显像管用的碳酸锶、硅烷、高分子凝聚剂等多类产品;为国防工业提供稳定的同位素、推进剂、密封材料、特种涂料、高性能复合材料等许多化工新材料;为建筑行业提供大量的轻质建筑材料,如塑料门窗、聚氯乙烯管道及卫生间塑料制品等,化学建材在建筑材料中占比已超过 25%。

在农业方面,化工产品能补充天然物质的不足并部分替代天然物质,从而节省了大面积的耕地。例如,1 万吨合成纤维相当于 200 km² 棉田所产棉花,1 万吨合成橡胶相当于 166.5 km² 橡胶园所产的天然橡胶。化学工业提供的化学肥料在农业增产中起着主导作用,20 世纪 90 年代世界化肥以 2% 的年平均增长率增长,2000 年世界化肥需求量接近 2 亿吨。我国化肥产量从 1949 年的 2.7 万吨增长到 2020 年的 5 396 万吨,增产近 2 000 倍。此外,化学工业还为农业提供了农膜及灌溉用材、土壤改良、水土保持、农业机械、水利建设、人工降雨、农副产品深加工等方面需要的化学品,在农业生产中发挥着重要的作用。

化学工业产品渗透到人类衣、食、住、行的各个领域,从色泽鲜艳的化纤服装到五光十色的塑料制品;从性能各异的食品添加剂、果蔬保鲜剂到用途广泛的一次性卫生用品以及医用高分子材料;从绚丽多彩的室内装饰材料到新型轻质的建筑材料;从琳琅满目的家用商品到美观耐久的海、陆、空各种交通工具使用的轮胎、板材、管类等橡胶制品,都是由化学工业提供的原料而制成的。随着人口的增长、人类寿命的延长、生活水平的提高,人们将对环保、医疗、保健、文体等方面有更高的要求,为化学工业开辟了更加广阔的用武之地。

2. 化学工业行业范畴与产品分类

化学工业门类复杂,是一个包含多个行业的工业部门。在我国,化学工业包括石油炼制和裂解工业、煤焦化及煤焦油工业、基本有机合成工业、合成高分子工业、氯碱工业、制酸工业、肥料工业以及精细化学工业等行业。

化工产品归纳起来可分为 25 类。第 1 类:氨、电石、硫酸、化学肥料;第 2 类:碱工业产品;第 3 类:无机化工产品;第 4 类:高压气体;第 5 类:火药;第 6 类:芳香族及焦油产品;第 7 类:有机化工产品;第 8 类:石油化工和石油炼制产品;第 9 类:塑料;第 10 类:增塑剂及稳定剂;第 11 类:合成橡胶;第 12 类:橡胶助剂及炭黑;第 13 类:人造纤维及合成纤维;第 14 类:医药和染料中间体;第 15 类:合成染料;第 16 类:颜料(无机和有机);第 17 类:油脂及油剂;第 18 类:涂料及黏合剂;第 19 类:香料及食品添加剂;第 20 类:生活化学产品;第 21 类:催化剂;第 22 类:照相药品和拔染剂;第 23 类:农药;第 24 类:天然药品及天然产物;第 25 类:各种不同用途的药剂。

随着现代化学工业的发展,化工新产品迅猛增长。人们按其生产技术密集度的高低、附加值和利润的大小、品种类型和产量的多少、产品更新速度的快慢以及应用范围的不同,又将化工产品分为两大类。一类是通用化学品,是利用煤、石油、天然气、农副产品等天然资源为原料,经过简单、初步的化学加工而得到的大吨位产品,其附加值与利润率较低,但应用范围较广,如基本有机化工原料乙烯、乙炔、甲醇、乙醇和乙酸及苯、甲苯、二甲苯、萘和蒽等,基本无机化工产品三酸两碱及合成氨和各种肥料。另一类为精细化学品或称为专用化学品,是以通用化学品为原料,经深度加工而得到的生产技术密集度高,附加值和利润大,能增进或本身就具有某种特殊应用性能的小批量、多品种、高纯度,并配有应用技术服务的化工产品,如农药、染料、涂料、颜料、试剂和高纯物、信息化学品(感光材料等)、黏合剂、催化剂和各种助剂、日用化学品、功能高分子材料等。

3. 化学工业的原料及选择原则

虽然化工产品种类繁多,但制取这些产品的化工原料数目却有限,就其物质来源划分,有无机化工原料和有机化工原料两大类。前者主要有空气、水和化学矿物;后者主要是煤、石油、天然气和生物质。

(1)无机化工原料

空气经液化和精馏可提供化工生产用的氧气和氮气。氧气与诸多化工原料反应生成含氧的产品;氮气既可作为原料,也可用于洗涤、分离气体混合物。水是化工生产必需的物质,它可作为原料、溶剂,还可用作冷却剂,亦能用来生产作为热源或动力的水蒸气。化学工业是用水大户,如生产 1 t 烧碱便需要 100 t 水,生产 1 t 人造纤维需水 1 000 t。地球上水资源很丰富,总体积达 13.6×10^8 km^3,但可供人类生产、生活用的淡水却很少,只占总水量的 0.62%,因此合理利用至关重要。化学工业上通常将水循环使用,如生产 1 t 合成氨耗用一次水 150~450 t,二次水 600~1 850 t。

重要的化学矿物有用于制硫酸的硫铁矿和硫,制磷酸盐的磷灰石等。

(2)有机化工原料

煤气化获得的合成气进一步催化转化可得到液态或气态烃和甲醇;煤热分解,除了生成焦炭外,还可得到各种芳烃化合物。事实上,自从 19 世纪中叶以来,煤就成为化学工业的重要原料之一。

石油和天然气组分稳定,氢碳比高且几乎能全部转化为化工产品的有效成分。石油经蒸馏、热裂解、催化裂化工艺可得到各种烯烃、芳烃以及乙炔,进一步加工得到醇、醛、羧酸、酯、酐、醚、腈、酚等产品,再合成可获得塑料、合成纤维、合成橡胶、医药、农药、炸药、涂料、染料、香料以及各种试剂。

以石油和天然气为原料生产某产品与从煤出发获得该产品相比,投资少,能耗小,具有很大的优越性和合理性。随石油工业发展,石油和天然气已在很大程度上替代了煤。然而,用作化工原料的石油和天然气只是它们产量的一部分(国外 7%~8%,国内 3%~4%),大部分却作为燃料消耗掉了。据估计,世界能源消耗中 50% 以上依赖石油和天然气。按如此用量,1983 年在伦敦举行的世界石油大会认为石油还可用 65 年。另一方面,世界矿物原料的估计储量相当于 120 000 亿吨标准煤,有经济开采价值的储量约 9 000 亿吨标准煤。从充分利用地球煤炭资源讲,应重新把煤作为化工的主要原料,但要使煤化工达到能代替石油化工的规模和效益,还受很多技术、经济因素制约。煤化工投资大、能耗高、污染控制难度大,大多数有机化工产品的生产技术还有待开发。在以后相当长的时间内,有机化工产品仍会以石油、天然气为主要原料,煤则作为较长远的发展目标。

农林作物,如油料作物、药用作物、纤维作物、橡胶作物、染料作物等亦可作为化工原料,因而也称为工业原料作物,其主要成分为单糖、多糖、油脂、蛋白质、纤维素、木质素等,它们的特点是可再生,是一种更新快、取之不尽的天然原料,又称生物质。再生性原料对原料和能量的供应都有着巨大潜力。据统计,每年获取的生物质可达 2 000 亿吨,相当于 750 亿吨石油。利用化学或生物化学方法,如萃取、裂解、汽化、催化加氢、化学水解、酶水解、微生物水解等可将生物质分解为基础化学品(如戊糖、己糖、芳烃等),再进一步加工可制得有用的化工产品(如乙醇、甘油、糠醛、香草醛等)。通过物理方法也可直接提取生物质中固有的化学成分。

(3)原料选择原则

同一化工产品可采用不同的原料路线进行生产。原料不同、技术路线自然不会相同,所得产品的技术经济指标会有明显差别。在选择原料路线和技术路线时,应当全面地权衡技术、经济、社会和环保等方面的利弊。首先,要考虑原料的品位能否满足生产要求,它的供应是否充足和稳定可靠。其次,要分析原料的经济性。原料价格与品位有直接关系,高品位原料的价格自然较高。但选用低品位原料,虽然原料费用少,但生产中净化任务重,产品收率低,"三废"排放量大,总体上未必经济。因此要对原料路线和工艺路线的技术经济指标进行权衡。最后,要从综合利用原料资源的角度考察原料使用的合理性。要遵守国家有关资源保护的法令和条例,兼顾联合生产、副产品回收及"三废"处理等方面,应尽可能地提高原料利用率,充分发挥原料单位消耗量所能创造的经济效益。

4. 化学工业的特点

（1）化学工业是独特的、不可取代的工业部门

化学工业以化学加工为主要特征，是创造新物质的工业。只有化学工业才有能力从少数几种天然资源合成出数以万计的化工产品，这不但补充了天然原材料的不足，还制造了自然界所没有的物质。化学工业涉及面广，具有极强的渗透性，几乎找不到与它无关的行业部门。

（2）化工产品品种繁多，工艺复杂

没有任何其他工业有化学工业这么多的产品品种，品种的繁多导致化工生产工艺的多样。加之化学加工可从同一原料生产多种产品，同一产品又可利用多种原料来生产，这增加了化学工业的技术难度。合理的资源配置和原料路线的选择，恰当的工艺技术的选择和组合，产品结构和产业结构的优化，都是化学工业需要统筹解决的问题。

（3）化学工业是装置型工业，具有规模经济性

化工生产的主要设备大多是塔、罐、槽、器及管道，大致上讲，其生产能力与容积（即其线性尺寸的三次方）成正比，而其制造费用却与包围该容积的容器表面积（即其线性尺寸的二次方）成正比。因此，装置的投资费用与其生产能力的2/3次方成正比（所谓的 0.6 次方法则），即装置规模越大，单位生产能力的投资越少，成本越低，这便是化工装置的规模经济性。化学工业大型化还可大大提高劳动生产率，有利于开展副产品和能源的综合利用。当然装置大型化也有一个上限，当生产能力增加到某个程度时，不利因素将会发生作用。例如，生产能力的扩大会导致生产过度集中，原料供应和市场销售的半径势必延伸，原料和成品运输成本自然增加。不同产品的最优经济规模取决于产品的市场供求关系、原料的供应能力以及技术和管理的发展水平。

（4）化学工业是资金密集、技术密集的工业部门

化学工业的工艺复杂性和装置大型化决定了它的这一特征。例如，一个年产30 万吨合成氨、45 万吨尿素的化肥厂，投资达到 40 亿～50 亿元。又如，一个年产30 万吨的乙烯厂，需要投资 60 亿～80 亿元。由于化工技术更新速度快，化工厂设备的寿命一般不超过 15 年。与一次性投资也很大，但一旦建成便可运转数十年的矿山相比，化学工业的每年投入资金相对大得多。化学工业的技术密集表现在生产工艺流程长，从原料到产品，涉及化学、机械、电子、仪表等诸多学科领域，具有高的知识密集度和很强的技术综合性。很少有工业部门像化学工业这样如此多地依靠科学技术，如以机械工业的技术密集指数为 100，化学工业则达到 248。

　　化学工业的资金和技术密集还表现在化工研究和开发的巨大投入。由于工业技术发展加快,化工产品更新换代加剧以及化学工业本身生产结构的调整,使化学工业的研究与开发费用占据工业总支出的 1/6,仅次于电子和通信工业。以医药和农药新品种开发为例,开发成功率为万分之一,在美国完成一个新品种研制,需 10 年左右时间,耗资 6 000 万美元。

　　(5) 化学工业是能源消耗的大户

　　化学工业不仅以煤、石油、天然气等能源为生产的原料,也以其作为生产的动力和燃料。现代化工生产中能源消费总量中约 40% 作为生产原料,60% 作为动力和燃料,而原料消耗的费用又占了产品成本的 60%~70%。我国化学工业的能耗约占工业能源消耗的 9%,成为耗能大户。长期以来,资源和能源的供应一直是化学工业发展的制约因素。值得指出的是,化学工业蕴含着节约原料和能源的潜力,一方面,通过技术改造与革新可降低能耗,这是化学工业多年的努力方向;另一方面的含义是,化工产品与相同用途的其他产品相比,单位能耗显著降低。如以制造管子为例,若聚氯乙烯管能耗为 100,则陶瓷管为 140,铸铁管为 317。又如,若以聚苯乙烯能耗为 100,则钢为 1 215,铜为 258,铝为 739。从这一点来讲,化工产品代替其他产品,大大节约了能源。

　　(6) 化学工业是易污染、重污染的工业部门

　　化工产品有许多是易燃、易爆、有毒的化学物质,在生产、储存、运输、使用过程中,如果发生泄漏,就会严重危害人的健康,污染环境。化学工业的生产过程中会产生废气、废水和固体废弃物,不适当地处理而排放掉,会给大气、水、土壤等自然环境带来危害。1999 年比利时等国相继发生因二噁英污染导致畜禽类产品及乳制品含高浓度二噁英事件,便是其中一例。对不可避免产生的"三废",力求实现生产过程内循环使用或综合利用;对最终需排入环境的"三废",必须进行无害化处理。从长远上讲,化学工业保护环境,应从生成污染物后再加以治理的所谓管端做法转向从原料来源上减少造成污染的废弃物,即新兴的洁净生产法,从根本上消除或最大限度地减少污染。

　　虽然化学工业是重污染行业,但治理污染、解决废弃物的处理和资源化利用等问题往往离不开化工转化过程和操作。新兴的环保业被称为未来的"朝阳"产业,而化学工业在这一领域无疑将占有一席之地。

5. 化学工业的发展与现状

(1) 化学工业发展的历史

化学工业历史悠久,是一门十分古老的工业。最初的化学工业可追溯到公

元前 2000 多年,最早的化学工业为制陶、冶炼、酿造、漂染、鞣革等行业。当时,人类便用天然资源和简陋的器具,凭经验判断化学过程,加工得到的产品只是一些生活日用品,其规模小、技术简单,只是作坊式的生产。

18 世纪中期工业革命兴起,机器的出现使棉纺织业实现机械化,使传统的漂白、染色工艺上升为其发展的主要矛盾,人们将制取少量硫酸的方法放大,演进为工业生产。铅室法制硫酸就是在此背景下出现的。同样的,不仅纺织业需要碱,玻璃、造纸、肥皂、火药等行业也需要碱,这促进了利用食盐和硫酸为原料制纯碱的路布兰制碱法出现。由于综合利用原料,不仅能生产纯碱,许多化工产品的生产如盐酸、漂白粉、烧碱等均围绕这个方法开展起来。由于路布兰制碱法生产不连续,能耗高,劳动强度大,产品质量差,19 世纪中叶,出现了氨碱法制碱的索尔维法。随后,电解法制碱技术问世,为造纸、染料、炸药等行业提供了比纯碱更强的苛性碱。从此,以无机酸碱为主要内容的无机化学工业不断发展。20 世纪初,合成氨技术的问世和世界上第一座合成氨工厂建成,标志着化学工业发展到了一个新阶段,它为化学工业的发展增添了活力。

近代有机化学工业的起步从煤炭加工开始。19 世纪,钢铁工业发展促进了炼焦工业,从炼焦的副产品煤焦油中提取多种有机芳香族化合物,提取物作为原料可制成种类繁多的染料、医药、香料、炸药等产品,形成了以煤焦油为基础的有机合成工业。20 世纪初,石油的大规模开采,大量汽油的需求,促进了炼油技术的发展。美国标准石油公司采用裂化方法将重质油加热转化为相当汽油馏分的轻质油,不仅扩大了汽油来源,而且实现了由天然油品经化学加工生产化学产品。加之重整、裂解等化工工艺开发成功,大大地促进了石油化学工业的发展,提供了丰富的基本有机化工原料。20 世纪中叶,主要化学工业国家的有机化工成品已有 80%~90% 是以石油或天然气为原料生产的,塑料、合成纤维、合成橡胶三大合成材料的原料几乎全部来自石油化工。20 世纪 80 年代以来,化工产品品种多样化、功能化、精细化成为化学工业的新起点,化学工业由发展基础化工转向重点发展精细化学工业,化学工业发展达到了一个新的时期。

过去的 70 年,化学工业成为世界各国工业生产的发展重点,在社会经济中所占比例不断攀升,成为发展最迅速的工业之一。据国际化学协会理事会统计,2017 年,化工行业支出约 3 万亿美元用于购买生产用原材料和服务,为全球 GDP 贡献了约 2.6 万亿美元,支持了 6 000 万个工作岗位。全球化工行业在研发方面的投资约为 510 亿美元,支持了 170 万个工作岗位和 920 亿美元的经济活动。2019 年化学工业直接贡献全球 GDP1.1 万亿美元,提供了 1 500 万个工作岗位,是世界第五大制造体。化学工业产品几乎涉及每一个工业部门,间接地创造了 5.7 万亿美元价值,占全球 GDP 7%,提供了 1.2 亿个工作岗位。

（2）我国的化学工业

我国的化学工业基础十分薄弱。从 1876 年在天津建立第一个 2 t/d 铅室法硫酸厂开始，只有几个沿海、沿江城市有化工企业。除少数工厂生产基本化工原料外，大多只生产油漆、染料、橡胶制品、医药制剂等加工产品。到 1949 年，国内化工产品仅 100 种左右，主要产品产量为：化肥 0.6 万吨，硫酸 11 万吨，烧碱 1.5 万吨，纯碱 8.8 万吨。全部化工总产值仅 1.77 亿元，占全国工业总产值的 1.6%。

新中国成立后，化学工业得以有计划地发展。20 世纪 50 年代初，以发展基本化工原料和化肥为重点，恢复和扩建了天津、南京、大连、锦西的几个老厂，从苏联引进建设了吉林、兰州、太原三个化工基地。50 年代末到 60 年代初，依靠自己的力量在各地大力发展中小型化肥厂，其投资少、上马快，但技术和设备比较落后且耗能高。70 年代以来，随着我国石油工业的迅速发展，化工部从美国、日本、法国、意大利、荷兰等国引进数套年产 30 万吨乙烯工程及配套聚乙烯、聚丙烯装置和 19 套年产 30 万吨的大型化肥装置，先后建成了北京燕山、山东齐鲁、上海金山、南京扬子等一大批石油化工联合企业。80 年代，为加快高浓度磷肥建设，又引进了一大批磷铵和硝酸磷肥装置。这些大型化工厂的投产为我国化学工业的发展奠定了坚实基础。经过几十年的建设，20 世纪末，我国的化学工业已形成分布合理、多种原料并举、门类比较齐全、品种繁多的生产体系。

加入世界贸易组织以来，我国化工产业发生了巨大变化。二十多年来，化工产品需求量持续增长，化工市场在世界上的地位不断提升，化工产品进口的年均增长率一直居世界首位；外商、外资进入我国市场的步伐明显加快，促使我国石油和化工产业基地快速发展，国家化工园区的基地化、规模化建设全面展开；石油化工规模日趋扩大，烯烃及其下游衍生物装置形成规模化生产；化工产业覆盖领域日趋广泛，产业链结构日趋完善。我国化工产业进入了一个全方位、多层次、宽领域的开放、竞争和发展的新阶段。

2005 年我国取代德国，成为世界化工产业第三大国。截至 2005 年底，我国已经有二十余种主要石油化工产品的产量居世界前列，其中化肥、合成氨、纯碱、硫酸、染料、磷矿、磷肥、合成纤维、胶鞋等产量居世界第一位；农药、烧碱、轮胎等产量居世界第二位；原油加工、乙烯、涂料等居世界第三位；原油、合成纤维单体、合成橡胶、合成树脂等生产能力和产量都居世界前列。

21 世纪，我国化工总产值保持 7%～10% 的年均速度连续增长。2010 年达 5.23 万亿元，折合 7 700 亿美元，超越美国的 7 340 亿美元，化工经济总量跃居世界第一。2015 年，我国化学工业产能占全球总产能 36%，位居世界第一。化学工业总产值 9.1 万亿元。2019 年，全国有化工企业 2.3 万多个、化工园区 600

多个,创造工作机会600多万个,生产各种规格化工产品达4万多种,化学工业的销售收入达6.9万亿元,超过美国化学工业销售收入近3倍。过去的20年,中国化工市场的增长贡献了全球化工市场增长的50%。2020年我国主要化工产品产量如表1-1所示。表1-2列出了70年来我国化学工业总产值的增长情况。

表1-1 2020年我国主要化工产品产量 单位:万吨

产品	合成氨	化肥	硫酸	纯碱	烧碱	乙烯	塑料	合成纤维	合成橡胶
产量	6 676	5 396	9 869	2 812	3 643	2 160	7 603	5 634	740

表1-2 我国化学工业总产值的增长

年份	1949	1957	1965	1975	1981	1997	2007	2010	2020
化学工业总产值/亿元	1.77	48.2	179.4	364.5	651.3	2 853.3	27 000	52 300	110 800
占全国工业总产值/%	1.6	6.8	12.9	11.3	12.5	2.5	10.8	12.7	11.0

(3)世界化学工业

自从1746年英国出现世界第一座硫酸厂以来,现代世界化学工业经过270多年的发展,已经形成了一个技术成熟、规模宏大和品种繁多的产业部门。从全球化学工业布局来看,世界化工生产、市场、技术和大型企业主要集中在北美、欧洲、亚洲和中东地区。

20世纪80年代起,世界化工产业开始进行结构调整。大宗传统化工产品,在西方市场已趋饱和,但在发展中国家,需求仍然日趋旺盛。受市场、贸易、油价和汇率的影响,特别是越来越严格的环保要求,迫使西方发达国家的化工企业不得不紧缩本国化工生产,而转向资源国家或拥有广大市场的发展中国家投资建厂或合资办厂。能源密集型和劳动密集型的大宗化工产品的加工生产,逐步从西欧、北美向亚太、拉美、中东以及东欧地区转移。新建的大型化工项目主要集中在具有原料优势的发展中国家,如沙特阿拉伯、墨西哥等国家。亚洲经济的崛起,新加坡、印度、韩国、中国等国化学工业的迅速发展,改变了化学工业过去高度集中在发达国家的格局。2003年世界化工500强企业按销售区域分布划分,主要集中在美国、欧洲和亚洲。其中美国企业最多,占500强企业的34.6%;欧洲企业142家,占28.4%;亚洲企业86家,占17.2%,其中日本58家,占11.6%。世界化学工业已形成了美、欧、亚三足鼎立的新格局。

在世界经济全球化的进程中,跨国公司扮演着主要的角色。联合国公布的数据显示,2003年全球共有跨国公司6.4万家,其子公司87万家,平均每个公司拥有子公司13.6家。这些公司控制了世界生产总值的40%～50%,国际贸易的60%～70%,产品研究和开发的80%～90%,以及对外直接投资的90%。在全球大型跨国公司中,化工制造业无论从企业数量、经营规模,还是利润额等指标来看,都占据着举足轻重的地位。2003年的全球综合500强企业中,化工制造业跨国企业达118家,其中前20强中有5家属于化工制造业,它们分别是埃克森美孚公司、英国石油公司、壳牌石油公司、雪佛龙公司和道达尔–菲纳–埃尔夫公司。

传统的化工制造业全球化方式有两种:一是以母国为生产基地,将产品销往其他国家;二是在海外投资建立生产制造基地,在国外制造产品,销售给当地或其他国家。前者自己拥有生产制造设施与技术,产品完全由自己制造;后者在资源的利用上,仅限于利用当地的原材料、人员或资金等。由于信息技术革命,管理思想与方法发生了根本性的变化,企业组织形式也发生了变化,这些变化在跨国公司中得到了很好的发展与利用,并将成为新型全球化方式而发展下去。这种变化的主要特征是:广泛利用别国的生产设施与技术力量,在自己可以不拥有生产设施与制造技术所有权的情况下,制造出最终产品,并进行全球销售。主要有两种形式:一是化工制造业公司掌握产品设计方案和关键技术,授权国外生产厂商按其要求生产产品,自己则在全球建立营销网络,进行产品的广告宣传与销售及提供售后服务,如宝洁公司的日化用品就采用这种方式。二是化工制造业公司在全球范围内建立零部件的加工制造网络,自己负责产品的总装与营销。

在化工产品流通上,化工制造业的全球化,使大量的起始原料从产油国家向发达国家出口,大量的石化产品中间原料从发展中国家运往发达国家以生产高附加值的产品,而大量的终端化工产品又从发达国家出口到发展中国家。

化学工业的兼并联合、规模超大型化、装置集中化和形成生产中心,已成为发展的趋势,一些曾经声名赫赫的全球化学工业巨头被收购而成为记忆。汽巴精化、ICI、罗门哈斯和联碳公司这些曾经响亮的名字如今已经不复存在。陶氏化学2000年收购了联碳公司,2009年又收购了罗门哈斯公司;巴斯夫公司2009年收购了汽巴精化公司;而阿克苏诺贝尔公司2008年收购了ICI公司。20世纪90年代初期,年产45万吨乙烯的装置便为大型装置,并以此为最佳规模。2000年,世界级乙烯装置的年生产能力则达到127万吨。除单套装置能力大增外,许多企业还将几套装置集中建在一个厂区,形成生产中心。如美国的休斯敦附近有乙烯厂7座,年生产能力达到500万吨以上;沙特阿拉伯的朱拜勒有3座年生产能力分别达到65万吨、80万吨和110万吨的乙烯厂,是单厂平均规模最大的地区,它的总规模为年产255万吨,位列世界第二。此外,日本的千叶、韩国的蔚山和比利时的安特卫普的乙烯年生产能力都超过150万吨。乙烯是化工的源头产品,可以衍生的产品种类繁多,装置停车或计划检修时,原料可互相串换,副产品易统一集中利用。达到一定规模时,这种布局可以大大降低乙烯的生产成本。

在产业结构调整上,以产业链的形式发展,是世界化学工业巨头的成功之道。它们在强化核心业务和技术的前提下,通过业务交换、出售、收购、合并、分割等一系列的优化重组,延伸产业链条,以增强抗风险能力,降低成本,提高经济效益。对上、中、下游一体化的大型石化公司,一般采取上游(勘探开发)抓资源;中游(炼油与油品销售)搞规模经济、炼化一体化;下游(石化领域)抓核心业务,突出核心技术、规模经济和石化产品的差别化、精细化,实现上、中、下游的协调发展。对无上游油气勘探开发业务,只有中、下游业务的炼化型或石化型公司,则十分注重突出优势核心业务、科技创新和规模化经营,注重向下游附加值产品领域和关联领域的产业链延伸。如美国杜邦公司,在国际油价较低时,出售其子公司——大陆石油公司,使其有能力为合并提供现金支持,并适机全面收购了先锋国际良种公司,转而向生命科学,包括医药、农业化学、生物技术、食品加工和种子等方面重点发展;在化学品方面,它则通过技术创新、合资联营,大幅度降低成本和资本费用,改进聚酯和尼龙的经营模式,并取得了成功。陶氏化学、拜耳、巴斯夫等化工巨头,也已相继走上了同样的化学与生命科学相结合的产业链式道路。

表 1-3 为美国《化学与工程新闻》周刊公布的 2020 年世界化工 50 强企业排名,通过企业的网址,可进一步了解这些世界化工巨头的行业结构和全球化特征。2020 年全球化工 50 强的 2019 年化学产品销售额为 8 556 亿美元。从地区分布来看,美国有 10 家企业上榜,上榜数量最多,其次是日本,有 8 家企业上榜,德国有 5 家企业上榜,中国和韩国各有 4 家企业上榜,英国有 3 家企业上榜,法国、比利时和荷兰各有 2 家企业上榜。

表 1-3　2020 年世界化工 50 强企业

排名	公司	英文名	总部所在地	化学品销售额 百万美元
1	杜邦	Dupont	美国	85 977
2	巴斯夫	BASF	德国	74 066
3	中国石化	Sinopec	中国	69 210
4	沙特基础工业	SABIC	沙特阿拉伯	42 120
5	英力士	INEOS	英国	36 970
6	台塑	Formosa Plastics	中国台湾	36 891
7	埃克森美孚	Exxon Mobil	美国	32 443
8	利安德巴赛尔	Lyondell Basell	荷兰	30 783

续表

排名	公司	英文名	总部所在地	化学品销售额/百万美元
9	三井化学	Mitsui Chemicals	日本	28 747
10	LG 化学	LG Chem	韩国	25 637
11	信诚工业	Reliance Industries	印度	25 167
12	中石油	PetroChina	中国	24 849
13	液化空气	Air Liquide	法国	24 322
14	东丽	Toray	日本	18 651
15	赢创	Evonik Industries	德国	17 755
16	科思创	Covestro	德国	17 273
17	拜耳	Bayer	德国	16 859
18	住友化学	Sumitomo Chemical	日本	16 081
19	巴西国家化学	Braskem	巴西	15 885
20	湖南石油化学	Lotte Chemical	韩国	15 051
21	林德工业	Linde plc	英国	14 900
22	信越化学	Shin-Etsu Chemical	日本	14 439
23	三菱化学	Mitsubishi Chemical	日本	13 432
24	索尔维	Solvay	比利时	13 353
25	亚拉	Yara	挪威	12 928
26	雪佛龙菲利普斯化工	Chevron Phillips Chemical	美国	11 310
27	帝斯曼	DSM	荷兰	10 951
28	因多拉玛	Indorama	印度尼西亚	10 747
29	旭化成	Asahi Kasei	日本	10 654
30	阿科玛	Arkema	法国	10 418
31	先正达	Syngenta	瑞士	10 413
32	伊士曼化学	Eastman Chemical	美国	10 151
33	北欧化工	Borealis	奥地利	9 852
34	SK 创新	SK Innovation	韩国	9 719
35	美盛	Mosaic	美国	9 587
36	亨斯曼	Huntsman	美国	9 379
37	万华化学	Wanhua Chemical	中国	9 172
38	PTT 全球化学	PTT Global Chemical	泰国	8 969

排名	公司	英文名	总部 所在地	化学品销售额 百万美元
39	生态实验室	Ecolab	美国	8 964
40	空气化工产品	Air Products & Chemicals	美国	8 830
41	西湖化学	Westlake Chemical	美国	8 635
42	朗盛	Lanxess	德国	8 505
43	纽崔恩	Nutrien	加拿大	8 130
44	优美科	Umicore	比利时	8 113
45	萨索尔	Sasol	南非	8 110
46	东曹	Tosoh	日本	7 803
47	庄信万丰	Johnson Matthey	英国	7 579
48	大日本油墨	DIC	日本	7 296
49	韩华化学	Hanhua Chemical	韩国	7 273
50	塞拉尼斯	Celanese	美国	7 155

注:当年排名按照上一年度化学品销售额编制。

化学工业在世界大变局下,外联内整,诞生了"四大集群":以中国、日本、韩国为代表的亚洲化工集群;以美国、加拿大为代表的北美化工集群;以德国、法国、英国、荷兰为代表的欧洲化工集群;以沙特阿拉伯、伊朗和印度为代表的中东海湾和南亚化工集群。这"四大集群"形成各具特色、优势互补、公平竞争、合作共赢的新格局,这种格局将会稳定存在一个较长的历史时期。以中国、日本、韩国为代表的亚洲化工集群以产业门类齐全、市场规模宏大、创新能力活跃、基础化工原料雄厚、高端精细化工技术领先、化工新材料特色显著、地区合作密切为突出特征,将成为太平洋地区和世界化学工业极为重要的增长极。以美国、加拿大为代表的北美化工集群以传统化工能源和化工新能源、高端化工新材料、农业和种子工程、生命基因技术创新领先为突出特征,是世界化学工业高端技术创新的引领者,为世界化学工业跨国公司的典型代表。以德国、法国、英国、荷兰为代表的欧洲化工集群以高端化工新材料、高端精细化学品、高端医药和终端化工消费品技术创新为突出特征,成为全球低碳利用和循环经济的领军者,成为世界和欧洲经济发展的重要增长极。以沙特阿拉伯、伊朗和印度为代表的中东海湾和南亚化工集群也有自己的特色。中东化学工业以石油、天然气原料的优势,以大型石化装置为重点,以基础石化原料、合成橡胶和日用化学品为显著特色。印度化学工业以市场和涂料、染料、精细化学品为显著优势,成为全球化学工业又一个快速成长的增长极。

美国作为世界第二大化工产业国家,产能是全球总产能的 14%。化工产业在美国制造业一直占据显著地位,是发展最快的行业。2017 年化工总产值超过 7 654 亿美元。根据美国经济分析局 BEA 数据,2018 年,美国化工产业增加值为 3 781 亿美元,占制造业总增加值的 16.3%,超过了计算机、汽车制造等行业,居各行业之首。2018 年美国化工产业直接从业人数为 54.2 万人,供应链以及间接就业总人数达到 440 万人。化工产业每增加 1 个就业岗位,国民经济将增加 7.2 个工作岗位。化工产业相关就业人数在整体工业中占比 28.3%,直接创造 GDP 为 5 530 亿美元,关联产业(包含相关初级产品、消费品及其他最终产品、建筑业、批发零售、服务业)创造价值 5.015 万亿美元,占美国 GDP 总量的 25.9%。

美国化学工业是世界化学工业发展的典范,强有力的研发投入是推动其发展的动力源泉。20 世纪,美国成为世界化学的研发中心。2011 年,美国的化学工业研发投入达 560.7 亿美元。2016 年,美国化学工业研发投入近 910 亿美元。全球化工企业研发投入百强的榜单中,美国就有 27 家。经过多年发展,美国的化学工业形成了鲜明的技术创新特点,涌现出了陶氏化学、埃克森美孚、杜邦、PPG 工业等一批全球知名的化工企业。

美国化学工业有 180 年的历史。20 世纪初期,美国已建立起相当规模的无机化学工业,但有机化工产品主要依赖德国。第一次世界大战爆发后,进口化工产品的来源被切断,美国被迫建立起以煤焦油和电石为原料的染料、医药和其他有机化工产品的工业生产。第一次世界大战后,美国从德国得到了用煤制合成氨的技术,迅速发展了氮肥工业。美国的耕地面积只占世界的 7%,但作物收获量却约占世界总量的 1/6,这与其重视化肥的生产有直接的关系。

美国是石油化工的发源地。1920 年,美孚石油公司以炼厂气中丙烯为原料合成异丙烯的装置建成,美国化学工业随石油化工的发展而迅速成长。1927 年,美国化学工业总产值超越德国,跃居世界首位。第二次世界大战前后到 20 世纪 50 年代中期,美国的合成氨和基础有机化工产品已有 95% 来自石油和天然气,引起整个化学工业原料、产品品种以及生产结构的巨大变化。

20 世纪最后十年,原料成本上升、贸易逆差等因素困扰着美国化学工业的发展,引发美国化学工业衰退,许多企业纷纷迁往国外,转移到成本较低或需求增长较强劲的地方,如亚洲、南美地区,美国因此损失了十多万个就业岗位。

美国化学工业的复苏,受益于美国天然气产业的发展。2004 年通过的《能源法案》规定 10 年内美国政府每年投资 4 500 万美元用于包括页岩气在内的非常规天然气开发。2005 年,美国页岩气产量达到 198 亿立方米,使天然气价格大幅度下降,以乙烷为原料的乙烯生产成本大幅降低。其对美国经济的直接影响是,乙烷供应如增长25%,将给美国创造约40万个就业岗位,带来328亿美元的化工产值和1 324亿美元的经济产出。同时,天然气价格大幅度下降,促使许多企业更多地将投资放在美国本土,一些公司将乙烯、甲醇项目迁回美国,另一些公司则将闲置多年的装置重新开启,创造了大量就业机会和产值。美国化工产业的新动向,会对全球化学工业产生重大影响。

日本的化学工业在20世纪30年代已初具规模,但战后仅残余1/6。第二次世界大战后,日本政府对化学工业的生产制定了一系列扶持政策来鼓励投资。首先,恢复了化学肥料和化学纤维工业,并带动了硫酸、烧碱、电石等基本化工原料的生产。1950年其化工生产恢复到了1939年的水平。此后,通过大量引进国外技术和集中投资,在20多年中以高于其他各国的速度发展化学工业。20世纪50年代和60年代的年平均增长速度分别为17.9%和14.6%。1980年到1990年,化学工业产值复合增速为2.7%,全部制造业产值复合增速为4.3%。1990年,全部制造业产值达到历史峰值,化学工业产值为235 030亿日元(1 738亿美元),占全部制造业产值7.3%,位居制造业前列。1990年到2002年,日本制造业经历了13年的下滑,复合增速为−1.5%。化学工业产值也处于衰退阶段,但下滑幅度较低,增速为−0.3%。2002年,日本化学工业产值为227 480亿日元(1 682亿美元),占全部制造业产值8.4%。2002年以来,日本制造业处于恢复阶段。其中2009年由于全球金融危机,复苏进程被打断,但是化学工业产值并没有低于2002年的低谷,整个制造业增速为1.2%,化学工业增速为1.8%。2016年,日本化工产值为2 600亿美元,全球第三。化工行业产值第一和第二分别是中国(19 070亿美元)和美国(7 678亿美元)。

日本的化学工业中,大宗的基础化工产品占年产量的40%,而技术含量高的精细化工产品大约占60%。日本化学工业始终以获取最大附加值为最终目标,不断进行产品深加工,从而使得日本由一个资源小国迅速崛起,成为令人瞩目的世界化工强国。日本化学工业的战略发展方向:① 精选功能性化学品,专注于特定的高性能化学品;② 通用功能化学品,以高性能化学品生产为中心,同时维持乙烯生产设施;③ 全球商品化学品,在全球范围内扩大特定的商品化学品业务;④ 各种通用化学品全球扩张,兼顾乙烯生产业务全球扩大。

化学工业是日本的重要支柱产业,2020年,日本化学工业的投资价值约为1.86万亿日元(153亿美元),是仅次于运输机械工业的第二大产业。化学工业是典型的研发驱动型产业,2020年日本化学工业的研发支出约为87亿美元,位列中国(146亿美元)和美国(120亿美元)之后,居世界第三。日本主要化学工业公司有三菱化学、三井化学、住友化学、东丽、信越化工、旭化成、大日本油墨和昭和电工等。

德国是煤化学工业的发源地。19 世纪中期,德国即以分离煤焦油制得芳烃,首创了合成方法生产染料和医药技术。20 世纪初,革新了硫酸工艺,开发以铂催化剂接触法制硫酸,发明了哈伯法合成氨,使德国的化学工业居于当时世界领先地位。第二次世界大战以后,联邦德国开始兴建石油化工。乙烯的产量由 1955 年的 5.5 万吨,增加到 1974 年的 310 万吨;同期,合成材料总产量由 50 万吨增加到近 800 万吨。这 20 年是德国化学工业的高速发展时期,年平均增长率约 10%,化工产品总销售额增长了 12 倍。1973 年后,化学工业发展速度减缓,直到 1983 年增长率才又恢复到 7%。1984 年化工总产值 495 亿美元,居世界第四位。20 世纪 90 年代以来,德国化学工业平缓发展,1997 年获得了期盼已久的增长,达到 6.1%。1997 年化学工业总产值 41 087 亿美元,位居世界第三位。

21 世纪,德国经济整体稳定增长,化学工业也保持了连续的增长态势。2006 年产值增长了 3.7%,化工产品销售额增长了 6.1%,达 1 622 亿欧元。2007 年全年化学工业生产增长近 4%。2008 年以来,随着国际能源价格快速上涨,欧元与美元汇率波动和世界经济增速放缓,海外需求下降,德国化学工业增长速度亦有所下降。2020 年德国化学工业产值 15.7 万亿欧元,位居全球第四。德国是欧洲化学工业的领导者,其销售额占欧洲化工市场总销售额的 27%,位居欧洲第一。

德国化工行业占制造业总收入的 10% 左右,是仅次于汽车、机械和工程行业的第三大工业部门。德国化工细分市场中,石油化工产品占比最大(34%),另外依次是:精细与特种化工品(29%)、高分子材料(21%)、洗涤剂和护理产品(9%)和无机基础化学品(7%)。

德国拥有为数众多的世界级大型化工企业,仅次于美国。其中,巴斯夫公司曾长期位居世界大型化工企业之首,拜耳公司也在世界大型化工企业中名列前茅,德固赛(Degussa)公司是世界最大的精细化工品生产商,汉高(Henkel)公司是世界第三大日用化工品生产商,勃林格殷格翰(Boehringer-Ingelheim)公司是世界顶级的植物药生产商。

德国作为领先的创新中心,2020 年研发投入为 46 亿美元,目标在于采用最新技术以保持持久的高生产率。在欧洲化学专利注册数量排名中,德国(16%)是排在美国(27%)之后的第二名。

法国作为近代化学的发源地,无论是化学科研还是化学工业都是世界领先的国家之一。法国化学工业排在中国、美国、日本、德国、韩国之后,位列世界第六,欧洲第二。法国拥有全球 25% 的化妆品市场份额,是世界上最大的生产国。世界上 80% 的奢侈品和美容产品在法国制造。

化学工业是法国经济的重要组成部分,也是最具创新性的行业之一。化学品是法国领先的出口行业,主要有香水、化妆品和清洁产品。2020 年,化学工业销售总额达 684 亿欧元。对外销售额达 570 亿欧元,领先于食品和饮料行业(470 亿欧元)以及航空航天业(350 亿欧元)。化学工业对法国贸易平衡有着关键贡献,以 96 亿欧元贸易顺差仅次于航空业(170 亿欧元)。化学品的附加值(包括活性药物成分)为 186 亿欧元,占法国制造业附加值总额的 8% 以上,仅次于食品饮料和冶金工业。

与德国化学工业由大工业联合体组成的方式不同,法国化学工业由许多散布全国、极具活力和竞争力的中小型企业组成,其中有许多公司的雇员数都没有达到可以被划分到中等规模的公司类别(拥有 250~500 名员工)。法国化工行业从业人数有 17.2 万。

法国优越的地理位置和卓越的基础设施支持着其化学工业面向全球的出口。上游化学和化学中间体之间的高度整合,大而强的下游行业(能源、运输、航空、化妆品、制药、塑料加工、水处理、食品、包装、建筑等)是法国化学工业的优势。法国化学工业的弱点是资源紧俏,对进口原材料和中间产品过于依赖。

韩国的化学工业始于 20 世纪 60 年代后半期。1968 年,韩国政府将蔚山石油化工基地的 13 家企业整合重组,予以重点扶植。1972 年,蔚山石油化工联合企业建成,韩国的化学工业获得迅速发展,石油化工产品的自给率达 47%。自 1976 年开始,韩国着手兴建丽川石化基地的十大系列化工厂,该工程于 1979 年 12 月全部竣工投产,使韩国石油化工产品的自给率提高到 64%,乙烯的年产量达到 50 多万吨,从世界第 24 位跃至第 14 位。第二次石油危机使韩国的石油化工工业受到极大冲击,石油化工工业面临原料供应不足、生产效率低、自给率下降等诸多问题。1983 年后,由于原油市场的稳定及世界经济的恢复,石油化工产品的需求量不断增长,韩国的石油化工产品的生产能力大大提高。到 20 世纪 80 年代末,其生产能力提高到世界第五位。1997 年爆发的亚洲金融危机引发了韩国化学工业的结构调整以及大型企业集团的管理改革。韩国化学工业企业进行了一系列合并与重组活动。1998 年以来许多韩国化工企业进行了一系列的廉价出售不盈利业务和子公司的活动,还有许多化工企业被国外公司兼并。2019 年,韩国化学工业排名在中国、美国、日本、德国之后,位列世界第 5。

石油化工工业是韩国的支柱产业之一,占整体制造业 6.1%、附加价值 4.4%、出口 8.2%,对韩国实现贸易收支的顺差有着很大的贡献。韩国化学品中约 45% 用于出口,其中一半出口到中国。

由于国内资源不足,韩国约 98% 的化石燃料消耗依赖进口,根据 BP 能源统计,2018 年韩国的石油消耗位居全球第八位为 279.3 万桶/天。与此同时,韩国的炼油行业高度发达,目前全球 10 家最大的炼油厂中,有 3 家位于韩国,使其成为亚洲最大的石油产品出口国之一。韩国的炼油产能位居世界第五,成品油产量位居全球第六。

生产高附加值产品已成为韩国的石油化工新的发展方向,尤其是电子化学品的生产取得了很大的进步。以三星电子和 LG 电子为代表,成为进军电子和电气设备生产领域的化工企业。还有 LG 生命科学公司和韩农化工公司等企业向高附加值精细化学品领域拓展,如药剂活性成分的开发。以往韩国化工产业以石油化学和通用产品为中心,如今演变为石油化学和塑料、精密化学品的共同发展。2020 年,韩国精密化学品销售总额 55 000 亿美元,创造 5 680 亿美元贸易收支的顺差。

中东地区拥有丰富的石油和天然气资源,是世界上最大的石油市场。由沙特阿拉伯,巴林,阿拉伯联合酋长国(UAE),阿曼,卡塔尔和科威特组成的海湾合作委员会(GCC)拥有全球 26% 的石油储量和 23% 的天然气储量。得益于低成本,几十年来,中东地区的石油化工工业一直处于迅速上升阶段,成为全球石油化工工业一道亮丽的风景线。沙特阿拉伯、卡塔尔、科威特等中东国家已经建设了一批超大型石化生产设施,由于采用原油生产过程中副产的廉价乙烷为原料,这些生产装置在成本上极具竞争力,与美国乙烷裂解塔相比,中东裂解塔具有约 46% 的成本优势。

在满足亚洲地区对石油化工产品日益增长的需求方面,中东地区占有优势地位。由于原油价格上涨,中东地区以天然气为原料的石油化工工业的优势得到进一步展现,使中东石油化工产品生产商收益颇丰。利用优势的原料,规模经济和世界领先的工艺技术来打造充满活力和高利润的石化工业,中东地区已成为全球石化产品的主要出口区域,乙烯产能全球占比接近 20%,是世界第三大乙烯生产区。

中东地区的石油化工工业始于 1974 年,当时卡塔尔石油公司和法国道达尔公司合资成立卡塔尔石油化工公司(Qapco),主要利用石油生产过程中副产的伴生和非伴生乙烷气体。沙特阿拉伯是中东地区石油化工行业发展的领头羊,沙特基础工业公司(SABIC)是沙特阿拉伯最大的石油化工企业。SABIC 创建于 1976 年,当时的主要目标是增加沙特阿拉伯油气资源的附加值,同时为沙特阿拉伯经济的多样化发展探索一条道路。几十年来,它已经逐步成长为世界知名的多元化化工企业。SABIC 的制造工厂遍布全球多个国家和地区,包括美洲、欧洲、中东和亚太地区,产品涵盖化学品、通用和高性能塑料、农业营养素和钢铁。2020 年,SABIC 净利润达到 1 780 万美元、销售收入达到 310 亿美元、总资产达到 787 亿美元、总产能达到 6 080 万吨,为全球第四大化工企业。

印度的化学工业是印度最古老的产业之一,它不仅为人们提供每日生活必需品,也对工业、农业和经济增长做出了突出的贡献。当今,印度已是化工产品的重要生产国。根据印度商务部数据,2017-2018 财年印度化学工业的市场规模为 1 630 亿美元,约占印度 GDP 的 7%,为超过 200 万人创造了就业机会,成为亚洲第三大、世界第六大化工产品生产商。印度对全球化学工业的贡献率为 3.4%,化学产品出口份额为 10.3%,2018-2019 财年化学品出口总值为 190 亿美元,在全球出口(不包括医药产品)中排名第 14 位。

印度的化学工业高度多元化,涵盖了 80 000 多种商业产品。它大致分为大宗化学品,特种化学品,农用化学品,石化产品,聚合物和肥料。生产世界上 6% 的硫酸、6.2% 的纯碱和 4% 的苛性钠以及多种大宗化学产品。印度是世界第三大聚合物消费国和第四大农用化学品生产国。印度的染料及染料中间体产量占全球的 16%,是强大的全球染料供应商。除此以外,印度制药业也在世界制药业占有一席之地,是除美国外获得 FDA 认证最多的国家,有 20 多家制药商得到美国 FDA 的合格认定,100 多种制剂药获得美国 FDA 认证。从产量来看,印度制药产业占了全球 1/4;从产值来看,制药产业占全球 1/13;从药品用量来看,印度医药市场占全球医药市场的 8%,名列全球第 4 位。

过去 20 年,印度化工产业从小规模生产成长到具有创新精神的大产业,并在专业化工品、精细化学品以及制药等领域都拥有快速增长的自主知识产权。目前,印度化工产业正在经历重大重建、改组和合并时期。

印度的人均化学药品消费量是世界平均水平的 1/10,即使在发展中国家中,这样的消费量也很低。由于人均消费量非常低,印度化学工业具有很大的增长空间。作为拥有大量年轻劳动力的国家,它的制造成本低廉。印度地理上可通往东西方,使其成为向其他国家供应产品的战略制造地点,成为投资和发展的极具吸引力的目的地。拜耳、科莱恩、杜邦等大公司纷纷在印度投资;同时,罗门哈斯、德固赛也在印度建厂,印度将会迅速成为精细化学品大国。陶氏-杜邦、拜耳-孟山都、中国化工-先正达等大公司的介入,将会促进其创新的农业和农作物保护技术发展。随着印度化学工业进一步的整改和引资,印度化学工业将成为世界上发展最快的工业之一。

1.2　化工生产过程概述

1. 化工生产过程分析

化学工业产品种类繁多,生产流程更是千差万别,但是化工厂的生产有着共同之处。从工业原料经过化学反应获得有用产品的任一化工生产过程都可概括为原料预处理、化学反应和产物分离三部分。第一步为依据化学反应的要求对原料进行处理,多为物理过程。例如,固体原料需要破碎、磨细和筛分,以利于反应;加热原料以达到反应要求的温度;原料提纯,除去对反应有害的杂质。由于化学反应的不完全以及某些反应物的过量,又因为副反应的存在,化工生产过程的反应产物实际为未反应物、副产品和产品的混合物。要得到符合规格的产品,需要对产物进行分离和精制。这一步主要也是物理过程,如蒸馏、吸收、萃取、结晶等。在化工生产中,原料预处理和产物分离,缺一不可。实际上,一个现代化、设备林立的化工厂中,从事化学反应的反应设备为数不多,绝大多数装置中都在进行着各种原料预处理和产物分离过程。然而,化学反应这一步却是整个化工生产过程的核心,起着主导作用,它的要求和结果决定着原料预处理的程度和产物分离的任务,直接影响其他两部分的设备投资和操作费用。

综上分析,化工生产也可视为由物理过程和化学过程两类过程组成。物理过程按其操作目的可分为物料的增(减)压、输送、混合与分散、加热与冷却以及非均相和均相混合分离等几种。考虑被加工物料的不同相态、过程原理和采用方法的差异,还可将物理过程进一步细分为一系列的遵循不同物理定律,具有某种功用的基本操作过程,称为单元操作,如表 1-4 所示。

表 1-4　单 元 操 作

单元操作	目的	相态	原理	传递过程
流体输送	输送	液或气	输入机械能	动量传递
搅拌	混合或分散	气-液,液-液,固-液	输入机械能	动量传递
过滤	非均相混合物分离	液-固,气-固	尺度不同的截留	动量传递
沉降	非均相混合物分离	液-固,气-固	密度差引起的沉降运动	动量传递

续表

单元操作	目的	相态	原理	传递过程
加热、冷却	升温、降温，改变相态	气或液	利用温度差而传入或移出热量	热量传递
蒸发	溶剂与不挥发性溶质的分离	液	供热以汽化溶剂	热量传递
气体吸收	均相混合物分离	气	各组分在溶剂中溶解度的不同	质量传递
液体精馏	均相混合物分离	液	各组分间挥发度的不同	质量传递
萃取	均相混合物分离	液	各组分在溶剂中溶解度的不同	质量传递
吸附	均相混合物分离	液或气	各组分在吸附剂中的吸附能力不同	质量传递
干燥	去湿	固体	供热汽化	热量、质量同时传递

  归纳单元操作的意义在于它们中每一种都概括了化工生产过程中一类具有共性的操作，如硫酸工业中 SO_2 炉气的气态杂质湿法净化、转化气中 SO_3 的吸收成酸、合成氨工业中半水煤气的湿法脱硫及水洗脱 CO_2 等操作，都是分离气体混合物的单元操作，共同遵循吸收的原理，使用同类型的设备。

  从单元操作概念出发，化工生产过程实际上是由若干个单元操作和化学反应过程构成的一个整体。单元操作中所涉及的原理虽然表面上各异，但是它们所遵循的物理规律，从本质上又可归纳为动量传递、热量传递和质量传递三种传递过程。传递过程是联系化学工业中单元操作的一条线索，成为化工学科研究的主要对象之一。本书第3、4、5章将对典型的单元操作进行讨论。

  化学反应亦可类似于单元操作，按其反应的特点，寻求共性，提炼出诸多单元作业，如氧化、氯化、硝化、磺化等。然而这种划分仅着重化学方面，并未深入工业生产规模下的化学反应过程的特征。工业规模下的化学反应过程具有设备大型化、生产连续化、处理物料量大的特点。在此条件下，化学反应进行的同时，伴随着反应物料的混合、反应组分的传递和大量反应热的吸入与放出等物理过程。这些过程影响反应物系的浓度和温度，且与反应器的尺寸和形状有关。从工业反应装置的实际出发，研究工业规模下化学反应的动力学规律——宏观动力学，形成了化工学科研究的一个重要方面。本书第6章将讨论工业规模下的反应过程。

  对化工生产过程中的物理过程和工业规模化学反应过程进行分析，剖析过程实际，找出共同点，抽提出统一的研究对象加以研究，是发展化工生产的需要，也促进了化工学科的发展。三种传递过程和反应工程,所谓的"三传一反"构成了贯穿于化学工程学科研究的一条主线。

2. 化工生产过程的工业特征

由以上分析得知,化工生产过程是由若干个化工单元操作和化学反应系统构成的一个工艺流程。一定原料经过特定的化工生产过程加工便可获得一定的产品,从原料到产品与化学实验从反应物到产物,就化学反应而言是一致的。然而,化工生产过程具有明显的工业特征:

① 化工过程是大规模的工业生产,处理物料量大,与化学实验研究相差悬殊。大规模的生产,要求大型化的设备和操作手段,由此带来的设备结构放大和操作方法改变,使工业装置中的热、质传递过程十分显著,并影响甚至决定着化学反应的结果,这是工业规模下的化学反应与小型化学实验的本质区别。

② 化工生产多为连续化生产过程。连续化涉及流程中各步骤的配合与协调,设备和机械的操作与控制以及工艺参数的测量与调节等诸多问题。这些工艺问题在化学实验室是无法彻底了解和实施的。

③ 化工生产中所处理的物料从原料的纯度到产品的收率都与化学实验研究不尽相同。化工生产中的原料纯度低、数量大,几乎都是混合物,使用前要进行各种预处理;对产品则要做专门的分离与精制,并需要检测、分析、包装、储存等环节。实验室研究受条件所限,很少考虑未反应物料的循环使用、副产品的综合利用以及废弃物的处理等问题,所得工艺条件并不能直接作为工业生产的工艺参数。

④ 化工生产需要设置专用的供水、供电、动力、储存、运输等设施。

⑤ 化工生产涉及经济问题,如原料的供应、设备的投资、能源的消耗、产品的销售、工时的投入以及生产的管理,等等。化工生产的经济效益是评价化工生产过程能否实施的重要指标。

化工生产既不是化学实验的简单再现,也不是化学反应的直接放大。化学实验研究成果,只能说明所研究的过程在理论上的可能性,而要开发工业规模生产,形成工艺流程,除要考察实验室无须考虑的各种工程技术问题外,还需对过程进行经济评价,使化工生产过程技术上可行、经济上合理。此外,还要考虑安全生产。关于这方面内容,本书在第 2 章将选择几个典型的化工产品的工业生产过程进行讨论。

3. 化工生产过程的检测与控制

在任何化工生产过程中,为保证安全、稳定的生产,对各个工艺参数都要进行检测和控制。例如,进入反应器物料组成必须保持平稳,才能使反应达到一定的转化率;精馏塔的塔顶和塔釜温度,必须不超过规定的范围,才能得到合格的产品。这些变量对化工产品的数量、质量有着决定性的影响。另外有些变量的影响虽不如此直接,然而使它们保持平稳是化工生产过程获得良好控制的前提。例如,对于一个蒸汽加热的反应器,如果蒸汽压力波动剧烈,要把反应温度控制好会极为困难。还有一些变量对物料平衡起重要作用,为保持连续稳定生产,必须加以调节。例如,中间容器的液位高度及储气柜的高度,应维持在容许的范围之内。此外,有一些变量是决定生产安全的因素,不允许超出规定的限度。如此种种,都属应予以检测和控制的范畴。按变量的类型划分,需要检测和控制的有温度、压力、流量、液位高度、成分等几类。

化工生产过程中工艺参数的检测,通过仪表的测量、显示和记录来完成;而实现控制的要求,可以采用人工控制和自动控制两种手段。自动控制是在人工控制的基础上发展起来的,它以自动化仪表、自动调节和自动操纵等控制装置代替人的直接观测、判断和操作,使生产过程自动地维持正常状态。工艺参数的检测和控制在大规模、连续化的化工生产过程起着十分重要的作用。如果说检测仪表是化工生产操作中的眼睛,那么具有自动控制功能的调节仪表,则是化工生产的指挥系统。现代的大型化工厂,已普遍采用自动化检测与控制装置。通常的设计是将各种仪表以车间为单位设置仪表面板,或全厂集中安置在总控室,实行统一调度和监控管理。

4. 化工生产过程的优化

按具体的生产任务(产品),确定合理的工艺路线(原料、方法),选择合适的反应器,匹配相适宜的单元操作及设备,并适当地组合,构成一个化工生产过程的整体,称为化工过程系统,简称化工系统。这是一个由一些相互联系、相互作用的子系统结合而成、结构复杂的综合系统,其复杂性表现在:化工生产过程不同于其他工业系统,除了物理操作外,至少还包括一个化学反应过程,并且可能还有若干个副反应存在,因而形成一种多系列、多分支的结构。据此,为了充分利用原料和溶剂,化工系统中必须包含许多循环回路;为了充分利用热能,必须将化工系统的各个部分组成统一的热能回路网络。另外,化工系统的诸多不确定性,如原料成分的变化,也增加了系统的复杂性。

化工生产过程的自身特点和复杂性,使其存在大量的过程最优化问题,涉及过程研究中的开发和设计以及过程运行中的操作、管理和控制等各个方面。一般地讲,化工系统最优化包含三个层次:

① 化工工艺路线的最优化。包括规模及原料路线、工艺技术路线、资源最佳利用及"三废"处理路线等,即系统总体方案的最优化设计和选择。

② 流程结构的最优化。包括系统流程中单元操作之间的连接和顺序、设备的设计和选型、检测和控制方式及辅助设施的建立、厂区的总图布置、能量的回收和利用等,即流程最优化设计和选择。

③ 流程工艺参数和操作参数的最优化。参数的最优化可分为设计参数的最优化和操作参数的最优化,后者又分为在线最优控制(计算机直接控制)和离线最优控制(统计调优)。

化工生产过程最优化按优化任务又可分为三个阶段:

① 为完成某类产品的生产任务,将分散的单元遵循一定的法则,组成对给定的性能指标来说是最优的过程系统,这个阶段称为最优综合。

② 在给定过程结构的条件下,要求确定各单元及整个系统的最优参数的优化计算,该阶段叫最优设计。

③ 在结构参数和设计参数都已固定的条件下,为使生产过程能在外界条件变化以及各种干扰因素出现的情况下,保证过程系统的经济性,必须对操作参数和控制参数进行优化,这一阶段称为最优操作或最优控制。

在实际的过程优化中,对以上三个阶段得到的结果往往要进行迭代运算,从而达到总体最优的目的。

过程优化涉及技术和经济两方面。技术优化是使某项指标达到最优,经济优化以费用最小化或利润最大化或其他经济效益为目标。技术优化往往是经济优化的基础,通常新技术、新工艺会导致物质和能量利用率最大化,使费用降低和利润增加。但技术上最优化并不一定意味着经济上最优化,此时也常常以经济效益为主。因而,化工过程的优化是研究在一定条件下如何用最小代价,获得过程最佳的效益。

无论哪种类型优化问题,过程优化的关键是建立优化模型。工业生产的终极目标为经济效益,与此有关的诸多因素是过程的变量,目标是这些变量的函数,称为目标函数。优化模型的建立便是将过程目标和过程变量以及过程约束条件关联起来。而最优化则是依据模型的特点和类型,选择适当的优化方法,在满足所有约束条件的情况下,对系统进行调优。

化工过程有大有小,最优化目标因具体过程而异。传统的过程优化为化工单元模拟和逐一工艺过程优化,最简单的为单变量过程的寻优。例如,流体输送过程决定动力消耗费和设备投资费的流速;精馏过程中决定塔设备费用和操作费用的回流比;复杂反应过程中决定原料的消耗的反应选择性等。随着运筹学、控制论及计算机技术的发展,系统工程技术逐渐完善,大系统和复杂系统的优化取得进展,过程优化深入整个化工生产过程的优化,并扩大到过程系统的最优设计、最优操作、最优控制和管理等领域。应指出的是,单元操作及设备和反应器的最优仅是局部的最优,并不等于全过程系统最优,只有从系统总体统筹协调才能取得全局最优。

过程优化是贯穿化工生产中的一个基本原则,在化工领域,有着巨大的应用前景。实践表明,在同样条件下,经优化技术处理,对过程系统效率的提高、能耗的降低、资源的合理利用、经济效益的增加,都有显著的效果。本书各章中,也将涉及一些过程优化的问题。

5. 化工生产过程的资源和能源综合利用

化学工业是资源和能源的消耗大户,因而有效、合理地利用原料和能量,对降低企业成本、提高经济效益意义重大。另一方面,我国是世界上人均资源和能源较为贫乏的国家之一,节约资源和能源是我国重大的技术经济政策,也是保证社会可持续发展的基本出发点。

现代化学工业向综合化发展,实现化工生产过程中的物料循环和热量回流,并达到多种产品联合生产,是节能降耗的主要途径。物料的综合利用经常通过副产物进一步利用、主产品深度加工来完成。热量的综合利用主要是废热的回收,如副产高压蒸汽作为动力或发电,副产低压蒸汽用于工艺加热等。从某种意义上讲,综合利用亦具有治理污染、保护环境的作用。

生产规模的大型化是化工生产过程资源和能源综合利用的保障。只有达到一定的生产规模,副产品在经济上才可能有利用的价值。一般而言,生产规模扩大,则设备加大、装置的投资增大、建设费用提高。但是,过程建设的总投资的增加率要低于装置规模的增长率,也就是说大型生产装置的单位生产能力的投资相对较低。同时,生产规模扩大,大型和高效设备的采用,一方面使单位产品的原材料和能源消耗大大降低;另一方面,使劳动效率大为提高,降低了单位产品分摊的人工费、管理费、折旧费等,从而降低了产品的总成本。因此在市场和资源条件具备的情况下,生产规模大型化也是化学工业的发展趋势。本书在第2章对典型化工产品工艺的讲授中,将涉及化工生产过程的综合利用和大型化问题。

6. 化工生产过程的安全防护与管理

化工原料与产品易燃、易爆,化工设备操作高温、高压,化工装置密集、大规模化,化工过程控制复杂,化工生产的特殊性决定了化工企业潜在的安全风险。化工生产容易发生火灾、爆炸、中毒和环境污染等事故,造成人员伤亡和财产损失,严重损害环境。因此,化工生产的安全防护和环境保护,成为化工生产的重中之重。

化工安全生产一直是国家监管的重点问题。为了帮助、监督化工企业切实落实安全生产责任、规范生产作业行为、及时消除安全隐患,我国多项法律法规都针对化工企业的安全生产管理做出了明确的要求,包括各类企业都适用的《中华人民共和国安全生产法》《安全生产违法行为行政处罚办法》以及化工企业重点适用的《危险化学品安全管理条例》《危险化学品重大危险源监督管理暂行规定》《危险化学品输送管道安全管理规定》等。近年来,国家大力开展安全防护和环境保护工作,安全环保已成为化工业界从业生存底线和发展基本要求。在环境保护及安全生产监管趋严的双重政策高压下,化工企业想要生存和发展,安全生产、环保保护必须达标,要求从产品到技术、工艺、设备、从业人员、内部管理和外部监管的全方位、全过程整治,全面提升化工行业产业结构和本质安全水平。

所谓本质安全(intrinsic safety)是指通过设计等手段使生产设备或生产系统本身具有安全性,即使在误操作或发生故障的情况下也不会造成事故,试图在根本上消除事故发生的可能性,从本质上实现生产安全化。化学工业存在安全风险,然而发生事故不是必然的,安全事故有规律可循,安全风险是可控的。精心设计、规范操作、严格管理,就可能把事故降低到最低甚至实现零事故。实现本质安全,遵循四个原则,分别是:最小化原则、替代原则、缓和原则、简化原则。最小化原则是指减少危险物料在生产、使用和储运过程中的滞留量或储存量,减小危险设备尺寸或数量;替代原则是指用危险性小的原料、设备或工艺替代危险性大的原料、设备或工艺;缓和原则是指优化生产过程工艺参数,采用相对安全的过程操作条件,包括低温、低压、低流速等;简化原则是指优化设计去除多余的操作步骤或指令,让烦琐的操作简单化,设计更简单或友好型单元,以降低故障或误操作。其中,最小化原则力求尽量减少化工生产过程或工厂中有害物质和能量的存量,是实现本质安全的关键环节,一般可通过应用新技术减小设备尺寸来实现存量减少。化工行业一直遵循着本质安全四原则中替代、缓和、简化三个原则,以提高工艺和设备的本质安全水平,而最小化原则与传统的化工过程放大思路有所背离,是现代安全管理的新理念。从根本上实现化工生产本质安全化,重点在对现有化工工艺设备和技术进行提档升级,开发相应的本质安全工艺设备与技术,这需要强有力的研发投入和科技进步的推动。本质安全之本质是要从源头上做到安全风险最小化,本质安全四原则可以贯穿化工生产的整个生命周期,从储存、生产、运输、使用到废弃处置,涉及物料、反应、工艺、设备、控制、消防、应急等各个方面。

2010 年至 2016 年我国发生的 121 例典型化工事故,对事故的因由及比例进行分析与统计发现,违章操作、设备故障、工艺缺陷、意外因素、管理漏洞是化学工业安全事故的五大危险源。美国安全理事会对安全事故的因由分析表明,90%的安全事故由于人的不安全行为引起;日本厚生劳动省的统计结果是 94%的安全事故与不安全行为有关;我国的研究结果也表明,85%的安全事故由人的不安全行为造成。

化工安全生产是化工企业生存与发展壮大的基本前提,是企业效益实现的根本保障,是企业实现自身可持续发展的必要条件。作为实现企业安全生产的基本条件和必要保障,安全管理体系的建立和完善具有重要的价值和意义。现代安全管理重在预控,预控管理运用风险管理的技术,采用技术和管理综合措施,以管理潜在危险源来控制事故,从而实现"一切意外均可避免""一切风险皆可控制"的风险管理目标。本质安全管理体系是以风险辨识为基础,以风险预控为核心,以切断事故发生的因果链为手段,以控制人的不安全行为为重点,以持续改进为运行模式,经过多周期的不断循环建设,通过闭环管理,逐渐完善提高的全面、系统的安全管理体系。

化工生产安全管理主要内容包括收集利用化工过程安全生产信息、进行风险辨识提出风险管控措施,建立安全生产管理制度及操作规程并定期评审修订保证其有效性,进行安全教育培训如岗位操作技能培训、法律法规知识培训、危险化学品知识培训、消防培训等,作业安全管理,承包商管理(委外作业安全管理),变更管理,应急管理,事故及事件管理,以及职业卫生管理等,详细内容可参考有关安全标准化评审标准。

化工企业安全生产达标的一般要求为:① 资质管理方面:依法获得危险化学品生产经营许可,不得生产、经营、使用国家禁止生产、经营、使用的危险化学品,依法进行重大危险源安全评估及备案、核销。② 管理职责方面:确立安全生产责任制,主要负责人依法履行安全生产管理职责。③ 资源支持方面:依法保障安全生产资金投入,依法保障安全生产人员配备,配备的安全生产管理人员符合资质,明确重大危险源对应的责任人或责任机构。④ 教育培训:建立安全教育培训制度及培训档案,针对危险化学品重大危险源履行专门的培训和相关信息告知义务。⑤ 现场管理方面:重大危险源管理合规(安全监测监控,登记建档);设施设备安全管理(定期检查危险化学品容器,定期检测、维护危险化学品管道,安全生产设施、设备的使用、养护、报废等符合要求);作业过程安全管理合规(危险化学品管道施工作业前依法进行通报,危险作业安排专门人员进行现场安全管理,作业人员遵守安全操作规程);依法储存、处置、管理危险化学品(危险化学品专用仓库应符合标准,对其安全设施、设备定期进行检测、检验);安全、警示标志管理合规(依法落实安全技术说明书、张贴安全标签,依法公告危险化学品的危险特性,依法设置安全警示标志,依法设置通信、报警装置)。⑥ 隐患排查治理方面:依法建立完善的隐患排查制度,制定重大事故隐患治理方案;定期评估安全生产条件、识别隐患(定期进行安全评价,对重大危险源进行辨识、评估),采取规范有效的措施消除隐患,及时通报、告知隐患排查治理情况,如实记录和通报事故隐患排查治理情况。⑦ 事故应急管理方面:依法制定各项应急管理制度及预案(确立应急管理组织并配备相关资源,制定安全生产事故应急预案,针对危险化学品专门制定重大危险源事故应急预案及演练计划);事故应急反应符合法律要求(事故发生后及时采取有效措施,事故发生后及时上报有关部门并配合调查)。

7. 化工生产过程的研究与开发

任何一个新的化工生产过程,都是从最初的创意或设想开始,经过实验室研究、中间试验、工业化试验、放大设计、技术经济评价等诸多环节,最后建成工业生产装置,实现规模生产。这一过程将潜在的生产力转化为直接的生产力,其中有许多科学和技术的规律需要在研究中进行挖掘和认识。整个工作具有发现和发展两层含意,在国外经常用 development 即开发或 research and development 即研究与开发来表达。

化工过程研究与开发分为新工艺开发和新产品开发两类。大宗的通用化学品用途广泛,产品生命周期长(大于 30 年),因而它涉及的化工过程开发主要是过程工艺的改进与完善,以提高生产利润和社会效益,诸如降低能耗、提高原料利用率、改良催化过程、绿色生产等。使用新型原材料,如从石油提炼改为天然气加工获取,亦导致新的生产工艺产生。对精细化学品,它具有特殊应用需求,产品寿命较短(小于 10 年),产品性能改善和新一代产品的开发是其主要研究开发内容。目的在于满足市场对产品质量、性能的要求,以及出于环境保护和安全生产的考虑。由于通用化学品生产涉及为数不多的反应过程和原料类型,其过程开发重点在于过程的设计和放大;而精细化学品的研发则侧重工艺合成路线的选择。

化工生产过程的开发涉及范围广泛、综合性强。它包括了研究、设计、建设和试生产等过程,涉及化学、化学工艺、化学工程、化工机械设备、检测与控制、经济分析及系统优化等多种学科。开发也是一个十分耗费时间、人力和资金的过程。据报道,化工生产过程开发的整个过程所需时间(开发周期)平均为三年左右。以中间试验为例,通常它的耗资为实验室研究所需花费的100倍。

放大是化工生产过程开发的核心问题,从实验室到工业化的装置,伴随着设备尺寸上的加大,装置参数和过程的性质,如装置容量、传热面积和搅拌强度、压力损耗、传质过程等随设备尺寸变化的规律各异,以致化学反应因设备规模变化而造成工艺指标(如转化率、选择性等)难以再现。这种大小装置之间工艺结果的差别归结于"放大效应",寻求其产生因由和改善的方法是过程开发的一项中心任务。

由于开发的复杂性和综合性以及"放大效应"造成的未知性,化工生产过程的开发难度大、周期长。另一方面,随化学工业的产业结构调整和改造,对化工新产品、新技术、新工艺的需求更加迫切,使化工研究与开发成为化学工业发展的关键和化学工程学科十分重要的内容。

研究与开发可为企业和社会带来巨大的经济效益。一个企业、甚至一个国家如不重视科学技术、不重视研究开发工作,都会在长期竞争中失败。有远见的企业家和科技人员都应关注研究开发工作。本书第7章将就这方面内容予以介绍。

8. 化工生产过程的技术经济分析

化工过程的开发、设计、生产等环节都涉及诸多技术经济问题。例如,流体输送的工程计算中,不论是计算所需管径,还是计算泵的功率,都要先设定管内流速,而流速对流体输送的投资费用(管道、阀门、泵等花销)和操作费用(能源支出如电费等)会产生相反的效果。因此,流速的取值实际上是一个两项费用之和即总费用最小化的问题,是一个技术经济问题。又如,氨合成反应器内压力的选择,从化学平衡和反应速率两方面考虑,较高的压力既可增加转化率又能提高生产能力。但压力太大,对设备的材质要求高、加工精度严,催化剂使用寿命短,在技术上有一定的限制;从经济上看,达到高压需要大的动力设备投资和高的能源消耗,因而压力的选择不能仅仅依据理论上的分析,还要考虑技术上能不能实现,经济上是否合理,这又是一个典型的技术经济问题。

过程的性质不同,涉及的过程参数或技术指标各异,但过程的先进性(是否处于领先地位)、适用性(是否适用于当时当地的资源特点、市场情况及发达程度)和可靠性(成熟程度和成功可能性)是评价和选择其参数或指标的技术依据。在经济方面,则需要考虑过程实施后产生的经济效益和所付出的经济代价是否适当。正如前面举例,在工程上,技术与经济两个方面是不能分开的,某种工艺从技术本身来看是先进的、可行的,但在一定的经济环境里,由于自然条件、资源情况、市场需求、相关工业的发展等的影响,可能经济,也可能不那么经济,或者不经济。因而,化工生产过程的开发、设计和生产中,确定一系列设备参数和技术指标时,不仅要有工程技术上的可行性和先进性,更重要的还在于经济上的合理性和有效性。这便是所谓的技术经济原则。

技术经济分析是对化工过程可选择的不同技术方案的经济效果进行计算、分析、对比、论证和评价。在众多方案中选择最优方案,其目的在于用尽可能少的社会劳动耗费,取得尽可能大的社会有益效果。通过技术经济分析,可使化工生产实践活动建立于技术上可行和经济上合理的基础上,按客观经济规律办事,它在工程上有着重要的作用和十分广泛的应用。本书各章中,凡有可能的地方,都将对涉及的典型化工生产问题进行技术经济分析。

在进行技术经济分析时,要有一些技术经济指标作为分析的依据和标准。化工生产过程的工艺技术经济指标主要有:① 物料和能量的综合利用,即生产单位数量产品的原料及能量消耗。通常以消耗定额(每吨产品的消耗量)来表示,包括原料和动力(如水、电、汽、气、煤等)两方面。② 产品的收率及质量。③ 生产强度,单位时间处理物料的能力,又称生产负荷、生产能力,即产量。④ 生产的投资费用(固定费及维修、人工和管理费等)。

9. 化工生产过程的流程图

为描述化工生产过程,工程上通常用形象的图形、符号和代号表示设备,用箭头表示物料流动方向,将化工过程从原料到最终产品经过的所有设备和相互关系以及物料流动顺序,以图示的方式表达出来,这种表示整个化工生产过程全貌的图形称为工艺流程图。

工艺流程图是工厂设计的基础,也是操作和检修的指南。一般可分为生产工艺流程图、物料流程图和带控制点的工艺流程图。带控制点工艺流程图主要用于施工建设;物料流程图将工艺过程的物料衡算、热量衡算等计算结果用表格形式标注于工艺流程图上,作为定量表述化工生产过程的资料;生产工艺流程图只是定性地描述化工生产过程,只在设计初期绘制,教材中多用。

工艺流程图中的设备的图形和符号已标准化(HG 20519.31—92)。生产工艺流程图中常常将设备的大致几何形状画出(见表1-5),甚至以方框表示,如第2章图2-1所示的接触法制硫酸原则流程图。

表 1-5　常用化工设备图例

设备类别	图例	设备类别	图例
泵	离心泵　液下泵　齿轮泵 螺杆泵　活塞泵　柱塞泵	换热器	间壁式换热器 冷却器　　加热器
鼓风机 压缩机	鼓风机　离心压缩机 （卧式）　（立式） 旋转式压缩机 旋转式压缩机		管壳式换热器 浮头式换热器　平板式换热器
容器槽、 罐	卧式槽　立式槽　旋风分离器 锥顶罐　湿式气柜　球罐	换热器	冷却器
塔	填料塔　筛板塔　浮阀塔　泡罩塔	反应器	变换器　转化器　搅拌釜 流化床反应器　塔式反应器

无论哪种工艺流程图,均绘制在一平面上,一律从左向右展开,图中要有必要的文字说明,如设备名称(符号、代号)、物料名称、图名、图号等。有关化工制图的内容,可参阅其他专业书籍。

1.3　化学工程学简介

1. 化学工程学及其研究对象和任务

化学工业大规模地改变物料的化学组成及物理性质而获得有用产品。化学反应是它的核心,化学学科是它的基础。然而,化学工业在大型设备中大批量、连续化生产所提出的技术问题,仅靠化学学科的知识是远不够的,它需要机械、电气、仪表、控制等工程学科的理论支持和技术上的应用,因此一门源自化学,又不同于化学,综合了诸多工程技术学科的新学科——化学工程学便应运而生了。

作为一门独立的学科,化学工程学始于19世纪末。当时化学工业正在兴起,主要研究对象是采用化学加工技术、涉及各种行业的化工生产工艺,研究内容涉及原料特点、生产原理、工艺流程、最适宜操作条件以及所用机械设备的构造与使用,开设的课程称为"化学工艺学"。直到20世纪初,明确认识到各行各业通用的物理操作的共性,提出了单元操作的概念,形成化工过程与设备课程,后多称为"化工原理"。此后20年,化学工程学主要是对单元操作,尤其是对于流体流动、传热、传质等单元操作进行研究,并把它们归纳于传递过程的理论之中。到了20世纪40年代,化工技术的突破发展,促进了工程上对化学反应过程的研究,50年代形成了"化学反应工程"分支。化学反应工程研究反应器内传递过程和化学反应的相互关系和影响,以阐明工业反应过程的实质,目的在于控制生产规模下的化学反应过程,实现反应器的最佳设计。化学反应工程涉及化工生产过程的核心问题,自创立以来,至今方兴未艾。20世纪60年代,对单元操作的研究提升到分子水平,提出"传递现象"概念,创立了"化工传递过程"课程,深化了化工原理的研究。化工传递过程与化学反应工程共同形成化学工程学两大支柱,有力地解释和解决了化工过程中的理论问题。

20世纪70年代以后,化工生产日趋大型化、连续化以及计算机技术的迅速发展,使化学工程学的研究已不再限于单个单元操作或化学反应过程,而是深入整个工厂,甚至是整个行业的大系统研究,从而形成了"化学系统工程",其主要任务是研究系统的设计、控制和管理。这种从实际到理论、分解到综合的研究过程是人们认识化学工业生产实际、解决工程实际问题的过程,也是化学工业发展的必然,化学工程学科的发展与化学工业的发展互相融合、不可分割。

21 世纪,生命科学、材料科学、能源工程及环境科学迅速发展,化学工程学为这些学科的产业化提供了基础理论和技术支撑,而这些学科亦给化学工程学发展带来了机遇与挑战,化学工程学将会在学科框架体系与内容有所更新与完善。进一步的讨论,参阅第 8 章 8.3 节:化学工程学前沿。

2. 化学工程学的研究方法

化学工程学之所以成为一门学科,除了有具体的研究对象外,它还有统一的研究方法。化学工程学作为一门工程技术学科,面临着真实的、复杂的化工生产过程——特定的物料在特定设备中进行特定的过程,其复杂性不完全在于过程的本身,而首先在于化工设备复杂的几何形状和千变万化的物性。例如,过滤中发生的过程是流体的流动,本身并不复杂,但滤饼提供的则是形状不规则的网状通道,加之过滤物各式各样,使过滤这一过程复杂化了。要对其流动过程做出如实的、逼真的描述几乎不可能,采用理论的研究方法,困难重重。因此,对实际的化工生产过程,探求合理的研究方法是化学工程学的重要方面。

化学工程学在历史发展中形成了两种基本的研究方法。一种是经验归纳法,即对一些化工过程通过大量实验归纳影响过程的变量之间的关系,常借助物理学的相似论和因次分析法的指导。例如,热交换过程中的传热系数,不是从基础理论出发来寻求各有关因素之间的数学关系,再经过数学方程的运算而求解,而是通过实验测定归纳成量纲为 1 的相似特征数的关系式予以确定的。这是化学工程学所采用的传统方法,其核心是实验和综合,多用在单元操作的研究中。另一种是演绎的模型法。化工生产过程中的问题并不是经验归纳法都能解决的,化学反应工程的复杂性,靠物理学的相似论和因次分析法是不能解决的,它的研究主要借助数学模型法。所谓数学模型法是将复杂的研究对象合理地简化为某个模型,这个简化了的模型应该与原过程近似地等效。利用这个简化模型,对其进行数学描述,即将过程中各变量间的关系用数学语言表达,所得到的数学关系式便是原过程的一个近似等效的数学模型,然后通过求解或进行数值运算

来研究原过程的特性。数学模型方法的核心在于对复杂对象的简化,如对一个
含有大量组分的复杂反应系统(如石油的裂解),如何简化为只含有有限组分的
简单体系,简化是否合理,取决于对过程的了解是否确切,因此实验仍是该方法
的基地。数学模型方法的实质是使复杂的工程问题简化或分解为一个或若干个
单纯的问题,如将工业化学反应器中传递过程和反应过程的相互关联、互相制约
的复杂问题分解成化学方面、传递方面和两者的结合方面的问题。化学方面的
问题归纳为研究反应对象,提出反应动力学模型;传递方面的问题归纳为研究不
同类型反应器,提出反应器的传递模型;而两者的结合方面的问题,则是将各种
反应模型和各种传递模型相结合的问题。

　　数学模型方法应用于解决化工生产过程的实际问题,推动了化学反应工程
的迅速发展,使化学工程学摆脱了单纯从实验数据归纳过程规律的传统做法。
例如,前面涉及的单元操作过滤,亦可使用数学模型法,将滤饼中的不规则网状
通道简化成若干个平行的圆形细管,由此引入的一些修正系数则由实验测定,从
而建立起过滤过程的数学模型。

3. 化学工程学的几个基本概念

　　在从事化学工程研究,进行化工过程开发及设备的设计、操作时,经常运用
物料衡算、能量衡算、平衡关系和过程速率等基本概念。在此说明这些基本概念
的含义,具体内容各章节有实例讨论,亦可参阅有关文献。

　　(1)物料衡算(参阅 6.1.4)

　　物料衡算基于物质守恒定律,是对任一化工生产过程的输入物料量、输出物
料量和累积物料量进行衡算,其衡算式为

$$输入物料量 - 输出物料量 = 累积物料量$$

　　对于连续操作过程,若各物理量不随时间改变,即处于稳定操作状态,过程
中无物料的积累。对间歇操作过程,物料一次加入,输入物料量就是累积物
料量。

　　物料衡算的范围依衡算的目的而定,可以是一个单一设备或其中一部分,也
可以是一组设备,还可以是一个生产过程的全流程。进行衡算的物料可以是总
物料,亦可是其中某一组分。

　　物料衡算概念简单,但在化工生产过程中起重要作用。例如,实际生产中,
通过物料衡算可确定原料、产品、副产品中某些未知的物料量,从而了解物料消
耗,寻求减少副产品和废料、提高原料利用率的途径。又如,设计中,依据物料衡

算结果选择合适的生产规模和适宜的设备尺寸。物料衡算是化工计算的最基本、最重要的计算,是其他化工计算的基础。

（2）能量衡算（参阅 7.3.3）

能量衡算依据能量守恒定律。它指出进入系统的能量与排出系统能量之差等于系统内积累能量。

能量可随进、出系统的物料一起输入、输出,也可以分别加入与引出。化工生产过程涉及的能量主要为热量,能量衡算多为热量衡算。衡算时,若系统涉及化学反应,反应热应该计入,放热时计入输入项,吸热时计入输出项。

热量衡算以物料衡算为基础,它可确定有热传递设备的热负荷,进而确定传热面积以及加热和冷却载体的消耗量;还可以考察过程能量损耗情况,寻求节能和综合利用热量的途径。

（3）平衡关系（参阅 5.2.2 和 5.2.3）

平衡是在一定条件下物系变化可能达到的极限。不论传热、传质还是反应过程,在经过足够的时间后,最终均能达到平衡状态。例如,热量从热物体传向冷物体,过程的极限是两物体的温度相等。又如,食盐在水中溶解时,一直进行到溶液达到饱和为止,此时,食盐和溶液处于平衡状态。还有化学反应中,当正逆两反应速率相等时,反应达平衡。

通过平衡关系可以判断过程能否进行,以及进行的方向和能达到的程度,对分析化工过程具有重要意义。例如,考虑外界参数对平衡的影响和系统物系对平衡转化率的作用,寻求最大限度利用物料或能量所应选择的操作条件等。当操作条件确定后,依据此条件下物料或能量能够应用的极限,选取合理的加工方案和适宜的设备。

（4）过程速率（参阅 4.4.1 和 5.2.3）

任何物系如果不处于平衡状态,则必然会发生趋向平衡的过程。物系所处状态与平衡状态的偏离是造成这种过程进行的推动力,其大小决定着过程的速率。推动力越大,过程速率越大;物系越接近平衡态,推动力和过程速率越小;当达到平衡,过程速率变为零。过程速率可以通过减少过程阻力的办法来提高,这已在很多科学定律或定理中得以证实,例如,电学中欧姆定律,电流反比于电阻。实际上,自然界任何过程的速率都可表示为

$$过程速率 = 过程推动力/过程阻力$$

推动力和阻力的性质取决于过程的内容。传热过程的推动力是温度差,阻力为热阻;传质过程的推动力是浓度差,阻力则为扩散阻力。阻力的具体形式与过程中物料特性和操作条件有关。

过程速率是决定设备尺寸的重要因素。处理物料量一定时，大的过程速率只需要较小的设备。

小结

化工的含义通常有多方面，可指化学工业，也可指化学工程学，或者是它们的统称。"化工基础"课程覆盖化学工业和化学工程学，并以化学工业的基本情况和化学工程学的基本内容为讲授对象。

本章第 1.1 节化学工业概况，涉及化学工业的地位与作用、分类和特点、原料与产品，以及发展与现状，力图对化学工业的全貌做出概括性的阐述，以使读者在全局上对化学工业有一定了解。第 1.2 节化工生产过程概述则是对化学工业实质内涵的剖析，试图使读者了解化学与化工的联系与区别，熟悉化工生产过程的工业特征和工程特点，明了化学专业学生学习化工基础的必要性。化学工程学是化学向实际生产的延伸，是化学与数学和物理及其他工程学科的结合与发展。化学工程学随着化学工业的进步而演变，反过来又推动了化学工业的发展。第 1.3 节对化学工程学科发展进行了介绍，涉及化学工程学的研究方法和学科通用的基本概念，旨在让读者在学习化学工程学内容的同时，注意工程技术学科的特有研究方法，在学习中知识和能力共同提高。

复习题

1. 简述化学工业的特点。

2. 化工生产过程的特征和共性是什么？它由哪些过程组成？之间联系是什么？

3. 工业规模下的反应过程有何特点？什么是化工单元操作？各自遵循什么规律？两者有什么联系？中学学过的硫酸生产的反应过程是什么？涉及哪些单元操作？

4. 试分析化学和化学工程学的联系和区别。

5. 化学工程学有哪些分支？阅览本书目录，找出讨论它们的章节。

6. 到图书馆或资料室：① 查阅化学工程学书籍的目录和绪论，你对化学工业、化工生产过程和化学工程学有无新的了解？② 查阅最新的化工年鉴或化工期刊，记录下主要化学工业和化工产品的产值、产量，并就世界与我国的情况进行比较，归纳各自的发展态势。

7. 阅读第 8 章中化学工业发展趋势和化学工程学前沿等内容，了解化学工业和化学工程学的发展态势。

参考书目与文献

第 2 章

典型化工产品工艺学

2.1　硫酸生产

1. 概述

（1）硫酸的用途和产品规模及规格

硫酸是化学工业的重要产品之一，在国民经济各部门中有着十分广泛的用途。硫酸大量用于生产磷肥（过磷酸钙）和氮肥（硫酸铵），其消耗几乎占硫酸产量的一半以上；有机化工中，纤维、塑料、染料以及农药的生产都需要硫酸；许多无机化工，如磷酸、氢氟酸、硼酸等无机酸及硫酸盐、磷酸盐、铬酸盐等无机盐的生产，也要使用硫酸；在国防和原子能工业中，硫酸还可用于制造各种无烟炸药及从铀矿中提取铀；其他部门如冶金工业的金属精炼、石油工业的产品精制等，都要消耗硫酸。为了满足这些需求，世界硫酸产量持续增长，1950 年为 2 780 万吨，1960 年为 4 822 万吨，1970 年为 9 107 万吨，1980 年为 14 000 万吨，1997 年为 15 563 万吨，2004 年达到 18 170 万吨，2018 年达到 27 472 万吨。

硫酸生产水平是衡量一个国家化学工业水平的重要标志之一。我国硫酸工业的发展历史，中华人民共和国成立初期到改革开放为第一阶段，是我国硫酸产业规模飞速跃进时期。1949 年我国硫酸产量仅有 4 万吨，大部分硫酸厂处于停滞状态，经过三年的恢复建设后，我国的硫酸产量实现增长。1949—1978 年间，我国硫酸产量每年平均增长 19.3%，1978 年我国硫酸产量达到了 661 万吨，成为继美国和苏联之后的硫酸制造大国。1978—1990 年,强劲的需求驱动硫酸工业快速发展,我国硫酸产业规模跨入千万吨级时代。在不断发展过程中,形成了具有自主开发创新能力的科研院所和设计院,建设了一批装备先进、创新能力强的硫酸设备制造企业,这些都为我国硫酸工业大发展奠定了基础。1991—2003 年期间,我国硫酸工业先以硫铁矿制酸为主平稳增长,再以硫黄制酸和冶炼酸为主高速发展。正是在前期不断的发展与进步中,以及在硫黄制酸和冶炼酸的大力推动下,2003 年我国硫酸总产量达到 3 371 万吨,超越美国的 3 270 万吨,跃居世界第一位,占到世界硫酸总产量的 19.3%。2004—2018 年是我国硫酸行业推陈出新、稳固发展的 15 年。这一时期,我国硫酸产量继续高速增长,尤其是硫黄制酸和冶炼酸飞速发展。2018 年硫黄制酸产量达到 4 432 万吨,是 2004 年的 2.7 倍。2018 年我国累计出口硫酸 128 万吨,创下历史新高;净出口硫酸 32.8 万吨,首次成为硫酸净出口国。在产能方面,截至 2019 年底,我国硫酸年产能达到12 400万吨。2019 年我国硫酸产量达到 9 736.3 万吨,占世界硫酸总产量的 37.6%,稳居世界第一位。

工业硫酸是指 SO_3 与 H_2O 以一定比例混合而成的化合物,分为稀硫酸(H_2SO_4 含量 65% 或 75%)、浓硫酸(H_2SO_4 含量 92.5% 或 98.0%)和发烟硫酸(游离 SO_3 含量 20.0% 或 25.0%)。各种硫酸的区别还在于产品含杂质(砷、硒等)量的多少,国家标准规定的工业硫酸规格如表 2-1 所示。

表 2-1 工业硫酸规格(GB/T 534—2002)

指标	浓硫酸	发烟硫酸
$w_{H_2SO_4}/\% \geqslant$	92.5 或 98.0	
$w_{游离SO_3}/\% \geqslant$		20.0 或 25.0
$w_{灰分}/\% \leqslant$	0.02~0.10	0.02~0.10
$w_{Fe}/\% \leqslant$	0.005~0.010	0.005~0.030

(2)硫酸生产的原料及选择

工业生产硫酸的原料主要有硫黄、黄铁矿、硫酸盐及含硫工业废物。

硫黄是制造硫酸的理想原料(含硫 99.5%),由于原料纯,该工艺流程简单、投资费用少、生产成本低。但是天然硫黄矿在世界上并不丰富,主要分布在美、日、意、墨西哥等国,我国主要依赖进口。石油化工的迅速发展,从石油、天然气生产中可回收大量硫,由此法制造硫酸的厂家越来越多。世界上,大型硫酸厂多采用硫黄制酸工艺。2018 年硫黄制酸产量占全球硫酸总产量的 60.9%,冶炼制酸占比 29.9%,硫铁矿制酸占比 6.3%。

黄铁矿是我国硫酸的主要原料。按其来源分类有普通黄铁矿、浮选黄铁矿和含煤黄铁矿。普通黄铁矿具有金属光泽,呈金黄色,又称硫铁矿,是硫化物中分布最普遍的矿物,其中含硫 25%~52%,含铁 35%~44%。浮选黄铁矿是浮选铜或锌、锡的硫化矿得到的废矿,又称尾砂,其含硫量一般为 30%~40%。含煤黄铁矿是由煤筛选分离出来的黄铁矿及其他含硫物质的混合物,一般含硫 35%~40%,含碳 10%~20%。

用来制造硫酸的硫酸盐有石膏($CaSO_4$)、芒硝(Na_2SO_4)和明矾石 $[KAl_3(OH)_6(SO_4)_2]$ 等,由这些原料生产硫酸的同时,还可生产其他重要的化工产品。例如,石膏用来联合生产硫酸和水泥,芒硝可以综合利用来生产硫酸、纯碱或烧碱,明矾石可以同时生产硫酸和钾肥。

含硫工业废物主要指有色冶金厂、石油炼制副产气及低品位燃料燃烧废气中的 SO_2,炼焦工业的焦炉气和合成氨厂的半水煤气中的 H_2S,以及金属加工厂酸洗液、石油炼厂的废酸与废渣。利用工业"三废"生产硫酸不仅减少了公害,保护环境,而且制酸成本降低,具有社会、经济双重意义。

采用哪种原料生产硫酸,主要取决于原料的来源和价格。各国国情有异,我国 1997 年硫酸产量中以黄铁矿制酸的占 71.52%,冶炼烟气制酸的占 21.53%,硫黄制酸的占 5.44%,石膏制酸的占 1.2%。多年来,为了降低成本,我国硫酸企业竞相将黄铁矿制酸改造为直接用硫黄制酸,这增加了硫黄的进口量,使国内硫酸行业原料结构发生了变化。从 2019 年硫酸产能结构来看,硫黄制酸占比 42.8%,冶炼制酸占比 38.4%,硫铁矿制酸占比 17.3%,其他制酸占比 1.5%。硫黄制酸工业的扩大增加了行业对国际市场的依赖性,每年约 80%的硫黄原料需要从国外进口,阿联酋、沙特阿拉伯等中东国家及日韩为主要进口来源国。2020年,我国硫黄生产 791 万吨,其中原油加炼油产出硫黄占比 63%,天然气产出占比 31%,煤化工及其他仅占比 6%,仍难以满足国内硫黄制酸工业的需求。在原料资源合理配置和产业结构调整上适应国情,将有利于我国硫酸工业的健康发展。

(3)硫酸生产的方法

硫酸的制造始于 10 世纪的阿拉伯炼金术,当时采用的方法是干馏绿矾($FeSO_4 \cdot 7H_2O$),得到的硫酸称为矾油。15 世纪,用硫黄和硝石混合燃烧,借助氮氧化物的作用将二氧化硫氧化成酸的方法(硝化法)出现。18 世纪,英国在玻璃容器中实现间歇批量生产,随后又推出铅室取代玻璃瓶(铅室法);20 世纪,瓷环填料塔的开发成功(塔式法),使该法生产能力大大提高,是硫酸生产的一个里程碑。

借助固体催化剂的表面活性将二氧化硫氧化成酸的接触法,于 1831 年提出,并在 20 世纪初,随二氧化硫净化工艺开发成功,形成工业规模。20 世纪 40 年代,钒催化剂的出现,促进了接触法的发展。接触法产品纯度高(不含氮氧化物)、生产强度大,很大程度上已取代了硝化法。现在世界上 98% 以上的硫酸由该法生产。

接触法制硫酸基本反应如下:

SO$_2$ 的制取　将黄铁矿焙烧,制取 SO$_2$:

$$(S) + O_2 \xrightarrow{\triangle} SO_2 \tag{2-1}$$

SO$_2$ 的转化　SO$_2$ 在固体催化剂上接触氧化为 SO$_3$:

$$SO_2 + \frac{1}{2}O_2 \Longrightarrow SO_3 \tag{2-2}$$

SO$_3$ 的吸收　SO$_3$ 与水结合生成硫酸:

$$SO_3 + H_2O \Longrightarrow H_2SO_4 \tag{2-3}$$

实际生产中为了避免生成酸雾,一般用 98.3% 的浓硫酸吸收 SO$_3$ 制硫酸。

工业上实施黄铁矿焙烧的焙烧炉对矿石有一定要求,入炉前需将矿石破碎、筛分和配料,所以焙烧前应设置"原料工序"。SO$_2$ 转化过程对 SO$_2$ 炉气的质量也有具体要求,于转化前设置"炉气净化工序",可以清除炉气中有害杂质,防止催化剂中毒和设备腐蚀。这两个辅助工序都是物理过程,取决于焙烧和转化两个反应过程的要求。随原料的差异和净化方法的不同,流程有长有短,其原则流程图如图 2-1 所示。

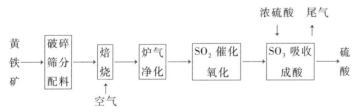

图 2-1　接触法制硫酸原则流程图

下面各节将就接触法制硫酸的生产过程进行讨论。

2. 二氧化硫炉气的制造

(1) 黄铁矿的预处理

黄铁矿焙烧过程对矿石的含硫量、含水量和矿石粒径都有一定要求。黄铁矿除主要成分 FeS$_2$ 外,还含有铜、锌、铅、砷、镍、钴、硒、碲等元素的硫化物,氟、钙、镁的碳酸盐和硫酸盐以及少量的银、金等杂质。黄铁矿含硫量一般为 30%~50%,25% 以下则为贫矿。含硫量越高,焙烧时放出热量越大。黄铁矿的粒度影响焙烧反应速率和脱硫程度,还关系到焙烧的操作状态。所以块状的普通黄铁矿需经过破碎和筛分。破碎操作一般是先将大块矿石经过颚式破碎机粗碎至 35~45 mm 及以下,而后由皮带输送到反击式(或辊式)破碎机再进行细碎。细碎后,采用震动筛分使碎粒小于 3 mm。浮选黄铁矿有时还需要干燥。各种黄铁矿按规定比例进行配矿后,送入料仓或直接到焙烧炉。

（2）黄铁矿的焙烧

① 焙烧原理　黄铁矿在焙烧中发生化学反应,主要生成 SO_2 炉气,过程分两步进行。

首先,FeS_2 分解:

$$2FeS_2 \mathrel{=\!=\!=} 2FeS+S_2\uparrow \tag{2-4}$$

然后,分解物氧化:

$$S_2+2O_2 \mathrel{=\!=\!=} 2SO_2 \tag{2-5}$$

$$4FeS+7O_2 \mathrel{=\!=\!=} 2Fe_2O_3+4SO_2 \tag{2-6}$$

总反应式为

$$4FeS_2+11O_2 \mathrel{=\!=\!=} 2Fe_2O_3+8SO_2 \quad \Delta_r H_m^{\ominus}=-3\,411 \text{ kJ·mol}^{-1} \tag{2-7}$$

当空气供应较少,氧气恰可满足反应需要而不过量时,则发生生成 Fe_3O_4 的反应:

$$3FeS_2+8O_2 \mathrel{=\!=\!=} Fe_3O_4+6SO_2 \quad \Delta_r H_m^{\ominus}=-2\,435 \text{ kJ·mol}^{-1} \tag{2-8}$$

焙烧过程发生的副反应有:部分 SO_2 与高温炉渣(Fe_2O_3)接触被催化氧化为 SO_3;矿石中钙、镁的碳酸盐分解为相应的氧化物,并与 SO_3 作用生成硫酸盐;铜、锌、钴、硒、砷等元素的硫化物氧化生成相应的氧化物,在高温下硒(SeO_2)和砷(As_2O_3)以气态存在于炉气中;氟则生成氟化物。

焙烧总过程有大量热放出,完全可以维持反应所需温度。放出的热量除去高温设备热损失外,主要消耗在加热炉气和矿渣以及蒸发矿石中的水分。当矿石中杂质较少、炉气中二氧化硫浓度高时,系统热量还会过剩,需设法移出。

实验研究表明,黄铁矿焙烧两步主反应中,FeS_2 的分解速率大于 FeS 的燃烧速率,如图 2-2 所示。实际上,FeS 的焙烧是一个气固相反应过程,经历了空气中 O_2 从气流主体向矿粒表面扩散,O_2 与固体 FeS 发生化学反应,生成的 SO_2 向气流主体扩散等几个步骤。其中化学反应同时生成新的固体氧化铁,它随焙烧过程进行,将越来越厚,逐渐增大了上述两个不同方向的扩散过程的阻力,使 FeS 的焙烧速率越来越慢,扩散不但成为 FeS 焙烧过程,也是黄铁矿焙烧总过程中的控制步骤,反应工程中称为扩散控制。第 6 章的气固相反应过程将详细讨论这种宏观动力学。

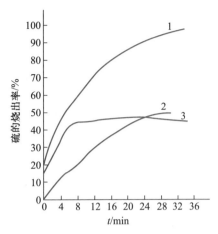

图 2-2 脱硫速率
1—二硫化铁在空气中焙烧;
2—硫化亚铁在空气中焙烧;
3—二硫化铁在氮气中分解

为了得到黄铁矿中硫的高烧出率(烧得透,可提高炉气质量,并减少炉渣硫含量)和焙烧反应速率(烧得快,可增大焙烧炉的生产强度),就应设法提高 FeS 的焙烧速率。由于 O_2 通过氧化层的扩散控制着 FeS 的燃烧速率,为了提高整个反应速率,就得设法增大 O_2 的扩散速率。

② 焙烧操作条件

a. 温度。提高温度有利于增大 O_2 通过氧化层的扩散速率,从而可加快 FeS 的焙烧速率,同时也能提高 FeS_2 的分解速率,所以,焙烧应在高温下进行。但温度太高,会使矿料熔融,引起炉内结瘤,反而破坏了炉内正常操作。一般将焙烧温度控制在 850~950 ℃ 为宜。对一定含硫量的矿石,炉温的调节可通过控制投料量、选择适宜的空气加入量来实现,必要时亦可设置冷却水量调节,以保持焙烧的热量平衡与稳定。

b. 矿粒度。矿粒度决定着气固两相接触表面积和 O_2 通过氧化铁层的扩散阻力。矿粒度越小,单位质量矿料的气固两相接触表面积越大,形成的氧化铁层越薄,O_2 越容易扩散到矿粒内部,提高了 FeS 焙烧反应速率。但是,矿粒度太小会导致炉气所含矿尘增多,给炉气净化带来困难。实际生产中,不但要确定适宜的平均粒径,还要控制一定的粒度分布,保证稳定品质的矿料是焙烧操作顺利进行的重要因素之一。

c. 氧浓度。焙烧所用气体中 O_2 的浓度增加,可加快 O_2 通过矿粒表面氧化铁层的扩散速率,从而提高黄铁矿焙烧速率。但 O_2 浓度过高,生成的 SO_2 在 Fe_2O_3 的催化作用下转化为 SO_3,使炉气冷却后生成酸雾多,加重净化的负荷。另外,采用富氧空气也不经济,因而,我国硫铁炉焙烧,均采用鼓入空气的生产流程。

③ 焙烧设备 黄铁矿焙烧在焙烧炉中进行。焙烧炉有块矿炉、机械炉、沸腾炉等型式,目前我国广泛使用沸腾炉。

沸腾炉的构造如图2-3所示。炉体由钢板焊接成圆筒,内垫耐火砖。炉内被空气分布板分为上下两部分,上部分为炉膛,包括沸腾层和燃烧空间。下部为空气分布室,室内有空气预分布器,分布板上装有若干个分布帽,其作用是鼓入炉内的空气能均匀地进入炉膛。

沸腾层为矿石焙烧的主要区域,该部分炉体直径较小,可保持较高的风速,以达到高的焙烧能力。层内炉壁上设有冷却水管或水箱,用以移去反应热,一方面控制炉温,另一方面保护炉壁,同时可副产蒸汽。沸腾层上部的燃烧空间直径较大,使该段维持较小风速,增大了小矿粒在炉内的停留时间,保证了细小的矿粒充分燃烧,同时减少了矿尘被炉气带出的数量。为强化矿尘再焙烧过程,燃烧空间附设二次吹风管来补充空气。

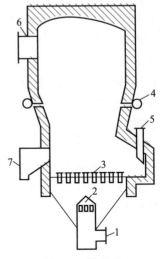

图2-3 沸腾炉

1—空气进口;2—空气预分布器;
3—空气分布板;4—二次空气入口;
5—加料口;6—炉气出口;7—卸渣口

生产时,矿料由加料口加入炉膛,具有一定风压的空气从炉底经分布帽,连续通入炉膛。由于炉膛内风速很大,矿料在炉内上下翻腾而像液体沸腾一样,形成一定高度的沸腾层,在化学反应工程学中称这一现象为固体流态化,所发生的设备称为流化床。沸腾炉便是流化床的一种,它采用固体流态化技术使空气中的氧和矿料充分接触,从而达到高的硫烧出率和大的生产能力。生成SO_2浓度较高,夹带细小矿粒的炉气经燃烧空间继续焙烧和沉降分离后,从炉体上部炉气出口排出,而炉渣则从卸渣口排放掉。由于进入炉体的矿料与空气和排出炉体的炉气与炉渣都定量连续进行,炉内物料量形成一个动态平衡,使"沸腾"能持续稳定地保持着。有关流化床反应器内容,请参阅第6章。

(3)炉气净化

① 净化的目的和指标 黄铁矿中所含砷、硒、氟等元素在焙烧过程中转入炉气,以As_2O_3、SeO_2、HF的形态存在。As_2O_3和SeO_2可使SO_2催化氧化催化剂中毒而失去活性;HF腐蚀设备衬里和瓷环,还使催化剂的载体SiO_2熔化成小块,造成催化剂粉化。炉气夹带的细小矿尘会堵塞管道,增大系统阻力;能覆盖催化剂表面,降低催化剂活性。特别是高温时以气体的金属氧化物存在的矿尘,

在降温后凝固于除尘器形成结瘤,很难清除。炉气中的水蒸气与 SO_3 形成酸雾,会腐蚀管道和设备,且很难被吸收,若随着尾气逃逸,产酸率下降,并污染大气。因此,炉气在进入转化工序之前必须经过处理。炉气净化的目的是除去炉气中的杂质,为转化工序提供合格原料气。

从设备、管道及催化剂的寿命考虑,将各种杂质清除得越干净越好,但相应的净化流程、设备投资和操作费用就会越多。具体净化达到的指标,既要达到转化工序时的技术要求,又要避免一味追求高指标而忽略净化工序的经济性。硫酸生产的工艺流程不同,净化指标便有差别,各国制定的炉气净化指标也不一样,我国执行的标准($mg \cdot m^{-3}$)如下:水分<100;尘<2;砷<5;氟<10;酸雾的一级电除雾<35,二级电除雾<5。

② 净化的原理及设备 根据炉气中的杂质种类的特点,可用 U 形管除尘、旋风除尘、水洗(或酸洗)、电除尘(雾)、干燥等净化方法逐级进行分离。

对粒径大于 100 μm 的矿尘,可依赖矿尘本身重力作用自然沉降分离或借助惯性作用强制分离。生产上,通常在焙烧炉后连接直管或 U 形管来实施。

旋风除尘可分离 10~100 μm 的矿尘,它借助含有矿尘的气体作回旋运动而产生离心力,将具有较大质量的矿尘沿切线方向抛出,从而与气体分离。利用离心力进行气体除尘的设备叫旋风分离器,其构造如图 2-4 所示。含尘气体沿切线方向进入分离器内后,绕着中心管沿筒壁自上而下作旋转运动(称为外旋流),被抛出的矿尘碰撞器壁,靠自身重力沿筒壁落至锥形底部,定期排出;净化后气体则自下而上形成另一个旋流(称为内旋流),沿中央管排出。旋风分离器结构简单,应用范围大,但获得高的除尘率需较大的气速,压力损耗大。

对于 0.5~50 μm 的矿尘,可采用一种特殊的水洗除尘方法。该法使夹带矿尘的气流高速流过水滴障碍物,造成矿尘与水滴剧烈的撞击并黏附于水滴上,从而实现矿尘与气体的分离。这一过程在管内进行,故称为文氏管洗涤除尘。通常在文氏管后还连接一

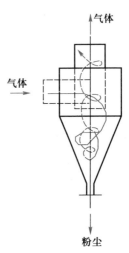

图 2-4 旋风分离器

旋风分离器,用以将捕集了矿尘的液滴从气体中分离出来。图 2-5 为文氏管洗涤器简图。炉气经收缩管至颈管,气速达到最大,气体形成负压,使洗涤水从颈管四周的喷嘴吸入。在颈管,高速气流强力地冲击被吸入的冷水,将水雾化成细小水滴,气流内矿尘与水滴混合相撞,凝聚为较大的尘粒,随气流经扩散管排出。文氏管还具有降低炉气温度的作用。当水高度雾化后,形成巨大的气液接触表

面,水滴被高速流动的炉气加热而发生表面汽化并将蒸汽带走,使水滴蒸发表面不断得以更新,汽化连续地进行,炉气温度被迅速降低。文氏管结构简单,制造方便,分离效率高于旋风分离器,缺点是气体通过的压力损失较大。

电除尘(雾)是利用气流通过高压直流电场,使直径小于 0.5 μm 的矿尘沉积到带相反电荷的电极上,从而与气体分离。电除尘器核心构件是两个高压电极,图 2-6 为管式电除尘器简图,图中金属管作为正极(接地),金属导线为负极(接高压电源),含尘气体从管侧部进入,通过两极时,气体分子被电离成正、负两种离子,并分别附着到矿尘上,使矿尘带上正电荷或负电荷,并被异性电极吸引黏附到电极上而从管下部除掉,气体则从管上部排出。电除尘器除尘效率高,气体阻力小,生产能力大,但投资较大。

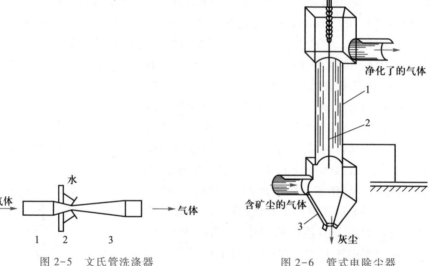

图 2-5   文氏管洗涤器
1—收缩管;2—颈管;3—扩散管

图 2-6   管式电除尘器
1—金属管(正极);2—金属导线(负极);3—灰斗

③ 净化流程   炉气的净化,首先是将粒径较大矿尘经旋风分离器除去,再用各种方法除去细粒矿尘和气态杂质。按后续净化方法不同,炉气净化流程分为湿法和干法两大类。

湿法净化是用液体洗涤炉气,液体洗涤过程中,高温炉气(350~400 ℃)使液相中水分汽化,本身温度迅速降低。当炉温至 190~230 ℃时,转入气相的水与炉气本身夹带的水蒸气和炉气中 SO_3 形成硫酸蒸气;随炉气温度降低,炉气中的 As_2O_3 和 SeO_2 转化为微小结晶而悬浮于气相中,成为硫酸蒸气冷凝成酸雾的凝雾中心,形成 As、Se 和酸雾气溶胶体系。在 50~70 ℃,炉气中的 As_2O_3 和

SeO_2 除一部分溶解于液体中外,其余已全部转化为酸雾。因此,只要除尽酸雾,As 和 Se 就除尽了。为了提高除雾效率,将酸雾除尽,必须增大雾粒粒径。采用的方法是降温,同时辅以增湿,使雾粒吸收水分而长大。由此可见,除热、除雾是湿法净化的两个主要途径。

湿法流程按喷淋液的不同分为酸洗流程和水洗流程,前者又可分为稀酸洗和浓酸洗两类,后者亦可分为文氏管水洗和塔式水洗两类。

典型的酸洗原则流程如图 2-7 所示,炉气经第一洗涤塔洗涤后,其中的矿尘大部分被除去,大部分的 SO_3 及 As_2O_3 和 SeO_2 转为酸雾,HF 气体和小部分 As_2O_3 和 SeO_2 则冷凝到洗涤酸中;在第二洗涤塔洗涤后,剩余矿尘及杂质进一步被清除,并有少量酸雾被冷凝;一级电除雾器中有 95% 的酸雾被沉降除掉,剩余的经过增湿塔后,酸雾雾滴长大,由二级电除雾器除去;增湿后的炉气几乎被水蒸气饱和,若进入转化工序将与 SO_3 生成难以除掉的酸雾,因而设置干燥塔,把水分从炉气中除去。

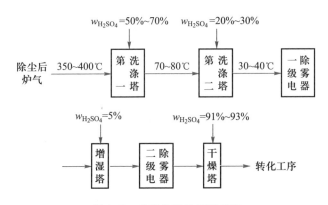

图 2-7　典型的酸洗原则流程

图 2-8 为一种常见的水洗原则流程。

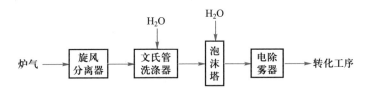

图 2-8　文、泡、电水洗原则流程

无论哪一种湿法制酸流程中,都是将高温炉气冷却,洗涤除去杂质,然后在转化工序再升温(420～440 ℃)进行转化,由此带来该流程的"冷热病"。另一方面,为了除去炉气中杂质,炉气还被增湿,但在转化前必须干燥,又造成了"干湿病"。这两对矛盾使湿法制酸流程热量利用率低,工艺流程复杂,设备投资大,消耗动力多,并产生污水。因为每生产 1 t 酸要排出 10～15 m³ 酸性污水,污染严重,在国外水洗流程已趋向淘汰。但这种流程投资少,上马快,除砷、氟效率高,在我国有 90% 的硫酸厂采用水洗流程。

干法净化是新发展的净化方法,其原则流程如图 2-9 所示。

炉气 →　旋风分离器 →　电除雾器 →　布袋过滤器 → 转化工序

图 2-9　干法净化原则流程

干法流程简短,整个过程在高温下进行,热利用率高,且无污酸、污水排出,大大减少了硫酸生产对环境的污染。其缺点是基本上不能除去 As、Se、F 等杂质,不适于含 As、Se、F 成分多的矿料。

3. 二氧化硫的催化氧化

（1）二氧化硫的催化氧化理论基础

① 化学平衡　SO₂ 的氧化反应按式（2-2）进行。这是一个在催化剂存在下进行的可逆、放热、体积缩小的反应。

在 18 ℃时,恒压反应热 $\Delta_r H_{m,291}^\ominus$ 为 100.17 kJ·mol⁻¹,不同温度下反应热的数值不同,在 400～700 ℃范围内的 $\Delta_r H_m^\ominus$ 值可根据下式计算:

$$-\Delta_r H_m^\ominus = (92.236 + 2.352 \times 10^{-2} T - 4.378 \times 10^{-5} T^2 \\ + 2.688 \times 10^{-8} T^3 - 6.9 \times 10^{-9} T^4) \text{ kJ·mol}^{-1} \qquad (2-9)$$

平衡常数表示如下:

$$K_p = \frac{p_{SO_3}}{p_{SO_2} \cdot p_{O_2}^{0.5}} \qquad (2-10)$$

式中,p_{SO_2}、p_{O_2}、p_{SO_3}分别为 SO₂、O₂ 和 SO₃ 的平衡分压,MPa。

平衡常数与温度有关,在 400～700 ℃的温度范围内,可按下式计算:

$$\lg K_p = \frac{4\,905.5}{T} - 4.645\,5 \qquad (2-11)$$

表 2-2 所列数据是根据式（2-11）计算的结果,表明温度降低可使平衡常数增大。

表 2-2　SO_2 氧化为 SO_3 的反应平衡常数与温度的关系

温度/℃	400	425	450	475	500	525	550	575	600	650
平衡常数 K_p	440.1	241	138	81.8	50.2	31.8	20.7	13.9	9.41	4.67

反应达到平衡时,在气体混合物中转变成 SO_3 的 SO_2 物质的量与起始状态的 SO_2 物质的量之比,称为平衡转化率,即

$$x_T = \frac{n_{SO_2}^0 - n_{SO_2}^1}{n_{SO_2}^0} \qquad (2-12)$$

式中,$n_{SO_2}^0$ 为起始状态气体混合物中 SO_2 的物质的量,mol;$n_{SO_2}^1$ 为反应达平衡时气体混合物中 SO_2 的物质的量,mol。

平衡转化率表示 SO_2 转化为 SO_3 的最大限度,它与温度、压力、组成有关,其关系式可根据物料衡算推导出来。

设混合物气体的总压为 p;a,b 分别为起始状态混合气体中 SO_2 和 O_2 的摩尔分数,取 1 mol 起始状态混合气体为衡算基准,当达到平衡时,则被氧化的 SO_2 的物质的量即生成 SO_3 的物质的量为 ax_T;混合气体中未转化的 SO_2 的物质的量为 $a(1-x_T)$;混合气体中剩下的氧的物质的量为 $b - \dfrac{ax_T}{2}$;混合气体总的物质的量为 $ax_T + a(1-x_T) + \left(b - \dfrac{ax_T}{2}\right) = 1 - \dfrac{ax_T}{2}$。

因此各组分的平衡分压为

$$p_{SO_3} = p \cdot \frac{ax_T}{1 - \dfrac{ax_T}{2}}$$

$$p_{SO_2} = p \cdot \frac{a(1-x_T)}{1 - \dfrac{ax_T}{2}}$$

$$p_{O_2} = p \cdot \frac{b - \dfrac{ax_T}{2}}{1 - \dfrac{ax_T}{2}}$$

将 SO_3,SO_2,O_2 的平衡分压代入式(2-10),经整理后得

$$x_T = \cfrac{K_p}{K_p + \sqrt{\left(1 - \cfrac{ax_T}{2}\right) \Big/ \left[p\left(b - \cfrac{ax_T}{2}\right)\right]}} \tag{2-13}$$

当已知温度、压力和初始组成时,便可由式(2-13)用试差法求得平衡转化率。由式(2-13)可知,降低温度、提高压力、增加氧含量都有利于平衡转化率的提高。图 2-10 表示温度与平衡转化率的关系。

② 催化剂和反应动力学 SO_2 的氧化必须使 O_2 键断裂,这需要耗费大量的能量。因此工业上用催化剂来降低反应活化能,加快反应速率。对 SO_2 氧化反应具有催化作用的物质很多,如 Pt,V_2O_5,Cr_2O_3,Fe_2O_3 及 CaO 等。Pt 催化剂在低温下就具有很高的活性,但价格太贵,且易中毒;Cr_2O_3,Fe_2O_3,CaO 只有在高温下才具有显著的活性,而高温下 SO_2 的平衡转化率较低;V_2O_5 的活性温度比其他氧化物低,而抗毒能力又比 Pt 强若干倍。因此,工业上普遍采用以 V_2O_5 为主体,SiO_2 为载体,K_2O 或 Na_2O 为促进剂的钒催化剂。载体 SiO_2 用以分散和支持活性组分,加入促进剂 K_2O 或 Na_2O,可提高活性组分的活性和选择性。催化剂被加热升温至某一温度,其活性才能作用;同样,若温度超过某一数值,催化剂活性迅速下降。因此,催化剂有一使用的温度范围,对钒催化剂为 430~600 ℃。

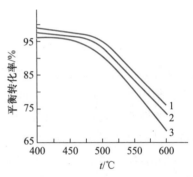

图 2-10   温度与平衡转化率的关系
(以黄铁矿为原料)

1—$\varphi_{SO_2} = 5\%$,$\varphi_{O_2} = 13.9\%$,$\varphi_{N_2} = 81.1\%$;
2—$\varphi_{SO_2} = 7\%$,$\varphi_{O_2} = 11.1\%$,$\varphi_{N_2} = 81.9\%$;
3—$\varphi_{SO_2} = 9\%$,$\varphi_{O_2} = 8.1\%$,$\varphi_{N_2} = 82.9\%$

SO_2 的氧化为气固相催化反应,由外扩散、内扩散和动力学过程组成(参阅6.5.1)。在工业生产条件下,气流速率已足够大,故外扩散控制完全可以排除。对于直径为 5 mm 的催化剂,在反应初期和较高温度下有内扩散阻滞现象,但在反应后期温度较低时,基本上是化学动力学控制。

根据化学动力学研究,提出过不同机理。一般认为 SO_2 催化氧化的化学动力学过程经历以下几个阶段:

a. 氧分子被催化剂表面吸附,氧分子中原子间的键被破坏;

b. 被氧覆盖的催化剂表面吸附 SO_2 分子;

c. 催化剂表面上吸附态的 SO_2 分子和氧原子进行表面反应,生成吸附态的 SO_3;

d. 表面上所生成的吸附态的 SO_3 进行解吸。

根据吸附理论,如果氧的表面吸附为控制阶段,则化学动力学方程式应为

$$r = k_1 p_{O_2} \left(\frac{p_{O_2}}{p_{SO_3}} \right)^a - k_2 \left(\frac{p_{SO_3}}{p_{SO_2}} \right)^{2-a} \qquad (2-14)$$

式中,k_1、k_2 为正、逆反应速率常数;a 为实验常数,其数值主要取决于催化剂的一些性质。对于工业上常用的钒催化剂,利用实验数据整理后得到的化学动力学方程式为

$$r = -\frac{dq_{n,SO_2}}{dV_R} = k_2 K_c c_{O_2} \left(\frac{c_{SO_2}}{c_{SO_3}} \right)^{0.8} - k_2 \left(\frac{c_{SO_3}}{c_{SO_2}} \right)^{1.2} \qquad (2-15)$$

式中,r 为反应速率,$kmol \cdot m^{-3}$(催化剂)$\cdot s^{-1}$;q_{n,SO_2} 为 SO_2 摩尔流量,$kmol \cdot s^{-1}$;V_R 为催化剂床层的体积,m^3;c_{O_2}、c_{SO_2}、c_{SO_3} 分别为气体混合物中 O_2、SO_2、SO_3 的瞬时浓度,$kmol \cdot m^{-3}$;k_1、k_2 分别为正、逆反应速率常数;K_c 为平衡常数。

式(2-15)的形式与氧的吸附为控制阶段的动力学方程式具有相同的形式,表明了化学动力学过程确为氧的吸附所控制。

(2)二氧化硫催化氧化的工艺条件

① 最适宜温度 从热力学角度,SO_2 氧化的平衡转化率随温度升高而降低,因此氧化反应宜在低温下进行。但从动力学来看,温度对可逆放热反应速率的影响却不是简单关系。从式(2-15)看出,决定反应速率有两方面因素,常数项如 k_2 和 K_c 取决于温度,浓度项如 c_{O_2}、c_{SO_2}、c_{SO_3} 等取决于转化率。

首先分析转化率不变时,提高温度对反应速率的影响。在低温范围内,由于 K_c 值很大,提高温度使 k_2 值变大,结果第一项正值的增长超过了第二项负值的增长,反应速率是增大的。当温度提高到一定程度时,由于 K_c 值迅速下降,继续提高温度将使第二项负值的增长超过第一项正值的增长,这时反应速率从最大值转而下降。图 2-11 所示为一定气体组成,一定转化率条件下 SO_2 氧化过程的反应速率与温度间的关系,图中反应速率最大时的温度就是最适宜温度。

其次来看转化率变化时的情况。当转化率低时,式(2-15)中的第一项的浓度值大,第二项浓度值较小,只有在较高的温度,使 k_2 的数值比较大的情况下,第二项负值的增长才能超过第一项,所以转化率低时,最适宜反应温度比较高。当转化率高时,第一项浓度值较小,第二项浓度值较大,第二项负值的增长可以在较低的温度下超过第一项正值的增长。所以转化率高时,最适宜反应温度较低。图 2-12 为不同转化率时反应速率与温度的关系图。将图中各条曲线的最高点连接起来,就是不同转化率时的最适宜反应温度线。

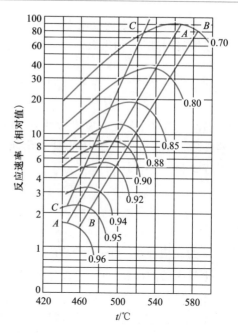

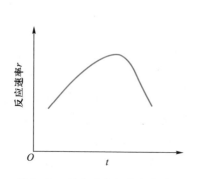

图 2-11　反应速率与温度的关系　　　　图 2-12　不同转化率时反应速率与温度关系图

　　作为工程计算比较适用的是转化率-温度图,图 2-13 就是根据图 2-12 的最适宜反应温度和转化率(x)相对应的数据描绘出来的。由图可知,反应初期最适宜温度较高,但最高不超过 600 ℃(钒催化剂的耐热极限温度),反应后期最适宜温度较低,但不能低于 400 ℃(钒催化剂的起燃温度)。平衡温度 T_e 可根据式(2-13)和式(2-11)得出。图中的直线为绝热操作线,表示氧化反应在绝热操作条件下进行时,转化率与温度的关系。在实际生产中,反应是从偏离最适宜温度线较远的较低温度 430~440 ℃下开始,按绝热操作线进行。随着转化率增加温度上升,待温度升到 600 ℃,转化率约 70%后尽可能按最适宜温度曲线进行。这样可以提高催化剂的利用率,减少催化剂的用量。

　　最适宜温度 T_m 可从理论上计算,其数学式为

$$T_m = \frac{T_e}{1 + \dfrac{RT_e}{E_2 - E_1} \ln \dfrac{E_2}{E_1}} \qquad (2-16)$$

式中,T_e 为平衡温度;E_1、E_2 分别为正、逆反应的活化能。由于是放热反应,$E_2 > E_1$,所以 $T_m < T_e$,表现在图 2-13 中 T_e 线位于 T_m 线的上方。

　　② 适宜的炉气组成　不论从热力学还是从动力学观点来看,提高炉气中 O_2 的浓度都是有利的。炉气中 O_2 的浓度越大,SO_2 的转化率越大,反应速率也越

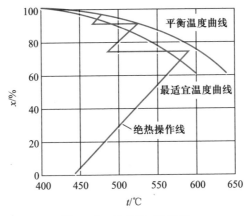

图 2-13 转化率-温度图

快;然而炉气中 SO_2 的浓度减小,生产强度就会降低。另外,SO_2 浓度还与催化剂的用量、转化器生产能力以及生产总费用有关。

图 2-14 是通过计算作出的,表示生产 1 t 硫酸所需的催化剂用量与混合气体初始组成中 SO_2 浓度间的关系。由图可见,SO_2 的转化率越大,所需催化剂用量越大;在要求达到某一转化率的情况下,炉气中 SO_2 浓度增加,催化剂用量随之增加。

图 2-15 所示,当焙烧黄铁矿得到不同的初始 SO_2 浓度时,通过计算可得到 SO_2 浓度与转化器的生产能力的定量关系曲线。各曲线代表不同的转化率,其最高点代表生产能力最大,对应于 SO_2 浓度为 6.8%~7%。

图 2-16 为硫酸生产成本与 SO_2 浓度的关系。当 SO_2 浓度提高,各主要设备生产能力随之提高,设备费用下降(曲线 1)。由于 SO_2 浓度增加,达到一定转化率所需要的催化剂用量相应增加,使成本提高(曲线 2)。因此系统生产总费用与 SO_2 浓度的关系曲线 3 中有一个最低值。由图表明,SO_2 浓度在 7%~8% 时总费用最小。

在黄铁矿为原料的制酸生产中,流程不同,炉气中 SO_2 适宜浓度也不尽相同。若采用一转一吸流程,炉气中 SO_2 浓度以 7%~8% 为适宜;如采用二转二吸流程,炉气中 SO_2 浓度可提高至 8%~9%。

③ 最终转化率 最终转化率越高,原料利用率越高,也减轻了污染,但是转化率越高,越接近平衡转化率,反应速率就越低。因此最终转化率只要增加一点,催化剂用量就增加很多。

图 2-17 为最终转化率与生产成本的关系。从图可看出,最终转化率在 97%~98.5% 之间,对生产成本的影响最小。在目前技术条件下最终转化率一般确定为 97.7%。考虑到减少对环境的污染,转化率应尽可能高些。如采用二转二吸流程,一般要求最终转化率高于 99%。

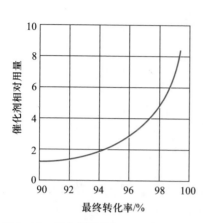

图 2-14　催化剂用量与 SO_2 浓度的关系

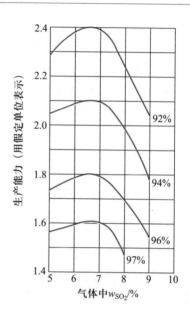

图 2-15　转化器生产能力与 SO_2 浓度的关系

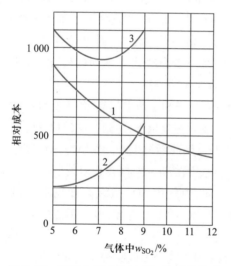

图 2-16　硫酸生产成本与 SO_2 浓度的关系
1—设备折旧费；2—催化剂用量；3—总费用

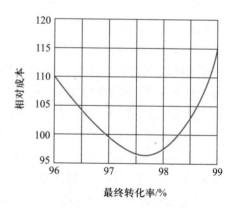

图 2-17　最终转化率与生产成本的关系

④ 压力　SO_2 氧化是体积缩小的可逆反应。因此增加压力有利于 SO_2 的转化。但从式(2-13)可知，压力对平衡转化率的影响不大。在常压下，转化率已达 96%~98%。因此，目前硫酸生产基本上都采用常压。但增加压力可以提高反应物的浓度，有利于加快反应速率，有利于提高产量，还有利于环境保护和节省投资。

（3）二氧化硫催化氧化的主要设备和流程

① 转化器 SO_2 催化氧化是气固相催化反应过程，工业上实施这一反应的主要设备称为转化器。它是一种固定床反应器，其筒体由钢板卷焊而成，筒内衬有耐腐蚀材料，外壁包有保温材料，催化剂分多层固定装填于转化器内。炉气在有一定厚度的床层中进行绝热反应，离开床层时，炉气温度被大大升高，随即进入催化剂床层之间的热交换器，通过换热将热量移走。然后再进入下一层催化剂床层继续进行绝热反应。依据要达到的最终转化率，可设计若干段的多层催化。

按层间换热方式不同，转化器分为间接换热式和直接换热式两类。前者靠换热器移去反应热，后者通过补充一定量的冷气体（炉气或空气）来降低上一层流出反应气体的温度，又称冷激式。

转化器的这种结构，提供了气体原料和固体催化剂之间的充分接触，可及时移去催化氧化反应热，使转化过程尽可能按照最适宜温度曲线进行。固定床催化反应器的详细内容，参阅第 6 章。

② 工艺流程

a. 中间换热式四段转化流程。如图 2-18 所示，气体在反应前依次经过外部换热器，第三、第二、第一换热器，被间壁预热到起燃温度，然后进第一段催化剂层反应，经第一段换热器降温，照此依次通过第二、第三、第四段反应器后，达到最终转化率要求，最后经外部换热器降温，送下工段进行吸收。

绝热操作过程中温度与转化率的关系，可由催化床的热量衡算式决定。若忽略热损失，则

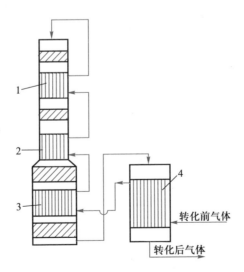

图 2-18 换热式四段转化流程图

1,2,3—第一、二、三段换热器；4—外部换热器

气体升温所需热量=反应放出热量

$$q_{n,2}c_p(t_2-t_1)=q_{n,1}y(x_2-x_1)(-\Delta_r H_m^\ominus) \tag{2-17}$$

式中,$q_{n,1}$、$q_{n,2}$ 分别为混合气体进入和离开催化床时的摩尔流量,$mol \cdot s^{-1}$;t_1、t_2 分别为混合气体进入和离开催化床时的温度,℃;x_1、x_2 分别为混合气体进入和离开催化床时的转化率,%;$\Delta_r H_m^\ominus$ 为温度为 t_1 时 SO_2 氧化反应热,$J \cdot mol^{-1}$;c_p 为转化率为 x_2,温度自 t_1 到 t_2 时混合气体的平均比定压热容,$J \cdot mol^{-1} \cdot K^{-1}$;$y$ 为炉气中 SO_2 的摩尔分数。

式(2-17)又称为绝热操作线方程,还可写成:

$$t_2-t_1=\frac{q_{n,1}(-y\Delta_r H_m^\ominus)}{q_{n,2}c_p}(x_2-x_1)=\lambda(x_2-x_1) \tag{2-18}$$

式中,λ 为绝热温升系数,相当于转化率由 0 提高到 100% 时,气体升高的温度。由于 $\Delta_r H_m^\ominus$、c_p 均可视为常数,$q_{n,1}$、$q_{n,2}$ 变化不大,当 y 一定时,λ 可视为常数,绝热操作线可视为直线。式(2-18)表明,各段温升与转化率净值成正比,即按照最大温差操作,可获得各段最高的转化率。

各段始末温度与转化率的分配原则是使催化剂用量为最小。图 2-19 是原始组成为 SO_2 7.5%,O_2 10.2% 时四段转化的最适宜始末温度与转化率分配图。

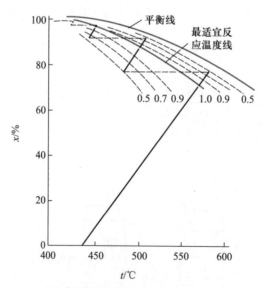

图 2-19　四段转化流程的 x-t 图

各段进出口温度与转化率分配如下:

段数	进口温度/℃	出口温度/℃	出口转化率/%	转化率净值/%
1	440	592	71.3	71.3
2	489	523	87.2	15.9
3	461	475	93.9	6.7
4	433	439	97.0	3.1

由图 2-19 可知,由于 SO_2 在炉气中初始含量一定,因此各段催化床层的绝热操作线斜率 λ 是相同的,各段的绝热操作线为一组互相平行的直线。

这种流程的优点是各段床层间的热交换器都装在反应器中,结构紧凑,操作集中,压力降小,保温容易。其缺点是反应器本身庞大,结构复杂,层间换热器的清理、检修不便。

b. 四段转化空气冷激流程。图 2-20 和图 2-21 为空气冷激流程和 x-t 图。如图 2-20 所示,流程中省去了上、下部热交换器,用空气冷激。其优点是由于补加了空气,提高了出口转化率,相应可提高进口炉气浓度。缺点是要增加空气干燥和鼓风机,且热利用率低。

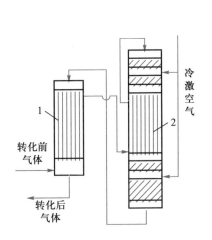

图 2-20 四段转化空气冷激流程图
1—预热器;2—转化器

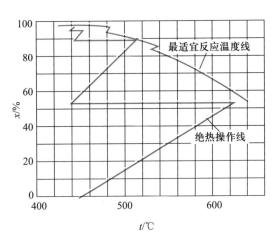

图 2-21 空气冷激流程 x-t 图

图 2-21 系以燃烧硫黄,气体浓度为 12% 而作出的 x-t 图。由于第一、二段之间和第三、四段之间补加冷空气降温,同时也相应地改变了炉气组成,结果各段的绝热操作线斜率(λ)也随着改变,但冷却线仍系一水平线。由于 SO_2 浓度降低,同一温度下的平衡转化率便增加,所以平衡曲线向上移,最适宜反应温度

线也作相应的移动。因此,图 2-21 与图 2-19 不同的根本原因,乃是空气冷激之后,炉气初始组成有了改变。

　　c. 二转二吸流程。如图 2-22 所示,炉气经换热器 3、2 预热到 430 ℃左右,进入转化器第Ⅰ段催化剂层,转化后气体经换热器 1 冷却后进第Ⅱ段转化,依次类推。通过Ⅲ段转化后,转化率达 95%,经换热器 3 冷却后送去第一吸收塔吸收。吸收后的气体经除沫器,再送到换热器 4、1 加热后,到 420 ℃左右进入第Ⅳ段催化剂层进行二次转化。转化后的气体经换热器 4 冷却后,送去第二吸收塔吸收。

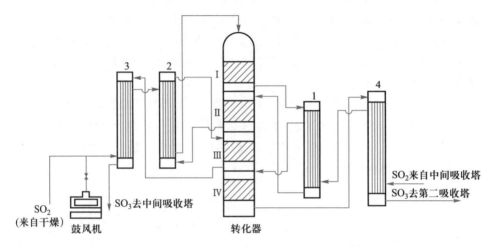

图 2-22　二转二吸流程图

　　该流程的优点是提高了最终转化率(达 99.5%),也相应地提高了硫利用率,减少了污染,其缺点是增设中间吸收塔,转化气温度由高到低、再到高,整个系统热量损失较大,两次预热炉气,需要增设换热器,系统动力耗损亦增加。它不适用于 SO_2 浓度低的炉气,因为 SO_2 转化时放热量太少,难以保持热平衡。

4. 三氧化硫的吸收

　　从转化工序出来的转化气中 SO_3 含量一般不超过 10%。硫酸生产的最后一个工序是将转化气中 SO_3 用硫酸吸收成产品酸;或者使之与水蒸气先结合成硫酸蒸气,再冷凝为酸。前者吸收成酸,后者冷凝成酸。

　　(1) 吸收成酸

　　吸收成酸是用硫酸水溶液吸收 SO_3。在吸收过程中,SO_3 溶解在溶液中,并与所含的水化合生成硫酸:

$$nSO_3 + H_2O \Longrightarrow H_2SO_4 + (n-1)SO_3 \tag{2-19}$$

当 $n>1$ 时,生成发烟硫酸;$n=1$ 时,生成无水硫酸;$n<1$ 时,生成含水硫酸。生产中一般根据需要配酸来吸收 SO_3。用浓度为 98.3% 的硫酸来吸收,效果最好,过低过高都会使操作恶化。

浓度低于 98.3% 的硫酸,液面上水蒸气分压大。浓度越低,水蒸气分压越大。SO_3 气体和水蒸气迅速结合成硫酸分子,生成的硫酸分子来不及溶解于水中。换句话说,SO_3 与水蒸气化合成硫酸蒸气的速率超过了硫酸分子被水吸收的速率。因此硫酸蒸气过饱和而冷凝成酸雾。酸雾是一种质量比硫酸分子大得多而又悬浮于空中的液体微粒,因此扩散速率极慢,造成吸收困难,只有很少一部分能被吸收,绝大部分都随不溶性气体(占转化气中约 90%)一起逸出。这就是为什么生产中不能用水或稀硫酸来吸收的原因。

浓度高于 98.3% 的硫酸,则具有较大的 SO_3 蒸气压。浓度越高,SO_3 蒸气压越大,吸收推动力越小。因此吸收速率低,而且不可能达到完全吸收,吸收率也低。只有浓度为 98.3% 的硫酸,在任何温度下,总蒸气压最小,因此是理想的吸收剂。

吸收 SO_3 所用的硫酸,除严格控制其浓度外,还必须控制其温度。温度太高,硫酸中水分蒸发,与 SO_3 气体结合成酸雾,使吸收率降低;温度过低,会使黏度增大,而降低传质系数和吸收速率,也是不适宜的。吸收酸温度一般以 40 ~ 50 ℃ 为宜。

吸收流程如图 2-23 所示。转化后的炉气自吸收塔底部进入,98.3% 的硫酸由塔顶喷淋,两者呈逆流接触。由于吸收时有大量的反应热放出,喷淋酸温度升高。当吸收 SO_3 使酸的浓度提高 0.5% ~ 1% 时,酸的温度也随之升高10~

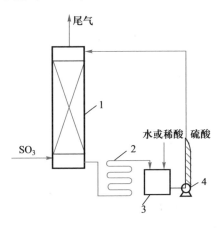

图 2-23 吸收流程图
1—吸收塔;2—冷却管;3—酸桶;4—泵

20 ℃。无论是酸的浓度或温度升高,偏离适宜值,都会使吸收恶化。因此,每吸收一次 SO_3,浓度增加不超过 0.5%。当喷淋酸的浓度提高到 98.8%,温度上升到 60~70 ℃ 时即出塔,与来自干燥塔浓度较低的硫酸相混合,稀释至原有浓度。由于吸收及稀释时均放热,酸温度升高,因此,在送去吸收塔循环喷淋之前,必须先进行冷却。过剩的循环酸则作为产品取出。

吸收塔通常为填料塔,第 5 章将详细讨论。

(2) 冷凝成酸

冷凝成酸适用于转化气中含有水分的场合,这时气体中的 SO_3 与水蒸气结合成硫酸蒸气：

$$SO_3(气) + H_2O(气) \rightleftharpoons H_2SO_4(气) \qquad \Delta_r H_m^\ominus = -125 \text{ kJ} \cdot \text{mol}^{-1} \qquad (2-20)$$

这个可逆放热反应的平衡常数 K_p 如下：

温度/℃	100	200	300	400
K_p	1.7×10^3	1.9	2.2×10^{-2}	9.6×10^{-4}

随着温度降低，平衡常数增大，平衡向右移动，于是有大量的硫酸蒸气生成。当硫酸蒸气的分压超过其饱和蒸气压，即凝成硫酸溶液：

$$H_2SO_4(气) \rightleftharpoons H_2SO_4(液) \qquad \Delta_r H_m^\ominus = -50.13 \text{ kJ} \cdot \text{mol}^{-1} \qquad (2-21)$$

上述两个可逆反应构成一个平衡体系：

$$SO_3(气) + H_2O(气) \rightleftharpoons H_2SO_4(气) \rightleftharpoons H_2SO_4(液)$$

冷凝成酸流程与吸收成酸流程相似，但两者也存在不同之处。吸收成酸为化学吸收过程，吸收剂为 98.3% 浓硫酸，操作温度较低，进入吸收塔的气体温度一般控制在 120~200 ℃，以提高吸收速率。而冷凝成酸是物理过程，使用硫酸的浓度较低，如 93% 或 76%，甚至水都可以；操作温度较高，一般转化气体进口温度保持在 220~400 ℃甚至以上。冷凝成酸只适于转化气含有水分的场合。

5. 接触法生产硫酸的全流程

接触法生产硫酸的全流程的几个工序都有多种生产方法，如炉气的净化有干法及湿法的水洗和酸洗，二氧化硫的催化氧化有中间换热式和空气冷激式的四段转化之分，又有一转一吸和二转二吸等不同方法。根据原料的特点、炉气中杂质的不同以及技术经济指标，把不同生产方法的几个工序有机地结合起来，可构成各种不同的接触法生产硫酸的全流程。通常硫酸生产工艺流程以炉气净化方法来命名，因而有水洗、酸洗和干洗三种制酸流程。

图 2-24 为以黄铁矿为原料的水洗法二转二吸流程图。

黄铁矿经破碎、筛分、配料后，由加料器加入沸腾炉中，空气则由鼓风机送入炉底。黄铁矿在炉内沸腾焙烧，生成的炉气及细粒矿尘从炉顶排出，粗矿渣则从炉底渣口排出。为了保持炉温不致过高和回收热量，通常在炉壁周围安置水箱或于沸腾层内插入 U 形管来移去热量，很多工厂已改用废热锅炉的换热元件移热，以副产蒸汽。SO_2 炉气依次经过旋风分离器、文氏管洗涤器、泡沫洗涤塔、电除雾器、干燥塔以净化炉气。从文、泡、电水洗流程收集的污水集中到解吸塔，利用空气把溶

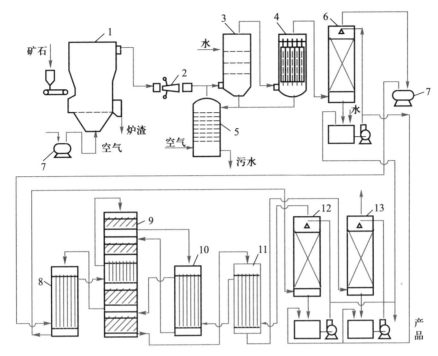

图 2-24 水洗法二转二吸流程图

1—沸腾炉;2—文氏管;3—泡沫洗涤塔;4—电除雾器;5—解吸塔;6—干燥塔;

7—鼓风机;8,10,11—换热器;9—转化器;12,13—第一、第二吸收塔

解的 SO_2 吹出,送回系统中去。解吸塔排出的污水处理后,排放或循环使用。

净化后的炉气,用鼓风机升压,然后经过换热器和转化炉内的换热器升温到 430 ℃,进入催化床进行催化氧化。二转二吸流程已如前述,总转化率可提高到 99.5% 以上,从第二吸收塔排出的尾气含 SO_2 不到 0.1%,可直接排放。

炉气干燥塔内用浓度为 93% 的硫酸喷淋,吸收炉气中的水分后,浓度越来越低。吸收塔用的是 98.3% 的硫酸,吸收 SO_3 后浓度越来越高。为了维持酸的浓度不变,向 93% 的酸槽中添加 98.3% 的硫酸;向 98.3% 的酸槽中添加 93% 的硫酸,生产中叫串酸。由于炉气中的水分一般比反应所需的水分少,还要向 93% 的酸槽中补充适量的水。

6. 硫酸生产"三废"治理、能量回收利用及技术经济指标

(1)"三废"治理

硫酸生产过程中,有大量废渣、废水和废气产生。废渣主要是黄铁矿焙烧后

的矿渣,含有氧化铁和残余的硫化亚铁,以及少量铜、铅、锌、砷和微量元素钴、硒、锌、锗、银、金等。当矿石含硫 25% ~ 35% 时,每生产 1 t 硫酸要排出 0.7 ~ 1 t 矿渣。大量的矿渣不但占用耕地,而且堆放日久还会受细菌作用氧化成水溶性硫酸铁,使水污染。废水主要是冷却水,其中除含硫酸外,还含有砷、氟的化合物和贵重金属。酸度严重影响水生物生命,砷则是剧毒物质,氟会影响人体骨骼及牙齿。水洗净化流程每生产 1 t 硫酸要排放出 10 ~ 15 t 废水。废气的主要来源是吸收后排放的尾气,它含有少量未转化的 SO_2、未被吸收的 SO_2 以及酸雾和水蒸气。硫酸厂的废气可致使农作物枯萎,危害人体健康。

为保护环境,对硫酸生产的"三废"必须进行处理,我国 2010 年颁布的硫酸工业污染物排放标准 GB 26132—2010 规定,现有企业 SO_2 排放量不超过 23 $kg \cdot h^{-1}$, SO_2 排放浓度限值 400 $mg \cdot m^{-3}$,硫酸雾排放浓度极限值为 30 $mg \cdot m^{-3}$;废水最高允许排放质量浓度($mg \cdot L^{-1}$)的主要指标为:化学需氧量 100,悬浮物 100,石油类 8,硫化物 1,砷 0.3,铅 0.5,总磷 30,总氮 40,氟化物 15。

对废渣的综合利用的主要途径有:① 用作生产水泥的含铁原料,只要求含铁量大于 30%,对硫、砷无特别要求,是硫酸厂矿渣的主要去处;② 作为炼铁原料,矿渣含铁 45% 左右,是炼铁的精矿;③ 用于提炼有色金属及贵金属;④ 作石油钻井用的钒土液加重剂;⑤ 矿渣制砖、铺路等。

一般水洗硫酸厂的废水治理大都采用石灰乳中和处理。石灰乳除中和污水的酸度,与污水中砷、氟起反应生成沉淀外,还能与酸泥中的铁离子结合生成氢氧化铁。氢氧化铁具有强烈的吸附性,它在凝聚过程中吸附溶解于污水中的砷及其化合物,使之共沉淀,进而清除了砷。这种处理后的污水再经过活性炭吸附法、离子交换法或其他物理化学方法进一步处理,便可排放。弃除水洗净化,采用新流程,不排放或少排放污水是治理硫酸水污染的根本性措施。

减少和消除吸收尾气中的二氧化硫和三氧化硫等的根本方法是提高二氧化硫的转化率和三氧化硫的吸收率,如采用前面讲述的二转二吸流程,可使二氧化硫转化率提高到 99.5%,尾气中二氧化硫含量降到 100 ~ 200 $\mu g \cdot g^{-1}$。又如国外采用加压法转化,操作压力 2 MPa,总转化率达 99.97%,尾气中含二氧化硫仅 30 $\mu g \cdot g^{-1}$,可直接排放。

尾气回收方法很多,如利用氨水吸收尾气中的二氧化硫,副产亚硫酸铵,供造纸厂代替烧碱处理草类原料制造纸浆。这种方法既消除了尾气的烟害,又将氨水转变为质量较好的肥料,还解决了烧碱纸浆废液污染,是一种变害为利的合理方案。

(2) 能量利用

硫酸生产过程中的三个化学反应都有热量放出。以黄铁矿为原料制酸为例,每生产 1 t 100%硫酸,焙烧反应放热 $4.4×10^6$ kJ,二氧化硫氧化反应放热 $1×10^6$ kJ,干燥和吸收放热 $1.8×10^6$ kJ,共计 $7.2×10^6$ kJ,折合 200 kW·h 电。若将这些热量回收利用,无疑会节省能源,降低成本,获得好的经济效益。

从温位来看,焙烧温度高达 800 ℃,为高温余热。在一些大型硫酸厂,已相当广泛地用副产高压蒸汽进行发电。二氧化硫氧化反应温度为 400 ℃,若原料中砷、氟较少,而采用干法净制,这种中温余热也可用来副产蒸汽进行发电。干燥和吸收过程温位较低(120 ℃),目前很少利用。实际上,硫酸生产的热量回收利用水平还很低,多限于高温位热量的回收,据统计仅为 312.9 kJ/t(硫酸)。因而,依据生产能力的不同,按照热能的数量和质量的差别,因厂制宜,寻求硫酸生产的余热回收利用的途径,仍是硫酸工业要解决的一个问题。

(3) 技术经济指标

技术经济指标有诸多方面。技术指标主要有设备生产能力、生产效率、设备利用率等;经济指标指消耗定额、生产成本和劳动生产率等。硫酸生产的原料不同,采用流程不同,技术经济指标也不相同。表 2-3 为我国以黄铁矿生产硫酸的主要技术经济指标。

表 2-3　硫酸技术经济指标

耗黄铁矿(含硫35%)* /[kg(黄铁矿)·t^{-1}(硫酸)]	电耗/[kW·h·t^{-1}(硫酸)]	水耗/[t(水)·t^{-1}(硫酸)]	催化剂利用率/[t(硫酸)·m^{-3}(催化剂)·d^{-1}]	劳动生产率/[t(硫酸)·人$^{-1}$]	工厂成本/[元·t^{-1}(硫酸)]
1 020.32	115.12	34.78	2.96	355.01	368.7

* 我国规定标准矿含硫量按35%计。

从生产能力看,世界上单系列硫黄制硫酸生产装置的最大能力已达到 3 100 t/d,年产超过百万吨,大部分装置生产能力在 1 000 t/d 以上。我国硫酸厂近 600 家,多为小厂,年产在 5 万~10 万吨的居多,原料和能量消耗都较大。按表 2-3 的定额,硫的利用率(矿石中硫被利用制成各种硫产品总的百分数)仅为 $\dfrac{\dfrac{1}{98} \div \dfrac{1\ 020.32×10^{-3}×0.35}{32}}{} ×100\% = 91.44\%$。这是因为在硫酸生产过程中每一个工序均有硫分损失。黄铁矿中硫分被焙烧出的分率(烧出率),二氧化硫炉气在净化过程中硫的收率(净化收率),SO_2 转化为 SO_3 的分率(转化率)以及 SO_3 在吸收过程中被吸收生成硫酸的分率(吸收率)等都不可能达到 100%,再加上非正常硫分燃烧,最后累计致使硫的利用率偏低。硫的利用率越低,硫酸的成本就越高;同时"三废"的危害性越大,设备腐蚀亦越严重。

本节小结

　　本节讨论了以黄铁矿为原料、接触法制硫酸的生产全过程。从工业原料到合格产品的工业生产涉及诸多实际问题。一方面,矿石的加工处理、炉气的净化分离等物理过程,是硫酸生产必不可少的单元操作,焙烧和转化工序的化学反应的要求决定着矿石处理和炉气净化等物理过程进行的程度;另一方面,焙烧和转化本身又都是非均相化学反应过程,其速率是由表面反应还是由扩散来决定,需通过宏观动力学研究确定。单元操作和宏观化学反应过程都是工业生产有别于化学实验研究而引入的新概念、新知识,要实施这些过程,选择适宜的设备、确定最佳的工艺条件、匹配合理的工艺流程则是化学工艺学研究的基本内容。前者在后续章节要陆续深入展开,后者在本节讨论中已几次涉及。关于化学工艺学研究的思路,读者可自行总结,并在本章后两节的典型化工产品生产工艺的剖析过程中,进一步学习和体会。

本节复习题

　　1. 硫酸生产的主要原料有哪些? 选取原料的主要依据是什么?

　　2. 接触法制硫酸的原则流程中有哪些工序? 哪些是物理操作? 哪些是化学过程? 各自的任务是什么? 说明它们之间的相互关系。

　　3. 说明黄铁矿焙烧反应的特征,如何强化焙烧反应过程?

　　4. 了解黄铁矿沸腾焙烧炉的构造,它是如何实现和完成焙烧操作的?

　　5. 炉气为什么要净化? 炉气净化的实质是什么? 可采用哪些方法?

　　6. 湿法净化的原理是什么? 比较湿法和干法净化流程的优缺点。

　　7. 选择二氧化硫催化氧化的工艺条件的依据是什么? 涉及哪些技术经济问题?

　　8. 二氧化硫催化氧化为什么要使用绝热多段中间换热的反应器?

　　9. 二转二吸流程有何优点? 存在什么问题?

　　10. 比较吸收成酸和冷凝成酸的异同。

　　11. 吸收成酸流程和二转二吸流程中都采用了填料吸收塔,阅读 5.1.3 节,了解填料塔构造及操作性能。

　　12. 硫酸生产对环境有哪些污染? 如何防治?

　　13. 试从原料、生产规模、生产过程与设备、技术经济、能量平衡、环境保护等方面总结硫酸工业化生产的特点。

本节参考书目与文献

2.2 丙烯腈生产

丙烯腈是三大合成材料的重要单体,是精细化工产品的重要原料,它的合成在基本有机化工中占有相当重要的地位。本节就丙烯腈生产,特别是对丙烯氨氧化法生产丙烯腈的工艺进行讨论。

1. 概述

（1）丙烯腈的性质和用途

丙烯腈是无色、易挥发的透明液体,剧毒、微臭、有桃仁气味。沸点 77.3 ℃,凝固点-83.5 ℃,密度 806 $kg \cdot m^{-3}$,25 ℃时在空气中的爆炸浓度范围为 3.05%~17%（体积分数）。能溶于丙酮、苯、四氯化碳、乙醚、乙醇等有机溶剂,微溶于水,并能与水、苯和异丙醇形成共沸物。

丙烯腈的分子式是 C_3H_3N,结构式为 $CH_2\!\!=\!\!CHCN$,能发生聚合、加成、氰基和氰乙基化等反应。聚合和加成反应都发生在丙烯腈的C=C双键上,纯丙烯腈在光的作用下能自行聚合。在浓碱存在的条件下能强烈聚合,它还能与苯乙烯、丁二烯、乙酸乙烯、氯乙烯、丙烯酰胺等中的一种或几种发生共聚反应。典型的丙烯腈加成反应有电解加氢偶联反应制取己二腈等;氰基反应包括水合反应、水解反应、醇解反应及烯烃的反应等,如丙烯腈和水在铜催化剂存在下,直接水合制取丙烯酰胺;氰乙基化反应有丙烯腈与醇制取烷氧基丙胺等。

丙烯腈的用途非常广泛,图 2-25 展示了丙烯腈的主要用途。聚丙烯腈（腈纶）保暖性和弹性都很好,有耐磨和轻而柔的特点,可作毛线、衣物等。ABS 塑料耐冲击强度好,有较好的抗张强度、刚性、硬度和耐低温性能等,可用作管材、仪表外壳及设备零件等。丁腈橡胶有良好的耐油、耐磨损、耐溶剂等性能,主要用作胶管、垫圈等。丙烯腈水解生产丙烯酰胺,电解加氢二聚生产己二腈、涂料和尼龙等。丙烯腈与醇反应制取的烷氧基丙胺可作分散剂、表面活性剂等。

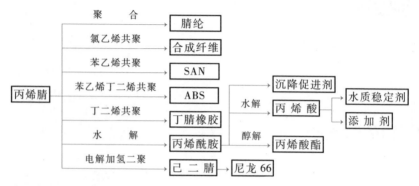

SAN：苯乙烯-丙烯腈树脂

ABS：丙烯腈-丁二烯-苯乙烯树脂

图2-25 丙烯腈的主要用途

（2）生产丙烯腈的原料和方法

丙烯腈于1893年在法国的Moureu实验室合成成功，早期的制备方法是用较昂贵的C_2为原料与氢氰酸反应，首先在美国实现工业化生产。1960年以前，丙烯腈生产方法有三种：

① 环氧乙烷法 以环氧乙烷为原料生产丙烯腈的工艺在20世纪50年代开发成功，是最早的工业规模生产丙烯腈的方法。此法是在碱性催化剂条件下，环氧乙烷与氢氰酸加成生成氰乙醇，再在甲酸钠或甲酸钾存在下，于250～300℃进行脱水反应而制得丙烯腈。

$$CH_2 — CH_2 + HCN \xrightarrow{碱性催化剂} HOCH_2CH_2CN$$
$$\diagdown O \diagup$$

$$HOCH_2CH_2CN \longrightarrow H_2C = CHCN + H_2O$$

该法生产的丙烯腈纯度较高，但原料昂贵，成本高，现在已被淘汰。

② 乙炔法 此方法是以乙炔与氢氰酸为原料，在$CuCl_2$-NH_4Cl的催化作用下，温度为80～90℃时，进行加成反应而得到丙烯腈。

$$CH \equiv CH + HCN \xrightarrow{催化剂} H_2C = CHCN$$

该法生产工艺过程简单，成本低于环氧乙烷法，但副产物种类繁多，产物分离比较困难。

③ 乙醛法 由乙醛与氢氰酸反应生成乳酸腈化物（乳腈），再在600～

700 ℃和磷酸存在的条件下脱水而制得,该方法制丙烯腈未实现工业化生产。

$$CH_3CHO + HCN \longrightarrow CH_3\underset{\underset{OH}{|}}{C}HCN \xrightarrow{-H_2O} H_2C{=\!=}CHCN$$

　　上述几种生产方法需要的原料比较昂贵,生产成本高,且原料氢氰酸有剧毒,对环境污染严重,因而限制了丙烯腈生产的发展。

　　20 世纪 60 年代,美国标准石油公司开发了更有效的催化剂,使丙烯氨氧化一步合成丙烯腈的方法得以开发,称为索亥俄(Sohio)法。丙烯氨氧化是经过活化的甲基与氨经催化氧化反应生成腈基的反应过程:

$$CH_3CH{=\!=}CH_2 + NH_3 + \frac{3}{2}O_2 \xrightarrow{\text{催化剂}} H_2C{=\!=}CHCN + 3H_2O$$

　　丙烯氨氧化法具有原料便宜、生产成本低、工艺过程简单、设备投资少等优点。它的成功开发迅速推动了丙烯腈生产的发展,目前世界各国新建的丙烯腈装置基本都采用这种工艺路线。该法在反应中除了生成丙烯腈外,同时生成少量乙腈、氢氰酸、丙烯醛以及二氧化碳、一氧化碳等副产物,还包括未参加反应的丙烯、氨、氧、大量的氮气和水蒸气等,因此反应后得到的气体是复杂的气体混合物。为了获得纯净的丙烯腈,需对反应后的混合气体进行分离精制。首先在中和塔中进行酸洗,用稀硫酸除去未反应的氨气,然后在吸收塔中用水吸收丙烯腈、乙腈等气体,形成水溶液,再经萃取塔分离出乙腈、脱氢氰酸塔脱除氢氰酸,最后经脱水、精馏等分离过程,得到成品丙烯腈。这一工艺过程的原则流程如图 2-26 所示。下面就丙烯氨氧化法合成丙烯腈的生产过程进行讨论。

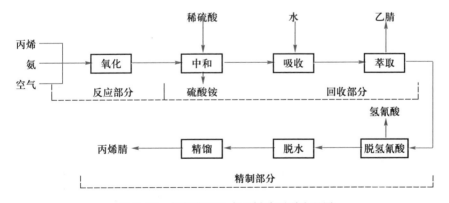

图 2-26　氨氧化法生产丙烯腈原则流程图

2. 丙烯氨氧化反应理论

（1）主副反应 $\Delta_r H^{\ominus}_{m,298\ K}/(\mathrm{kJ \cdot mol^{-1}}$产物$)$

主反应 $\quad C_3H_6+NH_3+\dfrac{3}{2}O_2 \longrightarrow H_2C=CHCN(g)+3H_2O(g)$ $\qquad$ −514.8

副反应 $\quad \dfrac{2}{3}C_3H_6+NH_3+O_2 \longrightarrow CH_3CN(g)+2H_2O(g)$ $\qquad$ −362.5

$\qquad \dfrac{1}{3}C_3H_6+NH_3+O_2 \longrightarrow HCN(g)+2H_2O(g)$ $\qquad$ −314.0

$\qquad C_3H_6+NH_3+O_2 \longrightarrow CH_3CH_2CN(g)+2H_2O(g)$ $\qquad$ −412.9

$\qquad C_3H_6+O_2 \longrightarrow CH_2=CHCHO(g)+H_2O(g)$ $\qquad$ −353.3

$\qquad C_3H_6+\dfrac{3}{2}O_2 \longrightarrow CH_2=CHCOOH(g)+H_2O(g)$ $\qquad$ −613.4

$\qquad C_3H_6+O_2 \longrightarrow CH_3CHO(g)+HCHO$ $\qquad$ −294.1

$\qquad C_3H_6+\dfrac{1}{2}O_2 \longrightarrow CH_3\underset{\overset{\|}{O}}{C}CH_3(g)$ $\qquad$ −237.3

$\qquad \dfrac{1}{3}C_3H_6+\dfrac{3}{2}O_2 \longrightarrow CO_2(g)+H_2O(g)$ $\qquad$ −640.3

$\qquad \dfrac{1}{3}C_3H_6+O_2 \longrightarrow CO(g)+H_2O(g)$ $\qquad$ −359.1

$\qquad 2NH_3+\dfrac{3}{2}O_2 \longrightarrow N_2+3H_2O(g)$ $\qquad$ −636.0

从上面的反应方程式可以看出,丙烯氨氧化反应过程是一个复杂的反应过程。除主反应所得产物丙烯腈外,副产物大致分为三类,一类为腈化物,主要是氢氰酸和乙腈,丙腈的含量非常少;第二类为有机含氧化合物,主要是丙烯醛,也可能有少量丙酮和其他含氧化合物;第三类是深度氧化的产物,一氧化碳和二氧化碳。

因为丙烯是含有三个碳原子的单烯烃,α-碳原子上的 C—H 键的解离能比一般 C—H 键的小,且具有高的反应活性,因而丙烯在特定的催化剂和有氧存在的条件下,易发生 α-碳氢键断裂,从而在 α-碳上达到选择性氧化。所有主副反应均为强放热反应,在热力学上十分有利。但反应过程中必须移出热量,以维持反应的持续进行,尤其是二氧化碳生成的副反应,放出的热量最多,如果热量移出不畅,反应温度会迅速升高,难以控制,以致全部变成了丙烯的燃烧反应,甚至会引起爆炸。氨氧化的主反应与副反应之间的竞争,主要由动力学因素决定,起关键作用的是催化剂。适宜的催化剂使主反应具有较低活化能,以使反应在较低温度下进行,从而使热力学上更为有利的深度氧化等副反应,在动力学上得以抑制。

(2) 催化剂

丙烯氨氧化合成丙烯腈所用的催化剂主要是 Mo-Bi-O 类。工业上最早使用的丙烯氨氧化催化剂是 P-Mo-Bi-O 催化剂,其代表性组成为 $Bi_9Mo_{12}PO_{52}$。单纯的 MoO_3 虽有一定的活性,但选择性很差;单纯的 Bi_2O_3 对生成丙烯腈并无催化活性,只有当 MoO_3 与 Bi_2O_3 组合起来,才会表现出较好的活性和选择性。研究发现 Bi/Mo 的质量比为 1 时活性最好,丙烯腈的单程收率也最高。催化剂中的 P 是助催化剂,起提高催化剂的选择性、改善热稳定性和延长寿命的作用。催化剂的载体的比表面积不应太大,其目的是降低氧化深度,以利于提高选择性。鉴于各反应均为放热反应,且放热又很大,所以载体的热稳定性和热导性也十分重要。一般说来,对传热性能较差的反应器,选刚玉为载体;对传热性能良好的反应器,大多采用微球硅胶为载体。

近年来,在对 P-Mo-Bi-O 催化剂研究的基础上,进行了许多改进,引入助催化剂如 Cs、Mn、Ce、Fe 等金属来改善催化剂的活性和选择性,提高丙烯腈的单程收率。P-Mo-Bi-Ce 催化剂的转化率达 85%,收率达 70%。20 世纪 70 年代初研制出了 P-Mo-Bi-Fe-Co-Ni-K-O 多组分的催化剂,将丙烯腈的单程收率提高到 74% 左右。

(3) 反应动力学

丙烯氨氧化反应是非均相反应,其过程是气态物料通过反应器床层中的催化剂完成,其过程包括扩散、吸附、表面反应、脱附和扩散五个步骤。在表面反应过程中,由于氧化深度不同,丙烯可氧化为丙烯醛,也可氨氧化为丙烯腈。对于丙烯在氨氧化反应过程中,丙烯醛是否为中间产物,有不同的看法。

认为丙烯醛为中间产物的研究者提出的动力学图式如下:

$$CH_3-CH=CH_2(气相)$$

$$CH_3-CH=CH_2(吸附) \xrightarrow{-H} CH_2\cdots CH\cdots CH_2 \xrightarrow{-H} CH_2=CH-CH$$

$$CH_2=CH-CN(吸附) \xleftarrow{NH_3,O_2} CH_2=CH-CHO(吸附)$$

$$CH_2=CH-CN(气相) \qquad CH_2=CH-CHO(气相)$$

另一些研究者则认为,在足够氨存在下,丙烯生成丙烯醛的速率被抑制,经历中间物丙烯醛的可能性很小,其动力学图式为

$$CH_3—CH\!\!=\!\!CH_2 \xrightarrow{\ k_1\ } CH_2\!\!=\!\!CH—CHO$$

$$\downarrow k_3 \qquad \downarrow k_2$$

$$CH_2\!\!=\!\!CH—CN$$

从实验数据推算得出在 430 ℃时,$k_1/k_3 = 1/40$,丙烯腈主要是由丙烯直接氨氧化生成的,丙烯醛只是平行副反应的产物。

研究还表明,丙烯无论是被氧化为丙烯腈,还是丙烯醛,均须经过中间产物烯丙基。丙烯的 α-碳上连有氢原子,在反应过程中,首先被进攻的是 α-碳上的 C—H 键,而经历中间产物烯丙基。烯丙基的形成过程很可能是被吸附的烯烃与催化剂的高价金属离子先形成 π 络合物,然后发生解离、吸附,α-碳上断裂脱出 H^+,形成烯丙基负离子,再经电子转移而形成烯丙基自由基,金属离子获得电子由高价还原至低价,断裂脱出的 H^+ 则与催化剂的晶格氧形成 OH^-,再反应生成水。氨在催化剂上脱除氢而形成 NH 基团,再与烯丙基形成丙烯腈。催化剂则被气相氧重新氧化。

$$CH_2\!\!=\!\!CH—CH_3 \xrightarrow{-H} H_2C\text{---}CH\text{---}CH_2^- (\text{吸附}) \longrightarrow H_2C\text{---}CH\text{---}CH_2 (\text{吸附})$$

$$\underset{Mn^{z+}—O}{\big|} \qquad\qquad \underset{Mn^{z+}—OH}{\big|} \qquad\qquad\qquad \underset{Mn^{(z-1)+}—OH}{\big|}$$

$$\xrightarrow{-H} CH_2\!\!=\!\!CH—CH(\text{吸附}) \xrightarrow{\ -2H\ } CH_2\!\!=\!\!CH—CN$$

$$NH_3 \xrightarrow{-H} NH_2(\text{吸附}) \xrightarrow{-H} NH(\text{吸附})$$

$$4OH^- \longrightarrow 2H_2O + 2O^{2-}(\text{晶格氧})$$

吸附在催化剂表面的氧使高价金属离子再氧化为低价离子,同时重新补充被 H^+ 所消耗的晶格氧而构成催化循环。丙烯腈分子中不含氧原子,只有在足够氧存在下,才能生成丙烯腈。如果参加反应的氧得不到补充,就会造成催化剂被还原而使活性下降。

对反应机理的研究表明,丙烯腈的合成是一个既连串又并行的复杂反应过程,影响丙烯腈转化率及收率的因素比较复杂,各研究者的研究条件有异,所得的反应动力学方程式互有出入,但结果是基本一致的,即丙烯腈的总反应速率对丙烯为一级反应,对氨和氧是零级反应,生成烯丙基是反应的控制步骤。

由于氨氧化反应有催化剂存在,是一个气固非均相反应过程,从宏观动力

学来看,原料丙烯向催化剂的表面扩散而被吸附,产物丙烯腈从催化剂上脱附再从催化剂表面上扩散出去,都属于传质扩散过程,这些过程的扩散速率的大小亦决定着反应的结果。有关气固催化宏观动力学的内容在第 6 章有专门讨论。

3. 合成工艺条件

在反应过程中,由于影响因素较多,为使丙烯腈合成反应顺利进行,必须选择适宜的工艺条件。在这里仅对影响丙烯腈生产的原料规格、原料混合气的配比、反应温度、平均停留时间、反应压力等条件进行讨论。

（1）原料规格

合成丙烯腈的原料丙烯是从石油催化裂化所得的气体中或石油馏分经裂解分离后获得的,其中还含有丙烷和少量的正丁烯、异丁烯、硫化物等杂质。丙烷对氨氧化反应没有影响,它的存在只是稀释了丙烯的浓度,而正丁烯能氧化生成甲基乙烯基酮(沸点 79~80 ℃),异丁烯能生成甲基丙烯腈(沸点 92~93 ℃),它们的沸点与丙烯腈的沸点比较接近,给丙烯腈的分离带来了困难,且丁烯比丙烯更容易与氧反应,会耗费大量的氧而造成缺氧,降低了催化剂活性,使丙腈与二氧化碳等副产物增加,故丙烯中丁烯及高级烯烃的含量必须加以控制。一般情况下要求丙烯的含量大于 50%,乙烯小于 0.5%,丁烯小于 1%。硫化物会使催化剂活性下降,反应前必须脱除,要求含量在 50 $\mu g \cdot g^{-1}$ 以下。

（2）原料混合气的配比

合理的原料配比,是保证丙烯腈合成反应稳定、副反应少、消耗定额低,以及安全操作的重要因素。因此需要严格控制投入反应器的各物料流量。

① 丙烯与氨的配比　丙烯与氨用量比对反应结果的影响如图 2-27 所示,氨用量不宜低于理论比,否则会有较多的副产物丙烯醛等生成,这与反应动力学研究的结论是一致的。氨的用量太多也不经济,会增加氨及中和氨所用硫酸的量,成本增加。合适的用量比与催化剂的效率有关,如果催化剂对氨无分解作用,采用理论用量比或比值稍大于 1 即可。

② 丙烯与氧的配比　丙烯氨氧

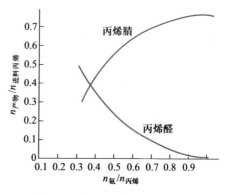

图 2-27　氨与丙烯用量比的影响

化以空气中的氧为氧化剂,研究表明在有足够的氧存在下才能生成主产物,丙烯与氧的理论比值为1∶1.5,考虑到副反应也要耗氧,空气应该过量。表2-4是在454℃,$n_{丙烯}$∶$n_{空气}$=1∶8,催化剂为 P-Mo-Bi-O 的条件下,反应累计时间与丙烯腈单程收率的关系。此表说明,虽然空气用量略大于理论所需量($n_{丙烯}$∶$n_{空气}$=1∶7.3),但在尾气中没有氧存在。在缺氧条件下进行反应,催化剂不能完成氧化还原循环,活性下降。当空气过量太多,丙烯浓度降低,影响了反应速率,反而降低了设备的生产能力。另外在反应器的某些部位,有可能继续发生氧化反应,使丙烯腈深度氧化成一氧化碳和二氧化碳,导致温度升高,丙烯腈收率下降。故空气的用量应有一个适宜值,通常选用 $n_{丙烯}$∶$n_{空气}$=1∶(9.8~10.5)。

表 2-4 丙烯腈单程收率随反应时间的变化

反应累计时间/h	2.3	4.8	9.5	12.8	15.2
尾气中 φ_{O_2}/%	0	0	0	0	0
丙烯腈单程收率/%	43.5	39.2	27.4	17.9	7.5

③ 丙烯与水蒸气的配比　在反应体系中加入水蒸气,有助于产物丙烯腈从催化剂表面脱附,减少丙烯腈深度氧化反应的进行,加快催化剂的再氧化速率,有利于稳定其活性;水蒸气的热容量大,可将一部分热量移走,对控制反应温度有利,避免过热现象发生;丙烯、氨与氧易形成爆炸混合物,用水蒸气稀释后利于安全生产。

表2-5是在常压下,反应温度470℃,线速0.6 m·s^{-1},接触时间5 s,$n_{丙烯}$∶$n_{氨}$∶$n_{氧}$=1∶1∶2.2的条件下,丙烯与水蒸气质量之比对合成产物单程收率的影响。从表中可看出水蒸气与丙烯的物质的量之比从3.0降到2.0时,对反应无明显影响,但当降到1.0时,丙烯腈的单程收率和选择性均有下降,而二氧化碳却有增加。试验表明控制 $n_{丙烯}$∶$n_{水蒸气}$=1∶3.0左右较为适宜。

表 2-5 丙烯与水蒸气之比对反应的影响

$\dfrac{n_{水蒸气}}{n_{丙烯}}$	单程收率/%						丙烯的转化率/%	丙烯腈的选择性/%
	丙烯腈	氢氰酸	乙腈	丙烯醛	丙腈	二氧化碳		
3.0	68.4	8.10	4.51	0.84	0.41	13.6	95.1	72.0
2.0	67.7	8.20	4.08	0.78	0.51	13.6	95.0	71.3
1.0	64.8	6.53	3.76	1.18	0.53	14.9	91.7	70.7

（3）反应温度

反应温度是影响丙烯氨氧化反应的主要参数。由于催化剂起活温度的缘故，反应温度低于 350 ℃时，几乎不能生成丙烯腈。提高反应温度对丙烯的转化率、丙烯腈的单程收率、各种副产物的单程收率及催化剂的生产能力均有影响。从图 2-28 中可以看出，丙烯腈与乙腈和氢氰酸的收率均有一个极大值，副产物收率出现极大值的温度较低，丙烯腈收率极大值的出现说明在高温时连串副反应（主要为深度氧化反应）加快。反应温度低时，虽然连串副反应很少，但反应速率太慢，丙烯腈的收率也很低；在 430～480 ℃的范围内，对丙烯腈的生

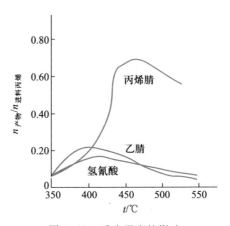

图 2-28　反应温度的影响

$n_{丙烯} : n_{氨} : n_{氧} : n_{水蒸气} = 1 : 1 : 1.8 : 3$

成较为有利；若温度高于 500 ℃，合成的产物会深度氧化生成较多的二氧化碳，温度难以控制，甚至会发生催化剂床层燃烧。长时间在较高温度下反应，催化剂的寿命也会大大缩短。如采用以硅胶为载体的 P-Mo-Bi-O 催化剂，最适宜的温度为 470 ℃左右。当然，在实际生产中，适宜的反应温度常随着催化剂使用时间的长短而有所变化，如在催化剂使用初期活性较好，反应温度控制在 470 ℃左右，反应后期由于催化剂活性变差，可适当提高温度，来提高丙烯腈的收率。

（4）平均停留时间

平均停留时间是指反应物料中各质点从反应器进口到出口所经历的平均时间。丙烯的转化率及主、副产物的单程收率与平均停留时间的关系如图 2-29 和图 2-30 所示。

由图 2-29 中可以看出，随着平均停留时间的增长，丙烯的转化率增加，单程收率也随之增加。故须控制足够的平均停留时间，使丙烯的转化率尽可能提高，以获得较多的丙烯腈。由图 2-30 可以看出，副产物乙腈、氢氰酸和丙烯醛的单程收率随时间的增加变化不大，而二氧化碳单程收率却变化很大。这说明丙烯氧化的深度增加，耗氧量也增加，造成催化剂缺氧而使活性下降，显然，增加平均停留时间是有限的。平均停留时间一般为 5～10 s。

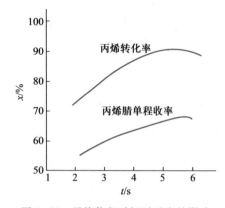

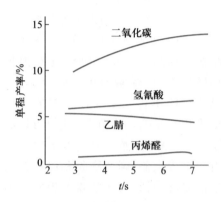

图 2-29   平均停留时间对反应的影响

工艺条件:470 ℃,空塔流速 0.8 m·s^{-1};

$n_{丙烯}$: $n_{氨}$: $n_{氧}$: $n_{水蒸气}$ = 1 : 1 : (2~2.2) : 3

图 2-30   平均停留时间对副产物单程收率的影响

（5）反应压力

丙烯氨氧化合成丙烯腈一般情况下为常压操作。从动力学上讲,加压有利于加快反应速率,提高反应设备的生产能力。但从实践中发现,反应压力增加,产物丙烯腈的选择性下降,收率降低,丙烯消耗增加,因此不宜在加压下进行反应。

4. 合成反应器

氨氧化法合成丙烯腈是一个气固相催化放热反应,反应热效应较大,丙烯转化率和丙烯腈收率对温度的变化比较敏感,因此反应器温度的控制就显得十分重要。要求反应器能及时移走反应生成的热量,使反应器的径向和轴向的温度尽可能保持一致,并保证气态物料和固态催化剂在反应器中充分接触。生产中常用的反应器有固定床反应器和流化床反应器两种。

（1）固定床反应器

合成丙烯腈所用的固定床反应器属于内循环列管式固定床反应器,结构如图 2-31 所示。反应器内的热载体是硝酸钾、亚硝酸钾和少量硝酸钠组成的熔盐。采用螺旋桨式搅拌器强制熔盐在器内循环,使反应器的上下部温度均匀,其温差仅为 4 ℃,熔盐充分吸收反应热并及时传递给器内的盘管式换热器,移出热量。盘管内通入饱和蒸汽,吸收反应热后产生的副产高压蒸汽,可作为其他工艺设备的热源。反应器内的列管长 2.5~5 m,内径 25 mm,一台反应器装有多达 1 万根列管。装填在列管内的圆柱体催化剂直径为 3~4 mm,长 3~6 mm。原料气体由列管上部引入,为缓和进口段的反应速率,防止催化剂与高浓度气体反应过快,造

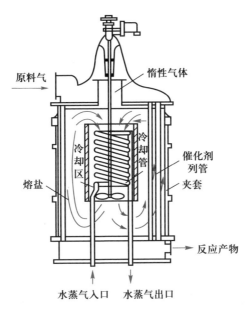

图 2-31 固定床反应器

成反应器上部区域温度过高,一般在列管上部填充一段活性差的催化剂或在催化剂中掺入一些惰性物质以稀释催化剂。物料的流向自上而下,可避免催化剂床层因气速变化而受到冲击,发生催化剂破碎或被气流带走。

在列管式固定床反应器中,催化剂被固定在列管内,物料返混小,反应的转化率较高,且催化剂不易磨损。但由于不能充分发挥各部分催化剂的作用,反应器的生产能力较低,单台反应器生产能力一般只有 0.5 万吨/年,扩大生产能力使设备显得过于庞大,反应温度难以控制;以熔盐作为热载体,不仅增加了辅助设备,而且熔盐还对设备有一定的腐蚀作用;另外,向列管中装填或更换催化剂都比较困难。这些问题限制了列管式固定床反应器的应用,因此工业上采用固定床反应器的并不多。

(2) 流化床反应器

流化床反应器是丙烯腈生产中使用最广泛的反应器,如图 2-32 所示。它由空气分布板、丙烯和氨混合气体分配管、U 形冷却管和旋风分离器等部分组成。空气分布板、丙烯和氨混合气体分配管均为管式分布器,空气分布板上均匀开孔,起支承催化剂、使气体在床层上分布均匀、改善流化条件的作用。空气分布板与丙烯和氨混合气体分配管之间有一定的距离,在此间氧气充足,形成催化剂再生区,使催化剂处于高活性的氧化状态。流化床内装填的催化剂呈微球形,粒径平均 55 μm。丙烯和氨与空气分别进料,可使原料混合气的配比不受爆炸极限的限制,

比较安全,对保持催化剂活性和延长寿命,以及对
后处理过程减少含氰污水的排放都有好处。U 形
冷却管由多组冷却管组成,它不仅移走了反应热,
维持适宜的反应温度而且还起到破碎床内气泡、
改善流化质量的作用。在反应器上部设置的旋
风分离器有分离气体夹带的小颗粒催化剂的作
用。反应后气体中氧含量很少,催化剂从反应器
的扩大段进入旋风分离器后,在流回反应器的过
程中,与分布板通入的空气接触使催化剂再生,而
恢复活性。

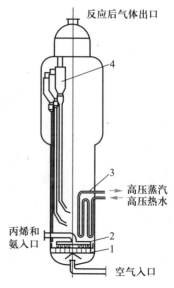

图 2-32 流化床反应器
1—空气分布板;
2—丙烯和氨混合气体分配管;
3—U 形冷却管;4—旋风分离器

　　流化床反应器中的催化剂上下剧烈搅动,
床层温度分布均匀,反应产生的热量通过气体
和催化剂颗粒传给换热构件,避免了催化剂局
部过热的现象,传热效果好;反应过程及催化剂
再生过程连续化,反应过程易于控制;其生产强
度大,单台可达 10 万吨/年,并能在最优化的条
件下进行。但流化床反应器也有一些缺点,在
床中的流况为全混流,转化率低;催化剂易破碎
或磨损;催化剂对冷却管和反应器的磨损都比较严重。

　　固定床反应器和流化床反应器,参阅第 6 章。

5. 工艺流程

　　由于丙烯氨氧化反应过程采用的反应器不同,其回收和精制过程就有差异,
组成的工艺流程也有所不同。下面讨论工业上普遍采用的一种流程。

　　(1) 反应部分

　　丙烯氨氧化法生产丙烯腈流程如图 2-33 所示。空气经过滤器除去灰尘和
机械杂质后,用空气透平压缩机压缩至一定压力,送入空气预热器与反应气体进
行换热。预热至一定温度后,从流化床底部经空气分布板进入流化床反应器内。
丙烯和氨分别来自丙烯蒸发器和氨蒸发器,它们在管道中按一定比例混合后,经
分布管进入流化床反应器。在蒸发器的出口处均装有止逆阀,在输送丙烯气体
的管道中装有防回火止逆阀。

　　流化床反应器内的 U 形冷却管,除了调节反应温度外,同时还控制原料空
气的预热温度。反应放出的热量大部分被 U 形冷却管引出,产生副产高压蒸汽

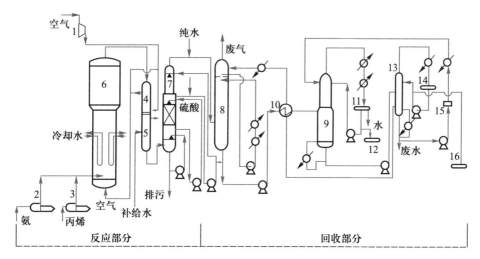

图 2-33 丙烯氨氧化法生产丙烯腈流程

1—空气透平压缩机；2—氨蒸发器；3—丙烯蒸发器；4—热交换器；5—锅炉补给水加热器；6—反应器；
7—急冷塔；8—水吸收塔；9—萃取精馏塔；10—热交换器；11—回流沉降槽；12—粗丙烯腈中间储槽；
13—乙腈解吸塔；14—回流罐；15—过滤器；16—精乙腈中间储槽

（压力为 4.14 MPa）作为空气透平压缩机的动力；另一小部分热量被反应气体带走，经过与原料空气换热和冷却补给水换热后回收利用。从反应器出来的混合气体中有丙烯腈、乙腈、氢氰酸、丙烯醛和二氧化碳等，另外还有少量未反应的氨。在碱性介质中和有氨的存在下，温度低时发生一些不希望发生的反应，如氢氰酸的聚合、丙烯醛的聚合、氢氰酸与丙烯醛加成为氰醇、氢氰酸与丙烯腈加成生成丁二烯以及氨与丙烯腈的反应等，生成的聚合物会堵塞管道，导致产物丙烯腈及副产物氢氰酸的收率下降，因此必须除去氨。反应气体经换热后的温度也不宜过低，一般应控制在 250 ℃ 左右。

工业上普遍采用稀硫酸与氨进行中和的方法来除氨，所用稀酸的 pH 在5.5~6。中和过程也是反应气体产物的冷却过程，故氨中和塔也称急冷塔。在急冷塔下段和中段喷淋稀硫酸以中和氨，上段直接喷淋冷却水，以洗去酸雾和使气体冷却到 40 ℃ 左右。反应后的混合气体从塔底进入，与稀硫酸逆相接触进行中和。由于急冷塔下部进行的是气体增湿过程，并伴随着热量吸收，使气体自行冷却。在急冷塔的中部和上部因气体的温度降低，气相中有部分水蒸气发生冷凝，放出热量，所以在上部设有水冷却器，以除去放出的热量并使气体进一步冷却到 40 ℃ 左右，然后，反应后的混合气体从急冷塔顶引出送到回收系统。

由于稀硫酸具有强腐蚀性，在急冷塔中循环液体的 pH 不宜太小，太小则酸性强腐蚀性大;pH 太大则不能达到除氨的目的,并引起聚合反应。一般要求 pH 在 5.5~6。用稀硫酸中和氨,其特点是氨脱除完全,但未反应的氨不能回收利用,生成的硫酸铵需进一步处理。

（2）回收部分

回收部分工艺流程见图 2-33 右半部,主要由水吸收塔、萃取精馏塔和乙腈解吸塔三个塔组成。从急冷塔来的混合气体中大量是惰性气体氮气,产物丙烯腈的浓度很低,副产物乙腈和氢氰酸的浓度更低。由于丙烯腈、乙腈、氢氰酸和丙烯醛都能溶于水,其他气体都不溶于水,或在水中的溶解度很小,因此以水为溶剂吸收产物和副产物,将产物和副产物与其他气体分离。由急冷塔出来的气体进入吸收塔,用 5~10 ℃的低温软水进行吸收,要求吸收塔顶排出气体中丙烯腈和氢氰酸的含量均在 20 $\mu g \cdot g^{-1}$ 以下,送往焚烧炉焚烧处理。

增大压力可提高吸收速率,因提高吸收塔的压力会影响反应器的操作压力,故压力的提高非常有限,即以不影响氨氧化反应的选择性为原则。从吸收塔釜排出的吸收液中含丙烯腈在 4.5%左右,其他副产物占 1%左右。由于从吸收液中回收产物和副产物的顺序和方法不同,回收部分的装置构成也不同。常见的有两种流程:一种是将产物和副产物全部从吸收液中蒸出（称为全解吸法）,然后再进一步分离精制;另一种是将产物丙烯腈和副产物氢氰酸蒸出,其他副产物仍在吸收液中（称为部分解吸法）,然后再进行精制。后一种流程比较简单,大多数的工业生产采用此法。在后一种流程中,因丙烯腈与乙腈的相对挥发度非常接近,用一般的精馏法难以分离。首先要解决的是丙烯腈和乙腈的分离问题,分离的完全度不仅影响产品丙烯腈的质量,也影响回收率。工业常采用萃取精馏法,萃取水的用量为进料中丙烯腈含量的 8~10 倍。在萃取塔中,丙烯腈与氢氰酸一起以与水共沸混合物接近的组成被蒸出,要求馏出液中乙腈的含量小于100 $\mu g \cdot g^{-1}$。副产品丙烯醛、丙酮等羰基化合物,虽沸点较低,但在萃取精馏塔中主要是以氰醇形式存在于塔釜液中。馏出液中的丙烯腈和水部分互溶,分水相和油相两层,水相回流入塔精馏,油相为粗丙烯腈送精制工段进行精制。

在萃取精馏塔釜排出液中,绝大部分是水,乙腈含量仅为1%左右或更低,并含有少量氢氰酸和氰醇,丙烯腈的含量小于 30 $\mu g \cdot g^{-1}$。釜液送乙腈解吸塔进一步分离,回收副产物乙腈。乙腈解吸塔蒸出乙腈和水及少量氢氰酸、丙烯醛等副产物,所得乙腈的浓度依工艺要求而定。解吸塔塔釜液中绝大部分是水,乙腈含量极微,大部分作吸收塔和萃取精馏塔的吸收剂和萃取剂用,因其含有剧毒的氰化物,一小部分排出系统进行专门处理。

（3）分离精制部分

回收部分得到的粗丙烯腈和粗乙腈需要进一步分离精制，以获得所需纯度的产物丙烯腈和副产物乙腈及氢氰酸。图 2-34 为粗丙烯腈分离和精制的工艺流程。从萃取精馏塔蒸出的粗丙烯腈中含丙烯腈 80% 以上，氢氰酸 10% 左右，水约 8%，并含有微量的其他杂质如丙烯酸、丙酮、氰醇等，采用精馏法进行分离。

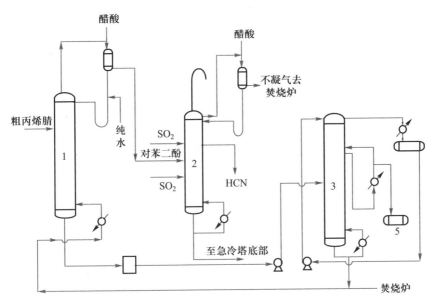

图 2-34　粗丙烯腈分离和精制的工艺流程

1—脱氢氰酸塔；2—氢氰酸精馏塔；3—成品塔；4—过滤器；5—成品丙烯腈中间储槽

该部分由脱氢氰酸塔、氢氰酸精馏塔和成品塔三个塔组成。粗丙烯腈首先进入脱氢氰酸塔，从塔顶蒸出的氢氰酸，经氢氰酸精馏塔精馏，脱去溶于其中的不凝气体和分离出丙烯腈，得到高纯度的氢氰酸；脱氢氰酸塔塔釜液进入成品塔分离掉水和高沸物，因而成品塔亦称脱水塔，成品塔塔顶的馏出液接近丙烯腈-水的共沸组成，并含有微量氢氰酸、丙烯醛和丙酮等杂质，经冷凝和分层后，将水层分出，油层回流入塔精馏。在回流油层中，必须控制氢氰酸和羰基化合物等低沸物的含量，若过高就不能回流入塔，送至回收部分的粗丙烯腈储槽作精制的原料。成品丙烯腈从塔上部侧线采出，进入成品槽，丙烯腈含量大于 99.5%，水含量 0.25%～0.45%，乙腈含量小于 300 $\mu g \cdot g^{-1}$。成品塔塔釜液中含有丙烯腈、氰醇等物质，为避免这些物质积累，大部分塔釜液回流入塔，或送入脱氢氰酸塔中循环；另一小部分则送到废水处理系统进行焚烧处理。为防止氰醇的分解和丙烯腈聚合,成品塔是在减压情况下操作。

回收精制所得到的丙烯腈、氢氰酸、丙烯醛等都易自聚,这些聚合物会使再沸器和塔发生堵塞现象,影响生产的正常进行,因此在处理物料时加入少量的阻聚剂,用过滤器除去分离过程形成的高聚物,保证产品的质量和生产的正常进行。

从乙腈解吸塔蒸出的粗乙腈除含有大量水外,还含有少量丙烯腈、氢氰酸及以丙烯醛为代表的化合物,精制比较困难。首先用精馏法在脱氢氰酸塔中脱除粗乙腈中的大部分氢氰酸,再在搅拌釜中用氢氧化钠中和,使氢氰酸与之反应而除去氢氰酸,然后蒸出乙腈-水共沸物,经脱水和精馏得到纯度大于 99%的副产物乙腈。精制过程中产生的废水送至废水处理系统。粗乙腈精制流程如图 2-35 所示。

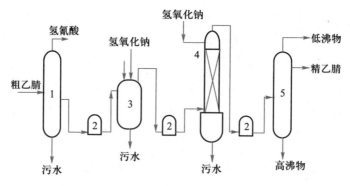

图 2-35   粗乙腈精制流程
1—脱氢氰酸塔;2—储槽;3—化学处理釜;4—脱水塔;5—乙腈精馏塔

6. 副产物的利用及废水处理

在丙烯氨氧化制丙烯腈过程中,同时得到副产物乙腈、氢氰酸和硫酸铵等。副产物乙腈的产量因所用催化剂不同而有较大的差别,产量为丙烯腈的 2%~10%,它经加氢可制得农药、医药原料乙胺,还可作萃取剂,从 C_4 中分离丁二烯等。氢氰酸的产量约为丙烯腈的 10%,可用于生产氰化钠和丙酮氰醇等。氰化钠除用于从矿石中提取金、银、锌等金属,电镀、选矿和金属热处理等过程外,还广泛用于合成染料、医药和油漆等。氢氰酸和丙酮在碱性催化剂中反应制得的丙酮氰醇,用来生产有机玻璃单体 α-甲基丙烯酸甲酯。此外氢氰酸还用来制造硫氰酸钠、己二腈和各种无机氰化物。副产物硫酸铵则作化肥用,含有氰化物的则将其焚烧处理。

丙烯氨氧化制丙烯腈过程中产生大量的工业废水,其含有丙烯腈、氢氰酸、乙腈和丙烯醛等剧毒物质,如不经处理直接排放,会污染水源和环境,对人体和动植物造成危害。国家对含氰废水的排放有严格的规定,必须将它们治理达标后,方能排放。表2-6为工厂排出口污水综合排放指标。

丙烯腈装置产生的废水主要是反应生成水和工艺过程用水。通常合成1 t丙烯腈会产生1.5~2.0 t反应生成水,工艺过程用水包括分离合成产物用的吸收水和萃取水及蒸馏塔的蒸气凝液。这些废水通常先经废水塔回收丙烯腈等有机物,再通过沉降分离除去催化剂粉末和不溶性固体聚合物。含有催化剂粉末和不溶性固体聚合物的废水中有毒物质含量高,杂质多,处理比较困难,通常直接送焚烧炉烧除。废水中的氰化物含量较低时,常用曝气池活性污泥法处理。此外,近年来还广泛采用生物转盘法、使剧毒物分解的加压水解法、活性炭吸附的方法等,使处理的废水达到排放要求。对生产中产生的废气则直接送到焚烧炉进行烧除,以减少对环境的污染。

表2-6 污水综合排放指标(一级标准)

序号	有害物质或项目名称	最高允许排放质量浓度 mg·L^{-1}	序号	有害物质或项目名称	最高允许排放质量浓度 mg·L^{-1}
1	pH	6~9	8	有机磷	不得检出
2	悬浮物	70	9	石油类	5
3	生化需氧量(5天20℃)	20	10	铜及其化合物	0.5(按铜计)
4	化学需氧量	60	11	锌及其化合物	2.0(按锌计)
5	硫化物	1.0	12	氟的无机化合物	10(按氟计)
6	挥发性酚	0.5	13	硝基苯类	2.0
7	氰化物(以游离氰根计)	0.5	14	苯胺类	1.0

本节小结

丙烯腈是一种非常有代表性的有机化工产品。本节对丙烯腈生产发展状况做了介绍,重点就丙烯氨氧化生产丙烯腈的合成方法、反应机理、最佳的工艺条件、反应设备和工艺流程进行了阐述。通过对丙烯腈生产过程的讨论和学习,对化学工艺学研究的方法和涉及的内容有进一步的认识。

本节复习题

1. 丙烯腈的性质和用途是什么？它的生产方法有哪几种,各是什么？
2. 氨氧化法生产丙烯腈的反应机理是什么？催化剂的作用为何？
3. 氧气在丙烯氨氧化反应过程中起什么作用？对反应有何影响？
4. 影响丙烯氨氧化反应过程的主要因素有哪些？最适宜工艺条件如何确定？
5. 固定床反应器和流化床反应器在结构上有什么区别,各有什么优缺点？为何丙烯腈生产多用流化床？
6. 氨氧化法生产丙烯腈的流程分为哪几部分？并简述其工艺流程。
7. 为什么要对粗丙烯腈进行精制？简述其精制过程。
8. 精制流程中采用了精馏塔,阅读 5.3.1 节,了解板式塔的结构和操作性能。
9. 在生产丙烯腈过程中,获得的副产物有哪些？它们各有什么用途？
10. 为什么要对含氰废水进行处理？对排放的废水有什么要求？

本节参考书目与文献

2.3 合成氨生产

1. 概述

(1) 合成氨工业的重要性

合成氨工业是基础化学工业的重要组成部分,在国民经济中占有相当重要的位置。氨是化学工业的重要原料之一,具有十分广泛的用途。

氨是氮素肥料工业的主要原料,用氨作原料可生产多种氮肥,如尿素、硫酸铵、硝酸铵、碳酸氢铵等;氨还可用来生产多种复合化肥,如磷酸氢铵等。

氨也是工业的重要原料。基本化学工业中的硝酸、纯碱及各种含氮的无机盐以及制冷工业中冷却剂,有机工业中各种中间体,制药工业中磺胺药物,高分子工业中聚纤维、氨基塑料、丁腈橡胶、冷却剂等,都需要以氨、氨的化合物及其衍生物为原料或工作介质。

国防工业中也需要氨,如三硝基甲苯、硝酸甘油、硝化纤维等各种硝基炸药;尖端技术如导弹、火箭的推进剂和氧化剂等都离不开氨。

(2) 合成氨工业发展简介

早在 1784 年,就有学者证明氨是由氮和氢组成的。在 19 世纪,人们试图从氮和氢直接合成氨,利用高温、高压、电弧、催化剂等手段进行试验,但均未获成功。直到 19 世纪末,在化学热力学、动力学和催化剂等领域取得一定进展后,对合成氨反应的研究才有了新的进展。1901 年,法国物理化学家吕·查得利开创性地提出氨合成的条件是高温、高压,并有适当催化剂存在。

1909 年,德国物理化学家哈伯以锇为催化剂在 17~20 MPa 和 500~600 ℃温度下进行了合成氨研究,平衡后氨的浓度达到 6%。1910 年,他首先提出了循环流程并在德国成功地建立了每小时能生产 80 g 氨的试验装置。循环流程的确定是合成氨向工业化发展的一个飞跃,在以后的研究中人们致力于解决三个问题:一是设计能生产廉价原料氢气、氮气的方法;二是寻求稳定有效的催化剂;三是开发切实可行的高压设备。

在催化剂研究方面,1911 年米塔希研究成功以铁为活性组分的合成催化剂,铁基催化剂活性好,比锇催化剂价廉、易得。

1912 年在德国建立了世界上第一个日产 30 t 的合成氨厂。在以后的生产过程中,人们对合成氨的生产工艺进行了不断改进和完善,如变换工艺的改进、原料气净化方法的革新及合成塔塔件的改造等,但整个合成氨工艺路线没有大的变化。

(3) 合成氨的原料及原则流程

合成氨的原料是氢气和氮气。氮气来源于空气,可以在制氢过程中直接加入空气,或在低温下将空气液化、分离而得。氢气来源于水或含有烃的各种燃料。最简便的方法是电解水,但因耗电量大、成本高,而受到限制。现在工业上普遍采用的是以焦炭、煤、天然气、重油等燃料与水蒸气作用的汽化方法。

显然,原料不同,生产工艺路线就不相同。实际上,即使采用相同的原料,每个工序的设备情况及操作参数也会有所差别。但是,合成氨生产的主要步骤是相同的,其原则流程如图 2-36 所示。

图 2-36 合成氨原则流程示意图

第一步是制得合格的原料气,简称造气。除电解水法以外,无论从何种原料得到的氢、氮原料气中都含有硫化合物、一氧化碳及二氧化碳等,这些不纯物都是氨合成催化剂的毒物,在合成之前要将其除去,因此需要设置净化工序。净化后的气体经压缩到高压,送到合成塔进行氨合成反应。由于过程转化率低,反应后的气体经氨分离后循环返回合成氨塔。

可见,合成氨生产过程由许多生产环节构成,其中氨合成反应过程是整个工艺过程的核心,其他工艺过程,如造气、净化及氨分离等工序都是围绕合成工段的要求而设置、实施的。

2. 氨合成理论基础

从化学工艺的角度看一个产品工艺的形成,其核心是反应过程工艺条件的确定,以期获得尽可能高的反应转化率和尽可能快的反应速率。而欲确定反应的最佳工艺条件,需先进行反应热力学和动力学的研究,前者探讨反应的方向和限度,后者则是解决反应速率问题。

(1)氨合成反应的热效应

氢气和氮气合成氨是放热、体积缩小的可逆反应,反应方程式如下:

$$0.5N_2 + 1.5H_2 \Longrightarrow NH_3 \qquad (2-22)$$

氨合成反应在高压下进行,高压下气体为非理想气体。因此,其反应热不仅与温度有关,还与压力和气体组成有关。表2-7为纯$3H_2$-N_2混合气生成$\varphi_{NH_3} = 17.6\%$系统反应的热效应。

表2-7　纯$3H_2$-N_2混合气生成$\varphi_{NH_3} = 17.6\%$系统反应的热效应 $\Delta_r H_m^{\ominus}$

单位:$kJ \cdot mol^{-1}$

p/MPa		0.1	10.1	20.2	30.4	40.5
t/℃	400	-52.7	-53.8	-55.3	-56.8	-58.2
	500	-54.0	-54.7	-55.6	-56.5	-57.6

(2)化学平衡及平衡常数

根据氨合成的反应特点,应用化学平衡移动原理可知,低温、高压操作有利于氨的生成。但是温度和压力对合成氨的平衡产生影响的程度,需通过反应的化学平衡研究确定。对式(2-22)氨合成反应,其平衡常数为

$$K_p = \frac{p_{NH_3}}{p_{N_2}^{0.5} p_{H_2}^{1.5}} = \frac{1}{p} \cdot \frac{y_{NH_3}}{y_{N_2}^{0.5} y_{H_2}^{1.5}} \qquad (2-23)$$

式中，p、p_i 分别为总压及各组分平衡分压；y_i 为各平衡组分的摩尔分数。

高压下的化学平衡常数 K_p 值不仅与温度有关，而且与压力和气体组成有关，需用逸度表示：

$$K_f = \frac{f_{NH_3}}{f_{N_2}^{0.5} f_{H_2}^{1.5}} = \frac{\gamma_{NH_3}}{\gamma_{N_2}^{0.5} \gamma_{H_2}^{1.5}} \frac{p_{NH_3}}{p_{N_2}^{0.5} p_{H_2}^{1.5}} = K_\gamma K_p$$

即

$$K_p = K_f / K_\gamma \tag{2-24}$$

式中，f、γ 分别为各平衡组分的逸度和逸度系数。

如将各反应组分的混合物视为真实气体的理想溶液，则各组分的 γ 值可取"纯"组分在相同温度和总压下的逸度系数，由普遍化逸度系数图查出。研究者把不同温度、压力下 K_γ 值算出并绘制成图 2-37。由图可见，当压力很低时，K_γ 值接近 1，此时 $K_p \approx K_f$。因此 K_f 可看作压力很低时的 K_p。

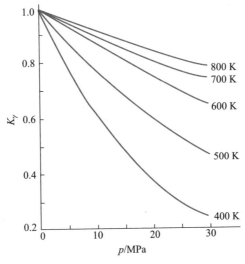

图 2-37　氨合成反应的 K_γ

（3）影响平衡氨含量的因素

若总压为 p 的混合气体中含有 N_2，H_2，NH_3 和惰性气体的摩尔分数分别为 y_{N_2}，y_{H_2}，y_{NH_3} 和 y_i，其关系为 $y_{N_2} + y_{H_2} + y_{NH_3} + y_i = 1$。令原始氢氮比 $R = \dfrac{y_{H_2}}{y_{N_2}}$，则各组分的平衡分压为

$$p_{NH_3} = p y_{NH_3}$$

$$p_{H_2} = p(1 - y_{NH_3} - y_i)\frac{R}{1+R}$$

$$p_{N_2} = p(1 - y_{NH_3} - y_i)\frac{1}{R+1}$$

代入式(2-23)中,整理得

$$\frac{y_{NH_3}}{(1 - y_{NH_3} - y_i)^2} = K_p p \frac{R^{1.5}}{(R+1)^2} \tag{2-25}$$

式(2-25)可分析影响平衡氨含量的诸因素。

a. 压力和温度的影响。温度越低,压力越高,平衡常数 K_p 越大,平衡氨含量越高。一定操作条件下,温度和压力对平衡氨含量的影响如表 2-8 所示。

表 2-8   纯 $3H_2-N_2$ 混合气体温度和压力对平衡氨含量(y_{NH_3} / %)的影响

t/℃	p/kPa				
	101.33	101.33×10²	202.66×10²	303.99×10²	405.32×10²
360	0.72	35.1	49.62	58.91	65.72
380	0.54	29.95	44.08	53.50	60.59
400	0.41	25.37	38.82	48.18	55.39
420	0.31	21.36	33.93	43.04	50.25
440	0.24	17.92	29.46	38.18	45.26
460	0.19	15.00	25.45	33.66	40.49
480	0.15	12.55	21.91	29.52	36.03
500	0.12	10.51	18.81	25.80	31.90
520	0.10	8.82	16.13	22.48	28.14
540	0.08	7.43	13.84	19.55	24.75

b. 氢氮比的影响。当温度、压力及惰性组分含量一定时,使 y_{NH_3} 为最大的条件为

$$\frac{\partial}{\partial R}\left[K_p p \frac{R^{1.5}}{(R+1)^2}\right] = 0 \tag{2-26}$$

若不考虑 R 对 K_p 的影响,解得 $R=3$ 时,y_{NH_3} 为最大值;高压下,气体偏离理想状态,K_p 将随 R 而变,所以具有最大 y_{NH_3} 时的 R 略小于 3,随压力而异,在

2.68~2.90,如图 2-38 所示。

　　c. 惰性气体的影响。惰性组分的存在,降低了氢、氮气的有效分压,因而会使平衡氨含量降低。例如,在 30 MPa,450 ℃,$R=3$,$y_i=0.1$ 时,平衡氨含量为不含惰性气体时的 80%,而当 $y_i=0.15$ 时,仅为 70%。

　　(4) 合成氨反应的动力学

　　① 动力学过程　氨合成为气固相催化反应,它的宏观动力学过程包括以下几个步骤。

　　a. 混合气体向催化剂表面扩散(外、内扩散过程);

　　b. 氢气、氮气在催化剂表面被吸附,吸附的氮和氢发生反应,生成的氨从催化剂表面解吸(表面反应过程);

　　c. 氨从催化剂表面向气体主流体扩散(内、外扩散过程)。

　　其中,氮气、氢气在催化剂表面反应过程的机理,可表示为

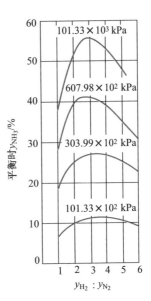

图 2-38　500 ℃时平衡氨含量与 R 的关系

$$N_2(g)+cat \longrightarrow 2N(cat)$$

$$H_2(g)+cat \longrightarrow 2H(cat)$$

$$N(cat)+H(cat) \longrightarrow NH(cat)$$

$$NH(cat)+H(cat) \longrightarrow NH_2(cat)$$

$$NH_2(cat)+H(cat) \longrightarrow NH_3(cat)$$

$$NH_3(cat) \longrightarrow NH_3(g)+cat$$

式中,cat 表示催化剂。实验结果证明,N_2 的活性吸附是最慢的一步,即为表面反应过程的控制步骤。

　　整个气固相催化反应过程,究竟是表面反应控制还是扩散控制,取决于实际操作条件。工业生产为获得大的生产能力,通常采用足够大的气速,故外扩散一般不会成为控制步骤。反应是内扩散控制还是化学动力学控制,取决于反应温度和催化剂颗粒的大小等因素。由于化学反应(包括化学吸附)的活化能(80~250 kJ·mol^{-1})比扩散活化能(4~12 kJ·mol^{-1})高得多,因而反应速率受温度的影响大。在低温时可能是化学动力学控制,高温时则可能是内扩散控制;大颗粒的催化剂内扩散路径长,小颗粒的路径短,所以在同样温度下大颗粒有可能是内扩散控制,小颗粒则可能是化学动力学控制。

研究表明,在 30 MPa,空速为 30 000 h^{-1},低温时,反应后氨含量不受颗粒大小的影响,为动力学控制;高温时,使用小颗粒催化剂可以得到较好结果。表明大颗粒催化剂在高温时,过程已转变为内扩散控制。上述条件下,不同粒度催化剂的反应结果如图 2-39 所示。

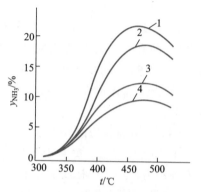

图 2-39　不同粒度催化剂
的反应结果
1—0.6 mm;2—3.75 mm;
3—8.03 mm;4—16.25 mm

当内扩散控制时,动力学方程为

$$r_{NH_3} = kp \qquad (2-27)$$

式中,r_{NH_3} 为反应速率;k 为扩散系数;p 为反应物的总压。

当化学动力学控制时,在接近平衡时,

$$r_{NH_3} = k_1 p_{N_2} \left(\frac{p_{H_2}^3}{p_{NH_3}^2} \right)^{\alpha} - k_2 \left(\frac{p_{NH_3}^2}{p_{H_2}^3} \right)^{1-\alpha} \qquad (2-28)$$

式中,r_{NH_3} 为氨合成反应的净速率;k_1、k_2 分别为正、逆反应速率常数;p_{N_2}、p_{H_2}、p_{NH_3} 分别为 N_2、H_2、NH_3 的分压。α 为常数,与催化剂性质及反应条件有关,由实验测定。通常 $0 < \alpha < 1$,对以铁为主的氨合成催化剂而言,$\alpha = 0.5$,故

$$r_{NH_3} = k_1 p_{N_2} \frac{p_{H_2}^{1.5}}{p_{NH_3}} - k_2 \frac{p_{NH_3}}{p_{H_2}^{1.5}} \qquad (2-29)$$

反应达平衡时,$r = 0$,则

$$k_1 p_{N_2} \frac{p_{H_2}^{1.5}}{p_{NH_3}} = k_2 \frac{p_{NH_3}}{p_{H_2}^{1.5}}$$

整理得

$$\frac{k_1}{k_2} = \frac{p_{NH_3}^2}{p_{N_2} p_{H_2}^3} = \left(\frac{p_{NH_3}}{p_{N_2}^{0.5} p_{H_2}^{1.5}} \right)^2 = K_p^2 \qquad (2-30)$$

上式关联了 k_1,k_2 及 K_p 间的关系。

式(2-28)得到了生产实践的验证,但当反应远离平衡态时,则不适用。特别是当 $p_{NH_3} = 0$ 时,$r_{NH_3} \to \infty$,显然不合理,在远离平衡时,

$$r_{NH_3} = k p_{N_2}^{0.5} p_{H_2}^{0.5} \qquad (2-31)$$

式中,k 为反应速率常数;p_{N_2}、p_{H_2} 分别为 N_2、H_2 的分压。

② 催化剂 长期生产实践证明,以铁为主的催化剂(铁系催化剂)具有催化活性高、使用寿命长、活性温度范围大、价廉易得、抗毒性好等特点,广泛地被国内外合成氨厂家所采用。

铁系催化剂的组成配料为:$w_{Fe_2O_3} = 54\% \sim 68\%$,$w_{FeO} = 29\% \sim 36\%$,$w_{Al_2O_3} = 2\% \sim 4\%$,$w_{K_2O} = 0.5\% \sim 0.8\%$,$w_{CaO} = 0.7\% \sim 2.5\%$,$w_{MgO}$ 若干。经烧熔、冷却后,碎成不规则的颗粒或将粉状催化剂制成比表面积较大的颗粒供生产时使用。

催化剂的活性成分是金属铁,而不是铁的氧化物。因而在使用前要用氢氮混合气对催化剂进行还原,使铁的氧化物还原为具有较高活性的 α 型纯铁。还原反应方程式为

$$FeO \cdot Fe_2O_3 + 4H_2 \Longrightarrow 3Fe + 4H_2O$$

除有效成分外,催化剂中还添加其他一些金属氧化物,称为催化剂促进剂。

Al_2O_3 在催化剂中能起到保持原结构骨架的作用,从而防止活性铁的微晶长大,增加了催化剂的表面积,提高了活性。

CaO 起助熔剂作用,使 Al_2O_3 易于分散在 $FeO \cdot Fe_2O_3$ 中,提高催化剂的热稳定性。

K_2O 的加入可促使催化剂的金属电子逸出功降低。氮活性吸附在催化剂的表面,形成偶极子时,电子偏向氮,电子逸出功的降低有助于氮的活性吸附,从而使催化剂的活性提高。

MgO 除具有与 Al_2O_3 相同作用外,其主要作用是增强催化剂抗硫化物中毒的能力,并保护催化剂在高温下,不致因晶体破坏而降低活性,从而延长催化剂的使用寿命。

催化剂比较容易中毒,少量 CO、CO_2、H_2O 等含氧杂质的存在将使铁被氧化,而失去活性。但当氧化性物质清除后,活性仍可恢复,故称为暂时中毒。硫、磷、砷等杂质引起的中毒是不可恢复的,称为永久性中毒。合成氨生产工艺流程长而复杂的原因之一就是要解决氨合成催化剂的中毒问题,提高催化剂的活性是增加生产能力的最有效的方法。

3. 氨的合成与分离

(1) 最优工艺条件

合成工艺参数的选择除了考虑平衡氨含量外,还要综合考虑反应速率、催化剂使用特性及系统的生产能力、原料和能量消耗等,以期达到良好的技术经济指标。

① 压力   提高压力有利于提高氨的平衡浓度,也有利于总反应速率的增加。压力高时,氨分离流程还可以简化。例如,高压下分离氨只需要冷却设备就足够了。但高压法动力消耗大,对设备材料和加工制造要求高。同时,高压和较高温度下,催化剂使用寿命较短。

生产上选择压力的主要依据是能源消耗以及包括能源消耗、原料费用、设备投资、技术投资在内的综合费用。能源消耗主要包括原料气的压缩功、循环气的压缩功和氨分离的冷冻功。提高压力,原料气压缩功增加,循环气压缩功和氨分离冷动功却减少。经技术经济分析,总能量消耗在 15～30 MPa 区间相差不大,且数值较小;就综合费用而言,将压力从 10 MPa 提高到 30 MPa 时,其值可下降40%左右,继续提高压力,效果并不明显。因此 30 MPa 左右是氨合成的适宜压力,为国内外普遍采用(中压法)。但从节省能源的观点出发,合成氨的压力有逐渐降低的趋势,如许多新建的大型厂已采用 15～20 MPa 的压力。

② 温度   催化剂在一定温度下才具有较高的活性,但温度过高,也会使催化剂过早失活。因此,合成塔内的温度首先应维持在催化剂的活性温度范围(400～520 ℃)内。

和其他可逆放热反应一样,氨的合成反应存在一个使反应速率最大的温度,即最适宜反应温度,它除与催化剂的活性有关外,还取决于反应气体组成和压力。当这些条件一定时,最适宜反应温度与平衡反应温度之间存在确定的关系,如图 2-40 所示。可见,要保持最大反应速率,随转化率的提高,最适宜反应温度应逐渐降低。然而,维持这种理想的温度分布是很难完全实现的。实际上是将气体先预热到高于催化剂活性温度下限的某一温度后,送入催化剂层,在绝热的条件下进行反应,随着反应的进行,温度逐渐升高,当接近最适宜温度后,再采取冷却措施,使反应温度尽量接近最适宜温度曲线。如此安排,需要设置相应的辅助设备和设计合理的催化剂床层结构。

③ 空间速度   空间速度指单位时间内通过单位体积催化剂的气体量(标准状态下的体积),单位为 $m^3 \cdot m^{-3} \cdot h^{-1}$ 或 h^{-1},简称空速。

在其他条件一定时,空速越大,反应时间越短,转化率越小,出塔气中氨含量越低。然而,增大空速,催化剂床层中对应于一定位置的平衡氨浓度与混合气体中实际氨含量的差值增大,即推动力增大,反应速率增加;同时,增大空速意味着混合气体处理量提高、生产能力增大。通过高空速、低转化率来获得高产量的措施适宜采用循环流程。然而,空速的提高是有一定限度的。空速增大,气体通过合成塔的阻力大,动力消耗增大;由于氨浓度减小,带来单位产量的气体处理量增大和单位体积产生热量减少,前者需要增加热交换器、氨分离器、循环气压缩机的设备投资及运转费,后者导致催化剂床层温度下降,以致反应不能维持。

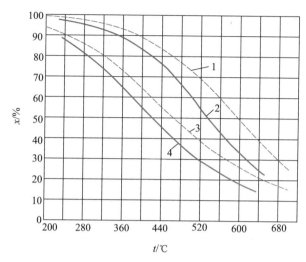

图 2-40 最适宜反应温度与平衡反应温度
1,2—100 MPa 时平衡温度与最适宜温度;
3,4—30 MPa 时平衡温度与最适宜温度

采用中压法合成氨,空速为 20 000~30 000 h^{-1} 较适宜。

④ 氢氮比 由氨合成热力学,$R=3$ 时,可获得最大的平衡氨浓度;但动力学指出,氮的活性吸附是控制阶段,适当增加原料气中氮的含量有利于反应速率提高。实验证明,在 32 MPa,450 ℃,催化剂粒度为 1.2~2.5 mm,空速为 24 000 h^{-1} 的条件下,氢氮比为 2.5 时,出口氨浓度最大。为达到高的出口氨浓度,又保持生产稳定的目的,在生产中,循环气体氢氮比略低于 3(取 2.8~2.9),新鲜原料气中的氢氮比取 3。

⑤ 惰性气体含量 惰性气体含量在新鲜原料气中一般很低,只是在循环过程中逐渐积累增多,从而使平衡氨含量下降、反应速率降低。为使循环气中惰性气体含量不致过高,生产中采取放掉一部分循环气的办法,但这同时也损失了较多的原料气。循环气中惰性气体的含量应该在反应速率和原料利用率之间进行技术经济分析后确定。若以增产为主要目标,惰性气体含量可低一些,为 10%~14%,若以降低原料成本为主,可控制高些,为 16%~20%。

⑥ 进口氨的含量 进合成氨塔气体中的氨由循环气带入,其数量取决于氨分离的条件。氨分离的方法是降温液化法。温度越低,分离效果越好,循环气中氨含量越低,进口氨浓度越小,从而可以加快反应速率和氨产量,但分离冷冻量也势必增大。合理的氨含量应由增产与能耗之间的经济效益来定。在 30 MPa 左右,进口氨含量控制在 3.2%~3.8%;15 MPa 时为 2.8%~3%。

（2）合成塔

氨合成在合成塔中进行，合成塔的设计和操作必须保证原料气在最佳条件下进行反应。

氨合成在高温、高压下进行，氢、氮对碳钢有明显的腐蚀作用。为了保证氨合成的最优反应条件，并解决存在的矛盾，将塔设计成外筒和内件两部分。合成塔外筒一般做成圆筒形，为保证塔身强度，气体的进出口设在塔的上、下两端的顶盖上；内件置于外筒内，其外面设有保温层，以减少向外筒散热。进入塔的较低温度气体先引入外筒和内件的环隙，由于内件的保温措施，外筒只承受高压而不承受高温，可用普通低合金钢或优质碳钢制造。而内件只承受高温而不承受高压，亦降低了材质的要求，用合金钢制造便能满足要求。

塔内件主要由热交换器、分气盒和催化剂筐三部分构成。热交换器通常采用列管式，供进入气体与反应后气体换热；分气盒与热交换器相连，起分气和集气作用；催化剂筐内放置催化剂、冷却管、电热器和测温仪器。冷却管的作用是迅速移去反应热，同时预热未反应气体，保证催化剂床层温度接近最优反应温度；电热器用于开车时升温、操作波动时调温。

按从催化剂床层移热的方式不同，合成塔分为连续换热式、多段间接换热式和多段冷激式三种。前一种，催化剂床内设有冷管；后两种塔型把整个床层分为若干段，每段催化剂层是绝热的，段与段之间设有热交换器或用冷原料气冷激。

① 连续换热式 小型氨厂多采用冷管式内件，早期为双套管并流冷管，20 世纪 60 年代后开始采用三套管并流冷管和单管并流冷管。

并流双套管式氨合成塔如图 2-41 所示。气体由塔外筒的上部进入塔内，沿内外筒之环隙向下，从底部进入热交

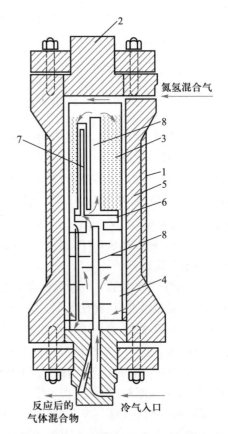

图 2-41 并流双套管式氨合成塔
1—塔体；2—顶盖；3—催化剂；4—热交换器；
5—保温层；6—分气盒；7—冷气管；8—中心管

换器的管间。经过与反应后的气体换热，被加热到 300 ℃ 左右的未反应气体流入分气盒下部，然后进入双套管的内管。气流由内管上升至顶部再折流沿内外管环隙向下，与催化剂床层气体并流换热，气体被加热至 400 ℃ 左右，经分气盒上部及中心管返入催化剂层反应。反应后的气体流经热交换器的管内，进而离开氨合成塔。

催化剂床层顶部有一段不设置冷管的绝热层，此处，反应热完全用来加热反应气体，温度上升快。在床层的中、下部为冷管层，合成反应与向管内传热同时进行。在冷管层的上部，单位床层的反应放热量大于传热量，床层温度继续提高。随着氨含量提高，反应速率减慢，放热量少于传热量，床层温度逐渐下降。在床层中温度最高点称为"热点"。在催化剂床层的上半部分，由于反应速率大以及受催化剂使用温度的限制，距最适宜温度曲线较远。床层的下半部分比较接近最适宜温度曲线。

② 多段冷激式　冷激式氨合成塔有轴向冷激和径向冷激之分。图 2-42 为大型氨厂立式轴向四段冷激式氨合成塔(凯洛格型)。该塔外筒形状为上小下大的瓶式，在缩口部位密封，以便解决大塔径造成的密封困难。内件包括四层催化剂、层间气体混合装置(冷激管和挡板)以及列管式换热器。

气体由塔底封头接管 1 进入塔内，向上流经内外筒之环隙以冷却外筒。气体穿过催化剂筐缩口部分向上流过换热器 11 与上筒体 12 的环形空间，折

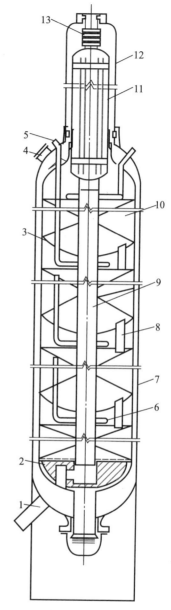

图 2-42　立式轴向四段冷激式氨合成塔

1—塔底封头接管；2—氧化铝球；3—筛板；
4—入孔；5—冷激气接管；6—冷激管；
7—下筒体；8—卸料管；9—中心管；
10—催化剂筐；11—换热器；12—上筒体；
13—波纹连接管

流向下穿过换热器11的管间,被加热到400℃左右入第一层催化剂。经反应后温度升至500℃左右,在第一、二层间反应气与来自接管5的冷激气混合降温,而后进第二层催化剂。以此类推,最后气体由第四层催化剂层底部流出,而后折流向上穿过中心管9与换热器11的管内,换热后经波纹连接管13流出塔外。

图2-43为径向二段冷激式氨合成塔(托普索型),用于大型合成氨厂。反应气体从塔顶接口进入,向下流经内外筒之间的环隙,再进入换热器的管间,冷副线由塔底封接口进入,二者混合后沿中心管进入第一段催化剂床层后进入环形通道,在此与塔顶接口来的冷激气混合,再进入第二段催化剂床层,从外部沿径向向内流动。最后由中心管外面的环形通道下流,经换热器内从塔底接口流出塔外。

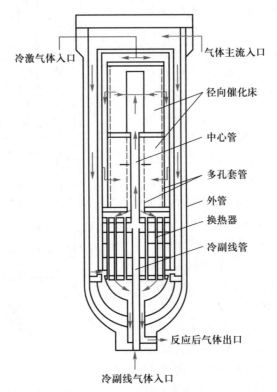

图2-43　径向二段冷激式氨合成塔

（3）合成分离流程

图2-44为中型合成氨厂的流程图。该流程压力为32 MPa,空速为20 000~30 000 h^{-1}。从合成塔1塔底出来的混合气中含NH$_3$约15%,温度在120℃以下。为了从混合气体中把NH$_3$分离出来,将混合气体通过淋洒式或套

管式水冷却器2,使混合气冷却至常温,从冷却器2出来的混合气中,已经有部分NH₃冷凝成液氨。然后进入第一氨分离器3,把其中的液氨分离出来。为了降低惰性气体含量,在氨分离器后,可以将少部分循环气放空。由于分离出一部分氨,再加上设备、管道的阻力,从第一氨分离器出来的气体压力有所降低,故将从第一氨分离器出来的混合气引入循环压缩机4,提高压力后,进入油分离器5分离出油雾,以除去气体中夹带的来自循环压缩机的润滑油。新鲜原料气也在此补充,进入冷交换器6管内,与自氨冷器7上来的冷气(10~20 ℃)进行冷交换,降低温度后去氨冷器7。在氨冷器内,气体走盘管内,由于管外液氨汽化吸热,气体被冷却到0~8 ℃,其中大部分氨冷凝下来,在冷交换器下部氨分离器中液氨被分出。分离出液氨后的低温循环气上升到冷交换器的上部走管外,与管内来自油分离器的热气体进行冷交换,使气体温度升至10~40 ℃进合成塔,完成循环过程。

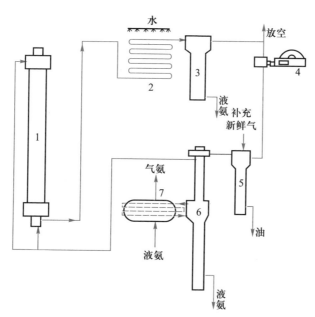

图 2-44　中型合成氨厂流程图

1—合成塔;2—水冷却器;3—第一氨分离器;4—循环压缩机;5—油分离器;6—冷交换器;7—氨冷器

4. 原料气的制造和净化

(1) 原料气的制造

合成氨生产必须首先制造原料气,下面介绍三种典型的燃料高温转化制备原料气的方法。

① 固体燃料气化法   以煤或焦炭为原料,在高温下与空气和水蒸气作用,把煤或焦炭中的可燃物质转变为 H_2、CO 和 CO_2,这一过程叫作固体燃料气化,简称造气。气化所得的气体统称煤气,进行气化的设备叫煤气发生炉。采用间歇造气法造气时,空气和水蒸气交替地通入煤气发生炉。通入空气的过程称为吹风,制得的煤气叫空气煤气;通入水蒸气的过程称为制气,制得的煤气叫水煤气;空气煤气与水煤气的混合物称为半水煤气。

固体燃料气化法的化学计量方程式如下:

吹风 $2C+O_2+3.76\ N_2 \Longrightarrow 2CO+3.76\ N_2$ $\Delta_r H_m^{\ominus} = -248.7\ kJ \cdot mol^{-1}$ (1)

制气 $C+H_2O(g) \Longrightarrow CO+H_2$ $\Delta_r H_m^{\ominus} = 131.4\ kJ \cdot mol^{-1}$ (2)

为了满足原料气组成 $n_{CO+H_2}/n_{N_2} = 3.1 \sim 3.2$ 的要求,方程式(2)应为

$$5C+5H_2O(g) \Longrightarrow 5CO+5H_2 \qquad \Delta_r H_m^{\ominus} = 657.0\ kJ \cdot mol^{-1} \qquad (3)$$

式(1)+式(3):

$$7C+O_2+3.76\ N_2+5H_2O(g) \Longrightarrow 7CO+3.76\ N_2+5H_2$$

$$\Delta_r H_m^{\ominus} = 408.3\ kJ \cdot mol^{-1} \qquad (4)$$

此时,$n_{CO+H_2}/n_{N_2} = 12/3.76 = 3.19$,组成上满足了要求,但热量不足。结果是炉温下降,反应不能维持,不能持续生产。为了解决这一问题,工业上采用间歇操作的送风发热法,即交替地进行吹风和制气。首先吹风,其目的是提高炉温,生成的空气煤气大部分放空,小部分回收;然后送入水蒸气,充分利用反应放出的热量来制水煤气,与回收的空气煤气混合即得半水煤气。

在实际生产中,为了充分利用热量和保证安全,并不是简单地将两个步骤轮换进行,而是把第二个步骤分成四个阶段,总共五个阶段一个循环,其生产过程如图 2-45 所示。

a. 空气吹风。空气从造气炉底部吹入,目的是送风发热,提高炉温,吹风后的气体去废热锅炉回收热量后放空。

b. 上吹制气。水蒸气从炉底吹入生产水煤气,目的是制气,制得的水煤气通过废热锅炉回收热量,除尘、洗涤后送入气柜。

c. 下吹制气。上吹制气后,炉底温度下降,但炉顶温度尚高,还可加以利用。使水蒸气从炉顶吹入与碳反应,生成的半水煤气从炉底引出,经除尘、洗涤、冷却送入气柜。

d. 二次上吹。下吹后,炉底充满水煤气,如此时吹入空气升高炉温,可能引

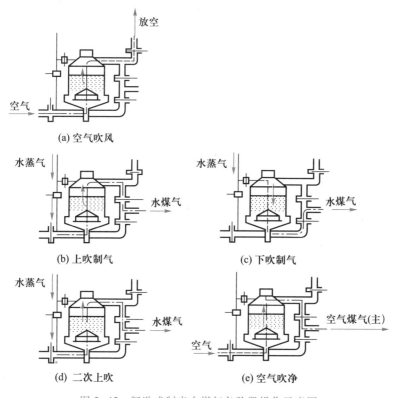

图 2-45 间歇式制半水煤气各阶段操作示意图

起爆炸。故再从炉底吹入水蒸气将炉底煤气排净,为吹风做好准备。二次上吹虽也可制气,但炉温低,制气质量差,二次上吹时间应尽可能短。

e. 空气吹净。空气从炉底吹入,将造气炉中残存的水煤气吹出并加以收集送入气柜,同时制得的吹风气(空气煤气)与 b、c、d 阶段制得的水煤气在气柜中混合为半水煤气。该阶段是半水煤气中氮气的主要来源。

煤的气化虽然设备简单、便于控制,但它消耗能量大,约有一半原料被当作燃料烧掉,且间歇生产能力低,同时生产过程产生"三废"(煤渣、含氰废水、含硫废气等)较多。

② 烃类蒸汽转化法 以轻质烃(天然气、油田气、炼厂气、轻油等)为原料生产合成氨原料气。应用较早的天然气,与固体燃料气化法比,具有操作连续、工程投资省、能量消耗低等优点。由于气态烃是各种烃的混合物,与水蒸气作用时,可以有几个反应同时发生。但各种低碳烃类与水蒸气反应都需经过甲烷蒸汽转化阶段,故可用甲烷蒸汽转化代表气态烃类蒸汽转化。

烃类蒸汽转化法应用最多的是加压两段催化转化法,该法的生产流程如图

2-46 所示。配入 0.25%~0.5%氢的天然气,在 3.6 MPa 的压力下被烟道气预热到 380 ℃左右,在脱硫器中经脱硫后,使其总硫含量小于 0.5 μg·g^{-1}。然后,在 3.8 MPa 下配入 3.5 倍体积的中压水蒸气,进一步加热到 500 ℃左右,进入装有以 α-Al_2O_3 为载体的镍催化剂的反应管内,反应管由耐热合金制成。管外炉膛内用天然气或其他气体加热,气体在反应管内于 650~800 ℃温度下发生转化反应:

$$CH_4 + H_2O \Longrightarrow 3H_2 + CO \qquad \Delta_r H_m^{\ominus} = 206.4 \ kJ \cdot mol^{-1}$$

$$CH_4 + 2H_2O \Longrightarrow 4H_2 + CO_2 \qquad \Delta_r H_m^{\ominus} = 165.3 \ kJ \cdot mol^{-1}$$

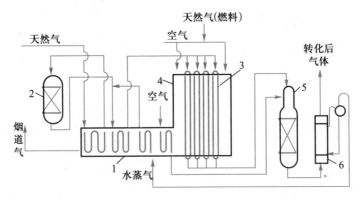

图 2-46　天然气加压两段催化蒸汽转化法流程图

1—烟道气预热器;2—脱硫槽;3——段反应管;4——段转化炉;5—二段转化炉;6—废热锅炉

这时 90%的 CH_4 发生了转化。把转化后的气体送入用耐火材料衬里的二段转化炉,同时向二段转化炉送入压力为 3.5 MPa,预热至 450 ℃的空气(空气加入量根据合成氨所需氮量配加),进入二段转化炉与一段转化气汇合,这时空气中的全部氧和转化气中的部分氢发生燃烧放热反应:

$$2H_2 + O_2 \Longrightarrow 2H_2O \qquad \Delta_r H_m^{\ominus} = -482.3 \ kJ \cdot mol^{-1}$$

燃料产生的热使温度上升到 1 200 ℃左右,剩余的 CH_4 则在催化剂的作用下继续发生转化反应。从二段转化炉出来的气体,其组成为 CH_4 0.3%,CO_2 7.6%,H_2 57.0%,CO 12.8%,N_2 22.3%,气体的温度约为 1 000 ℃,压力为 3.0 MPa,经废热锅炉利用余热,温度降至 370 ℃后送变换系统。

此法所获得的粗原料气与半水煤气相比,含氢量高,含一氧化碳量低,杂质气体亦较少,后处理负担较轻。

③ 重质烃部分氧化法　重质烃是石油蒸馏时,沸点高于 350 ℃时的馏分。重质烃部分氧化法是让氧、水蒸气和重质烃在汽化炉中燃烧放热,使物系升温,

同时汽化的油发生裂化与重整。之后燃烧产物再发生转化反应,最终获得以 H_2 和 CO 为主的合成氨原料气。该法为石油工业生产中重油的开发利用开辟了一个新途径。比起其他造气方法来说,重质烃部分氧化法工艺流程种类更多。如直接回收热量的激冷流程和间接回收热量的废热锅炉流程,以及加压与否,是否采用催化剂等。此外,重质烃汽化操作应特别重视炭黑的生成,它不仅降低了碳的利用率,而且当合成气清洗不彻底时将引起变换催化剂活性降低,并增大床层阻力,严重时还将进一步影响脱硫脱碳工序。图 2-47 为重油部分氧化法的一种流程图。如图所示,重油加压至 $4 \sim 5$ MPa,再预热至 $150 \sim 200 \ ℃$ 进入汽化炉。纯度为 $95\% \sim 98\%$ 的氧气经压缩到 $4 \sim 5$ MPa,与相同压力的水蒸气混合$[0.4 \sim 0.5 \ \text{kg(水蒸气)} \cdot \text{kg}^{-1}\text{(油)}]$,预热至 $400 \sim 450 \ ℃$,也进入汽化炉。在汽化炉内,重油、水蒸气、氧经喷嘴充分混合,发生下列反应:

$$4C_mH_n + (4m+n)O_2 = 4mCO_2 + 2nH_2O$$

$$2C_mH_n + 2mH_2O = 2mCO + (n+2m)H_2$$

$$2C_mH_n + 4mH_2O = 2mCO_2 + (n+4m)H_2$$

$$2C_mH_n + 2mCO_2 = 4mCO + nH_2$$

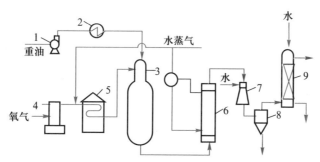

图 2-47 重质烃部分氧化法流程

1—油泵;2—预热器;3—汽化炉;4—氧压缩机;5—加热炉;6—废热锅炉;

7—文氏管;8—分离器;9—洗涤塔

上述反应中,氧化是放热反应,转化是吸热反应。前者保证了后者所需的热量,并使温度维持在 $1\ 300 \sim 1\ 400 \ ℃$,保证重油充分转化为氢气。

与此同时,还会有一些副反应发生,如下面一些析碳反应:

$$CH_4 = C + 2H_2$$

$$2CO = CO_2 + C$$

$$CO + H_2 = H_2O + C$$

重质烃部分氧化法的主要反应与蒸汽催化转化法相同,但由于重质烃部分氧化法发生急剧燃烧,放出大量的热,物系温度更高,产生的气体含氧更多,含 CO、CO_2 更少,微量气体的含量也更少。由于反应温度高,可从产物回收的热量也多,副产水蒸气的温度高,可利用率也较大。可见重质烃部分氧化法的工艺流程主要由汽化、热量回收和炭黑清除等部分组成,喷嘴和汽化炉是重质烃汽化的主要设备。该法的缺点是需用纯氧作原料,增加较多的投资,另外,去除炭黑也需增加投资。

(2) 原料气的净化

① 脱硫　不论是以固体为原料,还是以天然气、重油为原料制备的氢氮原料气中,都含有一定成分的硫化物,主要是 H_2S,其次是 CS_2、COS、RSH 等有机硫。其含量取决于原料的含硫量及其加工方法,以煤为原料时,所得原料气中 H_2S 含量一般为 $2 \sim 3$ $g \cdot m^{-3}$,有的高达 $20 \sim 30$ $g \cdot m^{-3}$。

H_2S 对合成氨生产有着严重的危害,它对设备和管道有腐蚀作用,可使变换及合成系统的催化剂中毒,还可使铜洗系统的低价铜生成硫化亚铜沉淀,使操作恶化,增加铜耗(见本章气体的精制)。如果它进入小化肥厂的碳化系统,会使碳酸氢铵结晶变细,颜色发黑,影响产品质量。从另一方面看,硫本身也是一种重要的资源,应予以回收。所以必须对原料气进行脱硫。

工业上的脱硫方法很多,按照脱硫剂的状态可分为干法和湿法两种。前者用固体脱硫剂(如氧化锌、活性炭、分子筛等)将气体中的硫化物吸收除掉;后者用碱性物质或氧化剂的水溶液即液体脱硫剂(如氨水法、碳酸盐法、乙醇胺法、蒽醌二磺酸钠法及砷碱法等)吸收气体中的硫化物。干法脱硫的优点是既能脱无机硫,又能脱有机硫,而且可把硫脱至极微量。干法的共同缺点是脱硫剂不能再生,故只能周期性操作,需配置多套设备,因而不适于脱除大量硫化物。湿法脱硫采用液体脱硫,便于再生并能回收硫,易于构成连续脱硫循环系统,可采用较小的设备脱除大量硫化物。湿法的缺点是对有机硫脱除能力差,且净化度不如干法高。当原料气中含硫量较高时,根据合成氨生产工艺要求,或者采用湿法脱硫,或者湿法粗脱干法精脱,以达到工艺上和经济上都合理。

脱硫后的气体中含硫量,依合成氨工艺过程有所差异。烃类蒸汽转化法中的镍催化剂对硫十分敏感,脱硫后的气体中含硫量要求低于 5 $\mu g \cdot g^{-1}$。

② 变换　用煤或烃生产出的气体都含有相当量的 CO,如固体燃料制得的半水煤气中含 $28\% \sim 31\%$,烃类蒸汽转化法中含 $15\% \sim 18\%$,重质烃部分氧化法含 46% 左右。CO 对氨合成催化剂有毒害,必须除去。变换利用水蒸气把 CO 变换为 H_2,既将 CO 转变成易于清除的 CO_2,同时又制得了所需的原料气 H_2。其反应式为

$$CO+H_2O(g)\Longrightarrow CO_2+H_2 \quad \Delta_rH_m^{\ominus}=-41\ kJ\cdot mol^{-1}$$

这是一个体积不变的可逆放热反应,只有在催化剂的作用下才能大规模生产。温度、反应物组成及催化剂性能都是影响平衡转化率的因素。当 $n_{CO}:n_{H_2O}=1:1$ 时,在 500 K 温度下,转化率为 92.1%;400 K 下,则可达 97.5%;当温度为 500 K, $n_{CO}:n_{H_2O}=1:6$ 时,转化率可提高到 99.8%。催化剂有中温变换催化剂与低温变换催化剂,常用的中变与低变催化剂的性能与操作条件如表 2-9 所示。

表 2-9　中变与低变催化剂的性能与操作条件

组成	活性温度/℃	$\dfrac{n_{H_2O}}{n_{CO}}$	空速/h^{-1}	转化率/%
Fe_2O_3, MgO, Cr_2O_3, K_2O	$380\sim550$	$3\sim5$	$300\sim400$	$80\sim90$
CuO, ZnO, Cr_2O_3	$180\sim252$	$6\sim10$	$1\,000\sim2\,000$	$96\sim99$

中变催化剂的铁铬或铁镁催化剂反应温度高,反应速率大,有较强的耐硫性,价廉而寿命长。低变的铜系催化剂则正相反。为了取长补短,工业上采用中变、低变串联的流程,如图 2-48 所示。原料气 320~380 ℃进入中变一段后温度升至 450~500 ℃,用水蒸气冷激到 380 ℃后再进行中变二段反应。温度升到 425~450 ℃,转化率达 90%,反应后气体喷入水蒸气,使温度下降并使剩余水蒸气成为饱和水蒸气。经废热锅炉冷却到 330 ℃,换热器冷却至 200 ℃,除去其中的冷凝水,再进入低变反应器,变换后温度上升 15~20 ℃,转化率可达 99%。

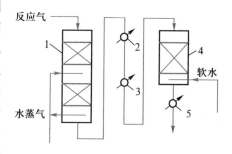

图 2-48　中变、低变串联流程
1—中变反应器;2—废热锅炉;
3,5—换热器;4—低变反应器

之后喷入软水,使之汽化成为饱和水蒸气。再经换热器换热送后续工段净化。

压力对平衡无影响,所以变换可在常压下进行。但增大压力可加快反应速率,减少催化剂用量和反应设备体积,并可降低能耗。国内中型厂用 1.5~3.0 MPa 加压变换,小型厂用 0.2~0.8 MPa 加压变换。加压变换的缺点是对设备腐蚀严重。

实际生产中,反应不会达到平衡,在限定时间内,催化剂活性越高,转化率也越高。在催化剂和反应温度确定的条件下,空速越小,反应时间越长,转化率也越高。

③ 脱碳　变换气中含有大量的二氧化碳(15%~35%),一方面它的存在对原料气的进一步精制及氨合成不利;另一方面,它也是制造尿素、纯碱、碳酸氢铵

等的原料。因此变换气中的二氧化碳必须清除,并加以回收利用。

脱除二氧化碳的方法很多,工业上常用的是溶液吸收法,分为物理吸收和化学吸收两种。

a. 物理吸收是利用二氧化碳能溶于水和有机溶剂的特点。常用的方法有加压水洗、低温甲醇洗涤等。如在 3 MPa、$-70 \sim -30$ ℃下,甲醇洗涤气体后气体中的 CO_2 可以从 33% 降到 10 $\mu g \cdot g^{-1}$,脱碳十分彻底。

b. 化学吸收是用氨水、有机胺或碳酸钾的碱性溶液为吸收剂,利用二氧化碳能与溶液中的碱性物质进行化学反应而将其吸收。如国内小型合成氨厂用氨水吸收变换气中的二氧化碳就属化学吸收脱碳法,控制吸收过程,得到碳酸氢铵化肥。大中型厂多采用改良热碱法,此法以 K_2CO_3 水溶液为吸收液,并添加少量活化剂如氨基乙酸或乙二醇胺,缓蚀剂如 V_2O_5 等。吸收和解吸反应如下:

$$K_2CO_3 + CO_2 + H_2O \underset{\text{解吸}}{\overset{\text{吸收}}{\rightleftharpoons}} 2KHCO_3$$

当吸收液中添加氨基乙酸,吸收压力为 $2 \sim 3$ MPa、温度为 $85 \sim 100$ ℃时,气体中的 CO_2 可从 20% $\sim$ 28% 降至 0.2% $\sim$ 0.4%;解吸压力为 $10 \sim 30$ kPa,温度为 $105 \sim 110$ ℃。用热碱脱除 CO_2 时,同时也脱除了微量的 H_2S。

④ 气体的精制   经净化过的气体仍有少量的 CO、CO_2 等有害气体。气体的精制就是要将它们进一步脱除,常用的方法有铜洗法和甲烷化法。

a. 铜洗法即醋酸铜氨液洗涤法,为我国大部分中小型氨厂采用。由醋酸铜和氨通过化学反应配成的铜液中含有氨及醋酸亚铜络二氨等有效成分,在加压的情况下与 CO、CO_2 发生一系列化学反应将其脱除。其反应式为

$$CO(\text{液相}) + Cu(NH_3)_2Ac + NH_3(\text{游离}) \rightleftharpoons [Cu(NH_3)_3CO]Ac$$
$$\text{(一氧化碳醋酸亚铜络三氨)}$$
$$2NH_3 + CO_2 + H_2O \rightleftharpoons (NH_4)_2CO_3$$
$$(NH_4)_2CO_3 + CO_2 + H_2O \rightleftharpoons 2NH_4HCO_3$$

铜氨液吸收是一个放热和体积缩小的可逆反应。因此高压、低温、高游离氨和高亚铜离子浓度,有利于反应向右进行。

上述反应在铜洗塔中进行,吸收后的铜液送到再生器中,用减压和加热方法解吸后铜液循环使用。

铜液不仅可以吸收 CO、CO_2,还可以同时吸收 O_2 和 H_2S。

b. 甲烷化法则是把 CO、CO_2 转化为对氨合成无害的 CH_4,主要反应如下:

$$CO + 3H_2 \rightleftharpoons CH_4 + H_2O$$
$$CO_2 + 4H_2 \rightleftharpoons CH_4 + 2H_2O$$

甲烷化法需先串一低温变换炉,再脱碳,使碳化物在原料气中的含量降到 0.6%左右,然后在镍为主的催化剂作用下,在 280~380 ℃及压力 0.6~3 MPa 下进行甲烷化反应。此法将气体中碳化物总量降低到 10 μg·g^{-1},比铜洗法(100 μg·g^{-1})质量高得多。

此外,除去残余的 CO,也可将甲醇除去 CO_2 后的气体进一步降温,使 CO 及其他杂质如 CH_4、Ar、O_2 等液化而分离。也可用液氨洗涤达此目的,低温净化得到的气体纯度较高。

5. 合成氨全流程

如上讨论,原料气的制造按原料的不同有各种各样的流程,原料气的净化过程依据原料及其制造方法的差异也有不同的选择,即使是氨合成反应,由于种种考虑,其流程也有若干种。据此,合成氨全流程将有各种各样的组合。

应提及的是,一种局部最优的流程并不一定能组合成整体上最优的全流程,每一种全流程都应从各自实际出发,进行调整以实现全局上的优化。

下面介绍几种典型的合成氨全流程。

① 以煤为原料合成氨的全流程如图 2-49 所示。此流程为我国许多老厂技术改造后所采用,它选用了改良蒽醌二磺酸法脱硫、氨基乙酸法脱 CO_2、加压变换等新技术。其压缩机共有 6 段,1~3 段将气体压缩至约 2 MPa,变换后再送回压缩机经 4~5 段压缩到约 13 MPa,脱 CO 和微量 CO_2 后,又回压缩机经 6 段压缩到约 32 MPa 再送到合成。气体分段压缩并在每段压缩后进行冷却,可以节省压缩动力。

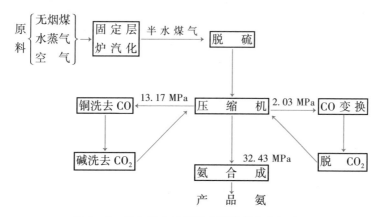

图 2-49 以焦炭或无烟煤为原料制合成氨流程

② 以天然气等气态烃为原料的二段转化法流程如图 2-50 所示。该流程为

我国 20 世纪 70 年代引进的一批大型厂所采用,它的特点是把脱硫放在转化之前。如此安排,不仅有益于转化和变换催化剂,而且避免转化后把温度降到常温下脱硫,再进行升温变换,从而节省和利用了大量的热能。水蒸气加压两段触媒转化法造气转化率高,降低了能耗。采用低温变换转化率高,变换后气体中 CO 浓度很低,可用甲烷化法除去。用低温变换串联甲烷化的净化方法来代替铜氨液洗涤法及碱液洗涤法,简化了设备,降低了投资。

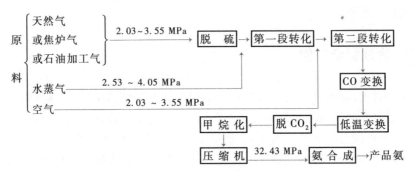

图 2-50 以气态烃为原料制合成氨的流程

③ 图 2-51 是以重油为原料生产合成氨的原则流程,它的主要特点是设有一个空分氮洗联合装置。这个装置的一个作用是使空气液化,生产氧气,供油的加压汽化使用。另一个作用是使净化过的原料气冷冻和被液氮洗涤,这样气体中的微量杂质如 CO_2、H_2O 等在冷冻时除去,O_2、CO、CH_4、Ar 等在洗涤时清除,经过冷冻洗涤的气体配入适量的氮即可作为氨合成之原料气。用空分氮洗联合装置处理过的原料气不仅十分纯净,而且含惰性气体甚少,对氨的合成非常有利。这种装置也适用于以粉煤为原料(需用氧作气化剂)的合成氨生产。

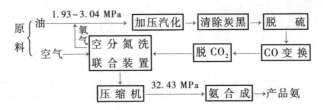

图 2-51 以重油为原料生产合成氨的原则流程

6. 技术经济分析和综合利用

(1) 不同原料制氨的技术经济比较

合成氨厂究竟用什么原料,主要取决于原料的来源与价格。以煤为原料合成氨,已有近 80 年的历史。20 世纪 50 年代后开发的天然气、石脑油制氨工艺具有流程短、投资省、热回收效率高等优点,以气态原料合成氨工艺成为新建氨厂的首要选择。由于原料的不同,原料气中硫化物形态及含量、CO 和 CO_2 含量也不同。除大量 CO 总是通过较高温度下变换除去外,脱硫、脱碳方法较多。通常把采用低温甲醇洗涤法脱硫、脱碳,液氮洗涤法脱除少量 CO 的操作称为冷法净化流程;而采用热钾碱法脱碳,甲烷化法除去少量 CO 与 CO_2 的操作称为热法净化流程。

合成氨采用什么样的流程,应根据所用原料的不同,对各工序拟使用的生产方法进行技术经济分析和综合评价比较,以求操作可行和经济合理。大型氨厂主要采用以煤、重油为原料的部分氧化、冷法净化和以烃类为原料的蒸汽转化、热法净化两大流程。表 2-10 列出了以不同原料路线生产氨的经济指标。可见,天然气制氨的投资最少、能耗最小、成本也较低。

表 2-10　各种原料气合成氨的经济指标

原料	天然气	石脑油	重油	煤焦
投资/亿元	5.6	6.5	8.0	——
能源/$[GJ \cdot t^{-1}(NH_3)]$	28~30	35.5	41.8	54.4
成本/$[元 \cdot t^{-1}(NH_3)]$	257	390~447	220~280	500

究竟选择哪一种原料不能仅从经济上考虑,还要从可能性及社会条件等方面考虑。20 世纪 60 年代以前,我国基本上以煤为原料生产氨。20 世纪 70 年代后,随着我国石油工业的发展,新建了一批以天然气、石油为原料合成氨的大型厂。但是由于我国煤资源相对丰富,以煤为原料合成氨在我国仍占相当比例。20 世纪以来,天然气资源短缺、石油价格上涨,国内外都在大力开发第二代煤气化技术,已经在技术经济上有所突破,如山西化肥厂于 1987 年 8 月实现我国首例煤气化法生产(年产 30 万吨合成氨、30 万吨硝酸、60 万吨硝酸磷肥);陕西渭河化肥厂 20 世纪 90 年代中期实现我国首例有烟煤浆气化法生产(年产 30 万吨氨、50 万吨尿素),开创了我国以煤为原料低成本合成氨的先例。

(2) 工艺参数的影响

氨的生产成本和工程投资,除与原料、生产方法及流程密切相关外,因为各种工艺过程的相互影响,还存在一个最佳工艺参数的问题。在一个工艺过程内某个参数可能是适宜的,但放在全流程中就不一定是最好的。因此在制定合成氨流程时,需用化学系统工程学的观点,选定几个关键性参数,对全系统通过物料衡算和热量衡算进行工艺流程计算,并对设备尺寸与造价、工程投资、生产成本等做经济计算,还要求按给定的目的函数进行最佳化计算,如图 2-52 所示。

以天然气转化法,热法净化制氨生产流程为例。因为转化气中 CH_4 含量能直接影响氨的消耗定额,变换气中 CO 含量不仅影响甲烷化后甲烷含量,且与氢的消耗有关。所以选定的关键参数有转化气残余甲烷含量、变换气 CO 含量、脱碳后气体 CO_2 含量等。表 2-11 为改变这些参数后,原料、合成回路与一段炉热负荷的相对变化。由表可知,降低残余甲烷含量,对天然气总量的消耗不仅不减少,反而增加,同样

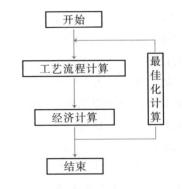

图 2-52　合成氨生产流程计算示意图

改变变换气 CO 含量及脱碳气 CO_2 含量也引起不同的影响。

表 2-11　工艺参数的改变对技术经济指标的影响

参数	转化气残余甲烷含量 φ_{CH_4}/%			变换气 CO 含量 φ_{CO}/% 脱碳气 CO_2 含量 φ_{CO_2}/%		
指标	0.2	0.3	0.4	0.2 0.025	0.3 0.025	0.3 0.1
天然气原料消耗量变化/%	-0.4	0	+0.5	0	+1.1	+2.0
新鲜氢氮气量的变化/%	-0.8	0	+1.0	0	+0.8	+1.4
一段炉热负荷变化/%	+2.0	0	-0.5	0	+1.1	+2.0
天然气(原料和燃料)消耗量变化/%	+0.8	0	-0.5	0	+0.5	+0.9

（3）生产规模大型化

化学工业发展趋势的两大特点是大型化与综合化。20 世纪 50 年代以前,最大的单系列合成氨装置不过 $200\ t \cdot d^{-1}$,60 年代初也不过 $400\ t \cdot d^{-1}$,但 60 年代末新建的现代化氨厂大都为 $1\ 000\ t \cdot d^{-1}$ 或更大规模。现在,世界最大单系列新建装置为沙特阿拉伯化肥公司的 $3\ 000\ t \cdot d^{-1}$ 装置。大型氨厂的优点,除了大量节省人力外,主要在于它的节能和综合利用能量。一般而言,大型化生产才能建立起一个完整的热量回收系统。另外,大型化的合成氨厂可采用高速离心压缩机。与往复压缩机相比离心机生产能力大,具有结构简单、易损件少、运转可靠、检修方便、不需备机、尺寸小、质量轻、占地面积小等一系列优点。同时,它不需润滑油,避免了气体污染,对催化剂保养有利,尤其是减少了氨的合成设备,节省了投资及生产费用。但大型厂各工序是一个有机整体,工序间缺少独立性,局部变化会影响整体状态的稳定性。同时,若开工率不足也会造成各项技术经济指标急剧恶化,且规模越大造成的损失越大,因此工厂规模也有一个恰当的限度。

表 2-12 说明了大型氨厂规模和投资费用的关系。可见,生产规模增大,投资亦增多,但比投资却下降,即大规模生产是有利的。生产规模的扩大对生产成本的降低也有益,但对交通运输、市政建设等可能提出更高的要求。因而,与其他技术经济指标一样,在一定条件下是有一定限度的。

表 2-12 不同生产规模的氨厂的投资比较

	产量/[t(NH₃)·d⁻¹]				
	200	400	600	800	1 000
主要设备费/百万美元	3.6	5.8	7.7	9.5	11.2
附属设备费/百万美元	0.9	1.5	1.9	2.4	2.8
总建厂费/百万美元	4.5	7.3	9.6	11.9	14.0
比投资/[美元·t⁻¹(NH₃)]	64.3	52.1	45.7	42.6	40.0

(4) 节能降耗和能量的综合利用

合成氨生产消耗大量能源,世界上大约 10% 的能源用于合成氨生产,所以合成氨工艺和催化剂的改进将对矿物燃料的消费量产生重大影响。合成氨生产成本中能源费用占到一半左右,因此节能降耗一直是合成氨工业技术改造的重点。1983 年以来,我国引进的大型合成氨技术能耗指标如表 2-13 所示。

表 2-13 我国引进的大型合成氨技术能耗指标 单位:GJ·t⁻¹

技术	设计	实际平均	最低	最高
日本	43.3	40.0	39.4	40.7
美国	42.4	42.0	38.5	44.4
法国	39.3	39.2	37.4	40.4

节能降耗的方法主要有:扩大生产规模,选择适宜的原料及与原料相适应的净化方法,采用新工艺及余热的回收利用等。

能耗与合成氨装置的规模直接相关,一般地讲,大型装置能耗较低。原料和汽化方法都影响能量消耗,一般烃类蒸汽转化制氨流程能耗最低,如表 2-10 所示。余热回收与利用是节能的重要因素。如天然气合成氨的大型装置,电耗下降幅度大,与同样工艺的中小型装置相比,电耗分别为其 1/50~1/40 和 1/150,同时水蒸气基本实现自给,主要原因就是余热利用好。

7. 联合生产

联合生产是指在一个整体生产过程中加工多种产品,它可达到物料综合利用和化工过程相互利用的效果。液氨含氮 82.3%,本身便是一种高效肥料,但它易挥发,储存、运输与施肥需要特殊设备。目前大多将氨加工成各种固体肥料,尿素便是其中最主要的一种。同时,合成氨厂副产大量二氧化碳,因而氨厂内通常设置氨及其副产品进一步加工利用的工段。

(1) 合成氨-尿素联合生产

尿素,化学名称叫碳酰二胺[(NH₂)₂CO],纯尿素为无色无味无臭的晶体,含氮量为 46.6%,易溶于水和液氨水,熔点为 132.7 ℃。

尿素是一种含氮量高的中性肥料,长期使用不会使土壤变坏,它的肥效超过硝酸铵、硫酸铵、碳酸氢铵,但其成本却比硝酸铵、硫酸铵低。尿素作为一种化工原料,应用于高聚物合成材料、医药工业等领域。

尿素于 1828 年首次在实验室中人工合成,1920 年第一套用氨和二氧化碳作原料的生产线投入生产,但由于没有解决循环利用的问题,原料未获充分利用,还有大量副产品。20 世纪 50 年代初出现了部分循环流程,50 年代末全循环流程获得成功,基本上解决了原料的利用问题,经济效益显著提高,规模不断扩大。

尿素的合成总反应是可逆的、体积缩小的放热过程,实际上反应分两步在合成塔内连续进行:

$$2NH_3(g) + CO_2(g) \rightleftharpoons NH_2\overset{-}{C}OO\overset{+}{N}H_4(l) \quad \Delta_r H_m^{\ominus} = -117 \text{ kJ} \cdot \text{mol}^{-1} \quad (1)$$

$$NH_2COONH_4(l) \rightleftharpoons (NH_2)_2CO(l) + H_2O(l) \quad \Delta_r H_m^{\ominus} = 28.5 \text{ kJ} \cdot \text{mol}^{-1} \quad (2)$$

反应(1)速率很快,转化率也很高;反应(2)必须在液态下进行且速率较慢,转化率也低。总反应速率和转化率由反应(2)控制。

虽然较低温度对总反应平衡有利,但是反应(2)必须在熔融状态下才能进行,故尿素的生产温度必须高于氨基甲酸铵的熔点(152 ℃)。采用铬镍钼不锈钢衬里的反应器,在高温下不易被腐蚀,温度可控制在 180~190 ℃。用钛衬里的反应器,温度可控制在 190~200 ℃。然而,高温不利于反应(1)进行,为了抑制逆反应,就需加压,使反应的压力必须超过氨基甲酸铵的平衡压力。一般操作压力为 14~20 MPa,具体值视物系组成和操作温度而定。原料配比是另一重要参数。水的存在可降低氨基甲酸铵的熔点,从这一点上讲水的存在是有利的,但水又是这一可逆反应的产物,过多又不利于平衡转化率。生产中采取氨过量的措施,使氨与水结合降低其活性,从而提高尿素的收率。一般的原料配比参数为:$n_{H_2O} : n_{CO_2} = (0.3 \sim 0.6) : 1, n_{NH_3} : n_{CO_2} = 3.8 : 1$。

合成尿素的工艺流程有很多种,我国目前普遍采用的是水溶液全循环法流程。整个流程可分为二氧化碳的压缩、液氨的输送、尿素的合成、未反应物的分解和循环、尿素液的蒸发浓缩、尿素的造粒等工序,如图 2-53 所示。液氨经过滤、加压和预热后,与经过压缩的二氧化碳一起进入合成塔,同时进入合成塔的还有经过加压后循环使用的氨基甲酸铵溶液。在合成塔内反应 1 h,二氧化碳的转化率可达 62% ~ 64%。因此出塔物料是尿素、氨基甲酸铵、氨和水的混合物。此混合物经减压后在预分离器、两段分解塔中加热和降压,使溶液中的氨、二氧化碳和水汽化,由两段分解塔的塔底流出的尿素溶液入闪蒸槽,在负压下再分离出少量的氨、二氧化碳和一定量的水蒸气,再通过减压蒸发浓缩后得熔融状态的尿素,最后将熔融状态尿素送往造粒塔造粒,得到粒状尿素产品。

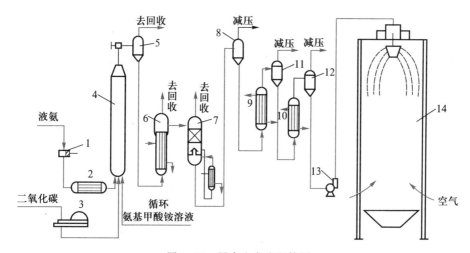

图 2-53 尿素生产流程简图

1—液氨加压泵;2—液氨预热器;3—二氧化碳压缩机;4—合成塔;5—预分离器;6,7——、二段分解塔;
8—闪蒸槽;9,10—二段蒸发加热器;11,12—二段蒸发分离器;13—熔融尿素泵;14—造粒塔

(2) 合成氨-纯碱联合生产

无水碳酸钠(Na_2CO_3)俗称纯碱,是一种重要的化工原料。玻璃、肥皂、水净化、造纸、纺织、印染、纤维、制革及钢铁和有色金属冶炼等工业,都需用大量的纯碱。

天然碳酸钠多产于少雨和干旱地区,习惯上称口碱或洗涤碱,为十水合碳酸钠。纯的无水碳酸钠为白色粉末,相对密度为 2.533,熔点为 845 ~ 852 ℃,易溶于水。

早在 18 世纪末,天然纯碱已远不能满足工业发展的需要。法国人路布兰于 1791 年首先提出了人工制碱法,该法以食盐、硫酸、煤及石灰石为原料,在高温下煅烧制造纯碱。但它存在严重缺点,如硫酸耗量大、熔融过程需高温且燃料耗量大、生产能力小、原料利用不充分、产品不纯、设备腐蚀严重等。

1861 年,比利时人苏尔维提出以食盐和石灰石为主要原料,以氨为介质来制造纯碱的氨碱法。该法虽比路布兰法先进,但亦存在食盐利用率不高、食盐中的 Cl^- 未被利用和生成大量用途不大的氯化钙副产品的问题。

我国科学家侯德榜 1924 年提出了联合制碱法。该法以合成氨厂的产品 NH_3、副产品 CO_2 为原料,配以 NaCl,同时生产纯碱 Na_2CO_3 和肥料 NH_4Cl。联合制碱法将合成氨厂与碱厂的生产联合起来,既使两厂的原料得以综合利用,又使两厂的生产加工设备相对简化。图 2-54 为联合制碱法生产过程的原则流程。在碳化塔中,氨化的食盐水从塔顶流下,在 30~35 ℃吸收 CO_2 发生如下反应:

$$NaCl+NH_3+CO_2+H_2O \longrightarrow NH_4Cl+NaHCO_3 \downarrow$$

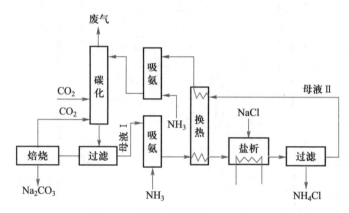

图 2-54　侯氏联合制碱法原则流程

生成的 $NaHCO_3$ 沉淀,焙烧后得 Na_2CO_3:

$$2NaHCO_3 \xlongequal{\quad} Na_2CO_3+H_2O+CO_2 \uparrow$$

分离出碳酸氢钠的母液Ⅰ含有大量的 NH_4Cl,采用降低温度的方法从母液Ⅰ中提取 NH_4Cl,但母液Ⅰ对 $NaHCO_3$ 来讲是饱和的,降温必将有部分$NaHCO_3$析出。为了提高 $NaHCO_3$ 的溶解度,先将母液Ⅰ加 NH_3,使其转变为易溶的 Na_2CO_3 和 $(NH_4)_2CO_3$,再经换热器降温,然后在盐析结晶器中,借冷冻机温度在 10 ℃左右与 NaCl 细粉发生反应:

$$NH_4Cl(l)+NaCl(s) \longrightarrow NaCl(l)+NH_4Cl(s)$$

在上述条件下,NH_4Cl 溶解度比 NaCl 小,故 NaCl 溶解,而 NH_4Cl 析出。分离出 NH_4Cl 的母液Ⅱ,经换热,再于母液Ⅱ中加入适量的 NH_3,并通入 CO_2 气,即又将 $NaHCO_3$ 结晶沉淀出来。如此周而复始,连续循环。

采用循环流程是联合制碱法的又一特点,从理论上讲,物料可被完全利用,不产生废物,这既提高了原料利用率又保护了环境。

侯氏联合制碱法的另一特点是,不需对循环液(或气)进行除杂质。这是因为该方法加入的盐是固体食盐,为保证食盐纯度,采用饱和食盐水洗涤食盐,除去大量杂质,减少了循环液的除杂。剩余的少量杂质(主要为钙、镁离子及硫酸盐等),能随主反应一起发生副反应,随 NH_4Cl 产品离开系统。

本节小结

合成氨生产是一个非常典型的化工生产过程。本节讨论了氨合成的化学基础,据此就其最佳反应条件的选择、生产设备和工艺流程的确定进行了研究。围绕氨合成反应的特点,对原料气的制造和净化做了介绍,并分析比较了合成氨全流程。特别是对合成氨生产进行了技术经济分析,还涉及节能降耗、综合利用、联合生产等方面。

化学工艺学是研究化工产品生产方法的学科。通过化学工艺学的学习,旨在探求某反应过程在全局上达到最大经济效益的工艺流程、生产设备和工艺条件。本章所讲授的三个典型的化工生产过程虽然只是数以千计的化工工艺的点滴,但是涉及的类型具有典型性,为触类旁通地学习提供了范例,体现在这些典型化工产品生产过程的研究思路和思想方法是学习化学工艺学的精髓。

通过本章学习,应对化工生产过程有一个具体的、全面的、比较深入的了解,对化学反应的工业化实施有所认识,对化学工艺学的研究有正确的思路和方法。

本节复习题

1. 在确定合成氨工艺条件前,为什么要对合成氨热力学和动力学进行研究?
2. 工业生产上采取何种措施解决了合成氨平衡与速率的矛盾?
3. 工业生产上氢氮比常控制在 2.7~2.9 之间,其理论依据何在?
4. 影响平衡氨含量的因素有哪些?是如何影响的?
5. 惰性气体含量高低对合成氨有哪些影响?工业生产上应如何控制惰性气体含量?
6. 在讨论最佳反应条件时在哪些地方遇到了产量与成本之间的矛盾?一个高产的氨合成工厂,当需要把着重点放在降低成本时,可以改变哪些氨合成的工艺条件?
7. 试论述氨合成塔的外形、结构、材料等方面的特点。
8. 在合成氨生产中,哪些措施是与循环流程有关的?
9. 简述造气原理,欲制备高质量半水煤气,应如何安排生产?
10. 加压二段催化蒸汽转化法为什么要采用二段而不是一次完成?这种做法与氨合成的二次分离氨产品有何共同之处?这种方法在学过的工艺中,何处运用过?

11. 为什么要把原料气中的硫化物、CO、CO_2 及 O_2 等气体除去？除去这些气体的原理和反应是怎样的？

12. 试归纳在合成氨生产中降低能量消耗的一些措施。在合成氨的生产中，哪些降低投资和生产费用的措施是与大型化有关的？

13. 联合生产的特点是什么？为什么说联合生产是保护环境的一个重要措施？

本节参考书目与文献

第3章

流体流动过程及流体输送设备

  化工生产中所处理的物料,不论是原料、中间产物,还是产品,大多数是流体(包括液体和气体),所涉及的过程大部分在流动条件下进行。例如,硫酸工业生产中,从沸腾焙烧炉出来的炉气进入气体净化工序,再送入催化氧化工序,然后到吸收成酸工序,设备与设备、工序与工序之间的连接都采用管道,无一不涉及流体的流动和输送。流体的流动和输送在化工生产中占有非常重要的地位,是必不可少的单元操作之一。

  化工生产中研究流体的流动和输送主要是解决以下问题:

  ① 输送流体所需管径尺寸的选择 化工生产中,输送管路材料的选择依据所输送流体的性质,而管径尺寸大小则由生产任务以及被输送流体在流动过程的物料和能量衡算所决定。选取适宜的管径,既要满足生产的要求,又要做到经济合理。

  ② 输送流体所需能量和设备的确定 为了完成规定的生产任务,往往需要根据输送流体的性质、输送的距离和高度、流体流动时的管路阻力、加压或减压的程度等因素,计算输送所需的能量,并选择适当的输送设备。

  ③ 流体性能参数的测量和控制 为了监视和控制生产过程,必须准确而及时地测量流体在流动时的各种参数,为此应选用可靠而准确的测量和控制仪表。

  ④ 研究流体的流动形态,为强化设备和操作提供理论依据 流体的流动形态直接影响流体的流动和输送,并对传热、传质和化学反应等有着显著的影响。

  ⑤ 了解流体输送设备的工作原理和操作性能,正确地使用流体输送设备。

3.1 流体的基本性质

研究流体流动过程的基本规律,首先必须了解流体具有的一些基本性质。

1. 密度

单位体积流体所具有的质量称为流体的密度,其表达式为

$$\rho = m/V \qquad\qquad (3-1)$$

式中,ρ 为流体的密度,$kg \cdot m^{-3}$;m 为流体的质量,kg;V 为流体的体积,m^3。

流体的密度随温度和压力的变化而变化。但除极高压力外,压力对液体的密度影响很小,可忽略不计,故常将液体称为不可压缩流体。温度对液体的密度有一定的影响,查取液体的密度数据时,要注意其测定时的条件。

气体具有可压缩性及热膨胀性,其密度随压力和温度有较大的变化。在温度不太低和压力不太高时,气体密度可近似地用理想气体状态方程进行计算,即

$$\rho = \frac{pM}{RT} \qquad\qquad (3-2)$$

式中,p 为气体的压力,$N \cdot m^{-2}$ 或 Pa;T 为气体的热力学温度,K;M 为气体的摩尔质量,$kg \cdot mol^{-1}$;R 为摩尔气体常数,其值为 8.314 $J \cdot mol^{-1} \cdot K^{-1}$。

在化工生产中所遇到的流体,往往是含有几个组分的混合物。对于液体混合物,各组分的浓度常用质量分数来表示。若以 1 kg 混合物为基准,设各组分在混合前后其体积不变,则 1 kg 混合物的体积应等于各组分单独存在时的体积之和,即

$$1/\rho_m = w_1/\rho_1 + w_2/\rho_2 + \cdots + w_n/\rho_n \qquad\qquad (3-3)$$

式中,$\rho_1, \rho_2, \cdots, \rho_n$ 分别为液体混合物中各纯组分液体的密度,$kg \cdot m^{-3}$;$w_1, w_2, \cdots, w_n$ 分别为液体混合物中各组分液体的质量分数。

对于气体混合物,各组分的浓度常用体积分数来表示。若以 1 m^3 混合气体为基准,设各组分在混合前后的质量不变,则 1 m^3 混合气体的质量等于各组分的质量之和,即

$$\rho_m = \rho_1\varphi_1 + \rho_2\varphi_2 + \cdots + \rho_n\varphi_n \qquad\qquad (3-4)$$

式中，$\rho_1, \rho_2, \cdots, \rho_n$ 分别为在气体混合物的压力下各纯组分的密度，$kg \cdot m^{-3}$；φ_1, $\varphi_2, \cdots, \varphi_n$ 分别为气体混合物中各组分的体积分数。

2. 比体积

单位质量流体所具有的体积称为流体的比体积，以 v 表示，它与流体的密度互为倒数，即

$$v = 1/\rho \tag{3-5}$$

式中，v 为流体的比体积，$m^3 \cdot kg^{-1}$；ρ 为流体的密度，$kg \cdot m^{-3}$。

3. 压力

流体垂直作用于单位面积上的力称为压力，又称为流体的压力或压强，其表达式为

$$p = F/A \tag{3-6}$$

式中，p 为流体的压力，Pa；F 为流体垂直作用于面积 A 上的力，N；A 为受力面积，m^2。

压力的单位 Pa(Pascal, 帕)，即 $N \cdot m^{-2}$，用国际单位制表示为 $kg \cdot m^{-1} \cdot s^{-2}$。

此外，还有些习惯使用的压力单位，如标准大气压(atm)、工程大气压($kgf \cdot cm^{-2}$，简记为 at)、毫米汞柱(mmHg)和米水柱(mH_2O)等，它们与 Pa 之间的换算关系如下：

$$1 \text{ atm} = 760 \text{ mmHg} = 1.013\,25 \times 10^5 \text{ Pa} = 10.33 \text{ mH}_2\text{O} = 1.033 \text{ kgf} \cdot \text{cm}^{-2}$$

按不同的计量基准，压力有两种不同的表达方式。一是绝对压力，即以绝对零压为起点而计量的压力；另一个是表压或真空度，即以大气压力为基准而计量的压力。当被测容器的压力高于大气压时，所测压力称为表压，而当被测容器的压力低于大气压时(工程上称为负压)，所测压力称为真空度。显然，被测容器内的绝对压力越低，则其真空度就越高。

压力的两种表达方式之间存在如下的换算关系：

$$表压 = 绝对压力 - 大气压力$$
$$真空度 = 大气压力 - 绝对压力$$

它们之间的关系，可用图 3-1 来表示。

大气压力不是固定不变的,它随着大气温度、湿度以及所在地区的海拔高度的变化而变化。因此,大气压力应当按照当时当地气压计上的读数为准。此外,为了避免绝对压力、表压和真空度三者之间相互混淆,对表压和真空度均应加以标注,如 0.2 MPa(表压),68 Pa(真空度)等。

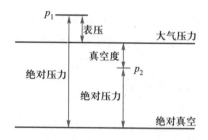

图 3-1　绝对压力、表压

和真空度之间的关系

p_1—测压点压力高于大气压力;

p_2—测压点压力低于大气压力

4. 流量和流速

单位时间内流体流经管道任一截面的流体量,称为流体的流量。若流体量用体积来计量,称为体积流量,以符号 q_V 表示,其单位为 $m^3 \cdot s^{-1}$;若流体量用质量来计量,则称为质量流量,以符号 q_m 表示,其单位为 $kg \cdot s^{-1}$;若流体量用物质的量表示,称为摩尔流量,以符号 q_n 表示,其单位为 $mol \cdot s^{-1}$。体积流量和质量流量的关系为

$$q_m = \rho q_V \tag{3-7}$$

质量流量与摩尔流量的关系为

$$q_m = M q_n \tag{3-8}$$

单位时间内,流体在管道内沿流动方向所流过的距离,称为流体的流速,以 u 表示,其单位为 $m \cdot s^{-1}$。由于流体本身的黏滞性以及流体与管壁之间存在摩擦力,流体在管道内同一截面上各点的流速是不相同的。管道中心的流速最大,离管中心距离越远,流速越小,而在紧靠管壁处,流速为零。通常所说的流速是指流道整个截面上的平均流速,以流体的体积流量除以管路的截面积所得的值来表示:

$$u = q_V / S \tag{3-9}$$

式中,S 为与流体流动方向相垂直的管道截面积,m^2。

由于气体的体积流量随温度和压力而变化,显然气体的流速亦随之而变,但质量并不变化。因此采用质量流速就较为方便。质量流速的定义是单位时间内流体流经管路单位截面积的质量,以 w 表示,单位为 $kg \cdot s^{-1} \cdot m^{-2}$,表达式为

$$w = q_m / S \tag{3-10}$$

由式(3-8)、式(3-9)及式(3-10)可得流速和质量流速两者之间的关系:

$$w = \rho u \tag{3-11}$$

工业上,管内流体的常用流速范围大致为:液体 $1.5 \sim 3.0 \ \mathrm{m \cdot s^{-1}}$,高黏度液体 $0.5 \sim 1.0 \ \mathrm{m \cdot s^{-1}}$;气体 $10 \sim 20 \ \mathrm{m \cdot s^{-1}}$,高压气体 $15 \sim 25 \ \mathrm{m \cdot s^{-1}}$;饱和水蒸气 $20 \sim 40 \ \mathrm{m \cdot s^{-1}}$,过热水蒸气 $30 \sim 50 \ \mathrm{m \cdot s^{-1}}$。

5. 黏度

黏性是流体内部摩擦力的表现,黏度是衡量流体黏性大小的物理量,是流体的重要参数之一。流体的黏度越大,其流动性就越小。

前已述及,由于流体本身黏性及其与管壁间存在摩擦力,流体在管道截面上形成流速分布。流体在圆管内的流动,可以看作将其分割成无数极薄的圆筒层,其中一层套着一层,各层以不同的速度向前流动,如图 3-2 所示,运动着的流体内部相邻两流体层间的相互作用力,便是流体的内摩擦力。

牛顿通过大量实验研究了影响流体流动时的内摩擦力大小的因素。如图 3-3 所示,设有上下两块平行放置且面积很大而相距很近的平板,板间充满了某种液体。现将下板固定,而对上板施加一个恒定的外力,上板就以某一恒定速度 u 沿着 x 方向运动。此时,两板间的液体就会分为无数平行的薄层而运动,黏附在上板底面的一薄层液体也以速度 u 随着上板而运动,其下各层液体的流速依次降低,而黏附在下板上表面的液层流速为零。

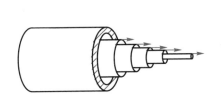
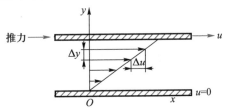

图 3-2 流体在圆管内分层流动示意图 　　　图 3-3 平板间流体速度变化图

实验证明,对于一定的液体,内摩擦力 F 与两流体层间的速度差 Δu 成正比,与两层间的接触面积 A 成正比,而与两层间的垂直距离 Δy 成反比,即

$$F \propto (\Delta u / \Delta y) A$$

引入比例系数 μ,则

$$F = \mu (\Delta u / \Delta y) A \tag{3-12}$$

式中,内摩擦力 F 的方向与作用面平行。单位面积上的内摩擦力称为内摩擦应力或剪应力,以 τ 表示,则有

$$\tau = F/A = \mu(\Delta u/\Delta y) \tag{3-13}$$

式(3-13)只适用于 u 与 y 成直线关系的场合。当流体在管内流动时,径向速度的变化并不是直线关系,而是曲线关系,则有

$$\tau = \mu(\mathrm{d}u/\mathrm{d}y) \tag{3-14}$$

式中,$\mathrm{d}u/\mathrm{d}y$ 为速度梯度,即在与流动方向相垂直的 y 方向上流体速度的变化率;μ 为比例系数,亦称为黏性系数,简称黏度。

式(3-14)称为牛顿黏性定律。凡符合牛顿黏性定律的流体称为牛顿型流体,所有气体和大多数液体都属于牛顿型流体。反之,称为非牛顿型流体,如某些高分子溶液、胶体溶液及泥浆等都属于这一类。本章只限于对牛顿型流体进行讨论。

黏度的值由实验测定。液体的黏度随着温度的升高而减小,气体的黏度随着温度的升高而增大。压力变化时,液体的黏度基本上不变,气体的黏度随压力的增加而增大得很少,因而在一般的工程计算中可以忽略,只有在压力极高或极低的极端条件下,才需考虑压力对气体黏度的影响。

黏度的单位为

$$[\mu] = [\tau/(\mathrm{d}u/\mathrm{d}y)] = (\mathrm{N}\cdot\mathrm{m}^{-2})/(\mathrm{m}\cdot\mathrm{s}^{-1}\cdot\mathrm{m}^{-1}) = \mathrm{N}\cdot\mathrm{s}\cdot\mathrm{m}^{-2} = \mathrm{kg}\cdot\mathrm{m}^{-1}\cdot\mathrm{s}^{-1} = \mathrm{Pa}\cdot\mathrm{s}$$

常见流体的黏度,可以从本书附录或有关手册中查得,但查得的数据常用厘米克秒(CGS)制表示。在 CGS 制中黏度的单位为 $\mathrm{g}\cdot\mathrm{cm}^{-1}\cdot\mathrm{s}^{-1}$,称为"泊",以 P 表示。$1\,\mathrm{P} = 100\,\mathrm{cP}(厘泊) = 0.1\,\mathrm{Pa}\cdot\mathrm{s}$。

此外,流体的黏度还用黏度 μ 与密度 ρ 的比值来表示,称为运动黏度,以 ν 表示,即

$$\nu = \mu/\rho \tag{3-15}$$

运动黏度的单位为 $\mathrm{m}^2\cdot\mathrm{s}^{-1}$。在 CGS 制中运动黏度的单位为 $\mathrm{cm}^2\cdot\mathrm{s}^{-1}$,称为"沲",以 st 表示。$1\,\mathrm{st} = 100\,\mathrm{cst}(厘沲) = 10^{-4}\,\mathrm{m}^2\cdot\mathrm{s}^{-1}$。

在工业上常常遇到各种流体的混合物,它们的黏度数值一般应用实验的方法测定,如缺乏其数值,可以参考有关资料以选用适当的经验公式进行估算。

如对于低压气体混合物的黏度,可采用下式进行计算:

$$\mu_{\mathrm{m}} = (\sum y_i \mu_i M_i^{1/2})/(\sum y_i M_i^{1/2}) \tag{3-16}$$

式中,μ_{m} 为常压下混合气体的黏度;y_i 为气体混合物中某一组分的摩尔分数;μ_i 为与气体混合物相同温度下某一组分的黏度;M_i 为气体混合物中某一组分的

相对分子质量。

对于分子不发生缔合的液体混合物的黏度,可采用下式进行计算:

$$\lg\mu_m = \sum x_i \lg\mu_i \qquad (3-17)$$

式中,μ_m 为液体混合物的黏度;x_i 为液体混合物中某一组分的摩尔分数;μ_i 为与液体混合物相同温度下某一组分的黏度。

3.2 流体流动的基本规律

研究流体流动的基本规律主要是为了解决流体的输送问题。表征流体流动规律的主要有连续性方程和伯努利方程。

1. 定态流动和非定态流动

流体在管道或设备中流动时,若在任一截面上流体的流速、压力、密度等有关物理量仅随位置而改变,但不随时间而改变,称为定态流动;反之,流体在各截面上的有关物理量中,只要有一项随时间而变化,则称为非定态流动。

如图 3-4 所示,水箱上部有水从进水管 1 连续流入,从排水管 3 排出。在单位时间内,进水量总是大于排水量,多余的水将从溢流管 4 溢流,以维持箱内水位恒定不变。

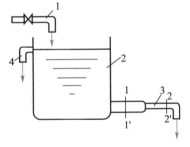

图 3-4 定态流动和非定态流动

1—进水管;2—水箱;3—排水管;
4—溢流管

若在流动系统中任选两个截面 1—1′ 和 2—2′,测定表明,两个截面的流速和压力虽不相等,但每一个截面上的流速和压力并不随时间而变化。这时的流动情况属于定态流动。若将图 3-4 中进水阀门关闭,则水箱的水位会随时间不断下降,两截面上的流速和压力也随之而降低,这时的流动情况属于非定态流动。

化工生产上多采用连续生产,只要生产条件控制得当,流体的流动多属于定态流动。非定态流动仅在某些设备的开车或停车时发生。

2. 流体定态流动过程的物料衡算——连续性方程

当流体在流动系统中做定态流动时,根据质量作用定律,在没有物料累积和泄漏的情况下,单位时间内通过流动系统任一截面 S 的流体的质量应相等。

对如图 3-5 所示截面 1-1′和 2-2′之间做物料衡算,单位时间流入截面 1-1′的流体质量应等于流出截面 2-2′的流体的质量,即

$$q_{m,1} = q_{m,2}$$

因为 $q_m = \rho u S$,故上式可改为

$$\rho_1 u_1 S_1 = \rho_2 u_2 S_2 \tag{3-18}$$

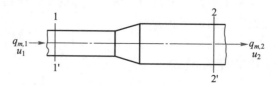

图 3-5 定态流动时流体流动的连续性

式(3-18)推广到管路上任何一个截面,则

$$q_m = \rho_1 u_1 S_1 = \rho_2 u_2 S_2 = \cdots = \rho_n u_n S_n = 常数 \tag{3-19}$$

对于不可压缩流体,即式(3-19)中 ρ = 常数,则

$$q_V = u_1 S_1 = u_2 S_2 = \cdots = u_n S_n = 常数 \tag{3-20}$$

式(3-20)表明,不可压缩流体不仅流经各截面的质量流量相等,它们的体积流量也相等。

式(3-18)至式(3-20)都称为流体定态流动时的连续性方程。它反映了在定态流动体系中,流量一定时,管路各截面上流体流速的变化规律。该规律与管路的布置以及管路上是否存在管件、阀门或输送设备等无关。

3. 流体定态流动过程的能量衡算——伯努利方程

流动体系的能量形式主要有:流体的动能、位能、静压能以及流体本身的内能。前三种又统称为流体的机械能。

① 动能 流体以一定的流速流动时,便具有一定的动能。质量为 m,流速为 u 的流体所具有的动能为 $mu^2/2$,单位为 kJ。

② 位能　流体因受重力的作用,在不同高度处具有不同的位能,其值相当于把质量为 m 的流体由基准水平面垂直举至某高度 Z 处所做的功,即 mgZ,单位为 kJ。位能是个相对值,随所选基准水平面的不同而异。

③ 静压能　静止流体内部任一处都存在一定的静压力,同样在流动着的流体内部任何位置也都存在一定的静压力。

如图 3-6 所示,若在流体流动的管壁上开一个小孔,并垂直连接一根玻璃管,这时可以观察到液体会在玻璃管内上升到一定高度。而液柱的高度正是运动着的流体在该截面处的静压力大小的表现。流体如果要在管内通过,就需要对流体做功,以克服流体所具有的静压力。在流体体积不变的情况下,把流体引入压力系统所做的功,称为流动功。流体由于外界对它做流动功而具有的能量,称为静压能。设管道的截面积为 S,在截面 A-A'处,流体

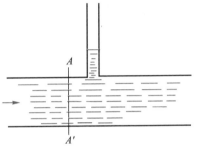

图 3-6　流体流动静压能

的压力为 p,质量为 m,体积为 V,密度为 ρ。当流体通过截面时,外界对流体所做的流动功等于作用于流体的力(pS)与流体移动的距离(V/S)的乘积,则与此功相当的静压能为:$pS \cdot V/S = pV = pm/\rho$,单位为 kJ。

④ 内能　内能(又称热力学能)是流体内部大量分子运动所具有的内动能和分子间相互作用力而形成的内位能的总和。其数值的大小随流体的温度和比体积的变化而变化。若以 U 表示单位质量的流体所具有的内能,则质量为 m(kg)的流体的内能为 mU,单位为 kJ。

流体的流动过程实质上是流动体系中各种形式能量之间的转化过程,为此必须进行流体流动过程的能量衡算。为了方便起见,下面先考察理想流体流动的能量衡算,然后再推广到实际流体的流动。

(1) 理想流体流动过程的能量衡算

所谓理想流体是指在流动时内部没有内摩擦力存在的流体,即黏度为零。若过程中没有热量输入,其温度和内能没有变化,则理想流体流动时的能量衡算可以只考虑机械能之间的相互转换。

如图 3-7 所示,设在单位时间内有质量为 m(kg)、密度为 ρ 的理想流体在导管中做定态流动,今在与流体流动的垂直方向上选取截面 1-1′ 和截面 2-2′,在两截面之间进行能量衡算。

令流体在截面 1-1′处的流速为 u_1,离基准面的高度为 Z_1,压力为 p_1,则输入截面 1-1′的流体所具有的总机械能为该截面处流体的位能、动能及静压能之

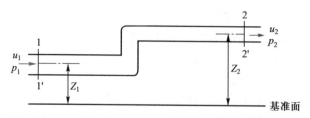

图 3-7　理想流体定态流动时能量衡算式的推导

和,即 $\sum E_{\text{入}} = mgZ_1 + mu_1^2/2 + p_1 m/\rho$。

同样的,令流体在截面 2-2′ 处的流速为 u_2,离基准面的高度为 Z_2,压力为 p_2,则输出截面 2-2′ 的流体所具有的总机械能为该截面处流体的位能、动能及静压能之和,即 $\sum E_{\text{出}} = mgZ_2 + mu_2^2/2 + p_2 m/\rho$。

根据能量守恒定律,若在两截面之间没有外界能量输入,流体也没有对外界做功,则流体在截面 1-1′ 和截面 2-2′ 之间应符合:

$$\sum E_{\text{入}} = \sum E_{\text{出}}$$

即
$$mgZ_1 + mu_1^2/2 + p_1 m/\rho = mgZ_2 + mu_2^2/2 + p_2 m/\rho \tag{3-21a}$$

对于单位质量流体,则有

$$gZ_1 + u_1^2/2 + p_1/\rho = gZ_2 + u_2^2/2 + p_2/\rho \tag{3-21b}$$

对于单位重力(重力单位为 N)流体,则有

$$Z_1 + u_1^2/(2g) + p_1/(\rho g) = Z_2 + u_2^2/(2g) + p_2/(\rho g) \tag{3-21c}$$

工程上,单位重力的流体所具有的能量单位为 $\mathrm{J \cdot N^{-1}}$,即 m,称为"压头",则 Z、$u^2/(2g)$ 和 $p/(\rho g)$ 分别是以压头形式表示的位能、动能和静压能,分别称为位压头、动压头和静压头。需要注意的是,使用压头形式表示能量时,应注明是哪一种流体,如流体是水,应说它的压头是多少米水柱。

式(3-21a)、式(3-21b)及式(3-21c)都是理想流体在定态流动时的能量衡算方程式,亦称为伯努利方程(Bernoulli equation)。由伯努利方程可知,理想流体在管道各个截面上的每种能量并不一定相等,它们在流动时可以相互转化,但其在管道任一截面上各项能量之和相等,即总能量(或总压头)是一个常数。

(2)实际流体流动过程的能量衡算

实际流体在流动时,由于流体黏性的存在,必然造成阻力损失。单位重力的流体在定态流动时因摩擦阻力而损失的能量(压头)记为 $\sum h_f$,单位为 $\mathrm{J \cdot N^{-1}}$ 或 m。

为克服流动阻力使流体流动,往往需要安装流体输送机械(如泵或风机)。

设单位重力的流体从流体输送机械所获得的外加压头为 H_e，单位为 $J \cdot N^{-1}$ 或 m。则实际流体在流动时的伯努利方程为

$$Z_1 + u_1^2/(2g) + p_1/(\rho g) + H_e = Z_2 + u_2^2/(2g) + p_2/(\rho g) + \sum h_f \qquad (3-22)$$

以上得到的各种形式伯努利方程仅适用于不可压缩的液体。对于可压缩气体，若通过所取两个截面之间的压力变化小于上游压力的 20%，衡算所引起的误差不大，仍可以适用。但应该注意的是，此时气体的密度和压头损失中的有关数值应采用平均值进行计算。

对于静止状态的流体，$u = 0$，没有外加能量，$H_e = 0$，而且也没有因摩擦而造成的阻力损失，$\sum h_f = 0$，则伯努利方程简化为

$$Z_1 + p_1/(\rho g) = Z_2 + p_2/(\rho g) \qquad (3-23a)$$

或

$$p_2 - p_1 = \rho g(Z_1 - Z_2) \qquad (3-23b)$$

式 (3-23a) 或式 (3-23b) 即为流体的静力学方程式。由此可见，流体流动的能量衡算方程也包括了流体静止状态的规律，静止的流体不过是运动流体的特殊表现形式而已。

4. 流体流动规律的应用举例

连续性方程和伯努利方程可用来计算化工生产中流体的流速或流量、流体输送所需的压头和泵的功率等流体流动方面的实际问题。

伯努利方程在流体流动的计算中应用尤为广泛。在应用伯努利方程时，应该注意以下几点。

① 作图　根据题意作出流动系统的示意图，注明流体的流动方向，并标出有关数据，以助分析题意。

② 截面的选取　确定出上下游截面以明确对流动系统的衡算范围。注意所选截面必须与流体流动方向垂直，且流体在两截面之间必须是连续的。所求的未知量应包括在选定的截面上，以便于解题。若确定外加功时，则两截面应分别在输送设备的两侧。

③ 基准水平面的选取　原则上，基准水平面可以任意选取，并不影响计算结果，但为了简化计算，通常将所选两个截面中位置较低的一个作为基准水平面。如果截面与基准水平面不平行，则 Z 值是指截面中心与基准水平面的垂直距离。

④ 单位务必统一　方程式两侧的各个物理量单位必须一致，最好均采用国际单位制。特别是等式两边的压力，用绝对压力或相对压力均可，但必须统一。

（1）管道流速的确定

例 3-1　今有一离心水泵，其吸入管规格为 ϕ88.5 mm×4 mm，压出管为 ϕ75.5 mm×3.75 mm，吸入管中水的流速为 1.4 m·s^{-1}，试求压出管中水的流速为多少？

解：吸入管内径 $d_1 = (88.5 - 2 \times 4)$ mm = 80.5 mm

压出管内径 $d_2 = (75.5 - 2 \times 3.75)$ mm = 68 mm

根据不可压缩流体的连续性方程 $u_1 S_1 = u_2 S_2$，圆管的截面积 $S = \pi d^2 / 4$，于是上式写成：

$$u_2 / u_1 = (d_1 / d_2)^2$$

故压出管中水的流速为

$$u_2 = (d_1 / d_2)^2 u_1 = [(80.5/68)^2 \times 1.4] \text{ m·s}^{-1} = 1.96 \text{ m·s}^{-1}$$

计算表明：当流量一定时，圆管中流体的流速与管径的平方成反比。

（2）容器相对位置的确定

例 3-2　采用虹吸管从高位槽向反应釜中加料。高位槽和反应釜均与大气相通，高位槽内液面维持恒定。要求物料在管内以 1.05 m·s^{-1} 的流速流动。若料液在管内流动时的能量损失为 2.25 J·N^{-1}（不包括出口的能量损失），试求高位槽的液面应比虹吸管的出口高出多少米才能满足加料要求？

解：作示意图，取高位槽的液面为截面 1-1′，虹吸管的出口内侧为截面 2-2′，并取截面 2-2′ 为基准水平面。

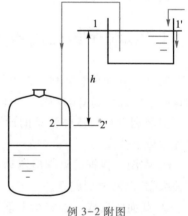

在两截面间列出伯努利方程式：

$$Z_1 + u_1^2/(2g) + p_1/(\rho g) + H_e$$
$$= Z_2 + u_2^2/(2g) + p_2/(\rho g) + \sum h_f$$

式中　$Z_1 = h$，$u_1 \approx 0$，$p_1 = 0$（表压），$H_e = 0$；

$Z_2 = 0$，$u_2 = 1.05$ m·s^{-1}，$p_2 = 0$（表压），

$\sum h_f = 2.25$ J·N^{-1}

代入伯努利方程式，并简化得

$h = 1.05^2$ m^2·s^{-2}/$(2 \times 9.81$ m·s$^{-2}) + 2.25$ m

　= 2.31 m

例 3-2 附图

即高位槽液面应比虹吸管的出口高 2.31 m，才能满足加料的流速要求。

（3）送料用压缩空气的压力的确定

例 3-3　某生产车间用压缩空气压送 20 ℃，$\bar{w}_{H_2SO_4} = 98.3\%$ 的浓硫酸。若每批压送量为 0.36 m^3，要求在 10 min 内压送完毕。管子为 ϕ38 mm×3 mm 钢管，管子出口在硫酸罐液面上垂直距离为 15 m。设硫酸流经全部管路的能量损失为 1.22 J·N^{-1}（不包括出口的能量损失），试求开始压送时，压缩空气的表压为多少？

解：作示意图。取硫酸罐内液面为截面 1-1′，硫酸出口管管口内侧为截面 2-2′，并以截面 1-1′为基准水平面。

在两截面间列出伯努利方程式：

$$Z_1 + u_1^2/(2g) + p_1/(\rho g) + H_e$$
$$= Z_2 + u_2^2/(2g) + p_2/(\rho g) + \sum h_f$$

式中　$Z_1 = 0, u_1 \approx 0; Z_2 = 15 \text{ m}, u_2 = q_V/S, p_2 = 0$（表压），$\sum h_f = 1.22 \text{ J} \cdot \text{N}^{-1}$

因为　$q_V = 0.36 \text{ m}^3/(10 \times 60 \text{ s}) = 6.0 \times 10^{-4} \text{ m}^3 \cdot \text{s}^{-1}$

$S = \pi \times (0.038 - 2 \times 0.003)^2/4 \text{ m}^2$
$= 8.04 \times 10^{-4} \text{ m}^2$

故　$u_2 = q_V/S = 6.0 \times 10^{-4} \text{ m}^3 \cdot \text{s}^{-1}/(8.04 \times 10^{-4} \text{ m}^2)$
$= 0.746 \text{ m} \cdot \text{s}^{-1}$

由手册查得，20 ℃浓硫酸的密度 $\rho = 1\,831 \text{ kg} \cdot \text{m}^{-3}$
将上列数据代入伯努利方程式：

$$p_1/(1\,831 \text{ kg} \cdot \text{m}^{-3} \times 9.81 \text{ m} \cdot \text{s}^{-2}) = 15 \text{ m} + 0.746^2 \text{ m}^2 \cdot \text{s}^{-2}/(2 \times 9.81 \text{ m} \cdot \text{s}^{-2}) + 1.22 \text{ m}$$

解得　$p_1 = 2.92 \times 10^5 \text{ N} \cdot \text{m}^{-2}$（表压）

即开始压送时，压缩空气的表压至少为 $2.92 \times 10^5 \text{ N} \cdot \text{m}^{-2}$。

例 3-3 附图

（4）流体输送设备所需功率的确定

例 3-4　用离心泵将储槽中的料液输送到蒸发器内，敞口储槽内液面维持恒定。已知料液的密度为 $1\,200 \text{ kg} \cdot \text{m}^{-3}$，蒸发器上部的蒸发室内操作压力为 200 mmHg（真空度），蒸发器进料口高于储槽内的液面 15 m，输送管道的直径为 $\phi 68 \text{ mm} \times 4 \text{ mm}$，送液量为 $20 \text{ m}^3 \cdot \text{h}^{-1}$。设溶液流经全部管路的能量损失为 $12.23 \text{ J} \cdot \text{N}^{-1}$（不包括出口的能量损失），若泵的效率为 60%，试求泵的功率。

解：取储槽液面为截面 1-1′，管路出口内侧为截面 2-2′，并以截面 1-1′为基准水平面。在截面 1-1′和截面 2-2′之间进行能量衡算，得

$$Z_1 + u_1^2/(2g) + p_1/(\rho g) + H_e$$
$$= Z_2 + u_2^2/(2g) + p_2/(\rho g) + \sum h_f$$

式中　$Z_1 = 0, u_1 \approx 0, p_1 = 0$（表压）；$Z_2 = 15 \text{ m}$

因为　$q_V = 20/3\,600 \text{ m}^3 \cdot \text{s}^{-1} = 5.56 \times 10^{-3} \text{ m}^3 \cdot \text{s}^{-1}$

$S = \pi \times (0.068 - 2 \times 0.004)^2/4 \text{ m}^2$
$= 2.83 \times 10^{-3} \text{ m}^2$

故　$u_2 = q_V/S = 5.56 \times 10^{-3} \text{ m}^3 \cdot \text{s}^{-1}/(2.83 \times 10^{-3} \text{ m}^2)$
$= 1.97 \text{ m} \cdot \text{s}^{-1}$

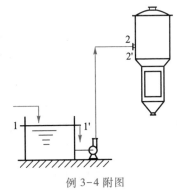

例 3-4 附图

又　$p_2 = (200 \times 1.013 \times 10^5/760)$ Pa

　　　$= 2.67 \times 10^4$ Pa（真空度）

　　　$= -2.67 \times 10^4$ Pa（表压）

　　$\sum h_f = 12.23$ J·N^{-1}

将上列各数值代入伯努利方程式,得

$$H_e = 15 \text{ m} + 1.97^2 \text{ m}^2 \cdot \text{s}^{-2}/(2 \times 9.81 \text{ m} \cdot \text{s}^{-2}) - 2.67 \times 10^4$$
$$\text{kg} \cdot \text{s}^{-2} \cdot \text{m}^{-1}/(1\,200 \times 9.81 \text{ kg} \cdot \text{s}^{-2} \cdot \text{m}^{-2}) + 12.23 \text{ m} = 25.16 \text{ m 液柱}$$

泵的有效功率（参阅 3.5.1 节）：$N_e = q_m g H_e = \rho q_V g H_e = 1\,200$ kg·m^{-3} × 5.56 × 10^{-3} m^3·s^{-1}

$$\times 9.81 \text{ m} \cdot \text{s}^{-2} \times 25.16 \text{ m} = 1.65 \times 10^3 \text{ W} = 1.65 \text{ kW}$$

实际功率：　　　　　$N_a = N_e/\eta = 1.65$ kW/0.60 = 2.75 kW

3.3　流体压力和流量的测量

化工生产中,为了监视和控制工艺过程,必须实时测量流体性能参数。流体压力和流量是最基本的流体性能参数,它们的测定方法很多,所用测量仪表也有不同的类型。本节主要介绍几种常用的根据流体流动机械能相互转化原理设计的流体压力和流量测量仪表。

1. 流体压力的测量

前已述及,对处于静止状态的流体,伯努利方程简化为流体静力学方程式 (3-23b)：

$$p_2 - p_1 = \rho g (Z_1 - Z_2)$$

此式可理解为静止流体内部某两点压力差（$p_2 - p_1$）与该两点之间距离差（$Z_1 - Z_2$）成正比。流体压力的测定便是基于这一公式。

（1）U 形管压差计

U 形管压差计的结构如图 3-8 所示。管中盛有与测量液体不互溶、密度为 ρ_i 的指示剂。U 形管的两个侧管分别连接被测系统的两点。随测量的压力差的不同,U 形管中指示液所显

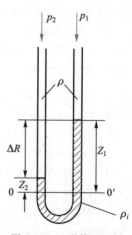

图 3-8　U 形管压差计

示的高度差亦不相同,根据式(3-23b),可推得

$$\Delta p = p_2 - p_1 = (\rho_i - \rho) g \Delta R \qquad (3-24)$$

式中,ΔR 为压差计的读数,即指示液的液面差;ρ_i 和 ρ 分别为指示液及被测液体的密度。

可见,当 ρ_i 和 ρ 已知时,即可从压差计的读数 ΔR 求出流动系统中两测压点的压力差。当测定系统中某点的压力时,若 U 形管压差计的一侧直接与大气相连通,则测量的是系统的表压或真空度。

若被测量的流体是气体,一般情况下,气体的密度较指示液的密度小得多,因此上式可简化为

$$\Delta p = p_2 - p_1 = \rho_i g \Delta R \qquad (3-25)$$

(2)倒置 U 形管压差计

倒置 U 形管压差计结构如图 3-9 所示。它以被测液体作为指示液,液体的上方充满空气,空气的进出可通过顶端的旋塞来调节,从而可达到所要求的液柱水平面位置。

(3)微差压差计

为了提高压差计的灵敏度,测量微小的压力差,可以采用微差压差计。微差压差计主要用于气体系统的测量。其结构如图 3-10 所示,压差计中放入两种不同密度且互不相溶的指示液,如水-四氯化碳、液态石蜡-酒精等,使之在管内分

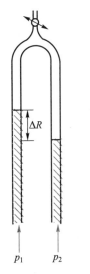

图 3-9 倒置 U 形管压差计

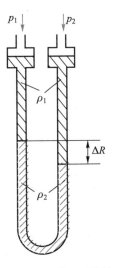

图 3-10 微差压差计

为上下两层,并在 U 形管顶部增设两个截面积扩大了的容器。由于管顶容器的截面积较 U 形管大得多,因而当管内指示液柱高度差显示为 ΔR 时,顶部容器中液面几乎不发生变化。

若两种指示液的密度分别为 ρ_1 和 ρ_2,则两测压点之间的压力差为

$$\Delta p = p_2 - p_1 = (\rho_1 - \rho_2) g \Delta R \qquad (3-26)$$

可见,在被测系统的压力差 Δp 一定时,若所选用的两种指示液的密度差 $(\rho_1-\rho_2)$ 越小,则显示值 ΔR 就越大,即提高了测量的灵敏度。

上述各种液柱压差计的构造简单,测压准确,在实验室应用广泛。它们的缺点是不耐高压,测量范围受到一定的限制。当需要测量较高压力时,可以采用弹簧管压力计,即通常所说的压力表。

2. 流体流量的测量

利用流体的机械能相互转换原理设计的流体流量测量仪表有孔板流量计、文丘里流量计和转子流量计等。

（1）孔板流量计

孔板流量计的结构简单,如图 3-11 所示。其主要部件是一块中央开有圆孔的金属薄板(称为孔板),将其固定于导管中,在孔板两侧装有测压管,并分别与 U 形管压差计的两端相连接。

根据机械能衡算式,当流体通过孔板锐孔时,因流道截面积骤然缩小,流体流速随之增大,动压头增大,其静压头相应减小。设流体的密度不变,在孔板前导管上取一截面 1-1′,孔板后取另一截面 2-2′,列出两截面之间能量衡算式:

$$Z_1 + u_1^2/(2g) + p_1/(\rho g) = Z_2 + u_2^2/(2g) + p_2/(\rho g)$$

因是水平管道,$Z_1 = Z_2$,则有

$$\sqrt{u_2^2 - u_1^2} = \sqrt{2g\left(\frac{p_1}{\rho g} - \frac{p_2}{\rho g}\right)} = \sqrt{\frac{2(p_1 - p_2)}{\rho}} \qquad (3-27)$$

式中,u_1 为流体通过孔板前的流速,即流体在管道中的流速,$\mathrm{m \cdot s^{-1}}$;u_2 为流体通过孔板时的流速,$\mathrm{m \cdot s^{-1}}$;p_1 为流体在管道中的静压力,Pa;p_2 为流体通过孔板时的压力,Pa。

对于不可压缩流体或过程中密度变化不大的体系,根据连续性方程可得

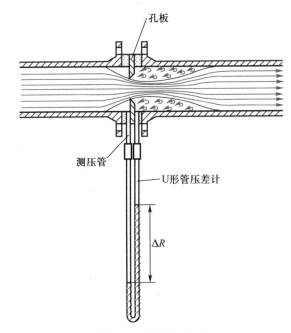

图 3-11 孔板流量计

$$u_1 = u_2 S_2 / S_1$$

式中，S_2，S_1 分别为孔板的锐孔和管道的横截面积，m^2。将上式代入式（3-27）得

$$u_2 = \sqrt{\frac{2(p_1 - p_2)/\rho}{1 - (S_2/S_1)^2}}$$

实际流体因阻力会引起压头损失，孔板处并有收缩造成的骚扰，再考虑到孔板与导管间的装配可能有误差，将这些影响归纳为校正系数 c_0，并以 u_0 代替 u_2，得

$$u_0 = c_0 \sqrt{\frac{2(p_1 - p_2)}{\rho}} \qquad (3-28)$$

c_0 的值由实验或经验关系确定，一般情况下，其值为 $0.61 \sim 0.63$。

若液柱压力计的读数为 ΔR，指示液的密度为 ρ_i，则

$$u_0 = c_0 \sqrt{\frac{2g\Delta R(\rho_i - \rho)}{\rho}} \qquad (3-29)$$

将式（3-29）换算为流量计算公式为

$$q_V = u_0 S_0 = c_0 S_0 \sqrt{\frac{2g\Delta R(\rho_i - \rho)}{\rho}} \qquad (3-30)$$

式（3-30）虽是从不可压缩流体的基础上推导出来的,但孔板流量计也广泛应用于测量气体的流量。当孔板前后气体的压力差不超过上游压力的 20% 时,该式仍可使用。

孔板流量计结构简单,制造方便,应用较为广泛,它的缺点是能量损耗较大。

（2）文丘里流量计

文丘里流量计针对孔板流量计能量损耗较大的缺点,参照孔板流量计孔板前后的流体流线形状设计而成,如图 3-12 所示。它的主要部件为收缩管和扩大管,两者的中心角度依次为 $15° \sim 20°$ 和 $5° \sim 7°$,结合处的截面积最小,称为喉管。流体由收缩管进入,经过喉管进入扩大管而排出。

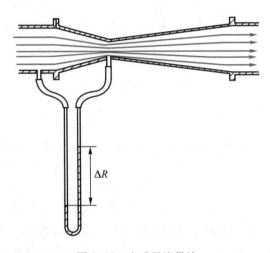

图 3-12 文丘里流量计

文丘里流量计的流量与测压的压力计读数间的关系可仿照孔板流量计推导得

$$q_V = u_0 S_0 = c_V S_0 \sqrt{\frac{2g\Delta R(\rho_i - \rho)}{\rho}} \qquad (3-31)$$

式中,c_V 为文丘里流量计的流量系数,同样需要由实验测定,在湍流情况下,其值约为 0.98;S_0 为喉管处的截面积。

文丘里流量计的优点在于它的能量损耗比孔板流量计要小得多,但加工制造上它比孔板流量计要复杂些。

（3）转子流量计

如图 3-13 所示,转子流量计的主要部件为带刻度线、呈垂直安装的锥形玻璃管,以及装在管内可上下浮动的转子(或浮子)。液体由玻璃管底部进入,从顶部流出,当流体流动所产生的上升力大于转子在流体中的净重力时,转子在上升到一定高度后稳定于管中央旋转,根据转子停留的高度,从校正曲线便可读出流体的流量。

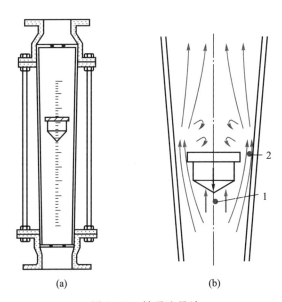

(a)   (b)

图 3-13　转子流量计

根据机械能守恒原理,流体通过转子与外管的环隙时,由于流体流过的通道截面积减小,流速增大,流体的静压力降低,使转子上下产生压力差,当作用于转子的上升力(包括由压力差产生的向上净压力和流体对转子的浮力)等于转子的净重力时,转子在流体中处于平衡状态,即

$$\Delta p A_R = V_R \rho_R g - V_R \rho g$$

式中,Δp 为转子上下间流体的压力差,Pa;V_R 为转子的体积,m^3;A_R 为转子最大部分顶端面的横截面积,m^2;ρ_R 为转子的密度,$kg \cdot m^{-3}$;ρ 为流体的密度,$kg \cdot m^{-3}$。

转子上下间所产生的压力差归因于流体通过环隙时流速的增大。若流体通过环隙的流速为 u_R,根据伯努利方程同样可导出:

$$u_R = c_R \sqrt{\frac{2g \Delta p}{\rho g}}$$

式中，c_R 为校正因子，与流体的流动形态、转子形状等因素有关。

综合以上两式，求出流量得

$$q_V = u_R S_R = c_R S_R \sqrt{\frac{2gV_R(\rho_R - \rho)}{A_R \rho}} \qquad (3-32)$$

式中，S_R 为转子与玻璃管环隙的面积，m^2；q_V 为流体的体积流量，$m^3 \cdot s^{-1}$。

由于环隙的面积 S_R 随着流体的流量而改变，其大小取决于转子位置的高低，因此流体的流量与转子的高度保持一定的关系。

转子流量计的转子可以采用不锈钢、铜及塑料等各种抗腐蚀材料制成，使用维护也很方便，因此无论在工业生产还是在实验室里都得到了广泛的使用，尤其适用于中小流量的测定，常用于 2″ 以下管道系统中，耐压在 300~400 kPa。

3.4 管内流体流动的阻力

3.2 节讨论流体流动的能量衡算时，对流体流动阻力的产生和计算并未展开。流体本身具有黏性，流体流动时因产生内摩擦力而消耗能量，是流体阻力损失产生的根本原因。而管道的大小，内壁的形状、粗糙度等又影响着流体流动的状况，是流体阻力产生的外部条件。关于黏性、流速等流体的物理性质，前面已讨论过，本节将从介绍管路系统的管、管件、阀门开始，进而讨论流体的流动形态和管内流体流动阻力的定量计算。

1. 管、管件及阀门简介

流体是在管路系统中流动的，管路系统由管、管件及阀门等组成。

（1）管

管子的种类繁多。化工生产中广泛使用的有铸铁管、钢管、特殊钢管、有色金属管、塑料管及橡胶管等。钢管又分为有缝钢管和无缝钢管，前者多用低碳钢制成；后者的材料有普通碳钢、优质碳钢以及不锈钢等。不锈钢价格昂贵，仅用于输送强腐蚀性的流体或某些特殊要求的场合。铸铁管常用于埋在地下的给水总管、煤气管及污水管等。

化工行业中的管子按照管材的性质和加工情况，可分为光滑管和粗糙管。通常把玻璃管、铜管、铅管及塑料管等称为光滑管；把旧钢管和铸铁管称为粗糙管。实际上,即使是同样材料制造的管道,由于使用时间的长短、腐蚀及沾污程度的不同,管壁的粗糙度会产生很大的差异。管壁粗糙面凸出部分的平均高度,称为绝对粗糙度,以 ε 表示。绝对粗糙度 ε 与管内径 d 的比值 ε/d,称为相对粗糙度。表 3-1 列出了某些工业管道的绝对粗糙度。

表 3-1　某些工业管道的绝对粗糙度 ε

种类	ε/mm	种类	ε/mm
无缝铜管	<0.01	干净玻璃管	0.001 5~0.01
无缝钢管	0.01~0.05	木管道	0.25~1.25
镀锌铁管	0.1~0.2	玻璃管	<0.01
轻度腐蚀无缝钢管	0.2~0.3	平整水泥管	0.3~3.0
明显腐蚀钢(铁)管	>0.5	陶土排水管	0.45~6.0
铸铁管	0.3	橡胶软管	0.01~0.03
旧铸铁管	>0.85	石棉水泥管	0.03~0.8

（2）管件

管件为管与管的连接部分,主要用来改变管道方向、连接支管、改变管径及堵塞管道等。图 3-14 所示为管道中几种常用的管件。

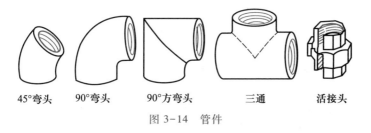

45°弯头　　90°弯头　　90°方弯头　　　三通　　　活接头

图 3-14　管件

（3）阀门

阀门安装于管道中用以切断流动或调节流量。常用的阀门有截止阀、闸阀和止逆阀等。

① 截止阀　截止阀的构造如图 3-15 所示,它依靠阀杆的上升或下降改变阀盘与阀座的距离,从而达到切断流动或调节流量的目的。截止阀构造比较复杂,在阀体部分流体的流动方向经数次改变,流动阻力较大。但这种阀门严密可靠,且可较精密地调节流量,故常用于水蒸气、压缩空气及液体输送管道。若流体中含有悬浮颗粒时应避免使用。

② 闸阀　闸阀又称为闸板阀,如图 3-16 所示。闸阀利用闸板的上升或

下降来调节管路中流体的流量。闸阀的结构简单,流体阻力小,且不易为悬浮物所堵塞,所以常用于大直径管道。其缺点是闸阀阀体高,制造和检修较困难。

③ 止逆阀　止逆阀又称为单向阀,它只允许流体单向流动,如图 3-17 所示。当流体自左向右流动时,阀自动开启;如遇到流体反向流动时,阀则自动关闭。止逆阀只在单向开关的特殊情况下使用。

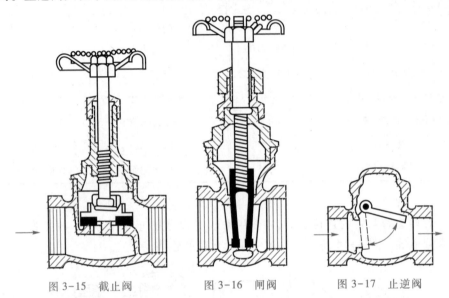

图 3-15　截止阀　　　　图 3-16　闸阀　　　　图 3-17　止逆阀

2. 流动的形态

(1) 两种流动形态

为了解流体在管内流动状况及其影响因素,雷诺设计的实验可直接观察到两种不同的流动形态。雷诺实验装置如图 3-18 所示,水箱 2 内有溢流装置,以维持实验过程中液面的恒定。在水箱的底部安装一段入口呈喇叭状等径的水平玻璃管 4,管出口处装有调节阀门 5 以调节出水流量。水箱正上方装有带阀门的盛有红色墨水的玻璃瓶 1,红墨水由导管经过安置在水平玻璃管中心位置的细针头 3 流入管内。

实验观察到,当阀门 5 稍开,水在玻璃管中的流速不大时,从针头引到水流中心的红色墨水呈一条直线,平稳地流过整根玻璃管,如图 3-19(a)所示。这表明玻璃管内水的质点彼此平行地沿着管轴的方向做直线运动,质点与质点之间互不混合。充满玻璃管内的水流如同一层层平行于管壁的圆筒形薄层,各层以不同的流速向前运动,这种流动形态称为滞流或层流。

当开大阀门 5 使水的流速逐渐加大到一定数值时,会观察到红色墨水的细线开始出现波动,如图 3-19(b)所示。若使流速继续增大,当达到某一临界值时,细线便完全消失,红墨水流出针头后随即散开,与水完全混合,使整根玻璃管中的水流呈现均匀的红色,如图 3-19(c)所示。这表明水的质点除了沿着管道向前流动以外,各质点还做不规则的紊乱运动,且彼此相互碰撞,互相混合,水流质点除了沿管轴方向流动外,还有径向的复杂运动,这种流动形态称为湍流或紊流。

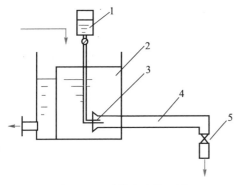

图 3-18　雷诺实验装置图

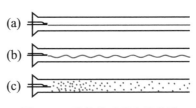

图 3-19　流体流动形态示意图

（2）流动形态的判据

通过不同流体和不同管径进行的大量实验表明,影响流体流动的因素除了流速 u 外,还有流体流过的通道管径 d 的大小,以及流体的物理性质如黏度 μ 和密度 ρ。雷诺将上述四个因素归纳为一个特征数,称为雷诺数,以符号 Re 表示:

$$Re = du\rho/\mu \qquad\qquad (3-33)$$

若将各物理量的量纲代入,则有

$$[Re] = \frac{\mathrm{L} \cdot \mathrm{LT}^{-1} \cdot \mathrm{ML}^{-3}}{\mathrm{ML}^{-1} \cdot \mathrm{T}^{-1}} = \mathrm{L}^0 \cdot \mathrm{M}^0 \cdot \mathrm{T}^0$$

式中,L、M、T 分别是长度、质量、时间的量纲。

可见,雷诺数是量纲为 1 的数群。计算时需要注意,式中各个物理量必须采用统一的单位制。

雷诺数可以作为流体流动形态的判据。实验发现,流体在直管中流动时,当 $Re \leqslant 2\,000$ 时,流体流动形态为滞流;当 $Re > 4\,000$ 时,流体流动形态为湍流;而当 $2\,000 < Re \leqslant 4\,000$ 时,流体的流动则被认为处于一种过渡状态,可以是滞流,也可

以是湍流,取决于流动的外部条件。如在管道的入口处,管道直径或流动方向改变,外来的轻微扰动等,都易促成湍流的产生。通常,选定 2 000 作为滞流转变的 Re 的临界值,此时相应的流速为临界流速。

(3)滞流和湍流的特征

流体在管内流动时处于不同的流动形态,在管截面径向上呈现的径向速度分布不一样。如图 3-20 所示,滞流时流速沿管径呈抛物线分布,管中心处流速最大,管截面各点速度的平均值为管中心处最大速度的 0.5 倍。湍流时,流体质点强烈湍动有利于交换能量,使得管截面靠中心部分速度分布比较均匀,流速分布曲线前沿平坦,而近壁部分的质点受壁面阻滞,流速分布较为陡峭,显然湍流的流速分布曲线与雷诺数大小有关,湍流的平均速度约为最大速度的 0.8 倍。

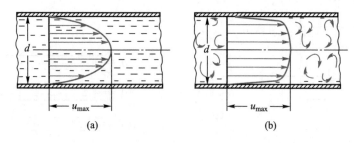

(a)   (b)

图 3-20   滞流(a)和湍流(b)的流速分布

湍流流动还有一个特征,无论流体主体的湍动程度如何剧烈,在靠近管壁处总有一层做滞流流动的流体薄层,称为滞流内层。其厚度随雷诺数的增大而减小,但永远不会消失。滞流内层的存在对传热过程和传质过程有很大的影响。

工业生产中的流体流动大多数是以湍流形态进行的。

例 3-5   在 ϕ168 mm×5 mm 的无缝钢管中输送原料油,已知油的运动黏度为 90 cst,密度为 910 kg·m^{-3},试求燃料油在管中作滞流时的临界速度。

解:因为运动黏度 $\nu = \mu/\rho$,又在滞流时,Re 的临界值为 2 000,代入 $Re = du\rho/\mu$,得

$$Re = du\rho/\mu = du/\nu = 2\ 000$$

其中 $d = (168-2\times5)$ mm $= 158$ mm $= 0.158$ m

$\nu = 90$ cst $= 90\times10^{-2}\times10^{-4}$ m^2·s^{-1} $= 9\times10^{-5}$ m^2·s^{-1}

故临界速度为 $u = 2\ 000\times9\times10^{-5}$ m^2·s^{-1}/0.158 m $= 1.14$ m·s^{-1}

计算非圆形管的 Re 时,要以当量直径 d_e 代替 d。当量直径 d_e 定义为

$$d_e = 4\times\frac{流体流动截面积}{流道润湿周边长度}$$

例如,边长为 a 的方形管道的当量直径为

$$d_e = 4(a^2/4a) = a$$

(4)流动边界层

在讨论流体的黏性时,曾经做过平板实验,发现由于壁面的阻滞,紧贴于壁面的流体层流速为零。实际上,由于流体黏性作用,近壁面处的流体将相继受阻而降速。随着流体沿壁面向前运动,流速受影响的区域逐渐扩大。将流体受壁面影响而存在速度梯度的区域称为流体流动的边界层。一般把边界层厚度定义为自壁面到流速达到流体主体流速99%处的区域。在边界层内,由于速度梯度较明显,即使流体的黏性很小,黏滞力的作用也不容忽略;在边界层以外,速度梯度小到可以忽略,无须考虑流体的黏滞力。

当流体流入圆管时,只在进口附近一段距离内(入口段)有边界层内外之分。经此段距离后,边界层扩大到管中心,如图3-21所示。在汇合时,若边界层内流动是滞流,则以后管路中的流动为滞流。若在汇合点之前边界层内流动已发展为湍流,则以后管路中的流动为湍流。在入口段 L_0 内,速度分布沿管长不断变化,至汇合处速度分布才发展为定态流动时管流的速度分布。L_0 的大小与管路的形状、粗糙度,流体的流动形态等因素有关。例如,当管流雷诺数等于 9×10^5 时,入口段 L_0 长度约为40倍管直径。入口段中因未形成确定的速度分布,若进行传质、传热等传递过程,其规律与一般定态管流有所不同。

流体流过较大曲率的物体时,还会发生边界层分离现象。如图3-22,流体流过圆柱体时,在圆柱表面 A、B、C 处逐步形成边界层,并因流动截面受阻而在 B 点处流速最大。B 点以后,流道扩大,流速下降,静压力也升高,以致在 C 点处局部流体产生逆向流动或旋涡,使边界层从壁面分离。流体流经管件、阀门、管束或异形壁面时,产生边界层分离,会导致流体流动阻力的增大。

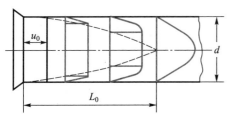

图3-21 圆管入口段中边界层的发展

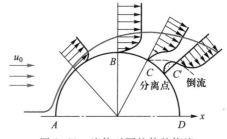

图3-22 流体对圆柱体的绕流

3. 管内流动阻力计算

管内流动阻力可分为直管阻力和局部阻力。直管阻力是当流体在直管中流动时因内摩擦力而产生的阻力;局部阻力是流体在流动中,由于管道的局部阻力障碍(管件、阀门、流量计及管径的突然扩大或收缩等)所引起的阻力。

伯努利方程式中的 $\sum h_f$ 是指流体在管路系统中的总阻力损失,即直管阻力损失 h_f 和局部阻力损失 h_l 之和:

$$\sum h_f = h_f + h_l \tag{3-34}$$

流体在管路中的流动阻力与流速有关。流速越快,能量损失就越大,即阻力损失与流体的动压头成正比:

$$\sum h_f = \zeta \frac{u^2}{2g} \tag{3-35}$$

式中,ζ 是一比例系数,称为阻力系数。对于不同的阻力应做具体的分析以确定阻力系数的大小,以下将对直管阻力和局部阻力的计算分别进行讨论。

（1）直管阻力的计算

如图 3-23 所示,流体在长为 l,内径为 d 的管内以流速 u 做定态流动,选取衡算截面 1-1′ 和 2-2′,设其静压力分别为 p_1 和 p_2,且 $p_1 > p_2$,若此段直管中因流动阻力而损失的能量为 h_f,则对于不可压缩流体,在两个截面之间的伯努利方程式为

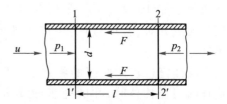

图 3-23　直管阻力计算式的推导

$$Z_1 + u_1^2/(2g) + p_1/(\rho g) = Z_2 + u_2^2/(2g) + p_2/(\rho g) + h_f$$

因为是在等径水平管内流动,故 $Z_1 = Z_2$,$u_1 = u_2 = u$,上式变为

$$p_1 - p_2 = \rho g h_f \tag{3-36}$$

现在来分析流体在长为 l,内径为 d 的管内的受力情况。垂直作用于流体柱两端截面 1-1′ 和 2-2′ 上的力分别为

$$F_1 = p_1 S_1 = p_1 \frac{\pi}{4} d_1^2$$

$$F_2 = p_2 S_2 = p_2 \frac{\pi}{4} d_2^2$$

因为 $d_1=d_2=d$,故推动流体流动的推动力为

$$F_1-F_2=(p_1-p_2)\frac{\pi}{4}d^2$$

而平行作用于管内表面上的摩擦力 F 为

$$F=\tau\pi dl$$

式中,τ 为管壁处的剪应力。

由于流体在管内做定态和等速流动,因此作用于流体上的推动力和摩擦阻力必然大小相等、方向相反,因此有

$$(p_1-p_2)\frac{\pi}{4}d^2=\tau\pi dl$$

$$p_1-p_2=\frac{4l}{d}\tau$$

将上式代入式(3-36)得

$$h_f=\frac{4l}{\rho gd}\tau \tag{3-37}$$

与式(3-35)比较得

$$\zeta=\frac{8\tau}{\rho u^2}\cdot\frac{l}{d} \tag{3-38}$$

令

$$\lambda=\frac{8\tau}{\rho u^2} \tag{3-39}$$

将式(3-38)及式(3-39)代入式(3-35)得

$$h_f=\lambda\,\frac{l}{d}\cdot\frac{u^2}{2g} \tag{3-40a}$$

或

$$\Delta p_f=\rho gh_f=\lambda\,\frac{l}{d}\cdot\frac{\rho u^2}{2} \tag{3-40b}$$

式(3-40a)与式(3-40b)称为范宁(Fanning)公式,是直管阻力的计算通式。由该公式可知,流体在直管内流动的阻力及压力损失与流体流速和管道几何尺寸成正比,比例系数 **λ** 称为摩擦阻力系数,它主要与流体的流动形态有关。

① 滞流时的摩擦阻力系数 滞流时,流体呈一层层平行管壁的圆筒形薄

层,以不同速度平滑地向前流动,其阻力主要是流体层间的内摩擦力,遵从牛顿黏性定律,所以可以通过理论分析,推导出滞流时的 λ 。

如图 3-24 所示,选管中心至管壁的任一 r 处的流体圆筒,若其长为 l,则该圆筒的截面积为 πr^2,滑动的表面积为 $2\pi rl$。取微分距离 dr,滑动的摩擦阻力为

$$F = \mu A \frac{du}{dy} = \mu 2\pi rl \frac{du}{dr}$$

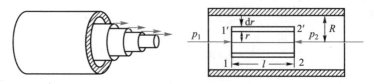

图 3-24　滞流时的摩擦阻力

要克服 F 而使流体流动,流体必须接受与其大小相等、方向相反的推动力 $[-(p_1-p_2)\pi r^2]$,即有

$$-(p_1-p_2)\pi r^2 = \mu 2\pi rl \frac{du}{dr}$$

整理并积分,r 取 $0\sim R$,u 取 $u_{max}\sim 0$,得

$$\int_0^R -(p_1-p_2)rdr = \int_{u_{max}}^0 2l\mu du$$

$$\Delta p \cdot R^2/2 = 2\mu l u_{max}$$

以 $d=2R$,滞流 $u=u_{max}/2$ 代入,并整理得

$$\Delta p = 32\mu ul/d^2$$

或

$$h_f = \frac{\Delta p}{\rho g} = \frac{64}{Re}\frac{l}{d}\frac{u^2}{2g} \tag{3-41}$$

式(3-41)为流体在圆直管内滞流流动阻力计算公式,与式(3-40a)比较有

$$\lambda = \frac{64}{Re} \tag{3-42}$$

② 湍流时的摩擦阻力系数　湍流时,流体质点是不规则的紊乱运动,质点间互相激烈碰撞,瞬间改变方向和大小,流动状况比滞流要激烈得多。滞流时,

流体层掩盖了管道的粗糙面,管壁的粗糙度并未改变其流速分布和内摩擦力的规律,因此对滞流的流体阻力或摩擦阻力系数没有影响。强烈湍流时,由于滞流内层很薄,不足以掩盖壁面的凹凸表面,凹凸部分露出湍流主体,与流体质点发生碰撞,使流体阻力或摩擦阻力系数增大。Re 越大,滞流内层越薄,管壁粗糙度对湍流阻力的影响越大。因而,湍流的流体阻力或摩擦阻力系数还与管壁粗糙度有关。

由于对湍流认识的局限性,目前还不能用理论分析方法得到湍流时摩擦阻力系数的公式。但通过实验研究,可获得经验的关联式,这种实验研究方法在工程中经常遇到。这里结合湍流时摩擦阻力系数的求取,对实验研究获取经验关联式的方法和步骤做一介绍。

a. 析因实验。对所研究的过程做理论分析和探索实验,寻找影响过程的主要因素。

对于湍流的直管阻力损失,经分析和初步实验,诸影响因素有流体本身的物理性质:密度 ρ,黏度 μ;流体流动的外部条件:流速 u,管径 d,管长 l 和管壁的粗糙度 ε 等。待求关系式为

$$\Delta p = f(d, l, u, \varepsilon, \mu, \rho) \tag{3-43}$$

b. 规划实验。确定所研究的物理量与各影响因素的具体关系,需要在其他变量不变的情况下,多次改变一个变量的数值,若自变量个数较多,实验工作量将很大,要把过程结果关联成一个形式简单、便于应用的公式往往是困难的。因此在实验前,要进行实验规划。采用正交实验法、量纲分析法等可以简化实验。

量纲分析法是通过把变量组合成量纲为 1 数群,减少实验变量个数,从而相应减少实验次数。该方法在工程上被广泛应用。

量纲分析法的基础是量纲一致性原则,即任何物理方程的等式两边不仅数值相等,而且应具有相同的量纲。基于该原则,任何物理方程都可以转化为量纲为 1 的数群形式表示。

就式(3-43)而言,可假设为下列幂函数形式:

$$\Delta p = K d^a l^b u^c \rho^d \mu^e \varepsilon^f \tag{3-44}$$

式中的常数 K 和指数 a, b, c, d, e, f 待定。式中 7 个变量的量纲如下:

$$[p] = ML^{-1}T^{-2} \qquad [\rho] = ML^{-3}$$
$$[d] = L \qquad [\mu] = ML^{-1}T^{-1}$$
$$[u] = LT^{-1} \qquad [\varepsilon] = L$$
$$[l] = L$$

式中, M、L、T 分别表示质量、长度、时间的量纲。代入式(3-44),并整理得

$$ML^{-1}T^{-2} = M^{d+e}L^{a+b+c-3d-e+f}T^{-c-e}$$

根据量纲一致性原则,得

对于 M $d+e=1$

对于 L $a+b+c-3d-e+f=-1$

对于 T $-c-e=-2$

以上 3 个方程式不能解出 6 个未知数,设 b,e,f 为已知,求得 a,c,d:

$$a=-b-e-f$$
$$c=2-e$$
$$d=1-e$$

代入式(3-44)得

$$\Delta p = K d^{-b-e-f} l^b u^{2-e} \rho^{1-e} \mu^e \varepsilon^f$$

将指数相同的变量合并,得

$$\frac{\Delta p}{\rho u^2} = K \left(\frac{l}{d} \right)^b \left(\frac{du\rho}{\mu} \right)^{-e} \left(\frac{\varepsilon}{d} \right)^f \tag{3-45}$$

式中, $du\rho/\mu$ 为雷诺数 Re; $\Delta p/(\rho u^2)$ 称为欧拉数,以 Eu 表示; ε/d 为相对粗糙度。

比较式(3-45)与式(3-44)可看出,经变量组合和量纲为 1 后,自变量由 6 个减少到 3 个。所以实验时,只要考察 $l/d,Re,\varepsilon/d$ 对 Eu 的影响便可,减少了实验工作量。更重要的是,按照(3-44)进行实验,为改变 ρ 和 μ,实验必须换多种流体;为改变 d,还得更换实验设备。而对式(3-45),要改变雷诺数 Re,只需改变流体的流速 u;要改变 l/d,只需改变测量段的距离 l。这样可以将水、空气等实验结果推广应用到其他流体,将小尺寸模型的实验结果应用于大型装置。可见,量纲分析法是一种规划实验的有效方法。

c. 实验数据处理。获得量纲为 1 数群后,它们之间的具体关系还需通过实验,并将实验数据进行处理,用适当方式表达出来。

对式(3-45),根据实验得知, Δp 与 l 成正比,故 $b=1$。则

$$\Delta p/\rho = 2K\phi(Re,\varepsilon/d)(l/d)(u^2/2)$$

或 $$h_f = \varphi(Re,\varepsilon/d)(l/d)(u^2/2g) \tag{3-46}$$

与式(3-40)比较,湍流的摩擦阻力系数为

$$\lambda = \varphi(Re,\varepsilon/d) \tag{3-47}$$

　　湍流的摩擦阻力系数关联式,由不同的研究者在各自的实验条件下得出,有各种不同的形式,这些经验关联式都有具体的使用条件,选用时要注意其适用性。

　　对于光滑管($\varepsilon=0$),常用的经验关联式有布拉休斯(Blasius)公式:

$$\lambda = 0.3164 Re^{-0.25} \tag{3-48}$$

该式适用于流体在光滑管中,$3\,000 < Re < 10^5$ 范围内 λ 的计算。

　　对于粗糙管,常见的有考莱布鲁克(Colebrook)公式:

$$\lambda^{-1/2} = 1.74 - 2\lg\left[2\varepsilon/d + 18.7/(Re\lambda^{1/2})\right] \tag{3-49}$$

该式适用于湍流区的整个范围。

　　经验公式都比较复杂,使用不方便。工程上,经常用共线图将 λ 与 Re 和 ε/d 的关系形象化,即将经验关系式转换成图线,如图 3-25 所示。该图为双对数坐标,为统一起见,将滞流时的关系式 $\lambda=64/Re$ 亦绘于图上。图中依 Re 的范围可分为四个区域。

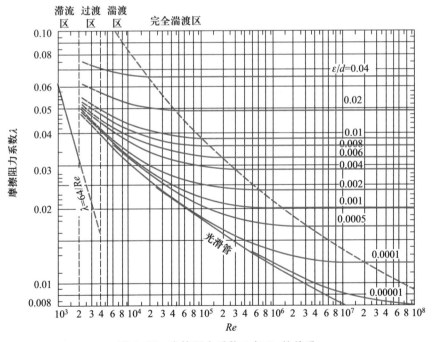

图 3-25　摩擦阻力系数 λ 与 Re 的关系

　　a. 滞流区。$Re \leqslant 2\,000$,$\lambda = 64/Re$,与 ε/d 无关。

　　b. 过渡区。$2\,000 < Re \leqslant 4\,000$,流动形态为过渡流,$\lambda$ 易波动。工程上为留

有余量,常做湍流处理,因而将湍流曲线延伸,来查取 λ 值。

　　c. 湍流区。$Re>4\,000$ 以及虚线以下区域,λ 与 Re 和 ε/d 均有关。该区域内对于不同 ε/d 标出一系列曲线,其中最下面的一条曲线为光滑管 λ 与 Re 的关系,与式(3-48)表示的关系一致,$h_f \propto u^{1.75}$,但将 Re 范围扩宽至 10^7。其余曲线与式(3-49)表示的关系一致,此区域 λ 随 Re 的增大而减小,随 ε/d 增大而增大。

　　d. 完全湍流区。Re 足够大(虚线以上区域)时,λ 与 Re 无关,仅与 ε/d 有关。此区域,ε/d 一定,λ 为常数。当 l/d 一定时,由 $h_f = \lambda(l/d)[u^2/(2g)]$ 知,$h_f \propto u^2$,所以又称阻力平方区。该区域的曲线与式(3-49)表示的关系也是一致的,此时式(3-49)中括号内的第二项可以略去。

　　例 3-6　20 ℃的水在直径为 $\phi60$ mm×3.5 mm 的镀锌铁管中以 1 m·s^{-1} 的流速流动,试求水通过 100 m 长度管子的压力降及压头损失。

　　解:查手册得水在 20 ℃时,$\rho=998.2$ kg·m^{-3}, $\mu=1.005\times10^{-3}$ Pa·s

　　已知　　　$d=(60-3.5\times2)$ mm $=53$ mm,$l=100$ m,$u=1$ m·s^{-1}

　　所以　　　$Re=du\rho/\mu=0.053\times1\times998.2/(1.005\times10^{-3})=5.26\times10^4$

　　取镀锌铁管的管壁绝对粗糙度为 $\varepsilon=0.2$ mm,则 $\varepsilon/d=0.2/53=0.004$

　　在图 3-25 中的横坐标上找到 $Re=5.26\times10^4$ 的位置,垂直向上,再在右边纵坐标上找到 $\varepsilon/d=0.004$ 的线条,由两者的交点在左边的纵坐标上读出 λ 的值为 $\lambda=0.031$。

　　将上述数据代入式(3-40a),得压力降:

$$\Delta p_f = \lambda(l/d)(\rho u^2/2) = 0.031\times(100\text{ m}/0.053\text{ m})\times(998.2\text{ kg·m}^{-3}\times1^2\text{ m}^2\text{·s}^{-2}/2)$$
$$= 2.92\times10^4\text{ N·m}^{-2}$$

　　故其压头损失为

$$h_f = \lambda(l/d)[u^2/(2g)] = 0.031\times(100\text{ m}/0.053\text{ m})\times[1^2\text{ m}^2\text{·s}^{-2}/(2\times9.807\text{ m·s}^{-2})]$$
$$= 2.98\text{ m 水柱}$$

　　(2)局部阻力的计算

　　当流体在管路的进口、出口、弯头、阀门、突然扩大及突然收缩等局部位置流动时,流速大小和方向发生改变,且流体受到阻碍和冲击,出现涡流,产生局部阻力。湍流流动下,局部阻力的计算方法有阻力系数法和当量长度法两种。

　　① 阻力系数法　类似式(3-35),将局部阻力所引起的能量损失,表示为动压头的一个倍数,即

$$h_1 = \zeta[u^2/(2g)] \tag{3-50}$$

式中,ζ 为局部阻力系数,用来表示局部阻碍的几何形状对局部阻力的影响,其值由实验确定。下面介绍几种常见的局部阻力系数。

a. 突然扩大与突然收缩。流体流过的管道直径突然扩大或突然收缩时,局部阻力系数可根据小管与大管的截面积之比 S_1/S_2 从图 3-26 中的曲线上查得。应注意的是,按式(3-50)计算时,u 均取小管中的流速值。

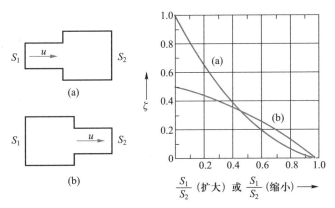

图 3-26 突然扩大(a)和突然收缩(b)时的局部阻力系数

b. 进口和出口。当流体从容器进入管内时,可看作从很大截面 S_1 突然流入很小截面 S_2,即 $S_2/S_1 \approx 0$,从图 3-26 的(b)曲线可查得 $\zeta = 0.5$。若进管口圆滑或呈喇叭状,则局部阻力损失减少,$\zeta = 0.25 \sim 0.5$。

当流体从管子进入容器或从管子直接排放时,管出口内侧截面上的压力可取与管外相同。必须注意,出口截面上的动能应与出口阻力损失项一致,若截面处在管出口的内侧,则表示此时流体仍未离开管路,截面上仍具有动能,此时出口损失不应计入系统的总能量损失($\sum h_f$)内,即 $\zeta = 0$。若截面取在管子出口的外侧,则表示流体已离开管路,截面上的动能为零,此时出口损失应计入系统的总能量损失内,即 $\zeta = 1$。

② 当量长度法 将局部阻力损失折算成相当长度的直管的阻力损失,此相当的管长度称为当量长度 l_e,其值由实验确定。在湍流条件下,某些常见管件与阀门的当量长度折算关系如图 3-27 所示。

采用当量长度法计算管路的局部阻力,可仿照式(3-40)写成如下形式:

$$h_1 = \lambda \left(\sum l_e/d \right) \left[u^2/(2g) \right] \tag{3-51}$$

例 3-7 要求向精馏塔中以均匀的流速进料,现装设一高位槽,使得料液自动流入精馏塔中,如附图所示。若高位槽的液面保持 1.5 m 的高度不变,塔内操作压力为 0.4 kgf·cm^{-2}(表压),塔的进料量需维持在 50 m^3·h^{-1},则高位槽的液面应该高出塔的进料口多少米才能达到要求?已知料液的黏度为 1.5×10^{-3} Pa·s,密度为 900 kg·m^{-3},连接管为 ϕ108 mm×4 mm 的钢管,其长度为 $h+1.5$ m,管道上的管件有 180°的回弯头、截止阀及 90°的弯头

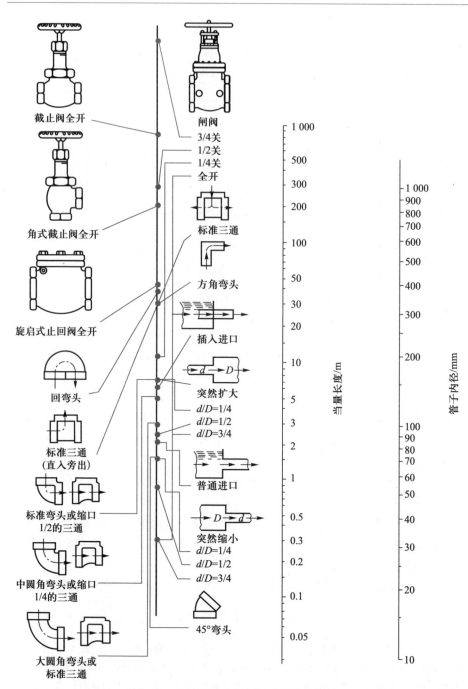

图 3-27 常见管件和阀门的当量长度共线图

各一个。

解：取高位槽内液面为截面 1-1′，精馏塔的加料口内侧为截面 2-2′，并取此加料口的中心线为基准水平面。在两截面间列伯努利方程式：

$$Z_1 + u_1^2/(2g) + p_1/(\rho g) = Z_2 + u_2^2/(2g) + p_2/(\rho g) + \sum h_f$$

式中　　　　　　　$Z_1 = h, Z_2 = 0, u_1 \approx 0$

$$u_2 = \{(50/3\ 600)/[\pi(0.100/2)^2]\}\ \mathrm{m \cdot s^{-1}} = 1.77\ \mathrm{m \cdot s^{-1}}$$

$$(p_2 - p_1)/(\rho g) = [0.4 \times 9.807 \times 10^4/(900 \times 9.807)]\ \mathrm{m}$$
$$= 4.44\ \mathrm{m\ 液柱}$$

$$\sum h_f = h_f + h_1 = \lambda[(l + \sum l_e)/d][u^2/(2g)]$$

$$Re = du\rho/\mu = 0.100 \times 1.77 \times 900/0.001\ 5 = 1.06 \times 10^5$$

取　　$\varepsilon = 0.3\ \mathrm{mm}, \varepsilon/d = 0.3/100 = 0.003$，由图 3-25 查得

$$\lambda = 0.027\ 5$$

则　　$h_f = \lambda(l/d)[u^2/(2g)] = 0.027\ 5 \times (h + 1.5)/0.100 \times 1.77^2/(2 \times 9.807)$
$$= 0.044(h + 1.5)$$

物料由储槽流入管子，取 $l_{e1} = 2.1$；180° 回弯头 $l_{e2} = 10$；截止阀（按 1/2 开度计）$l_{e3} = 28$；90° 弯头 $l_{e4} = 4.5$，因此，

$$h_1 = \lambda(\sum l_e/d)[u^2/(2g)] = \lambda[(l_{e1} + l_{e2} + l_{e3} + l_{e4})/d]u^2/2g$$
$$= [0.027\ 5[(2.1 + 10 + 28 + 4.5)/0.100] \times 1.77^2/(2 \times 9.807)]\ \mathrm{m} = 1.96\ \mathrm{m\ 液柱}$$

将以上数据代入伯努利方程式：

$$h = 4.44 + 1.77^2/(2 \times 9.807) + 0.044(h + 1.5) + 1.96$$

解得　　　　　　　　　　　$h = 6.93\ \mathrm{m}$

即高位槽的液面至少须高出塔内进料口 6.93 m，才能满足精馏塔的进料要求。

例 3-7 附图

3.5　流体输送设备

　　流体流动需要一定的推动力来克服管路和设备的阻力，才能把流体从低处送到高处，或从低压系统输送到高压系统。流体输送机械设备提供了流体流动的动力。一般把输送液体的机械通称为泵，输送气体的机械称为风机或压缩机。流体输送设备，按其工作原理可分为三类：

　　① 离心式　利用高速旋转的叶轮给流体提供动能，然后流体的动能再转变

为静压能,如离心泵及离心压缩机等;

②　正位移式　利用活塞、齿轮、螺杆等直接挤压流体,以增加流体的静压能,如往复泵、齿轮泵、螺杆泵、往复压缩机等;

③　不属于上述类型的其他形式的泵,如喷射泵,利用高速流体射流时的能量转换来输送流体。

本节以离心泵和往复压缩机为例,简单介绍它们的基本构造、工作原理及其相关特性。

1. 离心泵

（1）离心泵的构造和工作原理

离心泵是化工生产上广泛应用的一种液体输送设备。它的主要构造如图 3-28 所示。泵的主要部件有:叶轮、泵轴、蜗状泵壳、吸入管、压出管及底阀等。压出管上装有阀门,用来调节泵的流量。

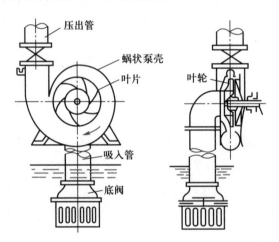

图 3-28　离心泵的构造

泵启动前,先使泵内充满被输送的流体。启动后,泵的叶轮高速旋转,流体在离心力的作用下,从叶轮中心被甩向叶轮边沿,从而获得动能。叶轮直径越大,流体在叶轮外端所得到的切线速度越大,当甩出的液体进入泵壳后,由于泵壳中的流道逐渐变宽,流体的流速逐渐下降,大部分动能转变为静压能,于是具有较高静压能的液体即从排出口排出。此外,当液体从叶轮中心被抛出时,叶轮中心(进液口的周围)就形成了低压,在吸入管外部压力作用即在压差的推动下,液体就源源不断地被吸入泵内,以补充被排出的液体。离心泵启动时,如果泵内没有灌满液体而存有空气,由于空气的密度较液体的密度小得多,产生的离心力也很小,此时在叶轮中心形成的真空度很低,不足以把液体吸到叶轮中心,这样泵虽能启动,但却不能输送液体,这种现象称为"气缚"。为便于泵内充满液体,吸入管底部安装有止逆底阀。

（2）离心泵的主要性能参数

离心泵的主要性能参数包括:扬程、流量、功率和效率。

① 扬程　泵对单位重力的流体所做的功称为扬程（或压头），亦即液体进出泵前后的压头差,用符号 H_e 表示,单位为 m 液柱。泵的扬程由泵本身的结构、尺寸和转速所决定,不同型号的泵具有不同的扬程。一般离心泵的扬程都通过实验测定。

② 流量　离心泵的流量又称排液量或输送能力,它是指在单位时间内泵所排送的液体体积,用符号 q_V 表示,单位为 $m^3 \cdot s^{-1}$ 或 $m^3 \cdot h^{-1}$。泵的流量亦取决于泵的结构、尺寸和转速的大小。

③ 功率　在单位时间内,液体自泵实际得到的功称为泵的有效功率。用符号 N_e 表示,单位为 W。有效功率与流量和扬程的关系式为

$$N_e = q_V \rho g H_e \tag{3-52}$$

式中,H_e 为泵的扬程,m;ρ 为流体的密度,$kg \cdot m^{-3}$;q_V 为泵的流量,$m^3 \cdot s^{-1}$;g 为重力加速度,$m \cdot s^{-2}$。

④ 效率　泵在输送流体过程中,不可避免地有能量损失,因此泵轴转动所做的功不能全部为液体所获得,通常用效率来表示能量的损失,用符号 η 表示。离心泵的效率与泵的大小、类型、制造精密程度和所输送液体的性质有关。泵的有效功率 N_e、轴功率 N_a 和效率 η 三者之间的关系如下:

$$\eta = N_e / N_a \tag{3-53}$$

（3）离心泵的特性曲线

离心泵的主要性能参数之间的关系由实验确定,测出的流量与扬程、功率、效率之间的关系曲线称为离心泵的特性曲线或工作性能曲线。此曲线由离心泵的制造厂商提供,并附于泵样本或说明书中供选配和使用时参考。

图 3-29 是一台国产 4B20 型离心泵的特性曲线（转速为 2 900 $r \cdot min^{-1}$）,由 q_V-H_e,q_V-N_a 及 q_V-η 三条曲线所组成。应该注意的是,离心泵的特性曲线随转速而变,因而特性曲线上一定要标出转速 n。不同型号的离心泵有不同的特性曲线,但不论什么型号的离心泵,其特性曲线都遵循以下规律:

① H_e-q_V 曲线　离心泵的扬程随着流量的增大而下降（在流量极小时可能有例外）。

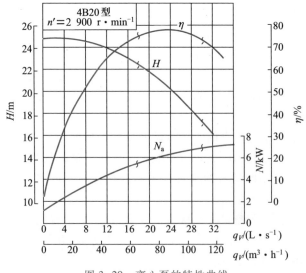

图 3-29　离心泵的特性曲线

② N_a-q_V 曲线　离心泵的功率随着流量的增大而升高。流量为零时,消耗的功率最小。因此离心泵在启动时,应关闭泵的出口阀门,以降低启动功率,从而保护电机不至于因超负荷损坏。

③ η-q_V 曲线　离心泵的效率开始时随流量的增大而增加,达到最大值后,如继续增大流量,则泵的效率反而下降。这说明离心泵在一定的转速下存在一最高效率点,该点称为泵的设计点。泵在与最高效率点相对应的流量及扬程下工作时最为经济,因此把与最高效率点相对应的流量、扬程及功率称为最佳工况参数。离心泵的铭牌上所标记的性能参数就是其最佳工况参数。在选用离心泵时,应使它的实际工作情况与最高效率点相等或相近,如图 3-29 中波折号内所示的范围,称为泵的高效率区。

离心泵的特性曲线是在固定转速下,由输送清水实验所测定的,若输送液体与水的物理性质差别较大时,泵的特性曲线必须进行校正。

离心泵的转速改变时,泵的特性曲线也将随之改变。离心泵的转速与 H_e、N_e 及 q_V 的关系式如下:

$$q_{V,1}/q_{V,2}=n_1/n_2 \qquad (3\text{-}54a)$$

$$H_{e,1}/H_{e,2}=(n_1/n_2)^2 \qquad (3\text{-}54b)$$

$$N_{e,1}/N_{e,2}=(n_1/n_2)^3 \qquad (3\text{-}54c)$$

式中,n_1、n_2 均是离心泵的转速,单位为 $\mathrm{r \cdot min^{-1}}$。

例 3-8　为了核定一台已使用过的离心泵的性能,采用本题附图所示的定态流动系统。

在转速为2 900 r·min^{-1}时,以 20 ℃清水为介质测得以下数据:孔板流量计的压差计读数为 900 mmHg,泵出口处压力表读数为 2.6 kgf·cm^{-2},泵入口处真空计的读数为 200 mmHg,功率表测得电机所消耗的功率为 6.2 kW。由实验提供的流量曲线查得,当流量计读数为900 mmHg时,对应的流量为 0.012 5 m^3·s^{-1}。两测压口间的垂直距离为0.5 m。泵由电机直接带动,传动效率可视为1,电动机的效率为 0.93。泵的吸入与排出管路具有相同的管径。试求该泵在输送条件下的压头、轴功率和效率。

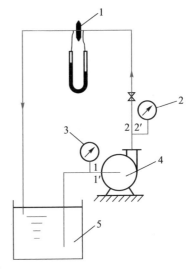

例 3-8 附图

1—流量计;2—压力表;3—真空计;
4—离心泵;5—储槽

解:① 泵的扬程

选取真空计和压力表所处的位置分别为截面 1-1′及 2-2′,在两个截面间进行能量衡算:

$$Z_1 + u_1^2/(2g) + p_1/(\rho g) + H_e = Z_2 + u_2^2/(2g) + p_2/(\rho g) + \sum h_f$$

式中　　$Z_2 - Z_1 = 0.5$ m

$$p_1 = (-200 \times 9.807 \times 10^4/735.6)\ \text{N·m}^{-2}$$
$$= -2.67 \times 10^4\ \text{N·m}^{-2}(\text{表压})$$

$$p_2 = (2.6 \times 9.807 \times 10^4)\ \text{N·m}^{-2}$$
$$= 2.55 \times 10^5\ \text{N·m}^{-2}(\text{表压})$$

$$u_1 = u_2$$

因为两测压口间的管路很短,其间的流动阻力可忽略不计,即 $\sum h_{f,1\sim2} = 0$。

故　　　　$H_e = [0.5 + (2.55 \times 10^5 + 2.67 \times 10^4)/(1\ 000 \times 9.807)]$ m = 29.2 m

② 泵的轴功率

电动机的输出功率:$N_a = 6.2 \times 10^3 \times 0.93$
$$= 5.77 \times 10^3\ \text{W} = 5.77\ \text{kW}$$

因此,泵的轴功率:$N_a = 5.77$ kW

③ 泵的效率

有效功率:$N_e = q_V \rho g H_e = (0.012\ 5 \times 1\ 000 \times 9.807 \times 29.2)$ W
$$= 3.58 \times 10^3\ \text{W} = 3.58\ \text{kW}$$

泵的效率:$\eta = (N_e/N_a) \times 100\% = (3.58/5.77) \times 100\% = 62.0\%$

(4) 离心泵的安装高度和汽蚀现象

离心泵的安装高度有一定的限度,超过这一限度,泵就不能吸入液体,这个限度取决于泵的吸上真空高度。安装高度和吸上真空高度的关系可以通过能量衡算求得。如图 3-30 所示,设泵的入口处的压力为 p_1,储槽液面上的压力为

p_0,液体的密度为 ρ,液体在吸入管路的
摩擦损失(包括局部阻力)为 $\sum h_f$,液体
在入口处的流速为 u_1,而储槽内液体流
速在一般情况下很小,可认为等于零。
以储槽液面 0—0′ 为基准水平面,则在
0—0′ 与 1—1′ 两截面之间液体流动的能
量衡算式为

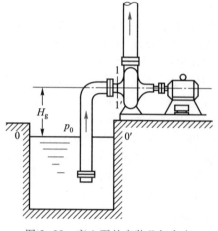

$$p_0/(\rho g) = H_g + p_1/(\rho g) + u_1^2/(2g) + \sum h_f$$
$$(3\text{-}55)$$

或 $H_g = (p_0 - p_1)/(\rho g) - u_1^2/(2g) - \sum h_f$
$$(3\text{-}55a)$$

图 3-30　离心泵的安装几何高度

$(p_0 - p_1)/\rho g$ 称为离心泵的吸上真空高度,记作 H_s,表示泵吸入口处压力
p_1 可达到的真空度。p_1 越小,H_s 越大,H_g 便越大。但 p_1 等于或小于在当时温
度下的饱和蒸气压时,液体将生成大量气泡,这些气泡随液体流到叶轮压力较
高的区域后,随即被压缩、破裂,又重新凝聚,这时周围的液体以很大的速度冲
向气泡占据的空间,从而产生很大的冲击力冲击叶轮和泵壳内表面,其频率可
达到 2 万~3 万次/s,使叶轮和泵壳内表面造成严重的剥蚀现象。此外,在所
产生的气泡中夹杂的一些活泼气体(如氧等),借助气泡凝结时放出的热量,
对叶轮和泵壳内表面起化学腐蚀作用。两者共同作用的结果,加快了叶轮和
泵壳的损坏,这种现象称为汽蚀。此时,泵的扬程显著下降,同时产生震动和
噪声,叶轮和泵壳将受到严重的损坏。因此为避免汽蚀发生,必须选择适当的
安装高度。

当泵的汽蚀现象刚发生时,所对应的吸上真空高度称为最大吸上真空高度,
用 $H_{s,\max}$ 表示。为了保证泵在运转中不发生汽蚀现象,而又尽可能有最大的吸
上真空高度,规定留有 0.3 m 的安全量,称为允许吸上真空高度,用 H_s' 表示,即

$$H_s' = H_{s,\max} - 0.3 \qquad\qquad (3\text{-}56)$$

离心泵在安装时,应按照泵样本的 H_s' 值通过式(3-55a)来计算它的允许安
装高度。

需要指出的是,泵的样本 H_s' 值是以清水在温度为 20 ℃ 以及大气压为 10 m
水柱的条件下所测定的数值。如果输送条件与泵样本所给条件不相符时,应用
下式加以校正:

$$H''_s = H'_s + (H_a - 10) - (H_v - 0.24) \tag{3-57}$$

式中,H''_s 为新条件下的允许吸上真空高度,m 水柱;为 H'_s 为泵样本上的允许吸上真空高度,m 水柱;H_a 为泵工作地的大气压,其值随海拔高度不同而异,m 水柱;H_v 为被输送液体的饱和蒸气压,m 水柱;10 为 293 K 测定时的大气压力,m 水柱;0.24 为在 293 K 时水的饱和蒸气压,m 水柱。

2. 往复压缩机

在化工生产中,由于工艺条件的不同,操作的压力变化范围很大,如氨的合成需要高压操作,而真空蒸馏和减压浓缩又需要在真空条件下操作,这就需要不同类型的气体输送机械来满足生产。按其出口压力或压缩比(气体出口压力与进口压力之比)可分为以下几类。

① 压缩机 压缩比在 4 以上,终压在 300 kPa(表压)以上。它又可分为低压压缩机(表压在 2~10 kPa)、中压压缩机(表压在 10~100 kPa)和高压压缩机(表压在 100~1 000 kPa)。

② 鼓风机 压缩比小于 4,终压在 14.7~300 kPa(表压)。

③ 通风机 压缩比在 1~1.15,终压不大于 14.7 kPa(表压)。

④ 真空泵 用于减压操作,终压相当于当时当地的大气压力,其压缩比要根据造成的真空度而定。

往复压缩机是一种正位移式气体输送与压缩设备,可获得很高的出口压力。图 3-31 是单级往复压缩机的结构及其操作原理示意图。其主要部件为:活塞 a、气缸 b、吸入阀 c 和排出阀 d 等。活塞一般通过曲轴连杆由电机传动。气缸是一个金属制成的圆筒,外壁设有水夹套或气冷翅片,用于冷却气体因压缩而造成的温升。因为气缸与活塞直接接触摩擦,故要求良好润滑,对于高压压缩机需要用齿轮泵强制注油,由于油雾污染气体以及气体压缩时所含水蒸气的凝结,排出气要经过油和水的分离器。此外,往复压缩机排气不匀,常用缓冲罐稳压;往复压缩机

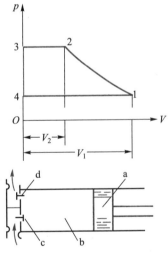

图 3-31 单级往复压缩机的结构及其操作原理

的排气量可用部分关闭吸入管路阀门,或用排气旁路部分返回的方法加以调节。

根据热力学原理,往复压缩机的工作过程可分为吸气、压缩和排气三个步骤进行。

① 吸气过程 如图3-31所示,当活塞自左向右运动时,左边空间变大,压力减小,当气缸内的压力稍低于进气管中的压力时,吸入阀门即被推开,气体被吸入气缸。活塞继续向右移动,气体便不断吸入,直至活塞移至气缸右端,气体充满整个气缸为止。

② 压缩过程 此时活塞自右向左运动,单向吸入阀被关闭,而排出阀也因出口管内的压力比气缸内压力大,仍然处于关闭状态。当活塞继续向左移动,气缸内气体被压缩,体积缩小,压力和温度升高,直到压力比出口管压力稍高时,排出阀才被打开,气体便从排出阀排出。

③ 排气过程 排出阀被推开后,排气过程便开始进行,气体体积随活塞不断向左移动而减小。当活塞回到原来位置时,排气过程完成,开始下一吸气过程,排出阀关闭。

图3-31的p-V曲线表示了整个工作过程。图中4—1为吸气过程,1—2为压缩过程,2—3为排气过程。封闭曲线4—1—2—3—4就表示了一个完整的工作循环。每一个工作循环都是吸入状态相同的低压气体,排出状态相同的高压气体。

以上分析的是单级往复压缩机的理想工作过程。但实际上,为了防止压缩机活塞在排气终止时与气缸的端盖相撞,必须在活塞与气缸端盖之间留有余隙(如图3-32所示)。由于余隙的存在,活塞就不可能将所有的高压气体全部排出,因而使压缩机的工作循环与前述理想的工作循环有所区别。从图3-32的p-V曲线可知,活塞在下一个吸气过程中,必须先等待余隙中的残余气体膨胀到进气压力p_1(即点4)时,才能开始吸气。这样压缩机每一个实际工作循环是由膨胀—吸气—压缩—排气四个连续的过程所组成。封闭曲线4—1—2—3—4表示了一个完整的工作循环。

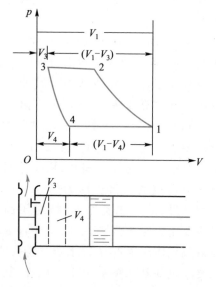

图3-32 单级往复压缩机
的实际工作过程

　　根据热力学原理,气体受压缩时,它的体积、压力和温度都发生了变化,是一个多变的压缩过程。在该过程中,设压缩终了的温度为 T_2,则

$$T_2 = T_1(p_2/p_1)^{(m-1)/m} \qquad (3\text{-}58)$$

式中,p_1、p_2 分别为压缩过程起始和终了时的压力,Pa;T_1、T_2 分别为压缩过程起始和终了时的温度,K;m 为多变指数。

　　式(3-58)亦表明,若要求气体的压缩比 p_2/p_1 越大,则气体压缩终了时的温度就越高。由于受到润滑油工作条件的限制,气体的温度不允许太高,否则润滑油的黏性下降,性能恶化,甚至着火引发事故。因此,各种气体压缩机都规定了气体压缩终了时的温度,再加上余隙的存在,所以仅仅采用单级压缩,不可能获得很高压力的压缩气体。若要获得高压气体(压缩比 $p_2/p_1 > 8$),就必须采用多级压缩机。多级压缩机就是把压缩机内两个或两个以上的气缸串联起来,而且级与级之间必须加装冷却器和油、水分离器。多级压缩的优点是:① 降低了排气的温度;② 节省了压缩所需的功率;③ 提高了气缸的容积利用率。

小结

　　本章从流体的基本性质入手,对流体流动的基本规律——流体流动的连续性方程(质量守恒定律在流体流动过程中的应用,用于不同截面上流体流速的相互转换)和流体流动的伯努利方程(能量守恒定律在流体流动过程中的应用,用于各类管路计算)做了详尽讨论。造成流体流动能量损失的内因是流体的黏性,外因是流动的外部条件(流动的形态,管路上的管件、阀门以及管壁的粗糙度等)。雷诺数用于流体流动形态的判据,相对粗糙度用于度量管道的不光滑程度,流体流动的阻力方程用于计算能量损耗。在不同的流动形态下,流体流动的阻力系数不同,采用实验研究(量纲分析法)处理湍流流动的阻力系数的方法,在工程上具有普遍的意义。学习本章的目的是学会选择适宜的流体测量装置和输送设备,根据被输送流体的性质及生产的任务和要求,应用伯努利方程进行管路计算,熟悉正确选泵的基础。图3-33归纳了本章内容的知识框架及相互联系。

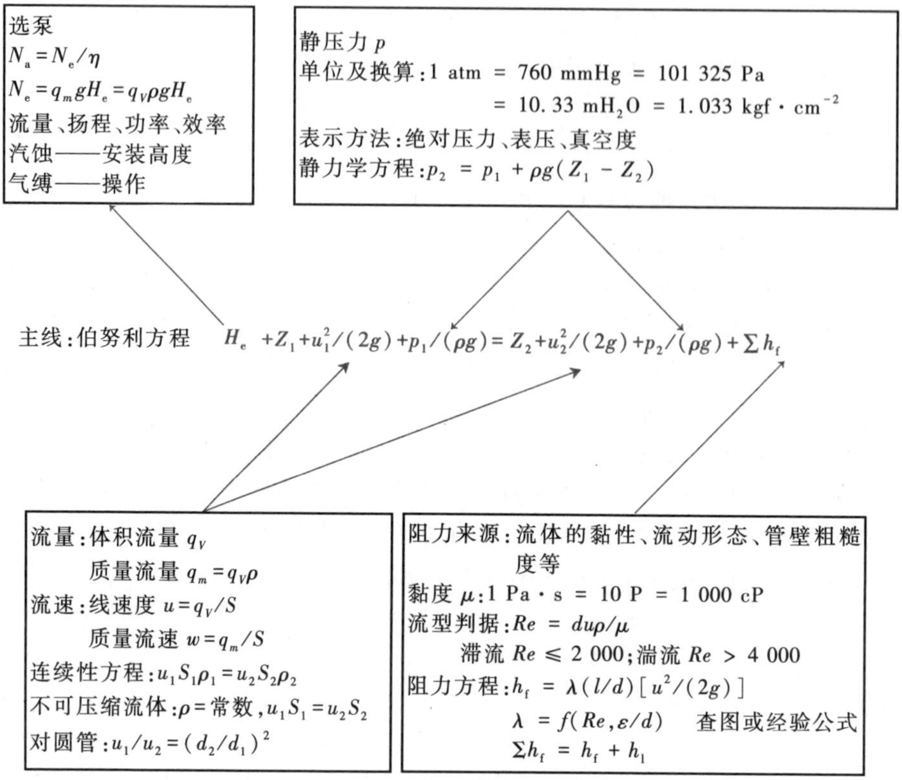

选泵
$N_a = N_e / \eta$
$N_e = q_m g H_e = q_V \rho g H_e$
流量、扬程、功率、效率
汽蚀——安装高度
气缚——操作

静压力 p
单位及换算:1 atm = 760 mmHg = 101 325 Pa
$\qquad\qquad\qquad = 10.33\ \text{mH}_2\text{O} = 1.033\ \text{kgf} \cdot \text{cm}^{-2}$
表示方法:绝对压力、表压、真空度
静力学方程:$p_2 = p_1 + \rho g (Z_1 - Z_2)$

主线:伯努利方程　$H_e + Z_1 + u_1^2/(2g) + p_1/(\rho g) = Z_2 + u_2^2/(2g) + p_2/(\rho g) + \sum h_f$

流量:体积流量 q_V
$\qquad\quad$质量流量 $q_m = q_V \rho$
流速:线速度 $u = q_V / S$
$\qquad\quad$质量流速 $w = q_m / S$
连续性方程:$u_1 S_1 \rho_1 = u_2 S_2 \rho_2$
不可压缩流体:$\rho =$ 常数,$u_1 S_1 = u_2 S_2$
对圆管:$u_1 / u_2 = (d_2 / d_1)^2$

阻力来源:流体的黏性、流动形态、管壁粗糙度等
黏度 μ:1 Pa · s = 10 P = 1 000 cP
流型判据:$Re = d u \rho / \mu$
$\qquad\quad$滞流 $Re \leqslant 2\ 000$;湍流 $Re > 4\ 000$
阻力方程:$h_f = \lambda (l/d) [u^2/(2g)]$
$\qquad\qquad\quad \lambda = f(Re, \varepsilon/d) \qquad$ 查图或经验公式
$\qquad\qquad\quad \sum h_f = h_f + h_1$

图 3-33　本章知识框架及其相互联系

复习题

1. 压力有绝对压力和相对压力(表压和真空度)两种表达方式,它们的各自意义和相互关系是什么? 压力习惯使用的单位有毫米汞柱、工程大气压和标准大气压,熟悉它们之间以及与国标单位制压力单位帕的换算关系。为什么压力有不同的表达和单位? 为何这些单位仍然在使用?

2. 复习黏性、牛顿黏性定律、黏度及其单位。说明影响黏度的因素及规律。黏度对流体流动形态、流体压力损失、摩擦阻力系数有什么影响? 如何影响?

3. 什么是定态流动和非定态流动? 化工生产中是如何维持流体的定态流动的?

4. 流体定态流动的质量守恒,表述了流体在流动过程中的什么规律? 流量一定时,对于非圆形管道(如方形)的不同截面,流速是如何变化的?

5. 流体定态流动的能量衡算,表述了流体在流动过程中的什么规律? 流体的能量有哪些形式? 实际流体与理想流体流动相比,其能量形式和能量衡算有什么异同? 从而引出了什么问题需要进一步讨论?

6. 什么是压头? 它有几种形式? 压头的单位为米,使用时为何要注明是哪一种流体呢?

7. 流体的静力学方程是静止流体内部在不同截面上的能量衡算,静压头是其在某一截面上的静压能,以柱高表示,即 $H=p/(\rho g)$。如用不同流体(流体 A 和 B)的柱高表述同一压力,两柱高的关系是什么? 如用同一流体的柱高表示不同压力(压力 1 和 2),两压力的关系是什么?

8. 熟悉两种流动形态的特点、特征及判据。影响流动形态的因素有哪些? 用雷诺数关联这些因素的意义何在?

9. 什么是当量直径? 套管的当量直径如何计算?

10. 滞流和滞流内层有什么异同? 两者和雷诺数的联系是什么?

11. 说明量纲分析法的要点和作用。试用量纲分析法导出物体自由下落时距离与时间的关系。

12. 比较滞流和湍流的摩擦阻力系数的异同,为什么经验公式有其具体的使用条件?

13. 什么是气缚? 什么是气蚀? 如何防止离心泵的气缚和气蚀的发生?

14. 如何调节往复压缩机的排气量?

15. 如何获取压力计和流量计的校正曲线? 它们在工程上的意义何在?

习题

1. 某合成氨工艺以煤为原料的气化法生产中,制得的半水煤气组成为:H_2 42%,N_2 21.5%,CO 27.8%,CH_4 1.5%,CO_2 7.1%,O_2 0.1%(均为体积分数),试求表压为 88.2 kPa,温度为 25 ℃时,混合气体的密度。   (1.38 kg·m^{-3})

2. 温度为 50 ℃的空气以 10 m·s^{-1}的速度流经内径为 125 mm 的管道,由 U 形管压力计测得压力为 250 mmHg(压力计一端接通大气,当时大气压为 101.3 kPa)。试求空气的体积流量和质量流量。   (0.123 m^3·s^{-1}, 0.178 kg·s^{-1})

3. 直径为 2 m 的圆柱形敞口容器中盛放密度为 1 200 kg·m^{-3}的液体,连接于器底的 U 形管压力计指示的汞柱为 500 mm,试求容器中所盛液体的高度及器底所承受的压力。若 U 形管压力计内的指示液为四氯化碳(密度为 1 600 kg·m^{-3}),则指示的读数为多少? 以上均设 U 形管压力计的指示液底面与容器底面相齐。   (5.67 m,66.7 kPa, 4.25 m)

4. 温度为 20 ℃的常压甲烷以 1 800 m^3·h^{-1}的流量流经水平导管。该导管由内径分别为 300 mm 和 200 mm 的两根管子连接而成,内径为 200 mm 的管上连接的水柱压力计的读数为 20 mm 水柱,试求内径为 300 mm 的管子上连接的水柱压力计的读数。水平导管均匀地从大管渐缩至小管,设管道阻力可以忽略不计。两压力计的另一端均接通大气。   (26.8 mm)

5. 欲测知地下油品储槽的液位高度 H,采用附图所示装置在地面上进行测量。测量时控制氮气的流量,使观察瓶内产生少许气泡。由于管道内氮气流速很小,可视为静止状态。已知油品的密度为 850 kg·m^{-3},U 形管压力计的指示液读数为 150 mm 汞柱,问储槽内的液位 H 为多少? (提示:由于氮气的密度很小,$p_B=p_A$)   (2.4 m)

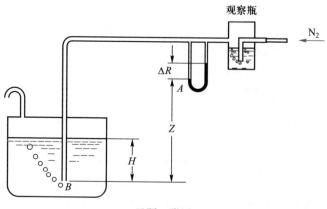

习题 5 附图

6. 套管换热器为内管 $\phi25$ mm×2.5 mm,外管 $\phi57$ mm×3.5 mm 的无缝钢管。液体以 5 400 kg·h^{-1} 的流量流过环隙。液体的密度为 1 200 kg·m^{-3},黏度为 $2×10^{-3}$ Pa·s。试判断液体在环隙中流动时的流动形态。　　　　　　　　　　　　　　　　　　　　　(Re=12 750)

7. 现要求将原油以一定流量,通过一条管道由油库送往车间,并保证原油在管道中呈层流流动。现分别提出如下措施:(1) 管道长度缩短 20%;(2) 管径放大 20%;(3) 提高原油温度,使原油黏度下降 20%,而假设密度变化不大,可忽略不计。试问上述措施分别可使由于管道沿程摩擦而损失的机械能比原设计降低百分之几?　　　　　　　　(20%,51.8%,20%)

8. 欲建一水塔向某工厂供水,如附图所示,从水塔到工厂的管长(包括局部阻力当量长度)为 500 m。最大流量为 0.02 m^3·s^{-1}。管出口处需保持 10 m 水柱的压头(表压)。若摩擦阻力系数 λ=0.023,试求:(a) 当管内流速为 1.05 m·s^{-1} 时,所需管径及塔高;(b) 当管内流速为 4 m·s^{-1} 时,所需管径及塔高;(c) 由(a)、(b)计算结果,分析满足一定流量时,塔高与管径的关系。　　　　　　　　　　　　　　　　　　　　　　　(14.2 m,128 m)

9. 用离心泵经 $\phi57$ mm×3.5 mm 的钢管,将敞口储槽内的有机溶剂(黏度为 20×10^{-3} Pa·s,密度为 800 kg·m^{-3})输送到反应器中,设储槽内的液面距反应器内的液面高度保持16 m,见附图。已知钢管总长度(包括局部阻力当量长度)为 25 m,反应器内的压力恒定为4 kgf·cm^{-2}(表压),有机溶液输送量为 6 m^3·h^{-1},试确定泵提供的压头。　　(66.73 m 液柱)

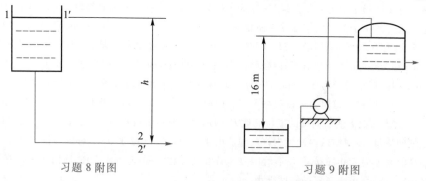

习题 8 附图　　　　　　　　　　　　　习题 9 附图

10. 用泵将密度为 850 kg·m^{-3} 的某液体从低位槽打到高位槽。低位槽距地面高 2 m,管子出口距地面高 20 m,管路阻力损失为 30 J·kg^{-1},泵入口流速为 0.915 m·s^{-1},入口管径为 ϕ89 mm×6 mm,出口管径为 ϕ60 mm×4 mm,求泵的有效功率。   (0.75 kW)

11. 如本题附图所示,槽内水位维持不变。槽底部与内径为 100 mm 钢管相连,管路上装有一个闸阀,阀前离管路入口端 15 m 处安有一个指示液为汞的 U 形管压差计,测压点与管路出口端之间距离为20 m。

(1) 当闸阀关闭时测得 R = 600 mm,h = 1 500 mm;当闸阀部分开启时,测得 R = 400 mm,h = 1 400 mm,管路的摩擦阻力系数取 0.02,入口处局部摩擦阻力系数取 0.5,问每小时从管中流出水量为多少米?   (95.5 m^3·h^{-1})

(2) 当阀全开时(取闸阀全开 l_e/d = 15,λ = 0.018),测压点 B 处的静压力为多少(表压)?   (31 kPa)

12. 如附图所示的输水系统,用泵将水池中的水输送到敞口高位槽,系统管道均为 ϕ83 mm×3.5 mm,泵的进、出管道上分别安装有真空表和压力表,真空表安装位置离储水池的水面高度为 4.8 m,压力表安装位置离储水池的水面高度为 5 m,当输水量为 36 m^3·h^{-1} 时,进水管道的全部阻力损失为 1.96 J·kg^{-1},出水管的全部阻力损失为 4.9 J·kg^{-1},压力表的读数为 2.5 kgf·cm^{-2},泵的效率为 70%,试求:(1) 两液面的高度差 h;(2) 泵所需的实际功率;(3) 真空表的读数(kgf·cm^{-2})。   (29.5 m,4.26 kW,0.52 kgf·cm^{-2})

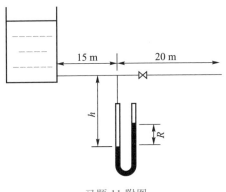

习题 11 附图

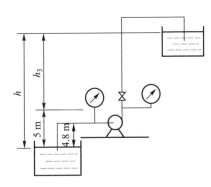

习题 12 附图

13. 某离心泵的允许吸上高度为 6.5 m(已包括 0.3 m 安全量),在高原上使用,若当地大气压为 90 kPa。已知吸入管路的阻力和动压头之和为 3 m 水柱。当地夏季最高水温为30 ℃。拟将该泵安装在水面上 3 m 处,问该泵能否正常工作?   (2.52 m,不能)

14. 用 2B31A 型水泵输送 50 ℃ 的清水。该水泵的性能为:流量 20 m^3·h^{-1} 时,扬程 25.2 m,效率65.6%,允许吸上高度 7.2 m(已包括 0.3 m 安全量),转速 2 900 r·min^{-1},若吸入管为 2″水管(内径 53 mm),设吸入管路的阻力损失为 2 m 水柱,供水的水面上空压力为 0.1 MPa。试求该水泵的最大允许安装高度。若该水泵的输液量为 30 m^3·h^{-1},此时允许吸上高度为 5.7 m,则最大允许安装高度为多少?   (4.026 m,2.15 m)

15. 欲用离心泵在两敞口容器间输送液体,该水泵铭牌标有:流量 39.6 m^3·h^{-1},扬程

15 m,轴功率 2.02 kW,效率 80%,配用 2.8 kW 电机,转数 1 400 r·min^{-1},今欲在以下情况使用是否可以? 如不可时采用什么措施才能满足要求(用计算结果说明)。

(1)输送相对密度为 1.8 的溶液,流量为 38 m^3·h^{-1},扬程 15 m;   (N_a = 3.5 kW)

(2)输送相对密度为 0.8 的油类,流量为 40 m^3·h^{-1},扬程 30 m;   (N_a = 3.27 kW)

(3)输送相对密度为 0.9 的清液,流量为 30 m^3·h^{-1},扬程 15 m。   (N_a = 1.38 kW)

参考书目与文献

第 **4** 章

传热过程及换热器

4.1 化工生产中的传热过程及常见换热器

1. 化工生产中的传热过程

系统内温度的差异使热量从高温向低温转移的过程称为热量传递过程,简称传热过程。

化工生产中的传热过程比比皆是,所有化学反应都要在一定温度下进行,为了满足工艺条件,必须适当地供给热量或移走热量;单元操作中的蒸发、精馏、干燥等过程也需要按一定速率供给热量或移走热量;许多设备和管道都在高温或低温下运行,应尽量减少它们与外界的传热,需要保温;为节约能源、降低成本,化工企业需要热量回收和综合利用,等等。传热过程不但为化工生产过程提供了必要的温度条件,保证了过程的热量平衡,满足了生产的要求,而且也是化学工业提高经济效益、保护环境的重要措施。通常,传热设备在化工企业设备投资中占很大比例,有些可达 40% 左右,所以传热过程是化工生产十分重要的单元操作之一。

化工生产对传热的要求有两类,一类是要求热量的传递速率高,如上述化学反应的加热或冷却,目的是增大设备的传热强度、提高生产能力或减小设备尺寸、降低生产费用;另一类则是要求尽量避免热量传递,如设备和管道的保温、保冷,需要采用隔热等方法减小传热速率。

传热过程也分为定态传热和非定态传热两种,换热器传热面上各点温度不随时间而改变的过程称为定态传热,反之,称为非定态传热。工业生产中的连续换热操作多属于前者,间歇操作或连续操作的换热器开工之时多属于非定态传热。定态传热时,传热速率亦不随时间而变化,即传热速率为常量。

工业上的传热过程中,冷流体和热流体的接触有三种方式。

① 直接接触式 某些传热过程,如热气体的直接水冷却及热水的直接空气冷却等,采用冷、热流体直接接触进行换热。这种方式传热面积大,设备亦简单。典型的直接接触式换热设备由塔形的外壳及若干促进冷、热流体密切接触的内件(如填料)等构成。

② 间壁式 在大多数情况下,工艺上不允许冷、热流体直接混合,而往往是将冷、热流体用间壁隔开,通过间壁进行换热,所采用的设备叫间壁式换热器,其型式很多,稍后专门介绍。

③ 蓄热式 这种传热过程中,首先使热流体流过换热器,将器内固体填充物(如耐火砖等)加热,然后停止热流体,使冷流体流过蓄热器内已被热流体加热的固体填充物,吸取热量而被加热,如此周而复始,达到冷、热流体之间的传热目的。一般来说,蓄热式换热只适用于气体,对于液体会有一层液膜黏附在固体表面上,从而造成冷、热流体之间的少量掺混,如果这种掺混是不允许的,便不能采用蓄热式换热器。

2. 传热基本方式

热量传递的基本方式有传导传热、对流传热和辐射传热三种。

① 传导传热 系统温度较高部分的粒子(气体、液体的分子,固体的原子,导电固体的自由电子)因热运动与相邻的粒子碰撞将热量传递给温度较低粒子的过程称为传导传热,简称热传导或导热。

热传导过程的特点是,粒子只是在平衡位置附近振动而不发生宏观位移。

② 对流传热 对流传热也称热对流,是指流体中粒子发生相对宏观位移和混合,将热量由一处传至另一处的过程。工程上,对流传热是指流体流经固体壁面时与该表面发生的热量交换,又称给热。

流体的对流因其粒子产生相对宏观位移的原因不同分为两种,一种是由于流体内部各处温度不同而造成密度差异所引起的粒子宏观位移,称为自然对流;另一种是由于外界机械能量的介入迫使其粒子宏观位移,称为强制对流。强制对流较自然对流传热效果好。

③ 辐射传热 辐射传热亦称热辐射,是一种热量以电磁波形式传递的方式。当物体受热而引起内部原子激发,热能变为辐射能,以电磁波形式向周围空

间发射,射到另一物体时,辐射能部分或全部被吸收又重新变为热能,这种能量传播过程称为热辐射。

热辐射的特点是不需要任何传热介质,而可在真空中传递。

物体的温度只要在绝对零度以上,都可以发射电磁波形式的热射线。高温物体向低温物体发射热射线,低温物体也同时向高温物体发射热射线,只不过高温物体向低温物体辐射的能量多而已。实验证明,物体的温度高于 400 ℃才有明显的热辐射,而化工生产中,一般间壁式换热器中的传热过程温度都不很高,过程中因辐射而传递的热量大多情况下可忽略不计,故本章主要讨论热传导和热对流。

需要指出的是,实际化工生产中的传热过程很少以一种方式进行,而往往是两种或三种基本方式的联合,如间壁式换热就是热对流和热传导的串联过程。

3. 间壁式换热器

化工生产中最常遇到的传热过程是两种流体间的热交换,间壁式换热器是实现这种过程的基本设备,也是化工生产中的常见换热器。

间壁式换热器中,热量自热流体传给冷流体的过程包括三个步骤:① 热流体将热量传到壁面一侧;② 热量通过固体壁面的热传导;③ 壁面的另一侧将热量传给冷流体。即整个热交换为给热—导热—给热的串联过程。

间壁式换热器依传热面的结构可分为管式换热器和板式换热器。管式换热器的传热面是由管子做成的,包括套管式、列管式、蛇管式、喷淋式和翅片管式等;板式换热器的传热面是由板材做成的,包括夹套式、螺纹板式、螺旋板式等。

图 4-1 为简单的套管式换热器,它是由不同直径的两根管子同心地套在一起组成的。冷、热两种流体分别流经内管和环隙进行热交换,其传热面为内管的壁面。

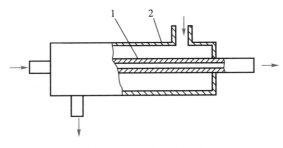

图 4-1 套管式换热器

1—内管;2—外管

　　图 4-2 为单程列管式换热器。一流体由左侧封头 5 的接管 4 进入器内,经封头与管板 6 间的空间(分配室)分配至各管内,流过管束 2 后,由另一端的封头流出换热器。另一流体由壳体右侧的接管 3 进入,壳体内装有数块折流板 7,使流体在壳与管束之间,沿折流板做折流运动,从壳体另一端的接管流出换热器。通常把流体流经管束称为管程,将该流体称为管程流体;把流体流经管间环隙称为壳程,将该流体称为壳程流体。由于管程流体在管束内只流过一次,故称为单程列管式换热器。

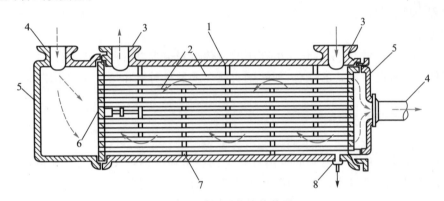

图 4-2　单程列管式换热器

1—外壳;2—管束;3,4—接管;5—封头;6—管板;7—折流板;8—泄水管

　　图 4-3 为双程列管式换热器。隔板 4 将分配室等分为二,管程流体只能先流经一半管束,待流到另一分配室折回而再流经另一半管束,然后从接管流出换热器。由于管程流体在管束内流经两次,故称为双程列管式换热器。管程流体在管束内来回流过几次,就称为几程数的换热器。

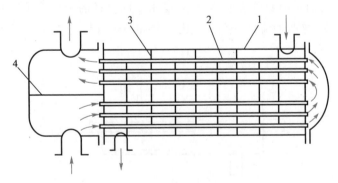

图 4-3　双程列管式换热器

1—壳体;2—管束;3—折流板;4—隔板

　　列管换热器中两流体间的传热是通过管壁进行的,故平均管壁总面积即为

它的传热面积。

　　换热器传热的快慢用热流量 Φ 来表征,热流量是指单位时间通过传热面的热量,其单位为 W 或 kW;换热器传热性能的优劣一般用面积热流量 q 来评价,面积热流量亦称热流密度,是指单位传热面积的热流量,其单位为 $W \cdot m^{-2}$。

4.2　传导传热

1. 热传导基本方程——傅里叶定律

　　如图 4-4 所示,当均匀物体两侧有温度差 $(t_1 - t_2)$ 时,热量以传导的方式通过物体由高温向低温传递。实验证明:单位时间物体的导热量 $dQ/d\tau$ 与导热面积 A 和温度梯度 $dt/d\delta$ 成正比。写为等式:

$$\frac{dQ}{d\tau} = -\lambda A \frac{dt}{d\delta} \qquad (4-1)$$

　　该式为热传导基本方程,也称为傅里叶(Fourier)定律。定态传热时,

$$\Phi = \frac{Q}{\tau} = -\lambda A \frac{dt}{d\delta} \qquad (4-2)$$

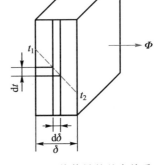

图 4-4　热传导的基本关系

式中,$dt/d\delta$ 为温度梯度,$K \cdot m^{-1}$,表示传热方向上因距离而引起温度变化的程度,其方向垂直于传热面,并以温度增加的方向为正,由于热量传递方向与温度梯度相反,故在式中加一个负号;A 为导热面积,m^2;λ 为比例系数,热导率,也称为导热系数,$W \cdot m^{-1} \cdot K^{-1}$。

　　热导率是表征物质导热能力的一个参数,为物质性质之一。热导率越大,物质的导热能力越强。热导率的大小与物质的组成、结构、状态(温度、湿度、压力)等因素有关。各种物质的热导率由实验测定,一般而言,金属的热导率大,非金属固体材料的热导率小,液体的热导率更小,气体的热导率最小(约为液体的1/10)。各种物质的热导率可从附录或化工手册中查取。

2. 间壁式换热器壁面的热传导

化工生产中间壁式换热器的传热面有平面壁和圆筒壁两种结构形式之分，同时也有单层和多层之别。

（1）平面壁的定态热传导

平面壁指间壁几何结构为平面的传热面，有时亦将直径很大的圆筒壁面近似地当平面壁处理，如夹套式反应釜的传热面、炉灶的传热面等。平面壁热传导的特点是沿传热方向导热面积 A 不发生变化。

如图 4-5 所示的同一材料的单层平面壁，在定态传热条件下，其热导率不随时间发生变化，传热面的温度仅沿垂直于壁面的热量传递方向变化，而不随时间变化。按傅里叶定律分离变量并积分可得

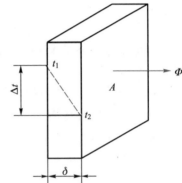

$$\Phi = \frac{Q}{\tau} = \frac{\lambda A}{\delta}(t_1 - t_2) \qquad (4-3)$$

因为，过程速率=过程推动力/过程阻力，单层平面壁的热流量也可写为

图 4-5   单层平面壁的热传导

$$\Phi = \frac{t_1 - t_2}{\delta/(\lambda A)} = \frac{\Delta t}{\delta/(\lambda A)} = \Delta t / R \qquad (4-4)$$

式中，$\delta/(\lambda A)$ 称为热阻，记作 R，单位为 $\text{K} \cdot \text{W}^{-1}$。

（2）圆筒壁的定态热传导

圆筒壁的热传导在化工生产中极为普遍，各种管式换热器的传热面均为圆筒壁。圆筒壁热传导的特点是传热面积 A 沿热量传递方向而变化，即传热面积 A 随圆筒的半径而变化。

如图 4-6 所示，热量由管内壁面向管外壁面定态传导，考察厚度为 $\mathrm{d}r$ 的薄层，由傅里叶定律有

$$\Phi = -\lambda A \frac{\mathrm{d}t}{\mathrm{d}\delta} = -\lambda 2\pi r l \frac{\mathrm{d}t}{\mathrm{d}r}$$

分离变量：

$$\int_{r_1}^{r_2} \frac{\mathrm{d}r}{r} = \frac{-\lambda 2\pi l}{\Phi} \int_{t_1}^{t_2} \mathrm{d}t$$

积分整理得

$$\Phi = \frac{2\pi l(t_1 - t_2)}{\frac{1}{\lambda}\ln\frac{r_2}{r_1}} \qquad (4-5)$$

改写之:

$$\Phi = \frac{2\pi l(t_1 - t_2)}{\frac{\delta}{\lambda}} r_m = A_m \frac{t_1 - t_2}{\frac{\delta}{\lambda}} = \frac{\Delta t}{\delta/(\lambda A_m)}$$

$$(4-6)$$

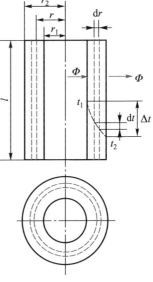

图 4-6 圆筒壁的热传导

式中,$\delta = r_2 - r_1$ 为圆筒壁厚;$r_m = \dfrac{r_2 - r_1}{\ln\dfrac{r_2}{r_1}}$ 为半径的对

数平均值;$A_m = \dfrac{A_2 - A_1}{\ln\dfrac{A_2}{A_1}}$ 为面积的对数平均值,当圆筒壁的半径较大且其厚度较薄

时,即 $r_2/r_1 \leqslant 2$ 的情况下,可以用算术平均值取代对数平均值来计算圆筒壁的 r_m 和 A_m,其计算误差小于 4%,可以满足工艺要求。

比较式(4-4)、式(4-5)和式(4-6)可知,圆筒壁面热阻为

$$R = \frac{\ln\dfrac{r_2}{r_1}}{2\pi l\lambda} = \frac{\delta}{\lambda A_m}$$

（3）多层壁面的定态热传导

实际生产中,间壁式换热器的传热面往往是多层的。

图 4-7 所示为三层不同材料组成的复合平面壁。定态导热时各分层的传热速率分别为

第一层 $$\Phi_1 = \frac{\lambda_1 A_1}{\delta_1}(t_1 - t_2)$$

可得 $$\Delta t_1 = \Phi_1 \frac{\delta_1}{\lambda_1 A_1} = \Phi_1 R_1 \qquad (a)$$

第二层 $\Phi_2 = \dfrac{\lambda_2 A_2}{\delta_2}(t_2 - t_3)$

可得 $\Delta t_2 = \Phi_2 \dfrac{\delta_2}{\lambda_2 A_2} = \Phi_2 R_2$ （b）

第三层 $\Phi_3 = \dfrac{\lambda_3 A_3}{\delta_3}(t_3 - t_4)$

可得 $\Delta t_3 = \Phi_3 \dfrac{\delta_3}{\lambda_3 A_3} = \Phi_3 R_3$ （c）

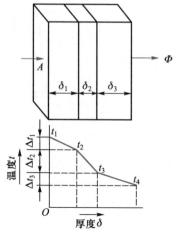

因 $A_1 = A_2 = A_3 = A$，且定态热传导时 $\Phi_1 = \Phi_2 = \Phi_3 = \Phi$，故（a）、（b）、（c）三式加和后整理得

图 4-7   多层平面壁的热传导

$$\Phi = \frac{\Delta t_1 + \Delta t_2 + \Delta t_3}{\dfrac{\delta_1}{\lambda_1 A_1} + \dfrac{\delta_2}{\lambda_2 A_2} + \dfrac{\delta_3}{\lambda_3 A_3}} = \frac{t_1 - t_4}{R_1 + R_2 + R_3}$$

即 $$\Phi = \frac{\sum \Delta t_i}{\sum \dfrac{\delta_i}{\lambda_i A_i}} = \frac{总推动力}{总阻力}$$ （4-7）

式（4-7）为多层平面壁的热流量式，可以看出，过程的总推动力为各层推动力之和，总阻力为各层热阻之和，即对多层壁面的定态热传导，传热推动力和传热阻力具有加和性。

由过程分析还可得到

$$\Delta t_1 : \Delta t_2 : \Delta t_3 : \Delta t = \frac{\delta_1}{\lambda_1 A_1} : \frac{\delta_2}{\lambda_2 A_2} : \frac{\delta_3}{\lambda_3 A_3} : \sum \frac{\delta_i}{\lambda_i A_i}$$

或 $$\Delta t_1 : \Delta t_2 : \Delta t_3 : \Delta t = R_1 : R_2 : R_3 : \sum R_i$$

此式说明多层壁面的定态热传导，各分层温度降与该层的热阻成正比。

这些结论也适用于多层圆筒壁的定态热传导。由式（4-5）和式（4-6），按以上相同方法可推得多层圆筒壁的热流量式为

$$\Phi = \frac{\sum \Delta t_i}{\sum \dfrac{\delta_i}{\lambda_i A_{m_i}}} = \frac{\Delta t}{\sum R_i}$$

或
$$\Phi = \frac{\sum \Delta t_i}{\sum \dfrac{1}{2\pi l \lambda_i} \ln \dfrac{r_{i+1}}{r_i}} = \frac{\Delta t}{\sum R_i} \qquad (4-8)$$

应注意的是,对多层壁面的定态热传导,无论多层平壁还是多层圆筒壁,各层热流量均相等且等于总过程的热流量。但对多层平壁,各层的面积热流量相等,而多层圆筒壁各层的面积热流量不相同,这是由于后者传热面积沿传热方向发生变化。

各层交界面上的温度求取:

$$t_2 = t_1 - \frac{\Phi}{\dfrac{\lambda_1 A_1}{\delta_1}}$$

或
$$t_2 = t_1 - \frac{\Delta t}{\left(\dfrac{\delta_1}{\lambda_1 A_1} + \dfrac{\delta_2}{\lambda_2 A_2} + \dfrac{\delta_3}{\lambda_3 A_3} \right) \dfrac{\lambda_1 A_1}{\delta_1}} \qquad (4-9)$$

$$t_3 = t_2 - \frac{\Phi}{\dfrac{\lambda_2 A_2}{\delta_2}}$$

或
$$t_3 = t_2 - \frac{\Delta t}{\left(\dfrac{\delta_1}{\lambda_1 A_1} + \dfrac{\delta_2}{\lambda_2 A_2} + \dfrac{\delta_3}{\lambda_3 A_3} \right) \dfrac{\lambda_2 A_2}{\delta_2}} \qquad (4-10)$$

式中,对多层平壁,因各层的传热面积相等,A_1,A_2,A_3 可消去;对多层圆筒壁,式中各层厚度 $\delta_i = r_{i+1} - r_i$,各层面积 $A_{m,i} = 2\pi l r_{m,i}$。

例 4-1 硫酸生产中 SO_2 气体是在沸腾炉中焙烧硫铁矿而得到的,若沸腾炉的炉壁由 23 cm 厚的耐火砖(实际各区段的砖规格略有差异)、23 cm 厚的保温砖(黏土轻砖)、5 cm 厚的石棉板及 10 cm 厚的钢壳组成。操作稳定后,测得炉内壁面温度 t_1 为 900 ℃,外壁面温度 t_5 为 80 ℃。试求每平方米炉壁面由热传导所散失的热量,并求炉壁各层材料间交界面的温度为多少? 由于沸腾炉直径大,可以将炉壁看作平面壁,已知:耐火砖 $\lambda_1 = 1.05$ W·m^{-1}·K^{-1},保温砖 $\lambda_2 = 0.2$ W·m^{-1}·K^{-1},石棉板 $\lambda_3 = 0.09$ W·m^{-1}·K^{-1},钢壳 $\lambda_4 = 40$ W·m^{-1}·K^{-1}。

解:由题意根据多层平壁热流量公式,得

$$q = \frac{\Phi}{A} = \frac{\Delta t}{\sum \dfrac{\delta_i}{\lambda_i}} = \frac{t_1 - t_5}{\dfrac{\delta_1}{\lambda_1} + \dfrac{\delta_2}{\lambda_2} + \dfrac{\delta_3}{\lambda_3} + \dfrac{\delta_4}{\lambda_4}} = \frac{900 - 80}{\dfrac{0.23}{1.05} + \dfrac{0.23}{0.2} + \dfrac{0.05}{0.09} + \dfrac{0.10}{40}} \text{ W·m}^{-2} = 425.5 \text{ W·m}^{-2}$$

耐火砖与保温砖的交界面温度 t_2:

$$t_2 = t_1 - \frac{q}{\lambda_1/\delta_1} = \left(900 - \frac{425.5}{1.05/0.23}\right)℃ = 806.8 ℃$$

保温砖与石棉板的交界面温度 t_3:

$$t_3 = t_2 - \frac{q}{\lambda_2/\delta_2} = \left(806.8 - \frac{425.5}{0.2/0.23}\right)℃ = 317.5 ℃$$

石棉板与钢壳的交界面温度 t_4:

$$t_4 = t_3 - \frac{q}{\lambda_3/\delta_3} = \left(317.5 - \frac{425.5}{0.09/0.05}\right)℃ = 81.1 ℃$$

计算结果表明,各分层热阻越大则温度降越大,沸腾炉壁主要温度降在保温砖和石棉板层。

例 4-2 A 型分子筛制备中使用间歇釜式反应器,反应釜的釜壁为 5 mm 厚的不锈钢板($\lambda_1 = 16$ W·m⁻¹·K⁻¹),黏附内壁的污垢层厚 1 mm($\lambda_2 = 0.6$ W·m⁻¹·K⁻¹),釜夹套中通入 0.12 MPa 饱和水蒸气($t_1 = 105$ ℃)进行加热,釜垢层内壁面温度 t_3 为 90 ℃,试计算釜壁的面积热流量,并与无污垢层(设内壁面温度不变)做比较。

解:

$$q = \frac{t_1 - t_3}{\sum \dfrac{\delta_i}{\lambda_i}} = \frac{105 - 90}{\dfrac{0.005}{16} + \dfrac{0.001}{0.6}} \text{ W·m}^{-2} = 7\,579 \text{ W·m}^{-2}$$

无污垢层时,

$$q = \frac{t_1 - t_3}{\delta_1/\lambda_1} = \frac{105 - 90}{0.005/16} \text{ W·m}^{-2} = 48\,000 \text{ W·m}^{-2}$$

计算结果表明,反应釜内壁面有无污垢层,面积热流量相差数倍,在有的场合会相差数十倍。说明污垢层虽薄,但因其热导率很小,对传热影响很大,热阻主要集中在污垢层中,故生产中要设法避免污垢层的形成或使用一段时间后清除污垢层。

例 4-3 某工厂用规格为 ϕ57 mm×3.5 mm 的无缝钢管($\lambda = 45$ W·m⁻¹·K⁻¹)输送水蒸气,水蒸气管外包有绝热层。第一层是 50 mm 厚的玻璃棉毡($\lambda = 0.046$ W·m⁻¹·K⁻¹),第二层是 20 mm 厚的石棉板($\lambda = 0.24$ W·m⁻¹·K⁻¹),已知管内壁面温度为 120 ℃,石棉板外表面温度为 30 ℃。试求每米水蒸气管长的热损失速率。若两种绝热材料的用量及密度不变,将石棉板作内层,玻璃棉毡作外层,该水蒸气管的热损失如何?试对两种情况做比较。

解:由题意知,该题是多层圆筒壁面热传导的计算,已知:

$r_1 = 0.025$ m, $r_2 = 0.028\,5$ m, $r_3 = 0.078\,5$ m, $r_4 = 0.098\,5$ m, $\lambda_1 = 45$ W·m⁻¹·K⁻¹,

$\lambda_2 = 0.046$ W·m⁻¹·K⁻¹, $\lambda_3 = 0.24$ W·m⁻¹·K⁻¹, $t_1 = 120$ ℃, $t_4 = 30$ ℃

由式(4-8)有

$$\Phi/l = \frac{2\pi(t_1-t_4)}{\sum \frac{1}{\lambda_i} \ln \frac{r_{i+1}}{r_i}} = \frac{2\times3.14\times(120-30)}{\frac{1}{45}\ln\frac{0.0285}{0.025}+\frac{1}{0.046}\ln\frac{0.0785}{0.0285}+\frac{1}{0.24}\ln\frac{0.0985}{0.0785}} \ \text{W}\cdot\text{m}^{-1} = 24.6 \ \text{W}\cdot\text{m}^{-1}$$

若以相同体积的石棉板作内层,玻璃棉毡作外层,根据体积不变计算关系得

$r_1 = 0.025$ m, $r_2 = 0.0285$ m, $r_3 = 0.066$ m, $r_4 = 0.0985$ m, $\lambda_1 = 45$ W·m⁻¹·K⁻¹,

$\lambda_2 = 0.24$ W·m⁻¹·K⁻¹, $\lambda_3 = 0.046$ W·m⁻¹·K⁻¹, $t_1 = 120$ ℃, $t_4 = 30$ ℃ (设不变)

求得 $\Phi/l = 46.3$ W·m⁻¹

计算结果表明,选用绝热材料包裹管路时,在耐热性等条件允许的情况下,热导率小的应放在内层,这样有利于保温;因为金属管壁的热导率较大,与其他材料层相比,它的热阻可忽略,这就是金属管易散热的原因。

4.3 对流传热

1. 对流传热机理

对流传热是流体流动过程中发生的热量传递,显然与流体流动的状态有密切的关系。工业过程的流动多为湍流状态,湍流流动时,流体主体中质点充分扰动与混合,所以在与流体流动方向垂直的截面上,流体主体区的温度差很小。但无论流体的湍流程度有多大,由于壁面的约束和流体内部的摩擦作用,在紧靠壁面处总存在滞流内层,层内流体平行流动,垂直于流动方向的热量传递以热传导方式进行。由于流体的热导率很小,故主要热阻及温度差都集中在滞流内层。同时在湍流主体和滞流内层之间还存在一个过渡区域,其中温度逐步连续地变化。

图 4-8 所示为热流体与壁面对流传热及壁面与冷流体对流传热时,在某垂直于流体流动方向上 A-A 截面的温度分布

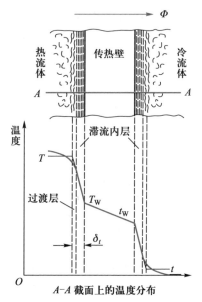

图 4-8 对流传热的温度分布

情况。可见,对流传热是一个复杂的过程,严格的数学描述十分困难。工程上将湍流主体和过渡区的热阻予以虚拟,折合为相当厚度为 δ_t 的滞流内层热阻,这样,图 4-8 中曲线由直线代替,流体与壁面之间的温度变化可认为全部发生在厚度为 δ_t 的一个膜层内,通常将这一存在温度梯度的区域称为传热边界层。如此处理可将整个对流传热的热阻集于传热边界层中,且层内传热方式为热传导,而在传热边界层以外,温度是不变的、没有热阻。这样便将湍流状态复杂的对流传热归结为通过传热边界层的热传导,并可用热传导基本方程来描述对流传热过程:

$$\Phi = \frac{\Delta t}{\delta_t / (\lambda A)} \tag{4-11}$$

式中,λ 为流体的热导率,$W \cdot m^{-1} \cdot K^{-1}$;$\delta_t$ 为传热边界层厚度,m;Δt 为对流传热温度差,$\Delta t = T - T_w$,K 或者 $\Delta t = t_w - t$,K。

实际上对流传热过程中传热边界层厚度难以测定,以 $1/h$ 代替 δ_t / λ,则

$$\Phi = \frac{\Delta t}{1 / (hA)} = hA \Delta t \tag{4-12}$$

式(4-12)称为牛顿(Newton)冷却定律或给热方程,h 为表面传热系数或称为对流传热系数,亦称给热系数,单位为 $W \cdot m^{-2} \cdot K^{-1}$。

2. 对流传热系数的影响因素及其求取

牛顿冷却定律的本质是将复杂的对流传热化解为表面传热系数 h 的确定,因此如何求取在各种条件下的表面传热系数,成为表面传热的中心问题。影响 h 的因素很多,主要有以下几个方面:

① 流体的种类和性质　不同的流体或不同状态的流体,如液体、气体、蒸气,其密度 ρ、比热容 c_p、黏度 μ、热膨胀系数 β 等不同,其表面传热系数 h 也不同。

② 流体的流动形态　滞流、过渡流或湍流时 h 各不相同。主要表现在流速 u 对 h 的影响上,u 增大、δ_t 减小即热阻降低,则 h 增大。

③ 流体的对流状态　强制对流较自然对流时 h 为大。

④ 传热壁面的形状、排列方式和尺寸　传热壁面是圆管还是平面,是翅片壁面还是套管环隙;管径 d,管长 L,管束排列方式,水平还是垂直放置等都影响 h 的大小。

影响 h 的诸多因素可表示为 h 的函数:

$$h = f(\lambda, \mu, \rho, c_p, \beta, \Delta t, u, d, L, \cdots) \tag{4-13}$$

（1）流体无相变过程表面传热系数的求取

由于影响表面传热系数的因素很多,无法建立一个普遍适用的数学解析式。类似于流体湍流阻力系数关联公式的建立,工程上采用量纲分析的方法,将影响 h 的诸多因素归纳为较少的几个量纲为 1 的特征数群,然后按照实际情况进行实验,确定这些特征数在不同情况下的相互联系,从而得到经验性的关联公式,用以求取特定条件下的 h 值。

用量纲分析方法将式（4-13）转化为量纲为 1 的特征数,如表 4-1 所示。

表 4-1 对流传热中的特征数

名称	符号	意义
努塞特数 （Nusselt number）	$Nu = \dfrac{hl}{\lambda}$	包含表面传热系数 h 的数群
雷诺数 （Reynolds number）	$Re = \dfrac{lu\rho}{\mu}$	表示流体的流动状态和湍流程度对对流传热的影响
普朗特数 （Prandtl number）	$Pr = \dfrac{c_p \mu}{\lambda}$	表示流体物性对对流传热的影响
格拉晓夫数 （Grashof number）	$Gr = \dfrac{l^3 \rho^2 \beta g \Delta t}{\mu^2}$	表示自然对流对对流传热的影响

描述对流传热过程的特征数关系为

$$Nu = A Re^a Pr^b Gr^c \tag{4-14}$$

化工生产中流体在间壁式换热器圆形直管内进行强制对流换热时 h 的关联式为

$$Nu = \frac{dh}{\lambda} = 0.023 Re^{0.8} Pr^m \tag{4-15}$$

或

$$h = 0.023 \frac{\lambda}{d} Re^{0.8} Pr^m \tag{4-16}$$

式中,m 是为了校正传热方向对表面传热系数 h 的影响。当流体被加热时,$m=0.4$;当流体被冷却时,$m=0.3$。

式（4-16）适用范围:$Re>10^4$,$0.6<Pr<160$,管长与管径比 $L/d>50$,适用于低黏度流体（大多数气体和黏度小于 2 倍水黏度的液体）,且过程中无相变。

式（4-16）也适用于流体在无折流板的列管式换热器壳程流动时 h 的计算,

只是式中的特性尺寸 d 须用当量直径 d_e 代替。

化工手册中有求取各种情况下 h 的特征数关联式,供选择使用。但要注意各特征数关联式的适用范围,还要注意定性温度和特性尺寸的选取。

定性温度是确定特征数中流体物性参数的温度。不同的关联式确定定性温度的方法不同,有的用流体在换热器的进、出口温度的算术平均值,如流体在间壁式换热器中对流传热的定性温度;有的用膜温(即流体进、出口温度的算术平均值与壁面温度的平均值,再取两者的平均值)等,定性温度的选用取决于建立关联式时采用什么样的温度。

特性尺寸 l 指换热器中对传热过程有主要影响的几何结构尺寸,它决定了特征数中用 d 或用 L,d 和 L 分别代表哪一个尺寸。例如,管内对流传热过程的特性尺寸是管径 d;非圆形管道对流传热时特性尺寸是当量直径 d_e 等。

例 4-4　欲在一单程列管换热器中用 120 ℃的水蒸气将常压空气由 20 ℃加热到 80 ℃,管束是规格为 $\phi 38$ mm×3 mm 的钢管,水蒸气走壳程,空气走管程,空气的流速为 14 m·s⁻¹,试计算管壁对空气的表面传热系数。

解:空气的定性温度为 $t_{定} = \dfrac{20+80}{2}$ ℃ = 50 ℃,查得 50 ℃时常压空气的物性数据为

$$c_p = 1\,017\ \text{J·kg}^{-1}\text{·K}^{-1}, \quad \rho = 1.093\ \text{kg·m}^{-3}, \quad \mu = 1.96 \times 10^{-5}\ \text{Pa·s}, \quad \lambda = 2.83 \times 10^{-2}\ \text{W·m}^{-1}\text{·K}^{-1}$$

已知　　　　　　　　　　　　$u = 14\ \text{m·s}^{-1}, \quad d = 0.032\ \text{m}$

求得

$$Re = \frac{du\rho}{\mu} = \frac{0.032 \times 14 \times 1.093}{1.96 \times 10^{-5}} = 24\,983$$

$$Pr = \frac{c_p \mu}{\lambda} = \frac{1\,017 \times 1.96 \times 10^{-5}}{2.83 \times 10^{-2}} = 0.70$$

以上计算表明,空气在管内的流动 $Re > 10^4$,$160 > Pr > 0.6$,且其为低黏度流体,符合式(4-16)的适用条件,所以

$$h = 0.023 \frac{\lambda}{d} Re^{0.8} Pr^{0.4}$$

$$= \left(0.023 \times \frac{2.83 \times 10^{-2}}{0.032} \times 24\,983^{0.8} \times 0.70^{0.4}\right)\ \text{W·m}^{-2}\text{·K}^{-1} = 58.1\ \text{W·m}^{-2}\text{·K}^{-1}$$

(2) 流体有相变过程的表面传热系数

化工生产中多见的相变给热是液体受热沸腾和饱和水蒸气的冷凝。

① 液体的沸腾　液体通过固体壁面被加热的对流传热过程中,若伴有液相变为气相,即在液相内部产生气泡或气膜的过程称为液体沸腾,又称沸腾传热。液体沸腾的情况因固体壁面(加热面)温度 t_w 与液体饱和温度 t_s 之间的差值而变化,图 4-9 所示为水的沸腾曲线。当温度差较小($\Delta t < 5$ ℃)时,加热面上的液体仅产生自然对流在液体表面蒸发,如图中 AB 段曲线;当 Δt 逐渐增高($\Delta t = 5 \sim$

25 ℃）时,加热面上液体局部位置产生气泡
且不断离开壁面上升至水蒸气空间,由于
气泡的产生、脱离和上升对液体剧烈扰动,
加剧了热量转移,面积热流量 q 和表面传热
系数 h 均增大,如图中 BC 段曲线,此段情
况称为泡状沸腾;若继续增大 Δt（$\Delta t >$
25 ℃）,加热面上产生的气泡大大增多且产
生的速度大于脱离加热表面的速度,加热
面上形成一层不稳定的水蒸气膜将其与液
体隔开,由于水蒸气的导热性差,气膜的附
加热阻使 q 和 h 均急剧下降,以致达到 D
点时传热面几乎全部被气膜覆盖,且开始

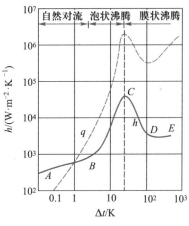

图 4-9　水的沸腾曲线

形成稳定的气膜,一般将 CD 段称为不稳定膜状沸腾,将 DE 段称为膜状沸腾。

　　由于泡状沸腾较膜状沸腾的表面传热系数大,工业生产中总是设法维持在
泡状沸腾下操作。

　　其他液体在不同压力下的沸腾曲线与水的沸腾曲线形状相似,仅 C 点的数
值有所差异。

　　② 水蒸气冷凝　饱和水蒸气与温度较低的固体壁面接触时,水蒸气放出热
量并在壁面上冷凝成液体。若水蒸气或壁面上存在油脂和杂质,冷凝液不能润
湿壁面,由于表面张力的作用而形成许多液滴沿壁面落下,此种冷凝称为滴状冷
凝。若水蒸气和壁面洁净,冷凝液能够润湿壁面,则在壁面形成一层完整的液
膜,故称为膜状冷凝。在膜状冷凝时,水蒸气的冷凝只能在冷凝液膜的表面进
行,即冷凝水蒸气放出的热量必须通过液膜的传递才能传给冷凝面,所以冷凝液
膜往往是膜状冷凝给热过程主要热阻之所在;而在滴状冷凝时,壁面大部分直接
暴露于水蒸气中,由于无液膜之热阻存在,滴状冷凝的给热系数比膜状冷凝的给
热系数可高出数倍乃至数十倍。然而,工业冷凝器中,即使采用促进滴状冷凝的
措施也不能持久,加之膜状冷凝的冷凝液洁净,故工业中遇到的大多是膜状
冷凝。

　　间壁式换热器传热面两侧的流体中,无论是沸腾或冷凝,发生相变一侧流体
的表面传热系数比无相变一侧的表面传热系数都高,其热阻在总传热过程中往
往也很小。

　　一些对流传热过程表面传热系数的大致范围见表4-2。

表 4-2   一些对流传热过程表面传热系数的大致范围

传热情况	$h/(\mathrm{W} \cdot \mathrm{m}^{-2} \cdot \mathrm{K}^{-1})$	h 常用值$/(\mathrm{W} \cdot \mathrm{m}^{-2} \cdot \mathrm{K}^{-1})$
水蒸气的滴状冷凝	40 000 ~ 120 000	40 000
水蒸气的膜状冷凝	5 000 ~ 15 000	10 000
氨的冷凝	9 300	
苯蒸气的冷凝	700 ~ 1 600	
$C_3 \sim C_4$ 的冷凝	930 ~ 1 240	
汽油的冷凝	930 ~ 1 210	
水的沸腾	1 000 ~ 30 000	3 000 ~ 5 000
水的加热或冷却	200 ~ 5 000	400 ~ 1 000
油的加热或冷却	50 ~ 1 000	200 ~ 500
过热水蒸气的加热或冷却	20 ~ 100	
空气的加热或冷却	5 ~ 60	20 ~ 30
高压气体的加热或冷却	1 000 ~ 4 000	

4.4   间壁式热交换的计算

如前所述,间壁式换热器是化工生产中的常见换热器,间壁式传热过程的计算是化工工程设计和计算的重要内容。

1. 传热总方程

如图 4-10 所示,间壁式换热器中,传热过程是热流体给热(传热速率 Φ_1,传热面积 A_1)→间壁导热(Φ_2, A_2)→冷流体给热(Φ_3, A_3)的串联过程。在连续化的工业生产中,换热器内进行的大都是定态传热过程,这时 $\Phi_1 = \Phi_2 = \Phi_3 = \Phi$,则有

$$\Phi = \frac{T - T_w}{\dfrac{1}{h_1 A_1}} = \frac{T_w - t_w}{\dfrac{\delta}{\lambda A}} = \frac{t_w - t}{\dfrac{1}{h_2 A_2}}$$

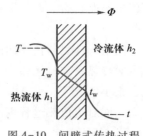

图 4-10   间壁式传热过程

或
$$\Phi = \frac{T-t}{\dfrac{1}{h_1 A_1} + \dfrac{\delta}{\lambda A} + \dfrac{1}{h_2 A_2}} \qquad (4\text{-}17)$$

式(4-17)为间壁式换热器的传热总方程,亦称传热基本方程,适用于传热面为等温面的间壁式热交换过程。

传热总方程中,$T-t$ 是间壁式热交换各步骤温度差加和的结果,是过程总推动力 Δt；$\dfrac{1}{h_1 A_1} + \dfrac{\delta}{\lambda A} + \dfrac{1}{h_2 A_2}$ 是各步骤热阻的加和,为过程总热阻 R。说明定态传热总过程的推动力和阻力亦具加和性:

$$\Phi = \frac{\sum \Delta t_i}{\sum R_i} = \frac{\Delta t}{R} = \frac{总推动力}{总阻力}$$

令 $\dfrac{1}{KA} = R$,则传热总方程为

$$\Phi = KA\Delta t \qquad (4\text{-}18)$$

式中,K 为总传热系数,$W \cdot m^{-2} \cdot K^{-1}$。

2. 传热系数 K

K 是衡量换热器性能的重要指标之一。其大小主要取决于流体的物性、传热过程的操作条件及换热器的类型等。

表 4-3 列出了化工中常见传热过程的 K 值范围。

表 4-3　常见传热过程的 K 值范围

换热流体	$K/(W \cdot m^{-2} \cdot K^{-1})$	换热流体	$K/(W \cdot m^{-2} \cdot K^{-1})$
气体-气体	10~30	冷凝水蒸气-气体	10~50
气体-有机物	10~40	冷凝水蒸气-有机物	50~400
气体-水	10~60	冷凝水蒸气-水	300~2 000
油-油	100~300	冷凝水蒸气-沸腾轻油	500~1 000
油-水	150~400	冷凝水蒸气-沸腾溶液	300~2 500
水-水	800~1 800	冷凝水蒸气-沸腾水	2 000~4 000

当换热器的间壁为单层平面壁或可近似为平面壁的薄圆筒壁时,因 $A_1 = A_2 = A$,则传热系数为

$$K = \frac{1}{\dfrac{1}{h_1} + \dfrac{\delta}{\lambda} + \dfrac{1}{h_2}} \tag{4-19}$$

若换热器的传热面为单层圆筒壁面时,因 $A_1 \neq A_2 \neq A$,则总传热方程中须分别代入各分过程的传热面积 $A_1 = 2\pi l r_1$,$A_2 = 2\pi l r_2$,$A_m = 2\pi l r_m$,即传热系数与传热面积对应时,

$$KA = \frac{1}{\dfrac{1}{h_1 A_1} + \dfrac{\delta}{\lambda A_m} + \dfrac{1}{h_2 A_2}} \tag{4-20}$$

显然,以圆管内壁面 A_1、外壁面 A_2 和平均壁面 A_m 为基准的 K 值各不相同。通常换热器的规格用外表面作为计算的基准,各种手册中的 K 值若无特殊说明,均为基于管外表面积的 K_2,其计算式为

$$K_2 = \frac{1}{\dfrac{A_2}{h_1 A_1} + \dfrac{\delta A_2}{\lambda A_m} + \dfrac{1}{h_2}} \tag{4-21}$$

若间壁为多层平面壁且间壁两侧有污垢积存,传热系数为

$$\frac{1}{K} = \frac{1}{h_1} + R_{h_1} + \Sigma \left(\frac{\delta}{\lambda} \right)_i + R_{h_2} + \frac{1}{h_2} \tag{4-22}$$

式中,R_{h_1}、R_{h_2} 分别为壁面两侧污垢热阻系数,$\mathrm{m^2 \cdot K \cdot W^{-1}}$。

传热系数 K 的获得除可用式(4-19)~式(4-22)等公式计算外,还可通过查取相关手册选用经验 K 值,对已有换热器,还可通过实验测定。

例 4-5   某有机物生产中使用的搅拌式全混流反应釜,内径为 1.0 m,釜壁钢板厚 8 mm($\lambda_1 = 50 \ \mathrm{W \cdot m^{-1} \cdot K^{-1}}$),若釜内壁面结有污垢层厚 2 mm($R_{h_1} = 0.002 \ \mathrm{m^2 \cdot K \cdot W^{-1}}$),夹套中用 115 ℃的饱和水蒸气进行加热($h_1 = 9\ 000 \ \mathrm{W \cdot m^{-2} \cdot K^{-1}}$),釜内有机物温度为 80 ℃($h_2 = 250 \ \mathrm{W \cdot m^{-2} \cdot K^{-1}}$)。试求该条件下的面积热流量。

解: 因反应釜内径 1.0 m 与外径 1.016 m 相差不大,可近似地当作平面壁来处理。取传热面积为 $A = 1.0 \ \mathrm{m^2}$ 时求得

$$\frac{1}{h_1} = 1.1 \times 10^{-4} \ \mathrm{m^2 \cdot K \cdot W^{-1}} \qquad \frac{\delta_1}{\lambda_1} = 1.6 \times 10^{-4} \ \mathrm{m^2 \cdot K \cdot W^{-1}}$$

$$R_{h_1} = 2 \times 10^{-3} \ \mathrm{m^2 \cdot K \cdot W^{-1}} \qquad \frac{1}{h_2} = 4 \times 10^{-3} \ \mathrm{m^2 \cdot K \cdot W^{-1}}$$

代入式(4-22)计算得 $K = 159 \ \mathrm{W \cdot m^{-2} \cdot K^{-1}}$

传热总阻力为 $R = \dfrac{1}{KA} = \dfrac{1}{159 \times 1} \ \mathrm{K \cdot W^{-1}} = 6.29 \times 10^{-3} \ \mathrm{K \cdot W^{-1}}$

反应釜的面积热流为 $q=K\cdot\Delta t=\left[159\times(115-80)\right]$ W·m^{-2} = 5.57 kW·m^{-2}

　　计算结果表明,主要热阻在污垢层和有机物($h_2\ll h_1$)这一侧,其中污垢层热阻占总热阻的 31.9%,有机物热阻占 63.8%;而蒸汽冷凝及金属釜壁的热阻只占总热阻的 1.75% 和 2.55%。若忽略金属间壁的热阻,$q=5.73$ kW·m^{-2},只相差 2.6%。因此比较多的情况下,尤其液-液热交换过程中,金属间壁的热阻通常可以忽略,而污垢层的热阻不可忽略。

　　例 4-6　某列管换热器的管束由 ϕ25 mm×2.5 mm 的钢管($\lambda=45$ W·m^{-1}·K^{-1})组成,热空气流经管程,冷却水在管外和空气逆流流动。已知管内空气侧的 h_1 为 50 W·m^{-2}·K^{-1},管外水侧的 h_2 为 1 000 W·m^{-2}·K^{-1},试求基于管外表面的传热系数 K_2 和基于内表面的传热系数 K_1,并比较 K_2A_2 和 K_1A_1。

　　解:由式(4-21)按圆管计算时:

$$\frac{1}{K_2}=\frac{A_2}{h_1A_1}+\frac{\delta A_2}{\lambda A_m}+\frac{1}{h_2}=\frac{d_2}{h_1d_1}+\frac{\delta d_2}{\lambda d_m}+\frac{1}{h_2}$$

代入已知数据计算得

$$\frac{1}{K_2}=0.026\ 06\ \text{m}^2\cdot\text{K}\cdot\text{W}^{-1}$$

即
$$K_2=38.4\ \text{W}\cdot\text{m}^{-2}\cdot\text{K}^{-1}$$

若基于内表面时,由式(4-20)有

$$\frac{1}{K_1}=\frac{1}{h_1}+\frac{\delta A_1}{\lambda A_m}+\frac{A_1}{h_2A_2}=0.020\ 85\ \text{m}^2\cdot\text{K}\cdot\text{W}^{-1}$$

即
$$K_1=48.0\ \text{W}\cdot\text{m}^{-2}\cdot\text{K}^{-1}$$

对一根管取单位长度,有

$$K_2A_2=K_2\cdot\pi d_2l=(38.4\times3.14\times0.025)\ \text{W}\cdot\text{K}^{-1}=3.01\ \text{W}\cdot\text{K}^{-1}$$

$$K_1A_1=K_1\cdot\pi d_1l=(48.0\times3.14\times0.020)\ \text{W}\cdot\text{K}^{-1}=3.01\ \text{W}\cdot\text{K}^{-1}$$

　　计算结果表明,基于不同的传热表面,计算所得 K 值不同。但在运用 $\Phi=KA\Delta t$ 进行计算时,KA 是一定的,所以传热计算结果将是相同的。为统一基准,手册中 K 值一般基于管外表面。

　　例 4-7　在例 4-6 中,如果管壁热阻可以忽略,为了提高传热系数,在其他条件不变的情况下,试判断分别将 h_1,h_2 提高一倍的效果怎样?

　　解:(1) 将 h_1 提高一倍

$$h_1'=2h_1=100\ \text{W}\cdot\text{m}^{-2}\cdot\text{K}^{-1}$$

$$\frac{1}{K}=\frac{d_2}{h_1'd_1}+\frac{1}{h_2}=0.013\ 5\ \text{m}^2\cdot\text{K}\cdot\text{W}^{-1}$$

$$K_2 = 74.1 \ \text{W} \cdot \text{m}^{-2} \cdot \text{K}^{-1}, \text{增加了} 92.7\%$$

（2）将 h_2 提高一倍

$$h_2' = 2h_2 = 2\ 000 \ \text{W} \cdot \text{m}^{-2} \cdot \text{K}^{-1}$$

$$\frac{1}{K_2} = \frac{d_2}{h_1 d_1} + \frac{1}{h_2'} = 0.025\ 5 \ \text{m}^2 \cdot \text{K} \cdot \text{W}^{-1}$$

$$K_2 = 39.2 \ \text{W} \cdot \text{m}^{-2} \cdot \text{K}^{-1}, \text{增加了} 1.56\%$$

计算结果表明，K 值总是接近热阻大（h 值小）一侧的 h 值，即 K 的大小为 h 值小的一侧流体所控制。因此欲提高 K 值，应当从 h 值小的一侧流体入手，提高其对流传热效果，以达到强化传热的目的。

3. 传热过程的平均温度差

在传热过程中，冷、热流体温度差沿换热器壁面的分布情况决定了整个换热过程的温度差。

（1）定态恒温传热

定态恒温传热是指换热器间壁两侧冷、热两流体温度在壁面的任何位置、任何时间都不变化，即两流体的温度差沿换热面处处相等，恒定不变。例如蒸发过程，间壁一侧是液体在恒定沸腾温度下的蒸发，另一侧为饱和水蒸气在一定冷凝温度下的冷凝，此时两流体的传热温度差就是 $T-t$。

（2）定态变温传热

定态变温传热时，换热器间壁一侧流体或两侧流体的温度沿传热面的不同位置发生变化，两流体间的温度差 Δt 沿换热器壁面位置也变化，且与两流体相对流向有关。

工业上冷、热流体在换热器内的相对流向主要有逆流和并流。逆流传热为间壁两侧流体以相反方向流动，并流传热为间壁两侧流体以相同的方向流动。

图 4-11（a）、（b）分别为逆流和并流传热时 Δt 随换热器壁面位置的变化，无论哪种情况，壁面两侧流体的温度均沿传热面而变化，过程推动力（温度差）相应地也发生变化。由于温度差与冷、热流体温度呈线性关系，采用与圆筒壁定态热传导速率式（4-5）的推导类似的方法，由过程的热量衡算结合传热速率方程，可得到间壁式换热器并流（或逆流）传热时的积分结果，其结果是用换热器两端冷、热流体温度差的对数平均值 Δt_m 表示传热平均推动力。

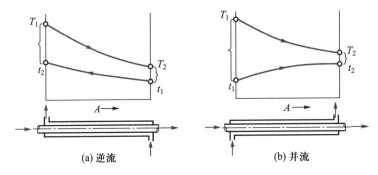

图 4-11　定态变温传热时的温度差变化

$$\Delta t_m = \frac{\Delta t_1 - \Delta t_2}{\ln \dfrac{\Delta t_1}{\Delta t_2}} \qquad (4-23)$$

当 $\Delta t_1 / \Delta t_2 \leqslant 2$ 时,可以用算术平均值代替对数平均值。

$$\Delta t_m = \frac{\Delta t_1 + \Delta t_2}{2} \qquad (4-24)$$

对数平均温差比算术平均温差精确,前者计算值总小于后者计算值,尤其是换热器两端温度差相差悬殊时更是如此。这两种方法对逆流、并流传热都适用,但要注意换热器两端温度差 Δt 大的为 Δt_1,小的为 Δt_2,以避免计算出错。

例 4-8　硫酸生产中 SO_2 的转化系统,用转化气在外部列管换热器中预热 SO_2 气体。若转化气温度由 440 ℃降至 320 ℃,SO_2 气体由 220 ℃被加热至 280 ℃,试求并流传热和逆流传热的平均温度差,并做比较,选定推动力较大的传热流向(设两气体进、出口温度在并流、逆流时相同)。

解:如图 4-12 所示,并流传热时,$\Delta t_1 = T_1 - t_1 = 220$ ℃,$\Delta t_2 = T_2 - t_2 = 40$ ℃,$\Delta t_1 / \Delta t_2 = 5.5 > 2$

对数平均值:

$$\Delta t_m = \frac{\Delta t_1 - \Delta t_2}{\ln \dfrac{\Delta t_1}{\Delta t_2}} = \frac{220 - 40}{\ln \dfrac{220}{40}} \text{℃} = 105.6 \text{ ℃}$$

算术平均值:

$$\Delta t'_m = \frac{\Delta t_1 + \Delta t_2}{2} = \frac{220 + 40}{2} \text{℃} = 130 \text{ ℃}$$

误差:$\dfrac{\Delta t'_m - \Delta t_m}{\Delta t_m} \times 100\% = 23.1\%$,说明 $\Delta t_1 / \Delta t_2 > 2$ 时只能采用对数平均值。

逆流传热时,$\Delta t_1 = T_1 - t_2 = 160$ ℃,$\Delta t_2 = T_2 - t_1 = 100$ ℃,$\Delta t_1 / \Delta t_2 = 1.6 < 2$

用对数平均值计：

$$\Delta t_{\mathrm{m}} = \frac{\Delta t_1 - \Delta t_2}{\ln \dfrac{\Delta t_1}{\Delta t_2}} = \frac{160 - 100}{\ln \dfrac{160}{100}} \ ℃ = 127.7 \ ℃$$

用算术平均值计：

$$\Delta t'_{\mathrm{m}} = \frac{\Delta t_1 + \Delta t_2}{2} = \frac{160 + 100}{2} \ ℃ = 130 \ ℃$$

误差：$\dfrac{\Delta t'_{\mathrm{m}} - \Delta t_{\mathrm{m}}}{\Delta t_{\mathrm{m}}} \times 100\% = 1.8\%$，说明 $\Delta t_1 / \Delta t_2 \leqslant 2$ 时也可采用算术平均值。

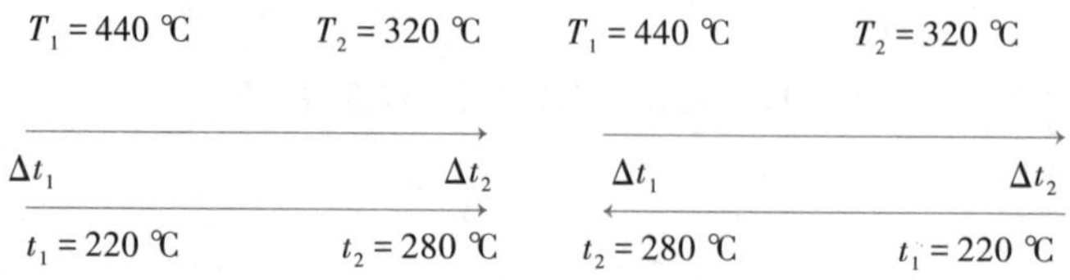

| $T_1 = 440 \ ℃$ | $T_2 = 320 \ ℃$ | $T_1 = 440 \ ℃$ | $T_2 = 320 \ ℃$ |

Δt_1 ──────────→ Δt_2　　　　Δt_1 ──────────→ Δt_2

| $t_1 = 220 \ ℃$ | $t_2 = 280 \ ℃$ | $t_2 = 280 \ ℃$ | $t_1 = 220 \ ℃$ |

（a）并流　　　　　　　　　（b）逆流

图 4-12　传热温度差的比较

计算结果表明,在相同情况下(K 及工艺热负荷 Φ_{L} 相同),逆流传热的平均温度差大于并流传热的平均温度差,这意味着满足相同工艺换热能力要求,采用逆流传热要比并流传热相应减少传热面积或载热体使用量,故该题选择逆流传热。

并流传热时,冷流体的出口温度 t_2 的极限温度是热流体的出口温度 T_2,而逆流传热时,冷流体的出口温度 t_2 的极限温度是热流体的进口温度 T_1,说明并流传热时被加热或冷却流体的出口温度易控制,这对于一些热敏物料的加热或冷却等具有实用意义。

4. 热负荷及热量衡算

(1) 热负荷

生产工艺对换热器换热能力的要求称为换热器的工艺热负荷 Φ_{L}。对于一个能满足工艺要求的换热器而言,其传热速率应等于或略大于工艺热负荷,即 $\Phi \geqslant \Phi_{\mathrm{L}}$。在实际计算中往往将两者看作相等,但意义不同,$\Phi_{\mathrm{L}}$ 是生产工艺所要求的,Φ 是换热器一定条件下的换热能力,是设备特性。

通过热负荷的计算,可以确定换热器所应具有的传热速率,再依据此传热速率可计算换热器所需的传热面积等。

热负荷的计算根据工艺特点有两种情况：

① 流体在传热中只有相变的场合

$$\Phi_{\mathrm{L}} = q_m L \tag{4-25}$$

式中,q_m 为流体的质量流量,$kg \cdot s^{-1}$;L 为流体的相变热,$kJ \cdot kg^{-1}$。

② 流体在传热中仅有温度变化,不发生相变的场合

$$\Phi_L = q_m c_p (t_2 - t_1) \tag{4-26}$$

式中,c_p 为流体的比定压热容,$kJ \cdot kg^{-1} \cdot K^{-1}$;$t_1$、$t_2$ 分别为流体传热前后的温度,K。

（2）热量衡算

换热器中冷、热两种流体进行热交换,若忽略热损失,热流体放出的热量等于冷流体吸收的热量,即 $\Phi_{热} = \Phi_{冷}$,称为热量衡算式。热量衡算式与传热总方程是换热器计算的两个基本公式。

若换热器中两种流体无相变化,且流体的比定压热容不随温度变化或可取平均温度下的比定压热容时,

$$\Phi_L = q_{m,h} c_{p,h} (T_1 - T_2) = q_{m,c} c_{p,c} (t_2 - t_1) \tag{4-27}$$

式中,Φ_L 为换热器的热负荷,$kJ \cdot s^{-1}$;$c_{p,h}$、$c_{p,c}$ 分别为热、冷流体的比定压热容,$kJ \cdot kg^{-1} \cdot K^{-1}$;$T_1$、$T_2$、$t_1$、$t_2$ 分别为热流体的进、出口温度和冷流体的进、出口温度,K。

若换热器中的热流体有相变,如饱和水蒸气的冷凝时,

$$\Phi_L = q_m L = q_{m,c} c_{p,c} (t_2 - t_1) \tag{4-28}$$

例 4-9　在列管换热器中,水以 $0.8 \ m \cdot s^{-1}$ 的流速流过内径为 25 mm、长为 5 m 的管束。若管内壁面平均温度为 50 ℃,水的进口温度为 20 ℃,试求水的出口温度。设管壁对水的平均表面传热系数为 1 850 $W \cdot m^{-2} \cdot K^{-1}$,热损失可以忽略。

解:设水的出口温度为 t_2,密度取 $\rho = 1\ 000 \ kg \cdot m^{-3}$,比定压热容取 $c_p = 4.187 \ kJ \cdot kg^{-1} \cdot K^{-1}$。

换热器的一根管子传热面积 A_i 和流通面积 S_i 分别为

$$A_i = \pi d_i L = 3.14 \times 0.025 \times 5 \ m^2 = 0.392\ 5 \ m^2$$

$$S_i = \frac{\pi}{4} d_i^2 = 0.785 \times 0.025^2 \ m^2 = 4.9 \times 10^{-4} \ m^2$$

根据热量衡算和对流热流量方程有

$$\Phi_L = q_m c_p (t_2 - t_1) = u S_i \rho c_p (t_2 - t_1)$$

$$\Phi = h_i A_i \left(t_w - \frac{t_2 + t_1}{2} \right)$$

由 $\Phi_L = \Phi$,即以上两式相等,代入已知数据求解可得水的出口温度 $t_2 = 30.9$ ℃。

例 4-10　某精馏塔顶气体的全凝器采用的是列管式换热器,其管束是由直径较大、厚度为 3 mm 的钢管($\lambda = 49 \ W \cdot m^{-1} \cdot K^{-1}$)组成的,换热器是用水(管程)以逆流方式将塔顶出来的有机物蒸气(壳程)全部冷凝下来。有机物蒸气是以丙酮为主要组分的混合物,温度为75 ℃,

其被冷凝的表面传热系数可取 $h_1 = 1\,300\ \text{W·m}^{-2}·\text{K}^{-1}$，有机物蒸气全部冷凝下来的热流量为 $422.2\ \text{kW}$；冷却水的质量流量为 $41.5×10^3\ \text{kg·h}^{-1}$，其进口温度 $t_{进} = 30\ ℃$，水的比定压热容取 $c_p = 4.18\ \text{kJ·kg}^{-1}·\text{K}^{-1}$，水侧的表面传热系数 $h_2 = 1\,000\ \text{W·m}^{-2}·\text{K}^{-1}$。试计算该全凝器需要多大的传热面积才能满足换热要求？

解: ① 求冷却水的出口温度 $t_{出}$

根据热量平衡 $\Phi_L = q_{m,h}L = q_{m,c}c_p(t_{出} - t_{进})$

即 $422.2×10^3\ \text{W} = \dfrac{41.5×10^3\ \text{kg·h}^{-1}}{3\,600\ \text{s}}×4.18×10^3\ \text{J·kg}^{-1}·\text{K}^{-1}(t_{出} - 30)$

求得 $t_{出} = 39\ ℃$

② 求平均温度差 Δt_m

若换热器取单程，逆流换热方式，则 $\Delta t_1 = 75\ ℃ - 30\ ℃ = 45\ ℃$，$\Delta t_2 = 75\ ℃ - 39\ ℃ = 36\ ℃$；因为 $\Delta t_1/\Delta t_2 = 1.25 < 2$，可用算术平均值：

$$\Delta t_m = \frac{\Delta t_1 + \Delta t_2}{2} = \frac{45 + 36}{2}\ ℃ = 40.5\ ℃$$

③ 求传热系数 K

因传热面为直径较大、管壁较薄的钢管，可按平面壁计，则

$$K = \cfrac{1}{\cfrac{1}{h_1} + \cfrac{\delta}{\lambda} + \cfrac{1}{h_2}} = \cfrac{1}{\cfrac{1}{1\,300} + \cfrac{0.003}{49} + \cfrac{1}{1\,000}}\ \text{W·m}^{-2}·\text{K}^{-1} = 546\ \text{W·m}^{-2}·\text{K}^{-1}$$

④ 求传热面积 A

根据式(4-18)：$\Phi = KA\Delta t_m$，代入已知数据计算有

$$A = 19\ \text{m}^2$$

计算表明：在题设条件下，冷凝器需要有 $19\ \text{m}^2$ 的换热面积才能使精馏塔顶的蒸气全部冷凝下来。

4.5 换热器的选择及传热过程的强化

1. 换热器的选择

换热器的选择是在换热器系列化标准中确定合适的换热器类型和规格的过程。工艺要求、操作条件以及不同类型换热器的优缺点，是选择适当类型和大小的换热器的依据。

换热器的选择首先要考虑以下事项。

（1）了解换热任务，掌握基本数据及特点

① 冷、热流体的流量，进、出口温度，操作压力等；

② 冷、热流体的物性参数；

③ 冷、热流体的工艺特点、腐蚀性、悬浮物的含量等。

（2）确定选用换热器的型式，决定流体的流动空间

如选定列管换热器，对换热流体流动空间可按下列原则确定：

① 不清洁的流体或易结垢、沉淀、结晶的流体走管程，因管程易清洗；

② 需提高流速以增大对流传热系数的流体走管程，管程 u 一般较高；

③ 腐蚀性流体走管程，以免对壳体和管束的同时腐蚀；

④ 压力高的流体走管程，管子耐压性好；

⑤ 饱和蒸汽宜走管程，便于排出冷凝液；

⑥ 黏度大或流量较小的流体宜走壳程，可在低 $Re(Re>100)$ 达到湍流；

⑦ 需冷却的流体一般选壳程，便于散热。

在换热器型式和规格确定中，选型计算贯穿以上两步骤之中，通常需要反复试算，计算的主要内容有：

① 流体定性温度，查取或计算定性温度下有关物性数据；

② 由传热任务计算热负荷；

③ 做出适当选择，并计算对数平均温度差；

④ 选取总传热系数、估计换热面积，由此可试选适当型号的换热器；

⑤ 核算总传热系数，分别计算管程、壳程的对流传热系数，确定污垢热阻，求出 K 值并与估算的 K 值比较，如果相差太大，则需重新估算再核算，直到相差不大为止；

⑥ 估算传热面积，根据核算的 K 值，由总传热方程求出 A，并考虑 $10\% \sim 25\%$ 的富余量。

由以上可以看出，化工生产对换热器的要求是多种多样的，换热器的选择也较为复杂。选择何种类型和规格的换热器，要视实际情况，综合考虑多种因素，择优而定。关于选型计算的内容可参考有关设计手册或专著。

2. 传热过程的强化

传热过程的强化，目的是充分利用热能，提高换热器单位面积的传热速率；对现有换热器，力图以较小的传热面积或较小体积的换热器完成一定的传热任务。

依据总传热方程 $\Phi = KA\Delta t_{\mathrm{m}}$，强化传热过程的主要途径有三条，但哪一条较

有利,要做具体分析。

(1)增大传热面积 A

增大间壁式换热器传热面积 A,可提高过程的传热速率。但增大 A,对新设计的换热器意味着金属材料用量增加,设备投资费用增大,这里存在经济上是否合理的问题。工程上不是单靠增加设备尺寸提高 A,而是从设备紧凑性考虑,提高其单位体积的传热面积。如改进传热面结构,采用螺纹管、波纹管代替光滑管,或采用新型换热器如翅片管式换热器等,都可以实现单位体积的传热面积增大的效果。如列管式换热器单位体积的传热面积是 $40 \sim 160 \ \mathrm{m}^2 \cdot \mathrm{m}^{-3}$,而板式换热器单位体积的传热面积则为 $250 \sim 1\ 500 \ \mathrm{m}^2 \cdot \mathrm{m}^{-3}$。增大传热面积对正在使用的换热器显然是不易实现的。

(2)增大平均温度差 Δt_m

Δt_m 由冷流体和热流体的初、终温度决定,其中物料的温度由生产工艺决定,一般不能随意变动,而冷却和加热介质的温度则因选择介质的不同而异。

冷却剂一般用水,其进口温度随水源与季节不同,出口温度高低不仅影响传热温度差,而且也影响冷却剂用量。通常根据经验保证 Δt_m 不小于 10 ℃即可。

加热剂的选择应考虑技术上的可能性和经济上的合理性。若温度不超过200 ℃,多用饱和水蒸气为加热介质;若超过 200 ℃,压力太高会使锅炉投资加大,且蒸汽管和换热器都要耐更高的压力,此时可采用其他加热介质。

当工艺规定冷、热流体温度时,采用逆流换热可获得较大的 Δt_m,亦可改用严格逆流的套管换热器或螺旋板换热器实现 Δt_m 的增大。但增大 Δt_m 的这一措施,往往很大程度上受到工艺因素的制约。

总之,由增大 Δt_m 来强化传热过程是有一定限度的。

(3)增大传热系数 K

增大传热系数 K 是强化传热过程最有效的途径。由 K 的计算公式:

$$\frac{1}{K} = \frac{1}{h_1} + \sum \frac{\delta}{\lambda} + \frac{1}{h_2}$$

可知,提高 h 和 λ、降低 δ 都能使 K 值增大。通常 δ/λ 值较小,所以应在提高两个 h 上下功夫。当 h_1 和 h_2 数值接近时,两者应同时提高;当 $h_1 \ll h_2$ 即相差较大时,K 值基本上接近 h 小的值,即应设法提高 h 小的值。提高 K 值的具体办法,可以从以下几个方面考虑。

① 增加湍流程度、减小对流传热的热阻、提高 h 值。

a. 提高流体流速、增加湍流程度、减小滞流内层厚度,可有效地提高无相变流体的 h 值。例如对列管换热器,增加管束程数及壳体加设折流板等。

b. 改变流动条件。通过设计特殊传热壁面,使流体在流动过程中不断改变流动方向,提高湍流程度。例如管式换热器设计成螺旋管、翅片管等;又如板式换热器流体的通道设计成凹凸不平的波纹或沟槽等。

但应注意,这两种方法都会增加流动阻力,有一定的局限性。

② 尽量选择 h 大的流体给热状态。例如,有相变的蒸气冷凝维持在滴状冷凝状态等。

③ 提高 λ、降低 δ。

a. 尽量选择 λ 较大的载热体。

b. 换热器金属壁面一般较薄且 λ 值大,所以热阻较小;但污垢层热阻很大,是阻碍传热的控制因素,应防止或减缓污垢层的形成并及时清除之。

以上提高 K 值的途径在具体实施时,要结合设备结构、动力消耗、清洗检修难易程度及实际效果等方面进行经济衡算,综合考虑,选取适当方法。

小结

本章分析了化工生产中的传热过程,并以间壁式换热过程为主线,讲授了传热的基本概念、过程计算和优化、典型设备等内容,并有重点地介绍了较复杂工程问题的解决思路及方法(如对流传热过程的工程处理方法;对流传热准数关联式获取的思路和应用要点等)。

研究传热过程主要解决以下化工生产问题:(1)依据热交换要求,计算所需传热面积;(2)选择换热介质的种类,确定介质流量和进出口温度;(3)设计或选择合适的热交换器;(4)改善温度分布,提高传热速率,强化传热过程。

本章知识框架及其相互联系,可归纳为图 4-13。

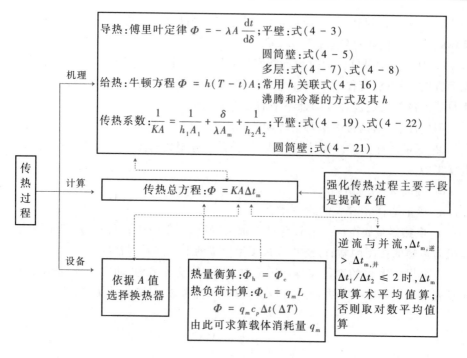

图 4-13 本章知识框架及其相互联系

复习题

1. 为什么说传热过程是化工生产中必不可少的重要操作?

2. 传热的基本方式有哪几种? 它们的主要区别是什么?

3. 间壁式换热器可分为哪两类? 各自的传热面指什么?

4. 流体的热导率和表面传热系数是否均为物性参数? 为什么?

5. 简述传热边界层的意义及其与流动边界层的主要区别。

6. 液体的沸腾和蒸气的冷凝各有哪些形式? 分别比较沸腾和冷凝时不同形式间表面传热系数的相对大小,并说明原因。

7. 定态传热时,总过程推动力、阻力及传热速率与分过程推动力、阻力及传热速率间的关系如何?

8. 强化传热过程的依据是什么? 为什么说增大传热系数 K 是最有效的途径?

9. 简要叙述列管式换热器中的折流板在强化传热过程中的作用。

10. 选择换热器的依据有哪些? 在换热器的选择时,需要做好哪几方面的工作?

习题

1. 燃烧炉的平壁由一层耐火砖和一层普通砖砌成,内层耐火砖厚度为 230 mm,外层普通砖厚度为 240 mm,当达到定态传热时,测得炉内壁温度是 700 ℃,外表面温度是 100 ℃,为了减少热量损失,在普通砖外面加砌一层厚度为 40 mm 的保温材料,当定态后测得内壁面温度为 720 ℃,保温材料外表面温度为 70 ℃。试求加保温材料前后每平方米壁面热损失是多少?耐火砖、普通砖、保温材料的热导率分别可取 1.163 W·m⁻¹·K⁻¹,0.581 5 W·m⁻¹·K⁻¹,0.07 W·m⁻¹·K⁻¹。
$$(982.8 \text{ W·m}^{-2}, 550 \text{ W·m}^{-2})$$

2. 如习题 1 燃烧炉的平壁由一层厚度为 230 mm 的耐火砖($\lambda = 1.163$ W·m⁻¹·K⁻¹),一层厚度为 240 mm 的普通砖($\lambda = 0.581 5$ W·m⁻¹·K⁻¹)和一层厚度为 40 mm 的保温材料($\lambda = 0.07$ W·m⁻¹·K⁻¹)砌成,当定态后测得内壁面温度为 720 ℃,保温材料外表面温度为 70 ℃。试计算耐火砖与普通砖、普通砖与保温材料间的交界面温度。
$$(611.2 \text{ ℃}, 384.2 \text{ ℃})$$

3. 平壁炉的炉壁由内层为 120 mm 厚的某种耐火材料和外层厚度为 230 mm 的某种建筑材料砌成,两种材料的导热系数为未知,测得炉内壁面温度为 800 ℃,外侧壁面温度为 113 ℃,后来在普通建筑材料外面又包了一层厚度为 50 mm 的石棉以减少热损失,包后测得炉内壁面温度为 800 ℃,耐火材料与建筑材料交界面的温度为 686 ℃,建筑材料与石棉交界面温度为 405 ℃,石棉外侧温度为 77 ℃,试求包石棉后热损失比原来减少的百分数。
$$(42.5\%)$$

4. $\phi 50$ mm×5 mm 的不锈钢管($\lambda_1 = 16$ W·m⁻¹·K⁻¹)外包厚度为 30 mm 的石棉($\lambda_2 = 0.22$ W·m⁻¹·K⁻¹),若管内壁面温度为 600 ℃,石棉外壁面温度为 100 ℃,试求每米管线的热损失。若要温差保持不变,欲使热损失减少 60%,在石棉层外再包一层保温材料($\lambda_3 = 0.07$ W·m⁻¹·K⁻¹),试求该保温材料的厚度为多少?
$$(873.8 \text{ W·m}^{-1}, 25.2 \text{ mm})$$

5. 用 $\phi 48$ mm×3 mm 的钢管($\lambda = 45$ W·m⁻¹·K⁻¹)输送 0.304 MPa 的饱和水蒸气,外界空气为 20 ℃,试求不保温与包上 30 mm 厚的石棉时每米管长的热损失(空气的表面传热系数可取为 15 W·m⁻²·K⁻¹),水蒸气传热的热阻可忽略。
$$(258 \text{ W·m}^{-1}, 108 \text{ W·m}^{-1})$$

6. $\phi 50$ mm×3 mm 的钢管($\lambda = 45$ W·m⁻¹·K⁻¹)外包两层绝热材料,内、外层厚度分别为 25 mm 和 40 mm;热导率分别为 0.08 W·m⁻¹·K⁻¹ 及 0.04 W·m⁻¹·K⁻¹。若管内壁面温度为 277 ℃,绝热材料外表面温度为 57 ℃。试求每米管长的热损失。
$$(59.2 \text{ W·m}^{-1})$$

7. 某蒸气管的外径为 100 mm,外面包有两层绝热材料,内层为 50 mm 厚的绝热材料 A($\lambda = 0.06$ W·m⁻¹·K⁻¹),外层为 25 mm 厚的绝热材料 B($\lambda = 0.075$ W·m⁻¹·K⁻¹)。若绝热层 A 的内表面温度为 170 ℃,绝热层 B 的外表面温度为 38 ℃,试计算每米管长的热损失及 A、B 交界面的温度。
$$(57.1 \text{ W·m}^{-1}, 65 \text{ ℃})$$

8. 炼油厂在一列管换热器中用热油加热冷油。管子规格为 $\phi 38$ mm×3 mm,管程冷油的流速为 1.1 m·s⁻¹,欲从 25 ℃ 预热到 125 ℃,在定性温度下冷油的有关物性参数为:密度 850 kg·m⁻³,比定压热容 2.5 kJ·kg⁻¹·K⁻¹,黏度 2×10⁻³ Pa·s,热导率 0.12 W·m⁻¹·K⁻¹。试求冷油的表面传热系数。
$$(838.8 \text{ W·m}^{-2}·K^{-1})$$

9. 在一列管换热器中,用水蒸气加热原油。管子规格为 $\phi 25$ mm×2.5 mm,管内原油的表面传热系数为 1 000 W·m^{-2}·K^{-1},管内污垢层的热阻系数 $R_{h,1}$ = 1.5×10^{-3} m^2·K·W^{-1};管外水蒸气加热原油,管外水蒸气冷凝的表面传热系数为 10 000 W·m^{-2}·K^{-1},管外污垢热阻及管壁的热阻可忽略不计,试求传热系数及各部分热阻占总热阻的百分数。

(310 W·m^{-2}·K^{-1},38.75%,3.1%,58.1%)

10. 两湍流流动的流体在套管换热器中换热,第一流体对管壁的表面传热系数 h_1 = 233 W·m^{-2}·K^{-1},管壁对第二流体的表面传热系数 h_2 = 407 W·m^{-2}·K^{-1}。若忽略管壁和污垢层的热阻,求下列情况下传热系数各增加多少倍?

(1)假定第一流体的流速增加一倍,其余不变;

(2)假定第二流体的流速增加一倍,其余不变。 (1.37,1.18)

11. 在管长为 1 m 的单程套管换热器中,用水冷却热油,两种流体并流换热,油的初温为 150 ℃,终温为 100 ℃;水的初温为 15 ℃,终温为 40 ℃。欲用加长换热器管子的办法,使油的出口温度降至 80 ℃,试求此时的管长。假设在两种情况下,油和水的质量流量、进口温度、物性参数和传热系数均不变化,热损失可忽略;换热器除管长外,其余尺寸也不变化。

(1.86 m)

12. 列管换热器的管束由若干根长为 3 m,规格为 φ25 mm×2.5 mm 的钢管组成。要求将质量流量为 1.25 kg·s^{-1} 的苯由 80 ℃ 冷却到 30 ℃,20 ℃ 的水在管内与苯逆流流动。已知水侧和苯侧的表面传热系数分别为 850 W·m^{-2}·K^{-1} 和 1 700 W·m^{-2}·K^{-1},污垢热阻可忽略。若维持水的出口温度不超过 50 ℃,试求所需的列管数。取苯的比定压热容为 1 900 J·kg^{-1}·K^{-1},密度为 880 kg·m^{-3},管壁的热导率 λ = 45 W·m^{-1}·K^{-1}。

(57 根)

13. 在列管换热器中用水蒸气加热溶液,列管为 φ25 mm×1.5 mm 的钢管,水蒸气冷凝的表面传热系数为 15 000 W·m^{-2}·K^{-1},溶液的表面传热系数取 2 000 W·m^{-2}·K^{-1},管壁的热导率 λ = 50 W·m^{-1}·K^{-1}。若水蒸气的冷凝温度和溶液的加热温度都不变化,使用一段时间后,管内壁沉积 1 mm 厚的污垢层,污垢层的热导率 λ = 1 W·m^{-1}·K^{-1},求此时传热量为原来的多少?

(35%)

14. 在列管换热器中,用原油与热重油换热,原油初始温度为 20 ℃,质量流量为 10 000 kg·h^{-1},比定压热容为 2.2 kJ·kg^{-1}·K^{-1}。重油从 180 ℃ 冷却到 120 ℃,质量流量为 14 000 kg·h^{-1},比定压热容为 1.9 kJ·kg^{-1}·K^{-1},设在逆流和并流操作时的传热系数 K 均为 200 W·m^{-2}·K^{-1},求并流与逆流操作的传热面积比。

(1.24)

15. 要求每小时冷凝 500 kg 乙醇蒸气,并将凝结液冷却至 30 ℃。乙醇的凝结温度为 78.5 ℃,凝结热为 880 kJ·kg^{-1},液体乙醇的平均比定压热容为 2.8 kJ·kg^{-1}·K^{-1}。乙醇蒸气在该条件下的表面传热系数为 3 500 W·m^{-2}·K^{-1},乙醇液体的表面传热系数为 700 W·m^{-2}·K^{-1}。冷却水(逆流)的初始温度为 15 ℃,排出温度为 35 ℃,水的表面传热系数为 1 000 W·m^{-2}·K^{-1}。管壁及污垢层的热阻可忽略。水的比定压热容为 4.2 kJ·kg^{-1}·K^{-1}。试计算热交换器应有的换热面积。(提示:计算时先求出冷却水用量,再将冷凝区和冷却区分开计算。)

(冷凝 3.01 m^2,冷却 1.40 m^2)

参考书目与文献

第5章

传质过程及塔设备

物质以扩散方式从一处转移到另一处的过程,称为质量传递过程,简称传质。仅在一相中发生的物质传递是单相传质,通过相界面的物质传递为相间传质,后者在实际生产中更为普遍,工业上通常所说传质分离过程即指相间传质。

传质分离过程在化学工程中占有极其重要的地位。一方面,它广泛运用于混合物的分离操作;另一方面,它常与化学反应共存,影响着化学反应过程,甚至成为化学反应的控制因素。另外,在环境保护、生命现象及许多工程和工业实践中都涉及物质的传递与分离。通常,传质分离过程的设备投资和能源需求要占到化工厂生产成本的 60%~80%。因此掌握传质过程的规律,了解传质分离过程的工业实施方法,具有十分重要的意义。

研究传质分离过程主要解决以下化工生产问题:① 选择和确定适宜的分离方法,评估可达到的分离效果;② 设计或选择合适的分离设备;③ 确定适宜的操作条件;④ 通过改善传质速率和浓度分布,强化反应过程。

本章拟对传质过程的类型、基本原理、常见设备以及新型传质分离技术做一简介,重点选择气体吸收和液体精馏两种单元操作作为传质过程的典型实例进行讨论。

5.1 传质过程及塔设备简介

1. 传质过程的类型

两相间的传质过程,根据相态不同,可分为流体相间的传质过程和流体与固体相间的传质过程两类。

（1）流体相间的传质过程

① 气相-液相　包括气体的吸收、液体的蒸馏、气体的增湿等单元操作。

气体吸收利用气体混合物中各组分在液体溶剂中的溶解度不同,将气体混合物与液体溶剂相接触,使易溶于溶剂的物质由气相传递到液相而分离气体混合物。

液体蒸馏时,则是依据液体混合物中各组分的挥发性不同,加热使其中沸点低的组分汽化,从而达到分离的目的。

在气体增湿操作中,将干燥的空气与液态水相接触,水分蒸发而进入气相。

② 液相-液相　在均相液体混合物中加入具有选择性的溶剂,系统形成两个液相。由于原溶液中各组分在溶剂中的溶解度不同,它们将在两个液相之间进行分配,即发生相间传质过程,这就是通常所说的液-液萃取。

（2）流体与固体相间的传质过程

① 气相-固相　包括固体干燥、气体吸附等单元操作。

含有水分或其他溶剂(统称湿分)的固体,与比较干燥的热气体相接触,被加热的湿分汽化而离开固体进入气相,从而将湿分除去,这就是固体的干燥。在干燥过程中,物质由固相向气相传递。

气体吸附的相间传递方向恰与固体干燥相反,它是气相中某个或某些组分从气相向固相的传递过程。

② 液相-固相　包括结晶、固体浸取(也叫固-液萃取)、液体吸附、离子交换等单元操作。

含某物质的过饱和溶液与同一物质的固相相接触时,其分子将扩散通过溶液到达固相表面并析出而使固体长大,这就是结晶。固体浸取是应用液体溶剂将固体原料中的可溶组分提取出来的操作。液体吸附是固液两相相接触,使液相中某个或某些组分扩散到固相表面并被吸附的操作。离子交换是溶液中阳离子或阴离子与称为离子交换剂的固相上相同离子的交换过程。

在固体浸取过程中,物质由固相向液相传递;在结晶和液体吸附过程中,物质由液相向固相传递;而在离子交换过程中,既有物质从液相向固相传递,又有物质从固相向液相传递,但在溶液中做扩散运动的是离子,而不是分子。

2. 传质过程的共性

尽管传质过程有多种类型,但传质过程遵循一些共同的规律。

（1）传质的方式与历程

单相物系内的物质传递是依靠物质的扩散作用来实现的,常见的扩散方式有分子扩散和涡流扩散两种。前者是物质靠分子运动从高浓度处转移到低浓度处,物质在静止或滞流流体中的扩散便属此类;后者则是因流体的湍动和旋涡产生质点位移,使物质由高浓度处转移到低浓度处的过程。实际上,湍流流动有湍流主体和滞流内层之分,所以其中物质传递既靠涡流扩散也靠分子扩散,两者统称对流扩散。

无论哪种类型的均相混合物,要将其分离成纯净或几乎为纯态物质,必须造成一个两相物系,利用原物系中各组分间某种特性的差异,使其中某个组分在两相间进行传质,所经历的步骤是:物质首先从一相主体扩散到两相界面的该相一侧,然后通过相界面进入另一相,最后从此相的界面向其主体扩散。例如气体吸收,气相主体中溶质经过气相到达气液相界面,溶解进入液相,然后扩散进入液相主体。

（2）传质过程的方向与极限

分析氨和空气的气体混合物与水在一恒温恒压的容器中进行两相接触的传质过程。易溶于水的氨会向液相传递,氨分子跨过相界面进入水中,同时,水相中的氨分子也会有一部分返回气相中。如两相的量一定,随着过程的进行,气相中的氨浓度会逐渐减小,由气相进入液相的氨分子的速率也逐渐减小,而液相中的氨浓度逐渐增加,由液相返回气相的氨分子的速率也逐渐增加。经过一段时间后,由气相进入液相的和由液相返回气相的氨分子的速率会达到一致。同时,各相内氨分子的浓度由于扩散的作用也达到均匀一致。此时,体系处于动态平衡状态,两相的浓度不再变化,从宏观上看,物质的传递已经停止。

如果保持相同的温度和压力,向容器中注入氨气或水,或者直接改变温度或压力,上述动态平衡将会被破坏,但再经过一定的时间后,体系又可达到新的动态平衡。

由此,可得出相间传质和相际平衡所共有的几点规律。

① 一定条件下,处于非平衡状态的两相体系内组分会自发地进行旨在使体系的组成趋于平衡态的传递。经足够长的时间,体系最终将达到平衡状态,此时相间没有净质量传递。

② 条件的改变可破坏原有的平衡状态。如改变后条件保持恒定,一定时间后,体系又可达到新的平衡。平衡体系的独立变量数(或称自由度)由相律所决定:

$$f=k-\phi+2$$

式中,f 为独立变量数;k 为组分数;ϕ 为相数;"2"是指外界只有温度和压力两个条件可以改变体系的平衡状态。

上述氨、空气和水体系中，$k=3$，$\phi=2$，则$f=3$，即有 3 个独立变量。如压力和温度一定，则平衡体系只有一个独立变量。若两相中一相的组成已定，则另一相的组成也随之而定。

③ 在一定条件下（如温度、压力），两相体系必然存在着一个平衡关系。

相平衡关系主要依靠实验测定，很多体系的平衡数据可从有关手册中查到。还有许多描述两相之间浓度关系的方程，如对稀溶液，气液两相间的平衡关系遵循亨利（Henry）定律；理想溶液的气相和液相间的平衡关系符合拉乌尔（Raoult）定律等。具体的平衡关系，在以后的内容中再做介绍。

相间传质过程的方向和极限可用组分在一相中的实际浓度与另一相中的实际浓度所对应的平衡浓度的相对大小来判断。

① 若物质在一相（A 相）中实际浓度大于其在另一相（B 相）中实际浓度所要求的平衡浓度，则物质将由 A 相向 B 相传递；

② 物质在 A 相中实际浓度小于其在 B 相中实际浓度所要求的平衡浓度，则传质过程向相反方向进行，即从 B 相向 A 相传递；

③ 若物质在 A 相中实际浓度等于 B 相中实际浓度所要求的平衡浓度，则无传质过程发生，体系处于平衡状态。

对上述空气中的氨向水中传递的过程，若以 p_A 表示气相中氨的实际分压，p_A^* 表示达到与所要求的液相实际浓度平衡时的分压，则 $p_A > p_A^*$ 时，氨从气相向液相传递；$p_A < p_A^*$ 时，氨由液相向气相转移；$p_A = p_A^*$ 时，两相间无净的氨传递，体系达到平衡状态。

（3）传质过程的推动力与速率

相平衡关系指明了传质过程的方向，平衡是传质过程的极限，而组分在两相分配偏离平衡状态的程度便是传质过程的推动力。由于相组成的表示方法不同，推动力的形式便不一样，它可以是压力差、浓度差等。上述空气中氨向水中传递过程的例子，气相氨浓度用分压表示时，该过程推动力为 $\Delta p = p_A - p_A^*$。

传质过程中，物质传递的快慢常以传质速率来表示，其定义为：单位时间内，单位相接触面上被传递组分的物质的量，单位为 $mol \cdot m^{-2} \cdot s^{-1}$。传质速率与传质推动力的大小有关，与其他速率过程一样，传质速率可以写为

$$传质速率 = \frac{传质推动力}{传质阻力}$$

实际上，常把传质阻力看作传递系数的倒数，上式可表述为

$$传质速率 = 传质系数 \times 传质推动力$$

这样，把速率问题的关键转化为求取不同体系在不同条件下的传质系数。

显而易见,推动力的表现形式不同,传质系数的形式和单位也不相同。相间传质过程的每一步都有各自的速率方程,称为分速率方程;整个过程的速率方程为总速率方程,相应的也有传质分系数和总系数之分。但在定态传质时,传质分速率和传质总速率的值是相等的。

还需要指出的是,在研究特定的传质过程,尤其是在进行工艺和设备计算时,往往是根据过程的具体情况,采用不同的解析方法,这一点在气体吸收(5.2节)和液体精馏(5.3节)的讨论中将会涉及。

3. 塔设备简介

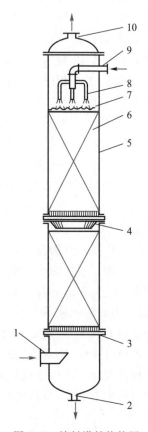

传质过程存在共同的规律,也有通用的传质设备。气体吸收和液体精馏两种气液传质过程通常在塔设备内进行。塔设备的基本功能在于提供气、液两相充分接触的机会,使传质、传热两种传递过程能够迅速有效地进行,同时还要能使接触之间的气、液两相及时分开,互不夹带。

根据塔内气液接触部件的结构型式,塔设备可分为填料塔与板式塔两大类。

（1）填料塔

① 填料塔的结构　填料塔的结构如图5-1所示。塔体为圆筒形,里面填充一定高度的填料,填料的下方有支承板,上方为填料压网及液体分布装置。操作时,液体经塔顶的液体分布器分散后沿填料表面流下而润湿填料;气体用机械输送设备从塔底送入,在压力差推动下,通过填料间的空隙与液体逆向接触,在填料表面进行传质。气、液两相的组成沿塔高连续地变化。

液体由上往下流动时,由于塔壁处阻力较小而向塔壁偏流,使填料不能全部润湿,导致气液接触不良,影响传质效果,称为塔壁效应。为了防止塔壁效应,通常在填料层较高的塔中将填料分层装置,各层间设置液体再分布器,将液

图 5-1　填料塔结构简图
1—气体入口;2—液体出口;
3—支承板;4—液体再分布器;
5—塔壳;6—填料;
7—填料压网;8—液体分布装置;
9—液体入口;10—气体出口

体重新分布后再送入下层填料。选择尺寸合适的填料,也可以减弱和防止塔壁效应。为分离气体可能夹带的少量雾状液滴,在塔顶还安装有除沫器。

填料塔的操作性能,关键在于填料。性能优良的填料应该有较大的比表面积、良好的润湿性能、较高的空隙率,以及质量轻、造价低、坚牢耐用等特点。通过长期的工程研究和实践,开发出了许多性能优良的填料,图 5-2 是几种填料的形状。

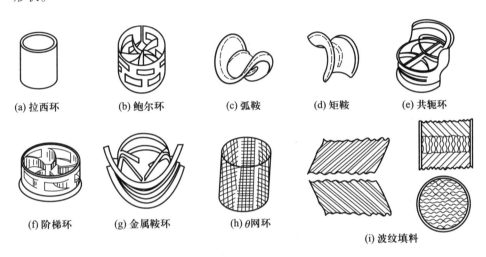

(a) 拉西环 (b) 鲍尔环 (c) 弧鞍 (d) 矩鞍 (e) 共轭环

(f) 阶梯环 (g) 金属鞍环 (h) θ网环 (i) 波纹填料

图 5-2 几种填料的形状

拉西环是开发最早、应用最广泛的环形填料,常用的拉西环为外径与高相等的圆筒。拉西环的主要优点是结构简单、制造方便、造价低廉;缺点是气液接触面小,液体的沟流及塔壁效应较严重,气体阻力大,操作弹性范围窄等。为此,对拉西环加以改进后,开发了鲍尔环、阶梯环、共轭环等填料,这些填料在增大传质表面、提高传质通量、降低传质阻力等方面都有所改善。

鞍形(弧鞍和矩鞍)填料,是一种马鞍形的敞开填料,在塔内不易形成大量的局部不均匀区域,空隙率大,气流阻力小,是一种性能较好的工业填料。

鞍环填料则综合了鞍形填料液体再分布性能较好和环形填料通量较大的优点,是目前性能最优良的散装填料。

波纹填料由许多层高度相同但长短不等的波纹薄板组成,波纹薄板搭配排列成圆饼状,各饼竖直叠放于塔内,波纹与水平方向呈 45°倾角,相邻两饼反向叠靠,组成90°交错。这种填料属于整砌结构,流体阻力小、通量大、分离效率高,但不适合有沉淀物、易结焦和黏度大的物料,且装卸、清洗较困难,造价也高。

用金属丝网来制造填料,无疑会增加填料的比表面积和减少气流阻力,从而提高传质效率。这类填料有 θ网环、鞍形网、波纹网、三角线圈等。但这些填料的价格昂贵且放大效应明显,故一般只应用于要求高效而产量不大的精馏操作。

② 填料塔内的流体力学状况 在设计填料塔时,首先要考虑填料塔的流体力学性能,其主要包括气体通过填料层的压降、液泛气速、持液量(单位体积填料所持有的液体体积)、气液分布等。例如,确定动力消耗需知道压力降;确定塔径以液泛气速为依据;持液量关系着填料支承装置的强度;气液分布情况影响着传质效率等。

填料塔的操作是一个气、液两相在多孔床层中逆向流动的复杂过程。填料塔内气体的实际流速难以测得,通常以空塔气速来表示塔内的气体流速大小。所谓空塔气速是指按空塔计算得到的气体线速度。流体流速发生变化,两流体的摩擦阻力等也会发生变化,由此将引起塔内流体流动状况的一系列变化。图5-3为不同喷淋密度(单位时间内,单位空塔截面积上液体的喷淋

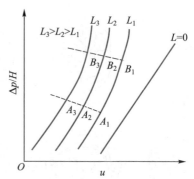

图 5-3 压降与空塔气速的关系

量)L下,单位高度填料层的压降 $\Delta p/H$ 与空塔气速 u 的关系图。各种填料的图线都大致如此。

$L=0$,即气体通过干填料层时,$\Delta p/H$与u呈直线关系,直线的斜率为1.8~2.0,表明 $\Delta p/H$ 与 u 的1.8~2次方成比例,气流状态为湍流。

当有液体喷淋时,填料层内的部分空隙为液体所占据。相同的空塔气速下,随着液体喷淋密度的增加,填料的持液量增加,气流的自由通道减少,气流的压降增加,$\Delta p/H$ 与 u 的关系变成曲线,从图5-3可清楚地看到这一点。

对一定的喷淋密度,气速较低时,由于逆向气流的牵制小,填料层内液体向下流动与气速关系不大,填料表面上覆盖的液体膜层厚度基本不变,填料层的持液量也就基本不变,所以 $\Delta p/H$-u 关系线几乎与干填料的直线平行。随着气速的增大,两相流体间的摩擦力增大。当气速增大至某一数值时,液体的流动开始受到两相流体间摩擦力的阻碍,使填料层的持液量开始随气速的增加而增加,这种现象称为拦液现象。通常将开始拦液的转折点称为载点,如图5-3中的 A_1、A_2、A_3。载点对应的空塔气速称为载点气速。超过载点气速后,$\Delta p/H$-u 关系线的斜率加大,填料层内的液流分布和填料表面的润湿程度均大有改变,两相湍动的程度也加剧,这有利于传质速率的提高。如果继续增大气速至下一转折点(B_1、B_2、B_3),填料层内持液量的不断增多,将使液体充满整个填料层的自由空间,致使压降急剧升高。此时,液体开始由分散相转变为连续相,气体开始由连

续相转变为分散相,以鼓泡状通过液层并把液体大量带出塔顶,塔的操作极不稳定,甚至被完全破坏,这种现象称为液泛。开始发生液泛的转折点(B_1、B_2、B_3)为泛点,相应的空塔气速称为液泛气速或泛点气速。影响泛点气速的因素主要有填料的特性(比表面积、空隙率、几何形状等)、流体的物理性质(密度、黏度等)、气液两相的流量等。泛点气速是填料塔正常操作气速的上限,实际操作气速通常取泛点气速的 50%~85%。

(2)**板式塔**

① **塔板的结构型式** 板式塔的壳体通常为圆筒形,里面沿塔高装有若干块水平的塔板。液体靠重力作用自上而下逐板流向塔底,并在各块塔板的板面上形成流动的液层;气体则在压差推动下经塔板上的开孔由下而上穿过塔板上液层最后由塔顶排出。气、液两相主要在塔板上进行传质,由于该过程沿塔板逐级进行,故两相的组成沿塔高呈阶梯式变化。

塔板是板式塔的核心构件,其功能是使气、液两相保持充分的接触,使之能在良好的条件下进行传质和传热。塔板上的气、液两相流动方式有错流、逆流两种,如图 5-4 所示。

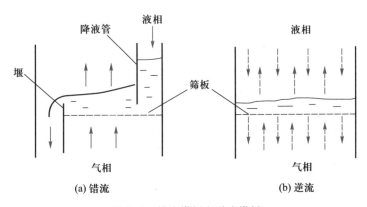

图 5-4　错流塔板和逆流塔板

错流塔板在板间设有专供液体流通的降液管(又称溢流管)。从降液管出来的液体横过塔板,然后再溢流进入另一降液管而到达下一层塔板;气体则经过板上的孔道上升,在每一层塔板上气、液两相呈错流方式接触。

逆流塔板在板间无降液管,气、液同时由板上孔道逆向穿流而过。这种塔板结构简单、板面利用充分、气体分布均匀,但需要较高的气速才能维持板上液层,操作弹性小,它的应用不及错流塔板广泛。

塔板的结构型式有以下几种:

a. 泡罩塔板。泡罩塔板的操作状态和泡罩的基本构造如图 5-5 所示。塔板上装有作为升气管的短管,升气管上覆以泡罩,泡罩下缘为锯齿形开口。操作时,由于升气管高出液面,故板上液体不会从中漏下。上升气体通过齿缝被分散成细小的气泡或流股进入液层,液层中充满气泡而形成泡沫层,为气液两相提供了大量的传质界面。泡罩塔板有较好的操作弹性,但它结构复杂、造价高,尤其是气体流径曲折,塔板压降大、液泛气速低、生产能力小,在新建的装置中已很少采用。

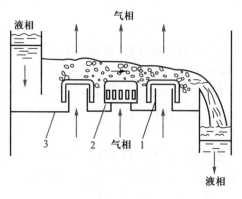

(a) 操作状态示意图   (b) 圆形泡罩

图 5-5 泡罩塔板

1—升气管;2—泡罩;3—塔板

b. 浮阀塔板。浮阀塔板可以说是泡罩塔板的一种改进,其取消了升气管,在塔板开孔的上方安装可随气速变化而升降的阀片,如图5-6所示。

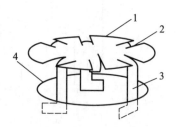

图 5-6 浮阀塔板

1—浮阀片;2—凸缘;

3—浮阀"腿";4—塔板上的孔

运行时,气体通过阀孔将阀片托起并沿水平方向喷出,阀片的开度随气量的改变而自动变化。气量小时它能维持足够气速,避免漏液;气量大时因阀片开度大而使气速不致过高,从而降低压降,并能提高液泛气速。同时,气体以水平方向吹入液层,使气液接触时间较长而雾沫夹带小。综合起来,浮阀塔板有生产能力与操作弹性大、板效率高、塔板阻力小、结构简单、造价低等优点,但浮阀对材料的抗腐蚀性能要求较高,一般采用不锈钢制造。

c. 舌形塔板。舌形塔板是一种喷射型塔板,塔板上冲压成许多半开的舌形孔,舌叶与板面呈一角度,向塔板的溢流出口侧张开,如图5-7所示。舌形孔的典型尺寸为:$\varphi = 20°$,$R = 25$ mm,$A = 25$ mm。

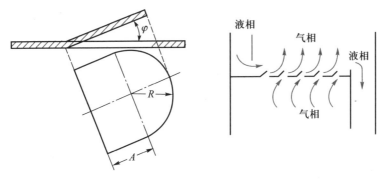

图 5-7　舌形塔板示意图

当气体通过舌形塔板时,气流穿过舌孔,沿舌叶的张角向斜上方以较高速度喷出,强烈扰动通过的液体,促进了两相传质。

舌形塔板的结构简单、不易堵塞。由于塔板上气、液并流流动,液体流动阻力小,使板上液面落差和逆向混合较小。但对负荷波动的适应能力较差,液沫夹带较严重。为此,已研究出了浮舌塔板和浮动喷射塔板,提高了操作弹性。

d. 筛孔塔板。筛孔塔板简称筛板,该板上有许多均匀分布的筛孔。操作时,上升气流通过筛孔对液体产生阻滞作用,在板上形成一定厚度的液层,而气流本身被分散成细小的流股,在板上与液层鼓泡接触,进行传质。塔板上液体亦通过筛孔下落,在筛孔中形成气、液交替下流。筛孔塔板的突出优点是结构简单、造价低廉,另外,气体压降小、生产能力较大;缺点是操作弹性范围较窄,小孔筛板易堵塞。新开发的大孔径筛板采用气、液错流方式,从而提高了气速和生产能力,可解决易堵塞问题。

e. 导向筛板。导向筛板在普通筛板上做了如下改进:一是在塔板上开设一定数量的导向孔,开口方向与液流方向相同;二是增加鼓泡促进装置,即把液流入口处的塔板翘起一定角度,使液体一进入塔板就有较好的两相接触,如图 5-8 所示。改进后得到的导向筛板液层鼓泡均匀,液面落差与塔板压降减小,处理能力增大,传质效率提高。

② 板式塔内的流体力学状况　尽管塔板型式多样,但它们所提供的气液接触方式却具有共性。下面以错流筛板塔为例,介绍塔板上气液接触状态、漏液、雾沫夹带、液泛等流体力学规律。

a. 气液接触状态。塔板上的气液接触状态与气体经过筛孔的速度(孔速)密切相关。孔速较低时,气体穿过孔口后以鼓泡形式通过液层,板上气液两相呈鼓泡接触,如图 5-9(a)所示。鼓泡接触时,气泡的数量不多,两相接触面的湍动程度也不强,故两相传质的传质面积小,阻力大。气泡的数量随着孔速的增大而

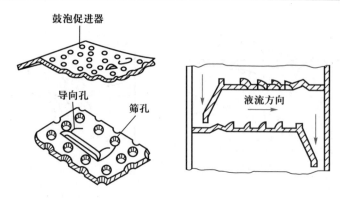

图 5-8 导向筛板结构

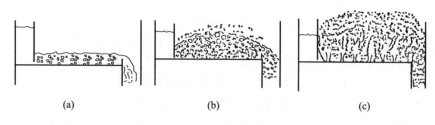

图 5-9 塔板上的气液接触状态

增加,到一定程度时,气泡表面连成一片并不断发生合并与破裂,板上大部分液体以高度活动的泡沫形式存在于气泡之中,仅在靠近塔板表面处才有少量清液,但液体仍为连续相,气体仍为分散相。此时的操作状态称为泡沫接触状态,如图 5-9(b)所示。如继续增大孔速,气体将从孔口喷射而出,穿过板上液层时将液体破碎成液滴抛向上方空间,液滴落到板上时又汇集成很薄的液层并再次被破碎成液滴抛出。此时液体由连续相变为分散相,气体则由分散相变为连续相。这时的接触状态称为喷射接触状态,如图 5-9(c)所示,其与泡沫接触状态下的流体力学状况均有利于两相间的传质,工业上多采用这两种接触状态。

b. 漏液。气体通过筛孔的速度较小时,气体通过筛孔的动压不足以阻止板上液体的流下,液体会直接从孔口落下,这种现象称为漏液。漏液量随孔速的增大与板上液层高度的降低而减小。漏液会影响气液在塔板上的充分接触,降低传质效果,严重时将使塔板上不能积液而无法操作。正常操作时,一般控制漏液量不大于液体流量的 10%。

c. 雾沫夹带。板上液体被上升气体带入上一层塔板的现象称为雾沫夹带。雾沫夹带量主要与气速和板间距有关,其随气速的增大和板间距的减小而增加。雾沫夹带使不同浓度的液体发生了混合,降低了塔板的提浓作用。为保证传质的正常效果,应控制夹带量不超过 0.1 kg(液体)/kg(干气体)。

d. 液泛。为使液体能稳定地流入下一层塔板,降液管内须维持一定高度的液柱。气速增大,气体通过塔板的压降也增大,降液管内的液面相应地升高;液体流量增加,液体流经降液管的阻力增加,相应地,降液管液面也升高。如降液管中泡沫液体高度超过上层塔板的出口堰,板上液体将无法顺利流下,从而导致液流阻塞,造成淹塔,即液泛。液泛是气液两相做逆向流动时的操作极限。发生液泛时,分散相由原来的气体变为液体,连续相由原来的液体变为气体,塔的正常操作将被破坏,在实际操作中要避免。

(3)填料塔与板式塔的比较

工业上对塔设备的主要要求有:① 气液负荷大,即单位塔截面能允许处理的物料量大,塔有大的生产能力;② 传质效率高,使达到规定的分离要求的塔高较低;③ 操作稳定,要求当物料量在相当范围内变化时不致引起传质效率显著变动,即有一定的操作弹性;④ 气体通过塔时阻力小,以适应减压操作或节省动力的要求;⑤ 结构简单,易加工制造,维修方便,耐腐蚀,不堵塞。

任何一种填料塔或板式塔都很难全面满足这些要求,而是各具特点,对具体生产应根据具体情况合理选择。

一般而言,填料塔结构比较简单,气体通过阻力小,便于用耐腐材料制造。板式塔的生产能力大,操作弹性大,塔效率较稳定而利于放大。通常,填料塔在直径较小的塔处理有腐蚀性的物料,要求压降小的真空蒸馏系统和液气比甚大的操作方面有优越性;而板式塔则较适合处理量大的系统。在工业生产中,吸收操作的规模一般较小,采用填料塔为多;精馏操作的规模往往较大,采用板式塔较多。因而在后面的吸收与精馏操作介绍中,对吸收计算,选连续接触方式的填料塔进行讨论;对精馏计算,以逐级接触方式的板式塔为例。需要指出的是,近年来国内外对填料的研究与开发进展较快,性能优良的新型填料不断涌现,使填料塔生产能力大幅度提高,放大效率稳定。加之,它在节能方面的突出优势,工业上已开始使用大型填料塔,并较多地应用于精馏操作。

本节小结

传质过程有单相传质和相间传质之分,还有流体相间和流固相间传质两类。工业中常见的传质操作有吸收、精馏、干燥、萃取、吸附、离子交换、结晶等。它们遵循一些共同的传质规律,亦具有各自操作的特点,在实际应用中也不尽相同。

填料塔和板式塔是实现吸收和精馏操作的场所,它提供了气、液两相接触的表面。填料和塔板是塔设备的核心构件,在很大程度上决定着填料塔和板式塔的性能。优良的塔设备应具备效率高、阻力小、通量大、操作稳定等特点。

本节复习题

1. 化学工业中常见的传质过程有哪些？比较它们的异同。

2. 相间传质过程的推动力是否可直接用两相之间的浓度差来表示？如何判断相间传质过程进行的方向与限度？

3. 了解化工生产对塔设备的要求，比较填料塔与板式塔的性能特点。

4. 填料塔操作中，气体通过填料层的压降、空塔气速、喷淋密度之间的关系如何？

5. 板式塔操作中，塔板上的气液接触状态有几种情形？何为漏液和雾沫夹带？

6. 何为液泛？比较填料塔和板式塔液泛形成的异同。

本节参考书目与文献

5.2　气体的吸收

1. 概述

气体混合物的分离在化工生产中经常会遇到，如工业生产中对原料气的净化，气体中对有用组分的回收，液体产品的制取以及废气的治理等。

吸收是用于分离气体混合物的一种常见的单元操作，它根据气体混合物中各组分在某种溶剂中溶解度的不同而使它们得到分离。吸收操作所用的液体称为吸收剂，被溶解吸收的组分称为吸收质，不被吸收的组分称为惰性组分，分别以 S、A、B 表示。

工业生产中的吸收过程通常包括吸收与解吸两部分。例如，用炼焦过程的副产物煤焦油（洗油）回收焦炉煤气内含有的少量苯、甲苯类低碳氢化合物，如图5-10所示。含苯煤气在常温下由吸收塔底部进入塔内与从塔顶淋入的洗油接触,煤气中的苯蒸气溶解于洗油,使塔顶引出的煤气苯含量降到某允许值,而溶有较多苯系溶质的洗油(称富油)由吸收塔底排出。为回收富油中的苯并使洗油能够再次使用(称溶剂的再生),在另一个称为解吸塔的设备中进行与吸收过程相反的解吸操作。为此,先将富油预热至一定温度由解吸塔顶淋下,塔底通入过热水蒸气。洗油中的苯在高温下逸出而被水蒸气带走,经冷凝分层将水除去,最终可得

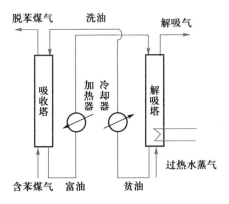

图 5-10 吸收与解吸流程

苯类液体(粗苯),而脱除溶质的洗油(称贫油)经冷却后可作为吸收剂再次送入吸收塔循环使用。

吸收操作中吸收剂的性能至关重要,选择吸收剂应当从以下几方面考虑:

① 对吸收质有较大的溶解度,以加速吸收、减少吸收剂用量;

② 对所处理气体必须有较高的选择性,即吸收质在吸收剂中的溶解度大,而其他组分几乎不溶解;

③ 吸收质在吸收剂中的溶解度,应随温度的变化有较大的差异,以便使吸收剂再生;

④ 蒸气压要低,以减少吸收和再生过程中的挥发损失;

⑤ 化学稳定性好,黏度小,价廉、易得、无毒、不易燃烧。

实际上,能满足这些条件的吸收剂很难找到。因此对可供选用的吸收剂应做技术经济评价后合理选择。

吸收过程中,吸收质与吸收剂发生化学反应的吸收称为化学吸收;不发生明显化学反应的吸收称为物理吸收。物理吸收中,当操作条件改变,解吸便可发生,而化学吸收能否可逆进行由化学反应是否可逆决定。一般气体在吸收剂中的溶解度不高,因而物理吸收能力有限,如有化学反应发生,可大幅度地提高吸收剂对气体的吸收能力,而且化学吸收的选择性较高。

吸收操作中的溶解过程会放出溶解热,若是化学吸收还伴随有反应热。如果吸收质在混合气中浓度相当低,吸收剂用量又很大,吸收过程温度变化不大,可视为等温过程。

本节将着重讨论单组分等温物理吸收。

2. 吸收的相平衡

(1) 气体在液体中的溶解度

在一定的温度、总压下,混合气体与一定量吸收剂共存并充分接触,吸收质在气液两相中的分配将趋于稳定,当吸收剂中吸收质浓度达到饱和时,即达到相平衡。此时,吸收质在气相中的分压称为平衡分压,在液相中的组成称为平衡浓度或平衡溶解度,简称溶解度。

影响吸收过程的因素有温度、总压、气相和液相组成。根据相律分析,吸收物系仅有 3 个独立变量,实际上,当总压不大(<0.5 MPa)时,其变化几乎不影响平衡溶解度,因而气体在液相中的溶解度在一定条件下,仅随温度和吸收质在气相的组成而变化。这种关系通过实验测定,可以用图、表或关系式表达。图 5-11 为二氧化硫、氨气、氯化氢等气体的气液相平衡关系,又称溶解度曲线。由图可见,不同气体在同一吸收剂(水)中的溶解度有很大差异。相同温度下,二氧化硫的溶解度较小,氨气和氯化氢气体的溶解度较大;对于同样浓度的溶液,易溶气体在溶液上方的平衡分压小,难溶气体在溶液上方的平衡分压大,即要得到一定浓度溶液,易溶气体所需分压较低,难溶气体所需分压则很高。

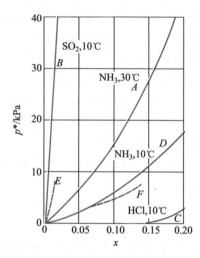

图 5-11 气体在水中的溶解度曲线

加压和降温都可以提高气体的溶解度,尤其是温度改变,溶解度变化较大。因而吸收操作尽量维持在较高压力和较低温度下进行。

(2) 亨利定律

许多情况下,吸收操作处理的气体为低浓度气体(<10%),所形成的是稀溶液。当总压不太高(<0.5 MPa)时,在一定的温度下,稀溶液的相平衡关系服从亨利定律:

$$p^* = Ex \qquad (5-1)$$

式中,p^* 为与稀溶液相平衡的吸收质气相平衡分压,Pa;x 为吸收质在溶液中的摩尔分数;E 为亨利系数,Pa。

　　亨利定律指出,吸收质在稀溶液上方的气相平衡分压与其在液相中的摩尔分数成正比,比例系数为 E。在相平衡图中,亨利定律为一条直线,亨利系数为其斜率,如图 5-11 中氨气在 10 ℃ 的溶解度曲线的低浓度部分。亨利系数的大小与吸收质和吸收剂的种类及吸收温度有关。不同的吸收质,亨利系数越大,越难溶解;同一吸收质,温度升高,亨利系数增大,溶解度下降,故亨利系数的大小能够反映气体溶解的难易程度。

　　由于相组成的表示方法有多种,因此亨利定律也有多种不同的数学表达形式:

$$p^* = \frac{c}{H} \qquad (5-2)$$

$$y^* = mx \qquad (5-3)$$

式中,c 为液相中吸收质物质的量浓度,$kmol \cdot m^{-3}$;H 为溶解度系数,$kmol \cdot m^{-3} \cdot Pa^{-1}$;$y^*$ 为与 x 相平衡的吸收质在气相中的摩尔分数;m 为相平衡常数,量纲为 1。

　　吸收过程中,气相中的吸收质进入液相,气、液相的量都发生变化,使吸收计算变得复杂。为简化计算,工程上采用在吸收过程中量不发生变化的气相中的惰性组分和液相中的纯吸收剂为基准。以混合物中吸收质的物质的量与惰性组分物质的量的比来表示气相中吸收质的含量,称为摩尔比,用 Y 表示;以液相中的吸收质的物质的量与纯吸收剂的物质的量的比来表示液相中吸收质的含量,用 X 表示。摩尔比与摩尔分数的关系是

$$Y = \frac{y}{1-y} \qquad X = \frac{x}{1-x} \qquad (5-4)$$

将式(5-4)代入式(5-3),整理得

$$Y^* = \frac{mX}{1+(1-m)X} \qquad (5-5)$$

　　对稀溶液,X 值很小,式(5-5)化简为

$$Y^* = mX \qquad (5-6)$$

式中,Y^* 为与 X 相平衡的气相摩尔比。

　　吸收过程中,有时需要在亨利定律各系数之间进行变换。

　　定义单位体积溶液中吸收质和吸收剂的物质的量之和为溶液的总浓度,记作 c_0,单位为 $kmol \cdot m^{-3}$,则

$$c = c_0 x = \frac{\rho x}{M} = \frac{\rho x}{M_A x + M_S (1-x)} \qquad (5-7)$$

式中,ρ 为溶液的密度,$kg \cdot m^{-3}$;M 为溶液的平均摩尔质量,$kg \cdot kmol^{-1}$;M_A 为吸收质的平均摩尔质量,$kg \cdot kmol^{-1}$;M_S 为吸收剂的平均摩尔质量,$kg \cdot kmol^{-1}$。

对稀溶液,$\rho \approx \rho_S$,$M_r \approx M_S$,则

$$c = \frac{\rho_S}{M_S}x \tag{5-8}$$

式中,ρ_S 为吸收剂的密度,$kg \cdot m^{-3}$。

代入式(5-2)并与式(5-1)相比较可得 E-H 关系:

$$E = \frac{\rho_S}{HM_S} \tag{5-9}$$

根据道尔顿分压定律:

$$p^* = py^* \tag{5-10}$$

代入式(5-1)并与式(5-3)比较,得 E-m 关系:

$$m = \frac{E}{p} \tag{5-11}$$

例 5-1 在操作温度为 30 ℃,总压为 101.3 kPa 的条件下,含 SO_2 的混合气与水接触,试求与 SO_2 的体积分数为 0.1 的混合气呈平衡的液相中 SO_2 的平衡浓度 c_A^*($kmol \cdot m^{-3}$)。该浓度范围气、液相平衡关系符合亨利定律。

解:根据亨利定律 $c_A^* = Hp$

p 为气相中 SO_2 的实际分压,由道尔顿分压定律:

$$p = py_{SO_2} = (101.3 \times 0.1) \text{ kPa} = 10.1 \text{ kPa}$$

查表知 30 ℃ 下 SO_2 的亨利系数 $E = 4.85 \times 10^3$ kPa,换算为溶解度系数:

$$H = \frac{\rho_S}{EM_S} = \frac{1\ 000}{4.85 \times 10^3 \times 18.0} \text{ kmol} \cdot m^{-3} \cdot kPa^{-1} = 0.011\ 5 \text{ kmol} \cdot m^{-3} \cdot kPa^{-1}$$

所以

$$c_A^* = (10.1 \times 0.011\ 5) \text{ kmol} \cdot m^{-3} = 0.116 \text{ kmol} \cdot m^{-3}$$

3. 吸收速率

前已述及,传质速率与传质推动力成正比,与传质阻力成反比。一方面,传质推动力的表示方式不同,传质系数的意义和单位有别,传质速率方程呈现各种形式;另一方面,获取传质速率方程的关键是传质系数的确定,这与传质机理的

研究有关。据此,本节对单相物系内的扩散机理进行讨论,推导出相间传质的吸收过程速率,作为分析吸收操作和计算吸收设备的依据。

（1）单相内的扩散

吸收质在某一相中的扩散有分子扩散与涡流扩散两种。滞流流体中,吸收质在垂直于流体流动方向的扩散依靠分子运动完成;在湍流流体主体,吸收质主要凭借流体质点不规则运动的涡流实现扩散,而在滞流内层内则仍是分子扩散。

① 分子扩散速率　吸收质 A 在液相内的分子扩散速率与其浓度梯度成正比,可用菲克(Fick)定律来表示:

$$N_A = -D_{AB}\frac{dc_A}{dz} \tag{5-12}$$

式中,N_A 为扩散速率,$kmol \cdot m^{-2} \cdot s^{-1}$;$D_{AB}$ 为比例系数,称为组分 A 在介质 B 中的扩散系数,$m^2 \cdot s^{-1}$;$\frac{dc_A}{dz}$ 为组分 A 在 z 方向上的浓度梯度,$kmol \cdot m^{-3} \cdot m^{-1}$;$z$ 为扩散距离,m。式中负号表示扩散方向沿组分 A 浓度降低的方向进行。

扩散系数是物质的物性常数,表示扩散质在介质中的扩散能力,随扩散物质、介质种类,体系温度和压力的变化而不同,其值由实验测定。常见物质的扩散系数可从有关手册中查到。在无实验数据时,可借助某些经验的和半经验的公式进行估算。气体介质的扩散系数较大,而液体介质的扩散系数很小。例如,20℃下 CO_2 在空气中 $D_{AB} = 0.55\ cm^2 \cdot s^{-1}$,而在水中 $D_{AB} = 1.77 \times 10^{-5} cm^2 \cdot s^{-1}$,其值相差数万倍。

定态条件下,若扩散在液相中进行,组分 A 在 z 方向上扩散 δ_L 距离,浓度由 c_{A_1} 变为 c_{A_2},则

$$N_A = D_{AB}\frac{c_{A_1} - c_{A_2}}{\delta_L} = D_{AB}\frac{\Delta c_A}{\delta_L} \tag{5-13}$$

若扩散在气相中进行,且气相为理想气体混合物,组分 A 在 z 方向上扩散 δ_G 距离,分压由 p_{A_1} 变化到 p_{A_2},则

$$N_A = D_{AB}\frac{p_{A_1} - p_{A_2}}{RT\delta_G} = D_{AB}\frac{\Delta p_A}{RT\delta_G} \tag{5-14}$$

菲克定律适用于两组分 A 与 B 等分子逆向互相扩散的情形。在吸收过程中,吸收剂 B 实际上(净结果)是"静止"的,对吸收质 A 通过另一"静止"组分,用斯蒂芬定律表示:

液相
$$N_A = D_{AB} \frac{\Delta c_A}{\delta_L} \frac{c_0}{c_{Bm}} \qquad (5-15)$$

气相
$$N_A = D_{AB} \frac{\Delta p_A}{RT\delta_G} \frac{p}{p_{Bm}} \qquad (5-16)$$

式中,c_0 为液相总浓度,$kmol \cdot m^{-3}$;c_{Bm} 为液体层两侧组分 B 浓度的对数平均值 $c_{Bm} = \dfrac{c_{B_1} - c_{B_2}}{\ln \dfrac{c_{B_1}}{c_{B_2}}}$,$kmol \cdot m^{-3}$;$p$ 为气相总压,Pa;p_{Bm} 为气体层两侧组分 B 分压的对数平

均值,$p_{Bm} = \dfrac{p_{B_1} - p_{B_2}}{\ln \dfrac{p_{B_1}}{p_{B_2}}}$,Pa。

式中,$\dfrac{c_0}{c_{Bm}}$ 和 $\dfrac{p}{p_{Bm}}$ 均为大于 1 的值,即用斯蒂芬定律的计算结果比菲克定律的度量值要大,表明一组分通过另一"静止"组分的分子扩散速率增大了。

② 对流扩散速率   涡流扩散速率远大于分子扩散速率,但由于对涡流流动中扩散认识上的不充分,只能仿照菲克定律将涡流扩散速率表示为

$$N_A = -D_E \frac{dc_A}{dz} \qquad (5-17)$$

式中,D_E 为涡流扩散系数,$m^2 \cdot s^{-1}$。

涡流扩散系数不是物质的特性常数,它与湍流程度有关,且随质点位置而异。

湍流流体中,涡流扩散和分子扩散同时起着传质作用,对流扩散速率为

$$N_A = -(D_{AB} + D_E) \frac{dc_A}{dz} \qquad (5-18)$$

式中,D_{AB} 与 D_E 的相对大小均随位置而变。湍流主体以涡流扩散为主,$D_E \gg D_{AB}$;滞流内层为分子扩散,$D_{AB} \gg D_E$,$D_E \approx 0$;在过渡层,D_{AB} 和 D_E 数量级相当,都不能忽略。

需指出的是,化工生产中的流动多为湍流,对流扩散最常见。然而由于 D_E 很难测定,式(5-17)并无实用价值。要解决湍流中的对流扩散的定量计算问题,需对其做出某些简化,提出具体的模型。

(2)两相间传质

前面已讲过传质过程都在两相间进行,吸收操作中吸收质从气相转移至液

相经历了气相扩散、界面溶解和液相扩散三个步骤。

吸收塔内某处,吸收质在气液界面两侧的分压和浓度变化如图 5-12 中的实线所示。一般情况下,气、液流主体呈湍流,在气液界面两侧形成两个滞流内层,层内为分子扩散,浓度梯度在稳定条件下为常数,$\mathrm{d}p_A/\mathrm{d}z = -RTN_A/D_{AB}$ 或 $\mathrm{d}c_A/\mathrm{d}z = -N_A/D_{AB}$,在图上为一向下倾斜直线;在过渡层,涡流扩散开始起作用,分压或浓度变化减慢,与 z 呈曲线关系,其斜率逐渐变小;到达湍流主体,涡流扩散起主导作用,分压或浓度几为均一,在图上接近水平直线。

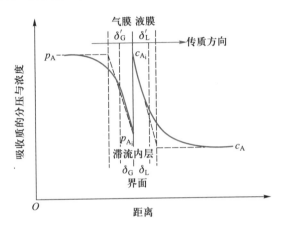

图 5-12 气液界面两侧吸收质的分压和浓度变化

对于吸收这一典型的传质过程,研究者先后提出了许多描述它的物理模型,其中刘易斯(Lewis W K)和惠特曼(Whitman W G)在 1923 年提出的双膜理论,经实践检验,具有可用性,长期以来被广泛使用。双膜理论的要点为:

a. 气液两相间有一个稳定的相界面,其两侧分别存在稳定的气膜和液膜;膜内流体呈滞流状态,膜外的流体呈湍流状态。

b. 相界面上气液两相处于平衡状态,即相界面上没有传质阻力。

c. 吸收质在两个膜内以分子扩散形式通过。湍流主体中浓度分布均匀,不存在浓度梯度和传质阻力,故吸收的阻力全部集中在气、液两个膜内。

图 5-12 中的虚线示意了两个虚拟膜层及其内、外的分压和浓度分布情况。双膜理论提出的物理模型使复杂的两相间传质简化为两个虚拟膜层内的分子扩散。膜层是吸收过程的阻力所在区域,吸收质在一定推动力($p_A - p_{A_i}$)和($c_{A_i} - c_A$)下克服两个膜层的阻力进行传质。

按照双膜理论,吸收速率可仿照式(5-16)和式(5-15)写成

气膜内
$$N_A = \frac{D_{AB}}{RT\delta'_G} \cdot \frac{p}{p_{Bm}}(p_A - p_{A_i}) \tag{5-19}$$

液膜内
$$N_A = \frac{D_{AB}}{\delta'_L} \cdot \frac{c_0}{c_{Bm}} (c_{A_i} - c_A) \tag{5-20}$$

式中,δ'_G、δ'_L 分别为虚拟气膜和液膜的厚度,m。

由上两式可知,双膜理论将两相间的传质与扩散理论联系起来,它指出了影响传质速率的因素,对强化传质过程具有指导作用。

应提及的是,双膜理论对低气速填料塔等具有固定传质界面的吸收过程适用性好,但是对于具有自由相界面的系统,尤其当流速较高时,相接触面不能稳定存在,双膜理论表现出了局限性。后来相继提出的一些新模型,如表面更新模型、界面动力状态模型等,然而应用这些模型仍难以解决实际问题。

(3)吸收速率方程

在稳定操作下,气、液相传质速率相等,也就是整个吸收过程的速率,即吸收速率只有一个。但由于考察的范围(气相或液相一侧,气液两相)及推动力表示形式不同,将吸收速率方程分为两类。为方便讨论,统一省去各物理量中表示吸收质的下标 A。

① 单相吸收速率方程

气相
$$N = k_G (p - p_i) \tag{5-21}$$

液相
$$N = k_L (c_i - c) \tag{5-22}$$

式中,k_G 为气相传质系数,$kmol \cdot m^{-2} \cdot s^{-1} \cdot Pa^{-1}$;$k_L$ 为液相传质系数,$m \cdot s^{-1}$。

式(5-21)和式(5-22)虽然简单,但要确定 k_G 和 k_L 后才能使用,与式(5-19)和式(5-20)比较,有

$$k_G = \frac{D_{AB}}{RT\delta_G} \cdot \frac{p}{p_{Bm}} \tag{5-23}$$

$$k_L = \frac{D_{AB}}{\delta_L} \cdot \frac{c_0}{c_{Bm}} \tag{5-24}$$

对一定物系 D_{AB} 为定值,在定态操作条件下,p、T、c、p_{Bm}、c_{Bm} 均为定值,但由于虚拟膜层的厚度无法直接计算或测出,此两式并不能实际应用,还需通过实验确定 k_G 和 k_L。类似于摩擦阻力系数和对流传热系数的实验关联方法,可得到 k_G 和 k_L 的特征数关联式:

$$Sh = f(Re, Sc) \tag{5-25}$$

式中,Sh 为舍伍德(Sherwood)数,$Sh = kd/D_{AB}$(k 为 k_G 或 k_L;d 为特性尺寸,单位为 m,可以是塔径、填料直径等,依不同关联式而定);Re 为雷诺数,$Re = d_e u\rho/\mu$(d_e 为填料当量直径,单位为 m;u 为流体通过填料实际速度,单位为 $m \cdot s^{-1}$);Sc

为施密特(Schmidt)数,$Sc = \mu/(\rho D_{AB})$(μ 为流体黏度,单位为 Pa·s;ρ 为流体的密度,单位为 kg·m^{-3})。

例如,对于采用拉西环的填料塔,计算气膜传质系数的特征数关联式为:

$$Sh = 0.066\, Re^{0.8} Sc^{0.33} \tag{5-26}$$

式(5-26)的适用范围为 $Re = 2 \times 10^3 \sim 3.5 \times 10^4$,$Sc = 0.6 \sim 2.5$,$p = 101 \sim 303$ kPa(绝压)。式中特性尺寸为拉西环填料的外径。

② 总吸收速率方程 由于气液相界面浓度无法测定,故吸收速率采用跨越相界面浓度的总推动力进行计算。

当用系统分压差和气相摩尔比差表示吸收总推动力时,总吸收速率方程为

$$N = K_G(p - p^*) \tag{5-27}$$

$$N = K_Y(Y - Y^*) \tag{5-28}$$

式中,K_G 为以系统分压差($p - p^*$)为总推动力时的总传质系数,kmol·m^{-2}·s^{-1}·Pa^{-1};p 为吸收质在气相中的分压,Pa;p^* 为与液相浓度相平衡的气相平衡分压,Pa;K_Y 为以气相摩尔比差($Y - Y^*$)为总推动力时的总传质系数,kmol·m^{-2}·s^{-1};Y 为吸收质在气相中的摩尔比;Y^* 为与液相摩尔比相平衡的气相摩尔比。

当用系统液相浓度差和液相摩尔比差表示总推动力,总吸收速率方程为

$$N = K_L(c^* - c) \tag{5-29}$$

$$N = K_X(X^* - X) \tag{5-30}$$

式中,K_L 为以系统浓度差($c^* - c$)为总推动力时的总传质系数,m·s^{-1};c 为吸收质在液相中的浓度,kmol·m^{-3};c^* 为与气相分压 p 相平衡的液相平衡浓度,kmol·m^{-3};K_X 为以液相摩尔比差($X^* - X$)为总推动力时的总传质系数,kmol·m^{-2}·s^{-1};X 为吸收质在液相中的摩尔比;X^* 为与气相摩尔比相平衡的液相摩尔比。

根据双膜理论,相界面上气液两相浓度达到平衡,服从亨利定律,则

$$c = Hp^*$$

$$c_i = Hp_i$$

代入式(5-22)中,并经整理,有

$$\frac{N}{Hk_L} = p_i - p^* \tag{5-31}$$

同理,气相吸收速率方程可写成

$$\frac{N}{k_G} = p - p_i \tag{5-32}$$

式(5-31)与式(5-32)相加,整理得

$$N = \frac{1}{\dfrac{1}{Hk_L} + \dfrac{1}{k_G}}(p - p^*) \tag{5-33}$$

与式(5-27)比较并整理得

$$\frac{1}{K_G} = \frac{1}{Hk_L} + \frac{1}{k_G} \tag{5-34}$$

同理可得
$$\frac{1}{K_L} = \frac{H}{k_G} + \frac{1}{k_L} \tag{5-35}$$

此两式表明,吸收总阻力为气相阻力和液相阻力两者之和。

将 $p_i = py$,$p_i^* = py^*$,$y = \dfrac{Y}{1+Y}$,$y^* = \dfrac{Y^*}{1+Y^*}$ 代入式(5-27),有

$$N = \frac{K_G p (Y - Y^*)}{(1+Y)(1+Y^*)} \tag{5-36}$$

与式(5-28)比较,有

$$K_Y = \frac{K_G p}{(1+Y)(1+Y^*)} \tag{5-37}$$

由于稀溶液的浓度很低,Y 和 Y^* 都较小,分母可以视为 1,则

$$K_Y \approx K_G p \tag{5-38}$$

同理可推得
$$K_X = \frac{K_L c_0}{(1+X^*)(1+X)} \tag{5-39}$$

当吸收质在气、液相中浓度很低时,X^* 和 X 都很小,则

$$K_X \approx K_L c_0 \tag{5-40}$$

一般手册可查到的或通过关联式计算的,多是 k_G 和 k_L。通过 k_G 和 k_L 可利用以上传质系数间关系,求出 K_G 与 K_L 和 K_Y 与 K_X。

③ 气膜控制与液膜控制   当气体容易溶解时,溶解度系数 H 较大,液相阻力非常小,可忽略,由式(5-34)可得

$$K_G \approx k_G \qquad\qquad (5-41)$$

即易溶气体的吸收阻力主要集中在气膜内,称为气膜控制。例如,氨气溶于水,氯化氢气体溶于水等吸收过程。此时可以采用提高气相湍动程度的办法使吸收的总阻力有效地降低。

当气体难以溶解时,溶解度系数小,气膜阻力非常小,由式(5-35)可得

$$K_L \approx k_L \qquad\qquad (5-42)$$

即难溶气体的吸收阻力主要集中在液膜内,称为液膜控制。例如,水吸收氧或氢等吸收操作。此时气体的吸收速率需要增大液相湍动程度才能收到良好的效果。

例 5-2 110 kPa下操作的氨吸收塔的某截面上,含氨摩尔分数为 0.03 的气体与氨浓度为 1 kmol·m^{-3} 的氨水相遇,已知气相传质系数 k_G 为 5×10^{-9} kmol·m^{-2}·s^{-1}·Pa^{-1},液相传质系数 k_L 为 1.5×10^{-4} m·s^{-1},氨水的平衡关系可用亨利定律表示,溶解度系数 H 为 7.3×10^{-4} kmol·m^{-3}·Pa^{-1},试计算:

(1) 气液界面上的两相组成;
(2) 以分压差和摩尔浓度差表示的总推动力、总传质系数和传质速率;
(3) 气膜与液膜阻力的相对大小。

解:(1)相界面上气液两相组成相互平衡,即

$$p_i = \frac{c_i}{H} = \frac{c_i}{7.3\times10^{-4}}$$

根据气、液相速率方程,有

$$N = k_G(p-p_i) = 5\times10^{-9}(110\times1\,000\times0.03-p_i)$$
$$N = k_L(c_i-c) = 1.5\times10^{-4}(c_i-1)$$

联立以上三式,并求解得 $\qquad p_i = 1.45\times10^3$ Pa

$$c_i = 1.06 \text{ kmol·m}^{-3}$$

(2)以分压差表示的总推动力

$$\Delta p = p-p^* = p-\frac{c}{H} = \left(110\times1\,000\times0.03-\frac{1}{7.3\times10^{-4}}\right) \text{Pa} = 1.93\times10^3 \text{ Pa}$$

以摩尔浓度差表示的总推动力

$$\Delta c = c^*-c = Hp-c = (7.3\times10^{-4}\times110\times1\,000\times0.03-1) \text{ kmol·m}^{-3} = 1.409 \text{ kmol·m}^{-3}$$

总传质系数 $\qquad \dfrac{1}{K_G} = \dfrac{1}{k_G}+\dfrac{1}{Hk_L} = \left(\dfrac{1}{5\times10^{-9}}+\dfrac{1}{7.3\times10^{-4}\times1.5\times10^{-4}}\right) \text{m}^2\cdot\text{s}\cdot\text{Pa}\cdot\text{kmol}^{-1}$

$$K_G = 4.78\times10^{-9} \text{ kmol·m}^{-2}\cdot\text{s}^{-1}\cdot\text{Pa}^{-1}$$

$$\frac{1}{K_L} = \frac{H}{k_G} + \frac{1}{k_L} = \left(\frac{7.3 \times 10^{-4}}{5 \times 10^{-9}} + \frac{1}{1.5 \times 10^{-4}} \right) \text{ s} \cdot \text{m}^{-1}$$

$$K_L = 6.55 \times 10^{-6} \text{ m} \cdot \text{s}^{-1}$$

传质速率 $N = K_G(p-p^*) = (4.78 \times 10^{-9} \times 1.93 \times 10^{3}) \text{ kmol} \cdot \text{m}^{-2} \cdot \text{s}^{-1}$

$$= 9.23 \times 10^{-6} \text{ kmol} \cdot \text{m}^{-2} \cdot \text{s}^{-1}$$

或 $N = K_L(c^*-c) = (6.55 \times 10^{-6} \times 1.409) \text{ kmol} \cdot \text{m}^{-2} \cdot \text{s}^{-1}$

$$= 9.23 \times 10^{-6} \text{ kmol} \cdot \text{m}^{-2} \cdot \text{s}^{-1}$$

（3）气膜阻力 $\dfrac{1}{k_G} = 2 \times 10^8 \text{ m}^2 \cdot \text{s} \cdot \text{Pa} \cdot \text{kmol}^{-1}$

液膜阻力 $\dfrac{1}{Hk_L} = \dfrac{1}{7.3 \times 10^{-4} \times 1.5 \times 10^{-4}} \text{ m}^2 \cdot \text{s} \cdot \text{Pa} \cdot \text{kmol}^{-1} = 9.1 \times 10^6 \text{ m}^2 \cdot \text{s} \cdot \text{Pa} \cdot \text{kmol}^{-1}$

总阻力 $\dfrac{1}{K_G} = \dfrac{1}{k_G} + \dfrac{1}{Hk_L} = 2.091 \times 10^8 \text{ m}^2 \cdot \text{s} \cdot \text{Pa} \cdot \text{kmol}^{-1}$

$$\frac{气膜阻力}{总阻力} = \frac{2 \times 10^8}{2.091 \times 10^8} = 0.956$$

即气膜阻力占总阻力的 95.6%，故该吸收过程属气膜控制。

4. 填料吸收塔的计算

填料吸收塔的计算包括设计计算和操作计算。设计计算主要是获得达到指定分离要求所需要的塔的基本尺寸：填料层高度和塔径。操作计算则要求算出给定的吸收塔的气液相出口浓度等参数。虽然这两种计算的目的不同，但都要运用物料衡算式、相平衡关系式和基于传质速率关系的填料层高度计算式。

吸收操作一般多采用逆流，这是由于逆流吸收速率快，吸收剂用量少。为计算方便，可对塔内的吸收过程做如下假设：

a. 气相中的惰性组分与液相中吸收剂的摩尔流量不变；

b. 塔内的温度始终相同；

c. 总传质系数在整个塔内为常量。

如此简化处理方法适用于低浓度气体吸收，以及混合气体吸收质的浓度虽然高，但被吸收的量不大的场合。

（1）物料衡算与吸收操作线方程

通过吸收塔的物料衡算可获得塔内气液两相的操作关系。

如图 5-13 所示，取塔底至塔截面 $M\text{-}M'$ 间的塔段作为衡算范围，对吸收质做物料衡算：

$$q_{n,V}Y + q_{n,L}X_1 = q_{n,V}Y_1 + q_{n,L}X$$

经整理,得

$$Y = \frac{q_{n,L}}{q_{n,V}}X + \left(Y_1 - \frac{q_{n,L}}{q_{n,V}}X_1 \right) \qquad (5-43)$$

式中,$q_{n,V}$ 为惰性组分的摩尔流量,$mol \cdot s^{-1}$;$q_{n,L}$ 为吸收剂的摩尔流量,$mol \cdot s^{-1}$;Y_1、Y 分别为吸收塔底及塔截面 M 上吸收质的气相摩尔比,mol(吸收质)/mol(惰性组分);X_1、X 分别为吸收塔底及塔截面 M 上吸收质的液相摩尔比,mol(吸收质)/mol(吸收剂)。

式(5-43)称为吸收操作线方程,它反映了塔内任一截面上气液两相浓度的关系。

在定态操作的条件下,$q_{n,L}$、$q_{n,V}$、Y_1、X_1 均不随时间发生变化,故吸收操作线方程在 x-y 坐标上为一直线,斜率为 $q_{n,L}/q_{n,V}$,并通过代表塔底组成的 $A(X_1,Y_1)$ 点。Y_2 和 X_2 是吸收塔顶截面上的实际气液相浓度,服从吸收操作线方程。若已知塔顶浓度,连接 $A(X_1,Y_1)$ 和 $B(X_2,Y_2)$ 两点可得吸收操作线,如图 5-14 所示。图中也标绘了平衡关系线,位于操作线的下方。吸收塔任一截面 M-M' 上的气液相浓度为 Y、X,此处的气相总推动力为 M 点与平衡线的垂直距离 $MF = Y - Y^*$,液相总推动力为 M 点与平衡线的水平距离 $ME = X^* - X$。显然,操作线离平衡线越远,吸收推动力越大。

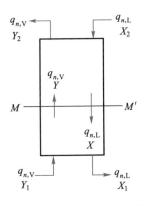

图 5-13　吸收塔的物料衡算

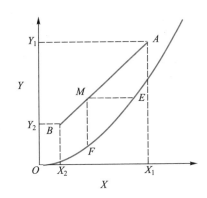

图 5-14　吸收操作线

（2）吸收剂用量

吸收剂用量大小直接影响着操作费用和设备尺寸,必须首先确定。以整个吸收塔作为衡算范围,对吸收质进行物料衡算：

$$q_{n,V}Y_1+q_{n,L}X_2=q_{n,V}Y_2+q_{n,L}X_1$$

经整理,得

$$\frac{q_{n,L}}{q_{n,V}}=\frac{Y_1-Y_2}{X_1-X_2} \tag{5-44}$$

式中,$q_{n,L}/q_{n,V}$ 是每摩尔惰性组分所用吸收剂的物质的量(mol),称为吸收液气比,由它可求出吸收剂用量。

通常,$q_{n,V}$、Y_1、Y_2、X_2 作为吸收工艺条件都已确定。Y_2 有时通过吸收率 η 间接给出。吸收率的定义为气体经过吸收塔被吸收的吸收质的量与进入吸收塔的吸收质的量之比,即

$$\eta=(Y_1-Y_2)/Y_1$$

则

$$Y_2=(1-\eta)Y_1$$

X_1 的大小则与 $q_{n,L}$ 有关。如图 5-15 所示,吸收操作线的 B 点固定,A 点随液气比的变化在 $Y=Y_1$ 上水平移动。若增大吸收剂用量,操作线斜率 $q_{n,L}/q_{n,V}$ 增大,A 点左移,操作线远离平衡线,吸收推动力增大,吸收速率加快,完成同等分离任务所需的气液接触面积减小,塔高降低,设备费用降低;但吸收剂消耗增加,输送吸收剂所需的功率增加,并且由于液相出口浓度 X_1 下降,再生费用也增加,故操作费用上升。

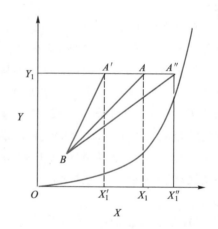

图 5-15   液气比变化的影响

若减小吸收剂用量,操作线斜率减小,A 点右移,操作线靠近平衡线,吸收推动力减小,吸收速率减慢,完成同等分离任务所需的气液接触面积增大,塔高增加,设备费用上升;但吸收剂消耗减少,输送吸收剂所需的功率及溶液再生费用等操作费用下降。如图 5-16(a)、(b) 所示,当吸收剂用量减小到一定程度,操作线与平衡线将相交或相切。此时气液两相达到平衡,吸收推动力为零,要完成规定的气体分离任务,塔高必须无穷大。因此,此时吸收剂的用量为所允许用量的最低值,称为最小吸收剂用量,以 $q_{n,L,m}$ 表示。相应的液气比称为最小液气比,以 $q_{n,L,m}/q_{n,V}$ 表示。

由以上分析可以看出,吸收剂用量大,设备费用低,操作费用高;吸收剂用量小,设备费用高,操作费用低,各有利弊。通常取总费用(设备费与操作费之和)最低时的吸收剂用量为适宜吸收剂用量,此时的液气比称为适宜液气比。根据生产经验,一般情况下取吸收剂用量为最小吸收剂用量的 1.15~1.5 倍较为适宜。

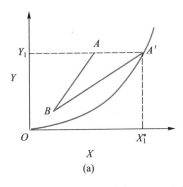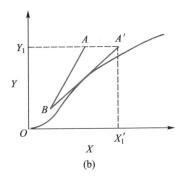

(a)　　　　　　　　　　(b)

图 5-16　吸收塔的最小液气比

最小吸收剂用量可用式(5-44)计算,式中 X_1 由图 5-16(a) A' 点的横坐标读出,此时 $X_1 = X_1^*$,则最小液气比为:

$$\frac{q_{n,L,m}}{q_{n,V}} = \frac{Y_1 - Y_2}{X_1^* - X_2} \qquad (5-45)$$

若平衡线如图 5-16(b),则过 B 点作与之相切的直线,读出切线与 $Y = Y_1$ 水平线相交交点的横坐标 X_1' ,代替 X_1^* 代入式(5-45)计算即可。

若气液平衡关系服从亨利定律, X_1^* 可通过计算得出,即 $X_1^* = Y_1/m$ 。

例 5-3　化工厂某车间排出气体在填料吸收塔中用清水处理其中的 SO_2 。炉气流量 $q_V = 5\,000\ m^3 \cdot h^{-1}$ (标准状况),炉气中 SO_2 的体积分数为 0.08,要求 SO_2 的吸收率为 95%。逆流操作,水的用量是最小用量的 1.5 倍,操作条件下气、液平衡关系为 $Y = 26.7X$ 。试计算吸收用水量。

解:进塔气 SO_2 浓度为

$$Y_1 = \frac{y_1}{1-y_1} = \frac{0.08}{1-0.08}\ mol(SO_2)/mol(惰性组分) = 0.087\ mol(SO_2)/mol(惰性组分)$$

出塔气 SO_2 浓度为

$$Y_2 = (1-\eta)Y_1 = (1-0.95) \times 0.087\ mol(SO_2)/mol(惰性组分)$$
$$= 0.004\,35\ mol(SO_2)/mol(惰性组分)$$

由于气液关系服从亨利定律,故

$$X_1^* = \frac{Y_1}{26.7} = \frac{0.087}{26.7}\ mol(SO_2)/mol(H_2O) = 0.003\,3\ mol(SO_2)/mol(H_2O)$$

$$\frac{q_{n,L,m}}{q_{n,V}} = \frac{Y_1 - Y_2}{X_1^* - X_2} = \frac{0.087 - 0.004\,35}{0.003\,3 - 0}\ mol(H_2O)/mol(惰性组分)$$

$$= 25.05\ mol(H_2O)/mol(惰性组分)$$

$$q_{n,V} = \left[\frac{5\,000}{22.4} \times (1-0.08)\right] \text{kmol(惰性组分)} \cdot \text{h}^{-1} = 205.4 \text{ kmol(惰性组分)} \cdot \text{h}^{-1}$$

$$q_{n,L} = 1.5 \times q_{n,L,m} = (1.5 \times 205.4 \times 25.05) \text{ kmol}(H_2O) \cdot h^{-1}$$
$$= 7\,717.91 \text{ kmol}(H_2O) \cdot h^{-1} = 38.60 \text{ kg}(H_2O) \cdot s^{-1}$$

（3）塔径的计算

塔径的大小主要根据塔设备单位时间处理气体混合物的量（即生产能力）和塔内所采用的气流速度来决定。圆筒形填料塔的直径为

$$D = \sqrt{\frac{4q_{V,s}}{\pi u_0}} \qquad (5-46)$$

式中，$q_{V,s}$ 为操作条件下混合气体体积流量，$m^3 \cdot s^{-1}$；u_0 为空塔气体流速，$m \cdot s^{-1}$。

计算时，首先要依据填料塔流体力学特性，由液泛气速 u_f 确定空塔气速 u_0。选择较小的 u_0，塔压降小，动力消耗少，操作弹性大，但完成一定的生产任务需要的塔径 D 大，设备投资高且生产能力低。另外，低气速也不利于气液充分接触，使传质效率低。如选用较大 u_0，则压降大，动力消耗大，且操作不平稳，难以控制，然而塔径较小，设备投资小。因此，需要综合比较，以求经济上既是优化的，操作上也是可行的。一般适宜操作气速 u_0 取液泛气速的 50% ~ 85%。

（4）填料层高度的计算

① 基本计算式 由于填料层的气液相浓度沿塔高连续变化，故不同塔截面上吸收推动力和传质速率并不相同。因此，必须建立填料层微元段的微分方程，然后沿整个塔高进行积分。

如图 5-17 所示，取一微元填料层，其高度为 dz，气液接触面积为 dA，依据物料衡算，该微元段内气液之间吸收质的传递量 dG 为

$$dG = q_{n,V}dY = q_{n,L}dX \qquad (5-47)$$

又据吸收速率方程，经过该微元填料层内气相和液相吸收质的变化量分别为

$$dG = NdA = K_Y(Y-Y^*)dA \qquad (5-48)$$

$$dG = NdA = K_X(X^*-X)dA \qquad (5-49)$$

该微元填料层的气液接触面积为

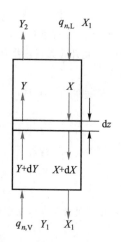

图 5-17 逆流操作填料塔填料高度

$$dA = \Omega a dz \qquad (5-50)$$

式中, Ω 为填料塔的横截面积, m^2 ; a 为单位体积填料的有效气液接触面积, $m^2 \cdot m^{-3}$ 。

综合以上四式,得

$$q_{n,V} dY = K_Y (Y - Y^*) \cdot \Omega a dz \qquad (5-51)$$

$$q_{n,L} dX = K_X (X^* - X) \cdot \Omega a dz \qquad (5-52)$$

填料塔稳定操作时, $q_{n,V}$ 、 $q_{n,L}$ 、 a 、 Ω 均为定值。对低浓度气体吸收, K_Y 、 K_X 均可视为常数,因而经整理积分可得

$$z = \int_0^z dz = \frac{q_{n,V}}{K_Y a \Omega} \int_{Y_2}^{Y_1} \frac{dY}{Y - Y^*} \qquad (5-53)$$

$$z = \int_0^z dz = \frac{q_{n,L}}{K_X a \Omega} \int_{X_2}^{X_1} \frac{dX}{X^* - X} \qquad (5-54)$$

式(5-53)、式(5-54)即为填料层高度的基本计算式。式中, a 与单位体积填料的表面积(即比表面积) a_t 不同,它不仅与填料的形状、尺寸和充填方法有关,还受流体物性和流动状况的影响。 a 的数值很难直接测定,因此常将 K_Y 与 a 或 K_X 与 a 的乘积视为一体一并测定,称为体积吸收系数,单位为 $kmol \cdot m^{-3} \cdot s^{-1}$ 。

② 传质单元高度与传质单元数   将式(5-53)和式(5-54)中的常数项与积分项分开,并令

$$H_{OG} = \frac{q_{n,V}}{K_Y a \Omega}, \qquad N_{OG} = \int_{Y_2}^{Y_1} \frac{dY}{Y - Y^*} \qquad (5-55)$$

$$H_{OL} = \frac{q_{n,L}}{K_X a \Omega}, \qquad N_{OL} = \int_{X_2}^{X_1} \frac{dX}{X^* - X} \qquad (5-56)$$

则

$$z = H_{OG} \cdot N_{OG} \qquad (5-57)$$

$$z = H_{OL} \cdot N_{OL} \qquad (5-58)$$

式中, H_{OG} 、 H_{OL} 都是某一个高度值,单位均为 m,分别称为气相传质单元高度和液相传质单元高度; N_{OG} 、 N_{OL} 均为一个量纲为 1 的数,分别称为气相传质单元数和液相传质单元数。如此处理,将填料塔高度转化为某一单元高度乘以单元数目,有利于分析评价吸收过程。传质单元高度与填料塔和填料的结构、填料的润湿状况、流体的流量和流动状态等有关,它反映了吸收设备的优劣。传质单元高度越小, $K_Y a$ 或 $K_X a$ 越大,吸收速率越大,所需填料层高度越小。传质单元数与吸收相平衡及分离要求的高低有关,可以用来判断吸收的难易程度。过程推动力越

大,要求气体浓度变化越小,意味着吸收过程越易进行,所需传质单元数越小,即填料层高度越小。

③ 对数平均推动力法求传质单元数　传质单元数的计算是填料层高度求算的关键,可采用的方法有图解法、脱吸因数法、数值积分法、对数平均推动力法等。对相平衡关系服从亨利定律的稀溶液,用对数平均推动力法最为方便。

服从亨利定律的物系,其平衡线为直线。由于吸收操作线也是直线,因此两线间的距离,即吸收推动力 $\Delta Y(\Delta Y = Y - Y^*)$ 与 Y 之间也是直线关系(见图 5-18)。$Y = Y_1$ 时,$\Delta Y_1 = Y_1 - Y_1^*$;$Y = Y_2$ 时,$\Delta Y_2 = Y_2 - Y_2^*$。故 $\Delta Y - Y$ 直线的斜率为

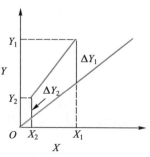

图 5-18　对数平均
推动力法求 N_{OG}

$$\frac{\mathrm{d}\Delta Y}{\mathrm{d}Y} = \frac{\Delta Y_1 - \Delta Y_2}{Y_1 - Y_2} \qquad (5-59)$$

代入式(5-55)得

$$N_{OG} = \int_{Y_2}^{Y_1} \frac{\mathrm{d}Y}{Y - Y^*} = \frac{Y_1 - Y_2}{\Delta Y_1 - \Delta Y_2} \int_{\Delta Y_2}^{\Delta Y_1} \frac{\mathrm{d}\Delta Y}{\Delta Y}$$

$$= \frac{Y_1 - Y_2}{\Delta Y_1 - \Delta Y_2} \ln \frac{\Delta Y_1}{\Delta Y_2} = \frac{Y_1 - Y_2}{\Delta Y_m} \qquad (5-60)$$

式中
$$\Delta Y_m = \frac{\Delta Y_1 - \Delta Y_2}{\ln \dfrac{\Delta Y_1}{\Delta Y_2}} = \frac{(Y_1 - Y_1^*) - (Y_2 - Y_2^*)}{\ln \dfrac{Y_1 - Y_1^*}{Y_2 - Y_2^*}} \qquad (5-61)$$

ΔY_m 称为填料层上、下两端面的对数平均传质推动力。

同理可得

$$N_{OL} = \frac{X_1 - X_2}{\Delta X_m} \qquad (5-62)$$

式中
$$\Delta X_m = \frac{\Delta X_1 - \Delta X_2}{\ln \dfrac{\Delta X_1}{\Delta X_2}} = \frac{(X_1^* - X_1) - (X_2^* - X_2)}{\ln \dfrac{X_1^* - X_1}{X_2^* - X_2}} \qquad (5-63)$$

当 $\dfrac{\Delta Y_1}{\Delta Y_2} < 2$ 或 $\dfrac{\Delta X_1}{\Delta X_2} < 2$ 时,可用算术平均值代替对数平均值。

例 5-4　用填料塔逆流吸收 SO_2 和空气混合气中的 SO_2,吸收剂用清水。清水入口温度为 293 K,操作压力为 101.3 kN·m^{-2},入塔气 SO_2 的体积分数为 0.08,要求吸收率为 95%,惰性组分流量为 70 kmol·h^{-1}。在此条件下 SO_2 在两相间的平衡关系为 $Y = 26.7X$。取液气比为最小液气比

的 1.4 倍,气相总体积传质系数 $K_Y a$ 为 2.5×10^{-2} kmol·s^{-1}·m^{-3},塔径 1 m,求所需填料层的高度。

解:入塔气组成 $\qquad Y_1 = \dfrac{y_1}{1-y_1} = \dfrac{0.08}{1-0.08} = 0.087$

出塔气组成 $\qquad Y_2 = (1-\eta)Y_1 = (1-95\%) \times 0.087 = 0.004\,35$

入塔液相组成 $\qquad X_2 = 0$

液气比 $\qquad \dfrac{q_{n,L}}{q_{n,V}} = 1.4 \dfrac{q_{n,L,m}}{q_{n,V}}$

$$\dfrac{Y_1-Y_2}{X_1-X_2} = 1.4\dfrac{Y_1-Y_2}{X_1^*-X_2} = 1.4\dfrac{Y_1-Y_2}{\dfrac{Y_1}{26.7}-0}$$

出塔液相组成 $\qquad X_1 = 0.002\,3$

传质推动力 $\qquad \Delta Y_1 = Y_1 - Y_1^* = 0.087 - 26.7 \times 0.002\,3 = 0.025\,6$

$\qquad\qquad\qquad \Delta Y_2 = Y_2 - Y_2^* = 0.004\,35 - 0 = 0.004\,35$

$$\Delta Y_m = \dfrac{\Delta Y_1 - \Delta Y_2}{\ln\dfrac{\Delta Y_1}{\Delta Y_2}} = \dfrac{0.025\,6 - 0.004\,35}{\ln\dfrac{0.025\,6}{0.004\,35}} = 0.012$$

传质单元数 $\qquad N_{OG} = \dfrac{Y_1-Y_2}{\Delta Y_m} = \dfrac{0.087 - 0.004\,35}{0.012} = 6.888$

传质单元高度 $\qquad H_{OG} = \dfrac{q_{n,V}}{K_Y a \Omega} = \dfrac{70}{3\,600 \times 2.5 \times 10^{-2} \times \dfrac{\pi}{4} \times 1^2}$ m $= 0.991$ m

塔高 $\qquad z = N_{OG} \cdot H_{OG} = 6.83$ m

本节小结

　　吸收的分离效率和吸收的生产能力是吸收操作的两个重要指标。气体混合物能否被有效分离取决于吸收质在吸收剂中的溶解度,并受温度、压力变化的影响。低温、高压有利于吸收进行;反之,有利于解吸进行。

　　吸收生产能力取决于吸收速率的大小。吸收推动力指气相、液相的实际浓度与另一相实际浓度所要求的平衡浓度之差,它随着系统压力和气液平衡关系的改变而改变。吸收阻力和吸收过程的本质相关,双膜理论为此提供了一种简单而有效的吸收物理模型。通过它的分析,吸收过程的阻力被认为全部集中在相界面两侧的气膜与液膜层中,并仿照单分子扩散速率方程建立了吸收速率方程(数学模型)。

　　填料吸收塔的计算主要包括吸收剂用量和填料层高度的确定。适宜的吸收剂用量为最小吸收剂用量的 1.15~1.5 倍,最小吸收剂用量可通过图解法或解析法获得。利用物料衡算式、相平衡关系和吸收速率方程推导出的填料层高度计算公式可表述为传质单元数与传质单元高度的乘积。传质单元高度反映填料性能、塔的结构、流体运动状态等对吸收的影响,传质单元数则反映吸收剂性能的优劣与分离要求的高低。当物系的平衡关系服从亨利定律时,可采用对数平均推动力法计算传质单元数。

本节的知识框架及相互联系归纳于图 5-19 中。

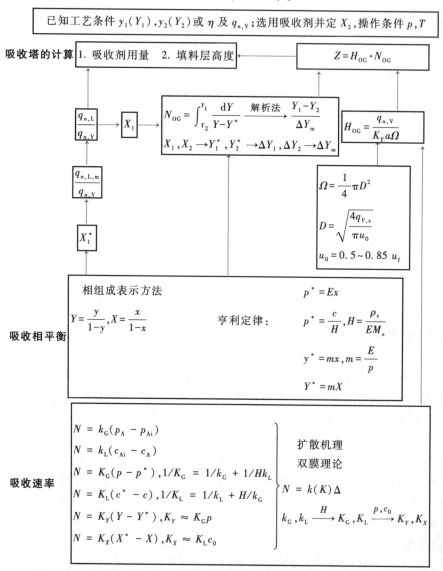

图 5-19   5.2 节知识框架及相互联系图

本节复习题

1. 吸收剂的选择应注意哪些方面？吸收的类型有哪些？

2. 什么是气液相平衡？影响溶解度的因素有哪些？

3. 亨利定律的内容是什么？它有哪些表现形式？亨利系数与溶解度系数、相平衡常数的关系是怎样的？

4. 吸收过程包括几个步骤？物质在单相中的扩散方式包括哪些？

5. 双膜理论的主要观点是什么？

6. 吸收速率方程有哪些？气相、液相传质分系数与传质总系数的关系如何？什么是气膜控制和液膜控制？

7. 写出逆流吸收操作线方程，绘制逆流吸收操作线。

8. 什么是液气比？吸收剂用量对设备费用及操作费用会产生怎样的影响？什么是最小吸收剂用量？最小吸收剂用量及适宜吸收剂用量如何计算？

9. 写出填料层高度计算的基本方程式。写出气相、液相传质单元高度和传质单元数的定义式。

10. 写出对数平均推动力法计算传质单元数的公式。

本节习题

1. 空气和 CO_2 的混合气体中 CO_2 的体积分数为 30%，求其摩尔分数、摩尔比各为多少？

(0.3,0.428 6)

2. 100 g 水中溶解了 2 g NH_3，此浓度用摩尔分数 x、物质的量浓度 c 及摩尔比 X 表示时各为多少？

(0.020 7,1.176 $kmol \cdot m^{-3}$,0.021 2)

3. 进入吸收器时混合气体中 NH_3 的体积分数为 15%，要求吸收其中的 95%，求离开吸收器时 NH_3 的浓度，以摩尔比 Y 和摩尔分数 y 表示之。

(0.008 8,0.008 72)

4. 从手册中查得 100 g 水中溶有 1 g NH_3，在 20 ℃ 时 NH_3 的平衡分压为 986 Pa，在此浓度以内服从亨利定律。试求溶解度系数，以 $mol \cdot N^{-1} \cdot m^{-1}$ 表示，再求相平衡常数。总压为 100 $kN \cdot m^{-2}$。

(0.59 $mol \cdot N^{-1} \cdot m$,0.939 4)

5. 10 ℃ 时氧在水中的溶解度可用下列关系表示：$p^* = 3.27 \times 10^4 x$，式中 p 为氧的平衡分压，大气压；x 为溶液中氧的摩尔分数。求 100 kPa(1 atm)大气压下每立方米水中可以溶解多少氧？氧在空气中的体积分数为 21%。

(11.42 $g \cdot m^{-3}$)

6. 含 NH_3 的体积分数为 3% 的空气-NH_3 混合气，用水吸收其中的 NH_3。塔压为 202.16 kPa，NH_3 在水中的溶解度服从亨利定律，在操作温度下平衡关系为 $p^* = 266x(kPa)$，试求离塔氨水的最大浓度，以 c 表示之。

(1.267 $kmol \cdot m^{-3}$)

7. 清水吸收混合气中的氨，进入常压吸收塔的气体中 NH_3 的体积分数为 6%，吸收后气体出口中 NH_3 的体积分数为 0.4%，溶液出口浓度为 0.012 mol(氨)/mol(水)。此系统

的平衡关系为 $Y^* = 2.52X$。气液逆流流动,试求塔顶、塔底处气相推动力各为多少(用摩尔比表示)? $\qquad$ (0.004 0,0.033 6)

8. CO_2 分压为 50.67 kPa 大气压的混合气体分别为与 CO_2 浓度为 0.01 kmol·m^{-3} 的水溶液和 CO_2 浓度为 0.05 kmol·m^{-3} 的水溶液接触,系统温度均为 25 ℃。气液平衡关系为 $p^* = 166×10^3 x(kPa)$。试求上述两种情况下两相的推动力(分别以气相分压差和液相浓度差来表示),并说明 CO_2 在两种情况下属吸收还是解吸。

(吸收:0.204 9 Pa,0.006 9 kmol·m^{-3};解吸:0.975 Pa,0.033 1 kmol·m^{-3})

9. 用水吸收空气中的甲醇蒸气,操作温度 300 K 下溶解度系数 H 为 2 kmol·kN^{-1}·m^{-1},传质系数 k_G 为 0.056 kmol·m^{-2}·h^{-1}/(kN·m^{-2}),k_L 为 0.075 kmol·m^{-2}·h^{-1}/(kmol·m^{-2})。求总传质系数 K_G 和气相阻力在总阻力中所占的百分数。 $\quad$ (0.040 8 mol·m^{-2}·h^{-1}·Pa^{-1},72.82%)

10. 混合气中 CO_2 的体积分数为 10%,其余为空气,于 30 ℃ 及 20 个大气压下用水吸收,使 CO_2 的体积分数降到 0.5%,溶液出口浓度 $X_1 = 6×10^{-4}$(摩尔比)。混合气体处理量 $q_{V,s} = 2\,240$ m^3·h^{-1}(按标准状态计)。塔径为 1.5 m。亨利系数 $E = 200$ MN·m^{-2},液相体积总传质系数 $K_L a = 50$ h^{-1}。求每小时用水量及填料层高度。 $\quad$ (15 896 kmol(H$_2$O)·h^{-1},9.62 m)

11. 在直径为 1 m 的填料吸收塔内,用清水作溶剂,入塔混合气摩尔流量为 100 kmol·h^{-1},其中溶质的体积分数为 6%,要求溶质回收率为 95%,取实际液气比为最小液气比的 1.5 倍,已知在操作条件下的平衡关系为 $Y = 2.0X$,总体积传质系数 $K_Y a = 200$ kmol·m^{-3}·h^{-1},试求出塔液体组成及所需填料层高度。 $\qquad$ (0.021 3,3.80 m)

12. 用煤油从苯蒸气与空气的混合物中吸收苯,要求回收 99%。入塔的混合气中苯的摩尔分数为 2%,入塔的煤油中苯的摩尔分数为 0.02%。溶剂用量为最小用量的 1.5 倍。操作温度为 50 ℃,压力为 100 kN·m^{-2}。平衡关系可以写成 $Y = 0.36X$。总传质系数 $K_Y a = 0.015$ kmol·m^{-3}·s^{-1}。入塔气体的摩尔流量为 0.015 kmol·s^{-1}。塔的横截面为 1 m^2。求填料层高度。 $\qquad$ (11.70 m)

本节参考书目与文献

5.3 液体的精馏

1. 概述

液体都具有挥发而变成蒸气的能力,这种能力称为物质的挥发性。利用不同物质间挥发性的差异而分离液体混合物的操作称为蒸馏。

蒸馏是一种重要和基本的传质操作,它广泛地应用于化学工业和其他工业部门,如石油化工中各种烃类及其衍生物的分离提纯、从液态空气中制取氮和氧、高分子工业中单体的提纯等,都要用到蒸馏。

蒸馏包括简单蒸馏、平衡蒸馏、精馏、特殊精馏等。当液体混合物中各组分间挥发性差别很大,同时对组分的分离程度要求不高时,可以用简单蒸馏或平衡蒸馏加以分离。当混合物中各组分间挥发性相差不大,又要求将各组分完全分离时,则要用精馏将其分离。当组分间挥发性相差很小时,应该用特殊精馏将其分离。

若将液体混合物加热使其部分汽化,则沸点低的组分(称为易挥发组分或轻组分)先汽化,沸点高的组分(称为难挥发组分或重组分)后汽化,当气液两相达到平衡时,气相中易挥发组分的含量高于液相中该组分的含量,而液相中难挥发性组分的含量也会高于气相中该组分的含量;若将混合物的蒸气部分冷凝,沸点高的组分先冷凝,沸点低的组分后冷凝,冷凝液中难挥发组分的浓度高于易挥发组分的浓度。若同时对液体混合物进行多次部分汽化和对混合物的蒸气进行多次部分冷凝,最终可以在气相中得到纯度较高的易挥发组分,在液相中得到纯度较高的难挥发组分,这种操作叫作精馏。

精馏按照操作压力的高低可以分为常压精馏、减压精馏及加压精馏;按照操作是否连续可分为连续精馏和间歇精馏;按照原料中所含组分的多少可分为双组分精馏和多组分精馏。多组分精馏过程比较复杂,但其基本原理与双组分精馏是相同的。本章将只讨论常压下的双组分连续精馏。

2. 双组分物系的气液相平衡

(1) 理想体系及其相平衡关系

若溶液中不同组分的分子间作用力和相同组分的分子间作用力完全相等,

这种溶液称为理想溶液。液相为理想溶液、气相为理想气体混合物的体系称为理想体系。

理想体系实际上并不存在,但是在低压下当组成溶液的物质分子结构及化学性质相近时,如苯-甲苯、甲醇-乙醇、正己烷-正庚烷以及石油化工中所处理的大部分烃类混合物等,可视为理想体系。

理想溶液的气液相平衡关系遵循拉乌尔定律。该定律指出:在一定温度下,理想溶液上方气相中任意组分的分压等于纯组分在该温度下的饱和蒸气压与它在溶液中的摩尔分数的乘积:

$$p_A = p_A^0 x_A \tag{5-64}$$

$$p_B = p_B^0 x_B = p_B^0 (1-x_A) \tag{5-65}$$

式中,$p_A(p_B)$ 为溶液上方组分 A(B) 的平衡分压,即 A(B) 的蒸气压,Pa;$p_A^0(p_B^0)$ 为同温度下纯组分 A(B) 的饱和蒸气压,Pa;x_A 为组分 A 在液相中的摩尔分数;x_B 为组分 B 在液相中的摩尔分数。

理想气体混合物服从道尔顿分压定律,则组分 A 在气相中的分压为

$$p_A = py_A \quad p_B = py_B = p(1-y_A) \tag{5-66}$$

于是

$$p_A^0 x_A = py_A \quad p_B^0 x_B = py_B$$

$$y_A = \frac{p_A^0 x_A}{p} \quad y_B = \frac{p_B^0 x_B}{p} \tag{5-67}$$

$$p = p_A + p_B = p_A^0 x_A + p_B^0 x_B = p_A^0 x_A + p_B^0 (1-x_A)$$

所以

$$x_A = \frac{p-p_B^0}{p_A^0 - p_B^0} \tag{5-68}$$

故只要知道了纯组分的饱和蒸气压,利用式(5-67)和式(5-68)可以计算出理想体系的气液相平衡组成。

(2)平衡相图

① 温度-组成图($t-x-y$ 图)　在总压恒定时,气液相平衡组成与温度的关系可用 $t-x-y$ 图表示。该图的横坐标为液相或气相的浓度,皆以轻组分的摩尔分数 x 或 y 表示,纵坐标为温度。

$t-x-y$ 数据由实验测得。对理想溶液,也可通过计算获得。

例 5-5　苯(A)和甲苯(B)纯组分在不同温度下的饱和蒸气压如附表所示,试作出该体系在常压下的 t-x-y 图。

例 5-5 附表

$t/℃$	80.1	84.0	88.0	92.0	96.0	100.0	104.0	108.0	110.8
p_A^0/kPa	101.3	113.6	130.0	143.7	160.5	179.2	199.3	221.2	233.0
p_B^0/kPa	39.3	44.4	50.6	57.6	65.7	74.5	83.3	93.9	101.3

解:将附表中数据分别代入式(5-67)和式(5-68)计算各温度下的 x_A、y_A 值,如 $t = 92.0$ ℃时,$p_A^0 = 143.7$ kPa,$p_B^0 = 57.6$ kPa,$p = 101.3$ kPa,则

$$x_A = \frac{101.3 - 57.6}{143.7 - 57.6} = 0.508$$

$$y_A = \frac{143.7 \times 0.508}{101.3} = 0.721$$

将求出的结果列表如下:

$t/℃$	80.1	84.0	88.0	92.0	96.0	100.0	104.0	108.0	110.8
x_A	1.000	0.822	0.639	0.508	0.376	0.256	0.155	0.058	0.000
y_A	1.000	0.922	0.819	0.721	0.595	0.453	0.305	0.127	0.000

由此数据作 t-x-y 图,并略去易挥发组分的下标 A,如图 5-20 所示。

t-x-y 图中有两条曲线,下方的曲线称为液相线,表示平衡时液相组成与温度的关系;上方的曲线称为气相线,表示平衡时气相组成与温度的关系。液相线以下的区域代表尚未沸腾的液体,称为液相区。气相线以上,溶液全部汽化,称为气相区。两条曲线之间是气液共存区。

若将温度为 t_1、组成为 x(图中 A 点所示)的溶液加热,当温度升至 t_2(J 点)时,溶液开始沸腾,产生第一个气泡,气泡的组成为 y_1,t_2 为该溶液的泡点,故液相线又称为泡点线。若将温度为 t_4、组成为 y(B 点)的蒸气冷却,当温度降到 t_3(H 点)时,蒸气开始冷凝产生第一滴液滴,液滴的组成为 x_1,t_3 为该蒸气的露点,故气相线又称为露点线。C 点和 D 点为纯苯和纯甲苯的沸点。

② 气-液组成图(y-x 图)　y-x 图表示在恒定的外压下,蒸气组成 y 和与之相平衡的液相组成 x 之间的关系。

y-x 图可由 t-x-y 图的数据作出。根据例 5-5 中计算得到的各组 x_A、y_A 数据,可绘出苯-甲苯体系的 y-x 图,如图 5-21 所示。图中对角线为等组成线,即 $y = x$。图中任意点 D 表示组成为 x_1 的液相与组成为 y_1 的气相互相平衡。

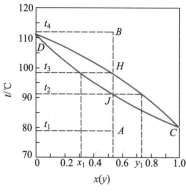

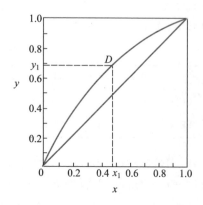

图 5-20 苯-甲苯体系的 t-x-y 图   图 5-21 苯-甲苯体系的 y-x 图

对于大多数溶液,两相达到平衡时,气相中易挥发组分的浓度大于液相中易挥发组分的浓度,即 $y>x$,故平衡线位于对角线的上方。平衡线离对角线越远,说明互成平衡的气液两相浓度差别越大,溶液就越容易分离。

(3)挥发度与相对挥发度

组分的挥发度是组分挥发性大小的标志。

气相中某一组分的平衡分压与其在液相中的摩尔分数之比,称为该组分的挥发度,用符号 ν_i 表示:

$$\nu_i = \frac{p_i}{x_i} \tag{5-69}$$

溶液中两组分的挥发度之比称为两组分的相对挥发度,用 α 表示。例如,α_{AB} 表示溶液中组分 A 对组分 B 的相对挥发度,根据定义有

$$\alpha_{AB} = \frac{\nu_A}{\nu_B} = \frac{p_A/x_A}{p_B/x_B} = \frac{p_A x_B}{p_B x_A} \tag{5-70}$$

若气体服从道尔顿分压定律,则

$$\alpha_{AB} = \frac{p y_A x_B}{p y_B x_A} = \frac{y_A}{y_B} \bigg/ \frac{x_A}{x_B} \tag{5-71}$$

式(5-71)表明平衡时气相中两组分组成之比是液相中两组分组成之比的 α 倍。

对于二元体系,$x_B = 1 - x_A$,$y_B = 1 - y_A$,将此关系式代入式(5-71)中,得

$$\frac{y_A}{1 - y_A} = \alpha_{AB} \frac{x_A}{1 - x_A}$$

通常认为 A 为易挥发组分,B 为难挥发组分,略去下标 A、B,得

$$y = \frac{\alpha x}{1+(\alpha-1)x} \tag{5-72}$$

式(5-72)就是 $y-x$ 图中气液相平衡曲线的数学表达式,称为气液相平衡方程。

由式(5-72)可知,当 $\alpha=1$ 时,$y=x$,气液相组成相同,二元体系不能用普通精馏法分离。当 $\alpha>1$ 时,分析式(5-72)可知,$y>x$。α 越大,y 比 x 大得越多,互成平衡的气液两相浓度差别越大,组分 A 和 B 越易分离。因此由 α 值的大小可以判断溶液是否能用普通精馏方法分离及分离的难易程度。

对于理想溶液,因其服从拉乌尔定律,则

$$\alpha_{AB} = \frac{p_A x_B}{p_B x_A} = \frac{p_A^0 x_A}{p_B^0 x_B} \cdot \frac{x_B}{x_A} = \frac{p_A^0}{p_B^0} \tag{5-73}$$

式(5-73)说明理想溶液的相对挥发度等于同温度下纯组分 A 和纯组分 B 的饱和蒸气压之比。p_A^0、p_B^0 均随温度而变化,但 p_A^0/p_B^0 随温度变化不大,故一般可将 α 视为常数,计算时可取其平均值。

例 5-6 计算不同温度下苯-甲苯体系的相对挥发度,并利用其平均值计算不同温度下的气液相平衡组成。

解: (a) 由例 5-5 表中数据,可以计算出不同温度下的相对挥发度值,如 $t=92.0$ ℃ 时,$p_A^0=143.7$ kPa,$p_B^0=57.6$ kPa,则

$$\alpha_{AB} = \frac{p_A^0}{p_B^0} = \frac{143.7}{57.6} = 2.495$$

将计算结果列于下表:

$t/$℃	80.1	84.0	88.0	92.0	96.0	100.0	104.0	108.0	110.8
α_{AB}	2.578	2.559	2.569	2.495	2.443	2.405	2.393	2.356	2.300

则相对挥发度的平均值为

$$\alpha = \frac{2.578+2.559+2.569+2.495+2.443+2.405+2.393+2.356+2.300}{9} = 2.455$$

平均相对挥发度也可取两个纯组分沸点温度下相对挥发度的几何平均值来代替,即

$$\alpha = \sqrt{2.578 \times 2.300} = 2.435$$

两种求法的结果很接近。

(b) 将例 5-5 中算出的 x 值,逐个代入式(5-72)中,计算出不同温度下的 y 值,计算结果

列于下表：

t/℃	x	y（α = 2.455）	y（α = 2.435）
80.1	1.000	1.000	1.000
84.0	0.822	0.919	0.919
88.0	0.639	0.813	0.812
92.0	0.508	0.717	0.715
96.0	0.376	0.597	0.595
100.0	0.256	0.458	0.456
104.0	0.155	0.310	0.309
108.0	0.058	0.131	0.130
110.8	0.000	0.000	0.000

　　计算结果表明，用 $\alpha = 2.455$ 与 $\alpha = 2.435$ 计算出的气相组成几乎一样。将表中数据与例 5-5 的计算结果比较，可看出用平均相对挥发度求得的气相组成与用式（5-67）计算的结果基本一致。

3. 连续精馏分析

（1）连续精馏流程

　　典型的连续精馏流程如图 5-22 所示。它包括的主要设备有：精馏塔①、再沸器②、冷凝器③、冷却器④和预热器⑤。原料经预热器预热至指定的温度后从精馏塔的加料板处进入精馏塔，与塔上部下降的液体汇合，然后逐级下流，最后流入塔底部的再沸器中。从再沸器取出部分液体作为塔底产品，其主要成分为难挥发组分，另一部分液体在再沸器中被加热，产生蒸气，蒸气逐级上升，最后进入塔顶冷凝器中，经冷凝器冷凝为液体。一部分液体经冷却器冷却后被送出作为塔顶产品，其主要成分为易挥发组分，另一部分被送回塔顶（称为回流）作为塔中

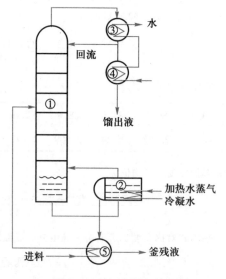

图 5-22　连续精馏流程

的下降液体。

从整个精馏塔来看,塔底温度最高,并自下而上逐板降低;气液两相在塔中呈逆流流动,蒸气从塔底向塔顶上升,液体从塔顶向塔底下降,在每层塔板上气液两相相互接触,进行热、质传递。其结果是气相部分冷凝,液相部分汽化;蒸气中易挥发组分的含量因液体部分汽化,使液相中易挥发组分向气相扩散而增多。液相中难挥发组分的含量则因气相部分冷凝,使蒸气中难挥发组分向液相扩散而增多。在塔板数足够多时,蒸气在上升中易挥发组分被多次提浓,液体在下降中难挥发组分被多次提浓,最后在塔顶引出的蒸气几乎为纯净的易挥发组分,塔底经再沸器后所剩液体几乎为纯净的难挥发组分,从而达到组分的有效分离。

原料加入处的塔板上的浓度与原料浓度相近,称此板为加料板。加料板以上部分,起着使原料中易挥发组分增浓的作用,称为精馏段;加料板以下部分(含加料板),起着提浓原料中难挥发组分的作用,称为提馏段。

(2)塔板上的精馏过程

塔板上的热、质传递可通过 $t-x-y$ 相图进一步说明。图 5-23 为板式塔中任意第 n 块塔板的操作情况。如原料液为双组分混合物,下降液体来自第 $n-1$ 块板,其易挥发组分的浓度为 x_{n-1},难挥发组分的浓度为($1-x_{n-1}$),温度为 t_{n-1}。上升蒸气来自第 $n+1$ 块板,其易挥发组分的浓度为 y_{n+1},难挥发组分的浓度为($1-y_{n+1}$),温度为 t_{n+1}。当气液两相在第 n 块板上相遇时,$t_{n+1}>t_{n-1}$,因而存在传热推动力 $\Delta t=t_{n+1}-t_{n-1}$,上升蒸气与下降液体必然发生热量交换,蒸气放出热量,自身发生部分冷凝,而液体吸收热量,自身发生部分汽化。另一方面,上升蒸气与下降液体的浓度互相不平衡,如图 5-24 所示,与 y_{n+1} 平衡的液相组成为 x_{n+1}^*,$x_{n-1}>x_{n+1}^*$,即液相中易挥发组分的浓度高于平衡值,存在传质推动力 $\Delta x=x_{n-1}-x_{n+1}^*$,液相部分汽化时易挥发组分向气相扩散;与($1-x_{n-1}$)相平衡的气相组成为($1-y_{n-1}^*$),$1-y_{n+1}>1-y_{n-1}^*$,即气相中难挥发组分的浓度高于平衡值,存在传质推动力 $\Delta y=(1-y_{n+1})-(1-y_{n-1}^*)$,气相部分冷凝时难挥发组分向液相扩散。结果下降液体中易挥发组分浓度降低,难挥发组分浓度升高;上升蒸气中易挥发组分浓度升高,难挥发组分浓度下降。若上升蒸气与下降液体在第 n 块板上接触时间足够长,两者温度将相等,都等于 t_n,气液两相组成 y_n 与 x_n 相互平衡,称此塔板为理论塔板。实际上,塔板上的气液两相接触时间有限,气液两相组成只能趋于平衡。

从上述分析可知,精馏的实质是气液两相组分间的质量传递和热量传递过程,塔板上两相的充分接触提供了高效率的传递效果,而回流(包括塔顶的液相回流与塔底的部分汽化所造成的气相回流)是保证精馏操作过程连续稳定进行的必要条件。没有回流,塔板上就没有气液两相的接触,就没有质量交换和热量交换,也就没有轻、重组分的分离。

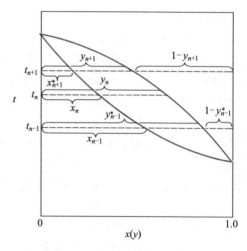

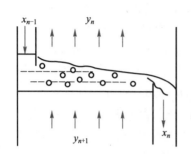

图 5-23　塔板上的传质分析　　　　　图 5-24　精馏过程的 $t-x-y$ 示意图

4. 连续精馏的物料衡算

在进行精馏过程的计算之前,为了处理问题方便,先做如下假设:

① 精馏塔同外界没有热交换,塔内是绝热的。

② 回流液的温度为泡点温度。

③ 精馏段内每层塔板的上升蒸气和下降液体的摩尔流量恒定,提馏段内也如此,这一假设称为恒摩尔流假设。但两段之间上升蒸气和下降液体的摩尔流量彼此并不一定相等。

④ 塔内各块塔板为理论板,即离开塔板的蒸气与液体互相平衡。

（1）全塔物料衡算

对图 5-25 所示的连续精馏塔做物料衡算,得

总物料　　　$q_{n,F} = q_{n,D} + q_{n,W}$　　　（5-74）

易挥发组分　$q_{n,F} x_F = q_{n,D} x_D + q_{n,W} x_W$　　（5-75）

式中,$q_{n,F}$ 为原料摩尔流量,$kmol \cdot h^{-1}$;$q_{n,D}$ 为塔顶馏出液即塔顶产品的摩尔流量,$kmol \cdot h^{-1}$;$q_{n,W}$ 为塔釜残液即塔底产品的摩尔流量,$kmol \cdot h^{-1}$;x_F 为原料中易挥发组分的摩尔分数;x_D 为塔顶产品中易挥发组分的摩尔分数;x_W 为塔釜产品中易挥发组分的摩尔分数。

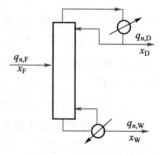

图 5-25　全塔物料衡算

联立以上两式,得

$$q_{n,D} = \frac{q_{n,F}(x_F - x_W)}{x_D - x_W} \qquad (5-76)$$

$$q_{n,W} = \frac{q_{n,F}(x_D - x_F)}{x_D - x_W} \qquad (5-77)$$

由上述关系式可以求出塔顶、塔底产品摩尔流量。若各物料量采用质量流量,其组成则采用质量分数。

例 5-7 将 $q_{n,F} = 62 \text{ kmol·h}^{-1}$,$x_{F,正戊烷} = 40\%$,$x_{F,正己烷} = 60\%$ 的混合液送入连续精馏塔分离。要求釜液 $x_{W,正戊烷} < 2\%$,塔顶馏出液正戊烷的回收率为 97%。试求釜液、馏出液的流量及其组成。

解:依题意知, $q_{n,D}x_D = 0.97q_{n,F}x_F$

易挥发组分的物料衡算式为

$$q_{n,F}x_F = q_{n,D}x_D + q_{n,W}x_W = 0.97q_{n,F}x_F + q_{n,W} \times 0.02$$

可得 $0.03q_{n,F}x_F = q_{n,W} \times 0.02$

$$0.03 \times 62 \times 0.40 = q_{n,W} \times 0.02$$

$$q_{n,W} = 37.2 \text{ kmol·h}^{-1}$$

全塔物料衡算式为 $q_{n,F} = q_{n,D} + q_{n,W}$

$$q_{n,D} = 62 - q_{n,W} = (62 - 37.2) \text{ kmol·h}^{-1} = 24.8 \text{ kmol·h}^{-1}$$

则

$$x_D = \frac{0.97q_{n,F}x_F}{q_{n,D}} = \frac{0.97 \times 62 \times 0.40}{24.8} = 0.97$$

(2)精馏段操作线方程

根据前述假设,精馏段内各层塔板上升蒸气的摩尔流量相等,下降液体的摩尔流量相等。设精馏段上升蒸气的摩尔流量为 $q_{n,V}$,下降液体的摩尔流量为 $q_{n,L}$,对图 5-26 所示的精馏段任意第 $n+1$ 块塔板以上部分做物料衡算,可得

$$q_{n,V} = q_{n,L} + q_{n,D} \qquad (5-78)$$

$$q_{n,V}y_{n+1} = q_{n,L}x_n + q_{n,D}x_D \qquad (5-79)$$

将式(5-78)代入式(5-79),得

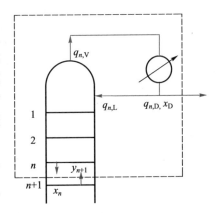

图 5-26 精馏段操作线方程的推导

$$y_{n+1} = \frac{q_{n,L}}{q_{n,L} + q_{n,D}}x_n + \frac{q_{n,D}}{q_{n,L} + q_{n,D}}x_D \qquad (5-80)$$

式(5-80)右边分子分母同除以 $q_{n,D}$,并令 $R=q_{n,L}/q_{n,D}$,称为回流比,则

$$y_{n+1}=\frac{R}{R+1}x_n+\frac{1}{R+1}x_D \tag{5-81}$$

式(5-80)即为精馏段操作线方程,它表示在精馏段内,任意相邻的两块塔板之间上升蒸气与下降液体组成之间的操作关系。式(5-81)为用回流比表示的精馏段操作线方程。由于稳定操作时,R、x_D 皆为定值,故精馏段操作线在 $x-y$ 图上为一条直线,其斜率为 $R/(R+1)$,截距为 $x_D/(R+1)$。当 $x_n=x_D$ 时,由式(5-80),得 $y_{n+1}=x_D$,故精馏段操作线过对角线$y=x$上的点(x_D,x_D)。

（3）提馏段操作线方程

根据前述假设,提馏段内各层塔板上升蒸气的摩尔流量相等,下降液体的摩尔流量相等。设上升蒸气的摩尔流量为 $q'_{n,V}$,下降液体的摩尔流量为 $q'_{n,L}$。对图5-27所示的提馏段任意第 m 块板以下部分做物料衡算,得

$$q'_{n,L}=q'_{n,V}+q_{n,W} \tag{5-82}$$

$$q'_{n,L}x'_m=q'_{n,V}y'_{m+1}+q_{n,W}x_W \tag{5-83}$$

将式(5-82)代入式(5-83),得

$$y'_{m+1}=\frac{q'_{n,L}}{q'_{n,L}-q_{n,W}}x'_m-\frac{q_{n,W}}{q'_{n,L}-q_{n,W}}x_W \tag{5-84}$$

式(5-84)即为提馏段操作线方程,它表示提馏段内任意相邻的两块塔板之间上升蒸气与下降液体组成之间的操作关系。在稳定操作时,$q'_{n,L}$、$q_{n,W}$、x_W 皆为定值,故提馏段操作线为一条直线,其斜率为 $q'_{n,L}/(q'_{n,L}-q_{n,W})$,截距为$-q_{n,W}x_W/$ $(q'_{n,L}-q_{n,W})$。当 $x'_m=x_W$ 时,代入式(5-83),得 $y'_{m+1}=x_W$,故提馏段操作线过对角线 $y=x$ 上的点(x_W,x_W)。

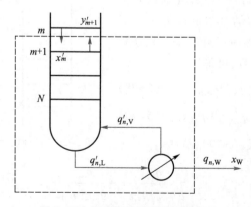

图 5-27 提馏段操作线方程的推导

（4）进料热状况的影响

① 进料热状况参数 原料进入精馏塔前,一般要经过预热。由于原料预热的程度不同,当它进入精馏塔时,会对塔板上的液体、气体组成以及精、提馏段上升蒸气量和下降液体量产生不同的影响。

根据原料预热的程度不同,原料可能有以下五种热状况:

a. 进料温度低于泡点的冷液体;

b. 进料温度等于泡点的饱和液体;

c. 进料温度介于泡点和露点之间的气液混合物;

d. 进料温度等于露点的饱和蒸气;

e. 进料温度高于露点的过热蒸气。

图 5-28 为加料板示意图。对加料板做物料衡算,可得

$$q_{n,F}+q'_{n,V}+q_{n,L}=q_{n,V}+q'_{n,L}$$

则:
$$q_{n,V}-q'_{n,V}=q_{n,F}-(q'_{n,L}-q_{n,L}) \tag{5-85}$$

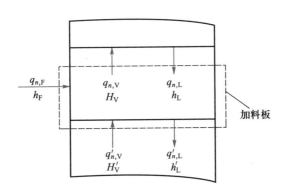

图 5-28 加料板示意图

若对加料板做热量衡算,得

$$q_{n,F}h_F+q_{n,L}h_L+q'_{n,V}H'_V=q_{n,V}H_V+q'_{n,L}h'_L$$

式中,h_F 为原料液的焓,$J\cdot mol^{-1}$;H_V、H'_V 分别为离开和进入加料板的蒸气的焓,$J\cdot mol^{-1}$;h_L、h'_L 分别为从精馏段流入和离开加料板的液体的焓,$J\cdot mol^{-1}$。

由于塔中液体和蒸气都呈饱和状态,且进料板上下处温度及浓度都比较接近,故可认为 $H_V\approx H'_V\approx H$,$h_L\approx h'_L\approx h$,则

$$q_{n,F}h_F-(q'_{n,L}-q_{n,L})h=(q_{n,V}-q'_{n,V})H \tag{5-86}$$

联立式(5-85)、式(5-86),可得

$$\frac{q'_{n,L}-q_{n,L}}{q_{n,F}}=\frac{H-h_F}{H-h} \tag{5-87}$$

定义 $q=\dfrac{H-h_F}{H-h}\approx\dfrac{\text{将 1 kmol 原料变成饱和蒸气所需的热量}}{\text{1 kmol 原料的汽化热}}$，称为进料热状况参数。

由式(5-87)，可得

$$q'_{n,L}=q_{n,L}+q\times q_{n,F} \tag{5-88}$$

代入式(5-85)，可得

$$q_{n,V}=q'_{n,V}+(1-q)q_{n,F} \tag{5-89}$$

或

$$q'_{n,V}=q_{n,V}-(1-q)q_{n,F} \tag{5-90}$$

式(5-88)和式(5-90)表示了精馏段和提馏段的气液流量之间的关系。一定的进料流量下，不同的进料状态，q 值的大小不同，$q_{n,V}$、$q'_{n,V}$、$q_{n,L}$、$q'_{n,L}$ 之间的关系为

a. 冷液体进料时，$h_F<h$，即 $q>1$，$q'_{n,L}>q_{n,L}+q_{n,F}$，$q'_{n,V}>q_{n,V}$；

b. 饱和液体进料时，$h_F=h$，即 $q=1$，$q'_{n,L}=q_{n,L}+q_{n,F}$，$q'_{n,V}=q_{n,V}$；

c. 气液混合物进料时，$H>h_F>h$，即 $0<q<1$，$q'_{n,L}=q_{n,L}+q\times q_{n,F}$，$q'_{n,V}=q_{n,V}-(1-q)q_{n,F}$；

d. 饱和蒸气进料时，$h_F=H$，即 $q=0$，$q'_{n,L}=q_{n,L}$，$q_{n,V}=q'_{n,V}+q_{n,F}$；

e. 过热蒸气进料时，$h_F>H$，即 $q<0$，$q'_{n,L}<q_{n,L}$，$q_{n,V}>q'_{n,V}+q_{n,F}$。

图 5-29 表示了在不同进料热状态下进料板上物流之间的关系。

将式(5-88)代入式(5-84)，可得到一种便于应用的提馏段操作线方程：

$$y'_{m+1}=\frac{q_{n,L}+q\times q_{n,F}}{q_{n,L}+q\times q_{n,F}-q_{n,W}}x'_m-\frac{q_{n,W}}{q_{n,L}+q\times q_{n,F}-q_{n,W}}x_W \tag{5-91}$$

② 进料操作线方程(q 线方程)   进料板是精馏段与提馏段的交汇之处，进料操作线方程应通过精馏段操作线与提馏段操作线的交点。精馏段和提馏段操作线方程是通过物料衡算得到的，因而可直接用物料衡算式(5-79)和式(5-83)分别表示精馏段和提馏段的操作线方程，因在交点处两式的变量相同，故略去式中变量的上、下标，即

$$q_{n,V}y=q_{n,L}x+q_{n,D}x_D$$

$$q'_{n,V}y=q'_{n,L}x-q_{n,W}x_W$$

两式相减，得

$$(q'_{n,V}-q_{n,V})y=(q'_{n,L}-q_{n,L})x-(q_{n,W}x_W+q_{n,D}x_D)$$

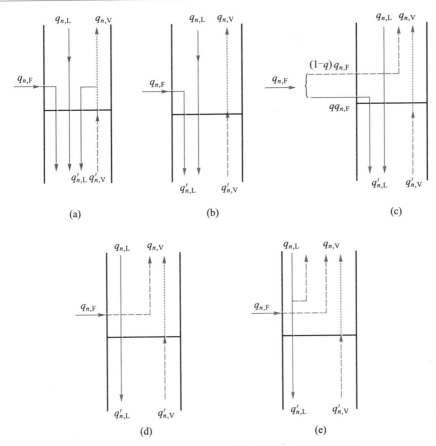

图 5-29 不同的进料热状况下精、提馏段内的物流关系

将式(5-89)、式(5-88)及式(5-75)代入,整理得

$$y = \frac{q}{q-1}x - \frac{x_F}{q-1} \qquad (5-92)$$

式(5-92)称为进料操作线方程,亦称为 q 线方程,它是精、提馏段操作线交点的轨迹方程。在一定的进料热状态和进料组成下, q、x_F 为定值,故 q 线为一条直线,其斜率为 $q/(q-1)$,截距为 $[-x_F/(q-1)]$。当 $x=x_F$ 时,由式(5-92)得 $y=x_F$,故 q 线过对角线 $y=x$ 上的点 (x_F,x_F)。

不同的进料热状态时, q 值的大小不同, q 线的斜率也不同, q 线的位置就不同:

a. 冷液体进料时, $\dfrac{q}{q-1}>0$, q 线位于第一象限内,如图 5-30 中的 ef_1 线;

b. 饱和液体进料时, $\dfrac{q}{q-1}=\infty$, q 线为过点 (x_F,x_F) 且垂直于 x 轴的直线,如

图5-30中的ef_2线;

　　c. 气液混合物进料时,$\dfrac{q}{q-1}<0$,q线位于第二象限内,如图 5-30 中的ef_3线;

　　d. 饱和蒸气进料时,$\dfrac{q}{q-1}=0$,q线为过点(x_F,x_F)且平行于x轴的水平线,如图5-30中的ef_4线;

　　e. 过热蒸气进料时,$\dfrac{q}{q-1}>0$,q线位于第三象限内,如图 5-30 中的ef_5线。

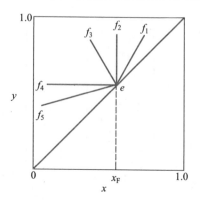

图 5-30　不同的进料热状态时 q 线的位置

5. 精馏塔的计算

(1) 理论塔板数

精馏塔理论塔板数的计算,常用的方法有逐板计算法、图解法、捷算法等。捷算法将在讲述了全回流和最小回流比的有关知识后再做介绍。这里先介绍逐板计算法和图解法,这两种方法依据的都是气液相平衡关系和操作线方程。

　　① 逐板计算法　前已述及,对理论塔板,经过热、质的交换,离开塔板时,气液两相已达到平衡,因此离开塔板的气液相组成满足相平衡关系方程;而相邻两块塔板间相遇的气液相组成之间属操作关系,满足操作线方程。这样,交替地使用相平衡关系和操作线方程逐板计算每一块塔板上的气液相组成,所用相平衡关系的次数就是理论塔板数。

　　设从塔顶往下数的第一块塔板上升的蒸气进入冷凝器后全部被冷凝,冷凝液部分回流,则上升蒸气的组成与塔顶馏出液组成相同,即$y_1=x_D$。y_1与x_1为离开第一块板的气液相组成,二者互相平衡,可由气液相平衡关系方程求x_1。第二块板上升的蒸气组成y_2与x_1属操作关系,则可由精馏段操作线方程求y_2,y_2又与x_2相互平衡,再利用相平衡关系求x_2。依次类推,即

$$x_D=y_1 \xrightarrow{\text{相平衡关系}} x_1 \xrightarrow{\text{操作线方程}} y_2 \xrightarrow{\text{相平衡关系}} x_2$$
$$\xrightarrow{\text{操作线方程}} y_3 \xrightarrow{\text{相平衡关系}} x_3 \xrightarrow{\text{操作线方程}} \cdots$$

直至$x_n \leqslant x_q$(x_q为精、提馏段操作线交点的横坐标。当$q=1$时,$x_q=x_F$)为止。则第n块板为进料板,精馏段的理论塔板数为$(n-1)$。

到了进料板后,从 $x = x_n$ 开始换用提馏段操作线方程与相平衡关系方程交替计算,直到 $x_m \leqslant x_W$ 为止。由于离开塔釜的气液两相已达平衡,所以塔釜也相当于一块理论板,即提馏段的理论塔板数为 $(m-1)$。故全塔总的理论塔板数为 $N_T = n+m-2$(不含塔釜)。

逐板计算法较为烦琐,但计算结果比较精确,适用于计算机编程计算。

② 图解法 图解法求取理论塔板数的基本原理与逐板计算法相同,只不过用简便的图解来代替烦琐的计算而已。图解的步骤如下(参见图5-31)。

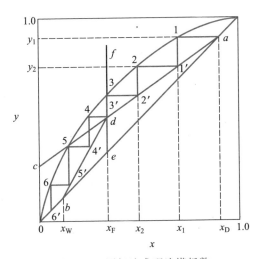

图 5-31 图解法求理论塔板数

a. 根据气液相平衡关系在 x-y 坐标图上作出相平衡曲线,同时作出对角线;

b. 作精馏段操作线:在对角线上找出点 $a(x_D, x_D)$,在 y 轴上找出截距等于 $x_D/(R+1)$ 的点 c,连接 a、c 两点即为精馏段操作线;

c. 作 q 线:在对角线上找出点 $e(x_F, x_F)$,过点 e 作斜率为 $q/(q-1)$ 的直线 ef,即为 q 线,q 线与精馏段操作线交于点 d;

d. 作提馏段操作线:在对角线上找出点 $b(x_W, x_W)$,连接 b、d 两点即为提馏段操作线;

e. 从点 a 开始,在精馏段操作线与相平衡线之间作水平线与垂直线构成的阶梯,当阶梯跨过点 d 时,改在提馏段操作线与相平衡线之间作阶梯,直至 $x \leqslant x_W$,即阶梯跨过点 b 为止。

所作的阶梯数即为理论塔板数(包括塔釜),跨过点 d 的那一个阶梯为进料板。

　　图解法作阶梯的过程,等同于逐板计算的过程。因为塔顶回流液组成 x_D 与塔顶第一块板的上升蒸气组成 y_1 的关系为 $x_D = y_1$,同时在精馏塔中 y_1 与 x_D 又属操作关系,故 (x_D, y_1) 是精馏段操作线上的一点。y_1 与 x_1 属平衡关系,点 (x_1, y_1) 应落在相平衡线上,由 y_1 引水平线与相平衡线交于点 1,点 1 的横坐标即为 x_1,这相当于逐板计算法中利用一次相平衡关系由 y_1 求 x_1。x_1 与 y_2 属操作关系,点 (x_1, y_2) 应落在操作线上,由 x_1 引垂直线与操作线交于点 1′,点 1′ 的纵坐标即为 y_2,这相当于逐板计算法中利用一次操作线方程由 x_1 求 y_2。因此,作阶梯过程就相当于分别利用相平衡关系和操作线方程求取 x 和 y 的过程;阶梯中水平线的距离代表液相中易挥发组分的浓度经过一次理论板后的变化,阶梯中垂直线的距离代表气相中易挥发组分的浓度经过一次理论板后的变化,每个阶梯代表一块理论板,阶梯在相平衡线上的顶点的横、纵坐标值为离开该板的气、液相组成。

　　图解法简单直观,但计算精确度较差,尤其是对相对挥发度较小而所需理论塔板数较多的场合更是如此。

　　例 5-8　将 $x_F = 30\%$ 的苯-甲苯混合液送入连续精馏塔,要求塔顶馏出液中 $x_D = 95\%$,塔釜残液 $x_W < 10\%$,泡点进料,操作回流比为 3.21。苯和甲苯的平均相对挥发度 $a_m = 2.45$。试用图解法求理论塔板数。

　　解:(a)由例 5-5 中的 y-x 数据在 y-x 坐标系上作出相平衡曲线,如附图,并作出对角线;

　　(b)在 x 轴上找到 $x_D = 0.95$,$x_F = 0.30$,$x_W = 0.10$ 三个点,分别引垂直线与对角线交于点 a、e、b;

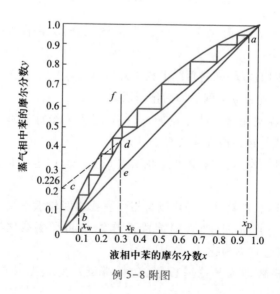

例 5-8 附图

（c）在 y 轴上找到点 $c[0, x_D/(R+1)]$，点 c 的纵坐标即是精馏段操作线的截距 $x_D/(R+1) = 0.95/(3.21+1) = 0.226$，连接 a、c 两点得精馏段操作线；

（d）因为是泡点进料，$q=1$，$q/(q-1)=\infty$，q 线为过点 e 的垂直线。过点 e 作垂直线与精馏段操作线交于点 d，连接 b、d 两点得提馏段操作线；

（e）从点 a 开始，在相平衡线与操作线之间作阶梯，直到 $x \leqslant x_W$，即阶梯跨过点 $b(0.10, 0.10)$ 为止。

由附图所示，所作的阶梯数为 10，第 7 个阶梯跨过精、提馏段操作线的交点。故所求的理论塔板数为 9（不含塔釜），料液在第 6 板和第 7 板之间，即加在第 7 板上。

（2）回流比的影响与选择

① 全回流和最少理论塔板数　回流比对精馏操作影响很大。对一定的料液和分离要求，回流比增大，精馏段操作线的斜率增大，截距减小，精馏段操作线向对角线靠近，提馏段操作线也向对角线靠近，相平衡线与操作线之间的距离增大，从 x_D 到 x_W 作阶梯时，每个阶梯的水平距离与垂直距离都增大，即每一块板的分离程度增大，分离所需的理论塔板数减少。

回流比增大的极限是全回流。全回流时，塔顶上升蒸气经冷凝后全部流回塔内，塔釜液体全部汽化流回塔内，塔顶和塔釜都不出产品，即 $q_{n,F}=0$，$q_{n,D}=0$，$q_{n,W}=0$，则回流比 $R=\infty$。此时，精、提馏段操作线斜率都等于 1，截距等于 0，精、提馏段操作线与对角线重合，操作线与相平衡线之间的距离最大，从 x_D 到 x_W 所作的每一个阶梯的水平距离和垂直距离最大，完成一定的分离任务所需的理论塔板数最少，称为最少理论塔板数，记作 $N_{\min}$，如图 5-32 所示。

全回流在实际生产中没有意义，只在装置开工、调试或实验研究中用来评价板效率。

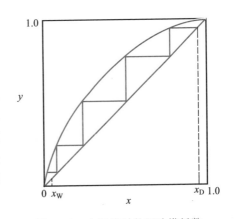

图 5-32　全回流时的理论塔板数

当体系为理想体系或接近理想体系时，最少理论塔板数 $N_{\min}$ 也可用解析法计算。离开任意理论板 n 的气液两相间的平衡关系可用式（5-93a）表示，即

$$\frac{y_{A_n}}{y_{B_n}} = \alpha_m \frac{x_{A_n}}{x_{B_n}} \tag{5-93a}$$

式中，α_m 为全塔平均相对挥发度，一般可取塔顶、塔底温度下的相对挥发度的几何平均值代替，即

$$\alpha_{m} = \sqrt{\alpha_{塔顶} \times \alpha_{塔底}}$$

对于第一块板,

$$\frac{y_{A_1}}{y_{B_1}} = \alpha_{m} \frac{x_{A_1}}{x_{B_1}} \tag{5-93b}$$

对于第二块板,

$$\frac{y_{A_2}}{y_{B_2}} = \alpha_{m} \frac{x_{A_2}}{x_{B_2}} \tag{5-93c}$$

$$\cdots$$

相邻两块板间的气液相组成服从操作线方程。在全回流时,操作线方程为 $y_{n+1} = x_n$,则有

$$y_{A_2} = x_{A_1} \quad 及 \quad y_{B_2} = x_{B_1}$$

或

$$y_{A_3} = x_{A_2} \quad 及 \quad y_{B_3} = x_{B_2}$$

将以上各式代入式(5-93a)与式(5-93b)中,则

$$\frac{y_{A_1}}{y_{B_1}} = \alpha_{m} \frac{x_{A_1}}{x_{B_1}} = \alpha_{m} \frac{y_{A_2}}{y_{B_2}} = \alpha_{m} \left(\alpha_{m} \frac{x_{A_2}}{x_{B_2}} \right) = \alpha_{m}^2 \frac{x_{A_2}}{x_{B_2}}$$

$$= \alpha_{m}^2 \frac{y_{A_3}}{y_{B_3}} = \alpha_{m}^2 \left(\alpha_{m} \frac{x_{A_3}}{x_{B_3}} \right) = \alpha_{m}^3 \frac{x_{A_3}}{x_{B_3}}$$

若全回流时的理论塔板数为 N,塔釜为第 $N+1$ 块板,则

$$\frac{y_{A_1}}{y_{B_1}} = \alpha_{m}^N \frac{x_{A_N}}{x_{B_N}} = \alpha_{m}^{N+1} \frac{x_{A(N+1)}}{x_{B(N+1)}}$$

若采用全凝器,$y_{A_1} = x_D$,$y_{B_1} = 1 - x_D$,$x_{A(N+1)} = x_W$,$x_{B(N+1)} = 1 - x_W$,代入上式,得

$$\frac{x_D}{1 - x_D} = \alpha_{m}^{N+1} \frac{x_W}{1 - x_W}$$

由于全回流时所需的理论塔板数即为最少理论塔板数,故上式中的 N 可用 N_{min}(不含塔釜)代替,即

$$\frac{x_D}{1 - x_D} = \alpha_{m}^{N_{min}+1} \frac{x_W}{1 - x_W}$$

将上式两边取对数并整理得

$$N_{\min} + 1 = \frac{\lg\left[\dfrac{x_{\mathrm{D}}}{x_{\mathrm{W}}}\left(\dfrac{1-x_{\mathrm{W}}}{1-x_{\mathrm{D}}}\right)\right]}{\lg\alpha_{\mathrm{m}}} \tag{5-94}$$

同理,以 x_{F} 代替式(5-94)中的 x_{W},可求得不含进料板在内的精馏段最少理论塔板数 $N'_{\min}$:

$$N'_{\min} + 1 = \frac{\lg\left[\dfrac{x_{\mathrm{D}}}{x_{\mathrm{F}}}\left(\dfrac{1-x_{\mathrm{F}}}{1-x_{\mathrm{D}}}\right)\right]}{\lg\alpha'_{\mathrm{m}}} \tag{5-95}$$

式中,α'_{m} 为精馏段平均相对挥发度,可取塔顶和进料板温度下相对挥发度的几何平均值。

式(5-94)和式(5-95)称为芬斯克(Fenske)方程,用于计算全回流条件下,采用全凝器时的最少理论塔板数。

② 最小回流比 精馏过程中,当回流比逐渐减小时,精馏段操作线的斜率减小、截距增大,精、提馏段操作线皆向相平衡线靠近,操作线与相平衡线之间的距离减小,气液两相间的传质推动力减小,达到一定分离要求所需的理论塔板数增多。当回流比减小至两操作线的交点落在相平衡线上或在此之前两操作线与相平衡线相切(图5-33)时,交点或切点处的气液两相已达平衡,传质推动力为零,达到一定分离要求所需的理论塔板数为无穷多,此时的回流比是精馏操作过程可能采取的回流比的最低限度,称为最小回流比,记作 $R_{\min}$。操作线与平衡线的交点或切点称为夹点,其附近称为恒浓区(即无增浓作用)或夹紧区。

最小回流比有以下两种求法:

a. 作图法。如图5-33(a)所示,当两操作线与相平衡线在点 d 相交时,精馏段操作线的斜率为

$$\frac{R_{\min}}{R_{\min}+1} = \frac{x_{\mathrm{D}}-y_q}{x_{\mathrm{D}}-x_q}$$

则

$$R_{\min} = \frac{x_{\mathrm{D}}-y_q}{y_q-x_q} \tag{5-96}$$

因此只需读出 q 线与相平衡线的交点坐标值 x_q、y_q,可求出 $R_{\min}$。

若夹点为两操作线与相平衡线的切点,如图5-33所示,(b)图中精馏段

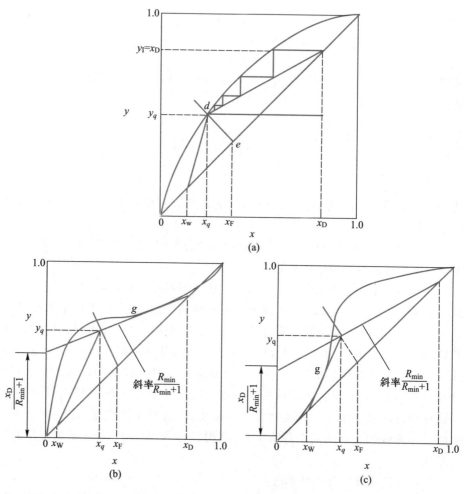

图 5-33　最小回流比

操作线与相平衡线相切,(c)图中提馏段操作线与相平衡线相切,夹点位于切点 g 处。此时可从图中读出精馏段操作线的截距 $x_D/(R_{min}+1)$ 后求 R_{min}。R_{min} 也可由式(5-96)求取,此时式(5-96)中的 x_q、y_q 是切线与 q 线的交点坐标值,如图 5-33 所示。

　　b. 解析法。对于相对挥发度可取常数(或取平均值 α_m)的理想体系,在最小回流比下,两操作线的交点正好落在相平衡线上,此时,x_q 与 y_q 符合平衡关系,则

$$y_q = \frac{\alpha_m x_q}{1+(\alpha_m-1)x_q}$$

代入式(5-96),整理得

$$R_{min} = \frac{1}{\alpha_m - 1}\left[\frac{x_D}{x_q} - \frac{\alpha_m(1-x_D)}{1-x_q}\right] \tag{5-97}$$

对泡点进料,$x_q = x_F$,式(5-97)可变为

$$R_{min} = \frac{1}{\alpha_m - 1}\left[\frac{x_D}{x_F} - \frac{\alpha_m(1-x_D)}{1-x_F}\right] \tag{5-98}$$

对饱和蒸气进料,$y_q = y_F$,结合相平衡方程,读者可自行推导 R_{min} 的计算式。

③ 适宜回流比　实际操作回流比应根据经济核算确定,以期达到完成给定任务所需设备费和操作费的总和为最小。设备费是指精馏塔、再沸器、冷凝器等设备的投资费,此项费用主要取决于设备的尺寸;操作费主要取决于塔底再沸器加热剂用量及塔顶冷凝器中冷却剂的用量。

当回流比增大时,所需塔板数急剧减少,设备费减少,但回流液量和上升蒸气量增加,操作费增大;当回流比增大至某一值时,由于塔径增大,再沸器和冷凝器的传热面积也要增加,设备费又上升,如图5-34所示。总费用中的最低值所对应的回流比为适宜回流比,即实际生产中的操作回流比。通常情况下,适宜回流比为最小回流比的 1.1～2.0 倍,即

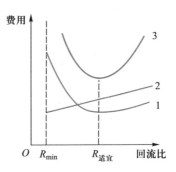

图 5-34　适宜回流比的确定
1—设备费;2—操作费;3—总费用

$$R_{适宜} = (1.1～2.0)R_{min}$$

实际生产中操作回流比应视具体情况选择。对于难分离体系,相对挥发度接近1,此时应采用较大的回流比,以降低塔高并保证产品的纯度;对于易分离体系,相对挥发度较大,可采用较小的回流比,以减少加热蒸汽消耗量,降低操作费用。

④ 捷算法求理论塔板数　除了可用逐板计算法和图解法求理论塔板数外,还可用捷算法计算。此法是利用芬斯克公式和吉利兰(Gilliland)关联图来求取理论塔板数的。

吉利兰关联图如图5-35所示,它是由实验数据归纳出来的经验图。捷算法较为简便但误差较大,适用于初步设计计算。

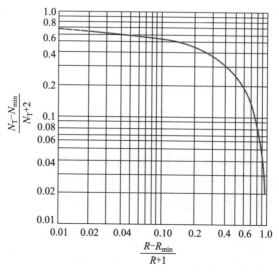

图 5-35　吉利兰关联图

例 5-9　根据例 5-8 的数据,用捷算法求精馏所需的理论塔板数。

解:已知 $x_D = 0.95$, $x_F = 0.30$, $x_W = 0.10$, $R = 3.21$,苯-甲苯体系接近理想体系,又为泡点进料,用式(5-98)求 R_{min}:

$$R_{min} = \frac{1}{\alpha_m - 1}\left[\frac{x_D}{x_F} - \frac{\alpha_m(1-x_D)}{1-x_F}\right] = \frac{1}{2.45-1}\left[\frac{0.95}{0.30} - \frac{2.45(1-0.95)}{1-0.30}\right] = 2.06$$

再由芬斯克公式求 N_{min}:

$$N_{min} + 1 = \frac{\lg\left[\frac{x_D}{x_W}\left(\frac{1-x_W}{1-x_D}\right)\right]}{\lg\alpha_m} = \frac{\lg\left[\frac{0.95}{0.10}\times\left(\frac{1-0.10}{1-0.95}\right)\right]}{\lg 2.45} = 5.7$$

$$N_{min} = 5.7 - 1 = 4.7(不含塔釜)$$

由 $\dfrac{R-R_{min}}{R+1} = \dfrac{3.21-2.06}{3.21+1} = 0.273$,查吉利兰关联图,得 $\dfrac{N_T - N_{min}}{N_T + 2} = 0.40$

将 $N_{min} = 4.7$ 代入,得 $N_T = 9.2$(不含塔釜)

计算结果表明,捷算法与例 5-8 中图解法所得结果基本一致。

(3)实际塔板数

在前面的计算中,假设塔板皆为理论板,所谓理论板是指离开这块板的气液接触传质达到平衡,即两相组成上互相平衡,温度相等的理想化塔板。实际塔板上,由于气液两相接触时间及接触面积有限,离开塔板的气液两相难以达到平衡,实际塔板与理论塔板的差异用板效率来反映。板效率分单板效率和总板效率两种。

单板效率又称为默弗里效率,用 E_m 表示,如图 5-36 所示,以 n 板为例,单板效率的定义为

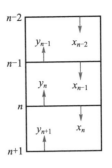

图 5-36 板效率

以气相表示 $\quad E_{m,V} = \dfrac{实际塔板气相增浓值}{理论塔板气相增浓值} = \dfrac{y_n - y_{n+1}}{y_n^* - y_{n+1}}$

$$(5-99)$$

以液相表示 $\quad E_{m,L} = \dfrac{实际塔板液相降低值}{理论塔板液相降低值} = \dfrac{x_{n-1} - x_n}{x_{n-1} - x_n^*}$

$$(5-100)$$

式中,y_{n+1}、y_n 分别为进入和离开第 n 块板的蒸气组成;x_{n-1}、x_n 分别为进入和离开第 n 块板的液体组成;y_n^* 为与离开第 n 块板的液体组成 x_n 呈平衡的气相组成;x_n^* 为与离开第 n 块板的蒸气组成 y_n 呈平衡的液相组成。

总板效率又称全塔效率,用 η 表示,它等于全塔理论塔板数 N_T 与实际塔板数 N_P 之比,即

$$\eta = \frac{N_T}{N_P} \qquad (5-101)$$

板效率通常由实验测定,其数值范围通常在 $0.2 \sim 0.8$。影响板效率的因素主要有以下几个方面:

a. 操作条件,如上升蒸气与下降液体的流速、温度、压力、回流比等;

b. 塔板结构,如板间距、塔径、塔上液流流程长度、溢流堰高、开孔率等;

c. 气液两相的物理性质,如黏度、密度、表面张力、扩散系数、相对挥发度等。

若已知全塔效率和完成一定分离任务所需的理论塔板数,就可求出精馏塔的实际塔板数 N_P:

$$N_P = \frac{N_T}{\eta} \qquad (5-102)$$

(4)塔高和塔径

① 塔径的计算 塔径可由下式计算:

$$D = \sqrt{\frac{4q_V}{\pi u}} \qquad (5-103)$$

式中,D 为塔径,m;q_V 为塔内气体流量,$m^3 \cdot s^{-1}$;u 为空塔气速,$m \cdot s^{-1}$。

板式塔的塔径主要取决于蒸气的空塔气速。所谓空塔气速是指蒸气通过塔

整个截面时的速度。空塔气速越大,则塔径越小,塔的投资越少。但空塔气速过大时会引起雾沫夹带和液泛。所谓雾沫夹带是指上升蒸气穿过塔板上液层时,将一部分液滴带至上层塔板的现象。雾沫夹带使塔板的提浓作用变差,板效率下降。当塔板上液流量很大、气速很高时,液体被夹带至上一层塔板的量猛增,使塔板间充满液体,这种现象叫作液泛(或淹塔)。液泛使塔内液体不能正常下流,液体大量返混,严重地影响塔的操作。因此,最大空塔气速必须小于发生严重雾沫夹带或液泛的气速(气速上限),最小空塔气速应大于漏液点气速(气速下限)。空塔气速一般取最大空塔气速的 60%~80%,最大空塔气速可由经验公式计算或从有关手册中查取。

② 塔高的计算　塔的高度由下式确定:

$$z = h_1 + h_2 + N_P \times H_T \qquad (5-104)$$

式中,h_1 为塔顶高度,m;h_2 为塔底高度,m;N_P 为实际塔板数;H_T 为板间距,m。

其中 $N_P \times H_T$ 为塔的有效段(气液接触段)高度。可见,塔的高度主要与塔板数、板间距有关。

板间距的大小对塔的生产能力、操作弹性和塔板效率都有影响。板间距过小,塔高降低,但雾沫夹带量增多,板效率降低,塔的操作弹性减小;板间距过大,雾沫夹带量减少,塔的操作弹性增大,但塔高增大,塔的造价增大。

板间距的选择与塔径关系密切。对于一定生产能力和操作弹性的塔来说,采用较大的板间距时,塔的高度会增加,但操作气速可以提高而不至于引起严重的雾沫夹带,此时可以缩小塔径;采用较小的板间距时,塔高较低,就需要增大塔径。

板间距一般根据经验数值来选取,下表列出了浮阀塔板间距参考值。板间距与塔径互相影响,需结合经济核算才能确定。板间距通常取整数。

塔径/m	0.3~0.5	0.5~0.8	0.8~1.6	1.6~2.0	2.0~2.4	>2.4
板间距/mm	200~300	300~350	350~450	450~600	500~800	≥600

在决定板间距时还应考虑安装和检修的需要,如在塔体入口处,应留有足够的空间,上、下两层塔板间的距离不应小于 600 mm。

本节小结

精馏是同时对液相进行多次部分汽化和对气相进行多次部分冷凝以分离液体混合物的单元操作,其实质是气液两相间的传热和传质过程。气液两相达到平衡是精馏分离过程的极限。

　　对精馏塔做物料衡算可求出塔顶、塔釜产品量及精、提馏段操作线方程。精、提馏段操作线的交点用 q 线方程描述。q 值的大小反映了进料的热状况。

　　精馏塔理论塔板数可用逐板计算法、图解法和捷算法求取。理论塔板数与实际塔板数的差异用板效率来反映。

　　回流是保证精馏操作过程连续稳定进行必不可少的条件。全回流时所需的理论塔板数最少或在塔板数确定的情况下分离效果最好。在最小回流比下操作所需的理论塔板数为无穷多。实际回流比通常取最小回流比的 1.1~2.0 倍。

　　本节的知识框架及相互联系归纳于图 5-37。

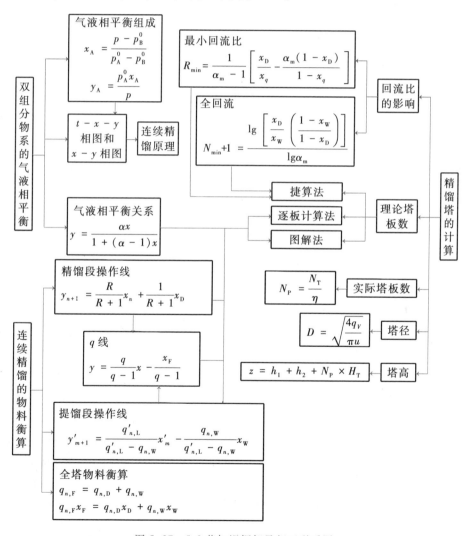

图 5-37　5.3 节知识框架及相互联系图

本节复习题

1. 精馏操作的依据是什么?
2. 如何计算理想体系的气液相平衡组成?
3. 说明相对挥发度的意义和作用。
4. 试用 $t-x-y$ 相图说明在塔板上进行的精馏过程。
5. 连续精馏为什么必须有回流?
6. 进料热状况对精馏操作有什么影响?
7. 回流比的改变对精馏操作有何影响?
8. 求取理论塔板数有哪些方法? 各种方法有什么优缺点?
9. 最少理论塔板数如何求取?
10. 什么是最小回流比? 怎样求最小回流比?
11. 什么是理论板? 说明板效率的定义及影响因素。

本节习题

1. 苯-甲苯混合液中 $x_苯 = 40\%$,在 101.3 kPa 下加热至 100 ℃,试求此时的气液相平衡组成。 $(0.453, 0.256)$

2. 甲醇(A)与水(B)的饱和蒸气压数据及 101.3 kPa 下的气液相平衡数据如附表 1 和附表 2 所示,试分析此混合液是否可视为理想溶液。   (不能)

习题 2 附表 1

$t/℃$	64.5	70	75	80	90	100
p_A^0/kPa	101.3	123.3	149.6	180.4	252.6	349.8
p_B^0/kPa	24.5	31.2	38.5	47.3	70.1	101.3

习题 2 附表 2

x_A	0	0.02	0.06	0.1	0.2	0.3	0.4	0.5	0.6	0.7	0.8	0.9	0.95	1.0
y_A	0	0.134	0.304	0.418	0.578	0.665	0.729	0.779	0.825	0.87	0.915	0.958	0.979	1.0

3. 将 $x_{甲醇} = 40\%$ 的甲醇-水溶液送入某连续精馏塔,馏出液中 $x_{甲醇} = 90\%$,釜残液中 $x_{甲醇} < 5\%$(以上数据皆为摩尔分数),原料液流量为 120 kmol·h^{-1}。试求馏出液和塔釜残液流量。

$(49.4 \text{ kmol·h}^{-1}, 70.6 \text{ kmol·h}^{-1})$

4. 氯仿和四氯化碳的混合液在一连续精馏塔中分离。要求馏出液中 $x_{氯仿} = 96\%$,塔顶蒸气全部冷凝为液体,回流比 $R = 2$,平均相对挥发度 $\alpha = 1.6$,试求:第一块板和第二块板下降液体组成 x_1、x_2 及上升蒸气组成 y_1、y_2。 $(0.9375, 0.915; 0.96, 0.945)$

5. 用常压连续精馏塔分离苯和甲苯混合液。原料液中 $x_苯 = 44\%$,要求塔顶产品中 $x_苯 = 97.4\%$,塔釜产品中 $x_苯 < 2.35\%$(以上数据皆为摩尔分数),进料为饱和液体,塔顶采用全凝器。已知操作条件下回流比为3,塔顶的相对挥发度为2.6,塔釜的相对挥发度为2.46,进料的相对挥发度为2.44。试用捷算法求理论塔板数及加料板位置。   (12,6)

6. 某连续精馏操作中,操作线方程如下:

精馏段 $y = 0.723x + 0.263$

提馏段 $y = 1.25x - 0.018\ 7$

试求:① 操作回流比;② 馏出液及釜残液组成;③ 泡点进料时原料液组成。

(2.61;0.949,0.074 8;0.533 2)

7. 在习题5的情况下,若采用回流比为3.5,泡点进料,板效率为70%,试用逐板计算法和图解法求精馏段、提馏段的实际塔板数(苯-甲苯的气液相平衡数据用例5-5表中的数据)。

(8,7)

8. 用连续精馏塔分离 $x_{CS_2} = 30\%$ 的 $CS_2 - CCl_4$ 混合物。原料在泡点进料,流量为 30.6 kmol·h^{-1}。塔顶馏出液组成为 $x_{CS_2} = 95\%$,塔釜残液组成为 $x_{CS_2} = 2.5\%$(以上数据皆为摩尔分数)。回流比为2.56,空塔气速为0.8 m·s^{-1},塔板数为20,板间距为400 mm,包括塔顶、塔底高度在内的其他辅助高度为3.5 m,全塔平均操作温度为61 ℃,操作压力为101.3 kPa。试求塔高和塔径。

(11.5 m,650 mm)

本节参考书目与文献

5.4 新型传质分离技术与特殊传质分离过程简介

　　化学工业现有的分离工艺多为热分离(如蒸馏、蒸发)和辅助相过程(如吸收、吸附和液体萃取)。热分离工艺是耗能大户,如蒸馏需要大量热能。据报道,世界各地的炼油厂每天要处理大约 9 000 万桶原油,大多数使用常压蒸馏,耗能约 230 GW,相当于 2014 年英国的总能源消耗,占到世界能源消耗的 10%~15%。因此,节能成为热分离工艺关键,发展的趋势是综合地使用电力和自产热能以提高化工厂的整体效率。而开发节能的传质分离技术和新型的分离过程,改变现有的分离工艺和化工生产框架,是化学工程学研究的重要课题,化学工业技术改造的战略方向。

另一方面,随着社会和经济的发展,实际生产中需要处理的混合物日益增多,如生物工程、环境保护以及高纯材料制备等领域所涉及的分离体系呈现出新的特点(浓度低、组分杂),并对产品的分离纯度有着特殊的要求;同时,科学研究的深入开展也为新的传质分离过程不断提供理论和技术支持,从而使现有的分离方法不断得以改进完善、新型传质技术不断出现并被逐渐应用。本节将介绍几种新型传质分离技术及特殊传质分离过程。

1. 超临界流体萃取

(1) 超临界流体及超临界流体萃取

萃取是基于不同物质在选定溶剂(称为萃取剂)中溶解度的不同来分离液体或固体混合物中某一组分(溶质)的操作。超临界流体萃取是以超临界流体作为萃取剂,有选择地溶解液体或固体混合物中的溶质的传质分离过程。

超临界流体是指温度和压力高于临界温度和临界压力的流体。图 5-38 为纯物质的典型温度-压力图。点 I 为三相点,AI、BI、CI 分别为气-固、液-固和气-液平衡曲线。如将纯物质沿气-液平衡线升温,到达点 C 时,体系的性质变得均一,气-液界面将消失而不再分为气体和液体。点 C 称为临界点,其相对应的温度和压力分别为临界温度和临界压力。

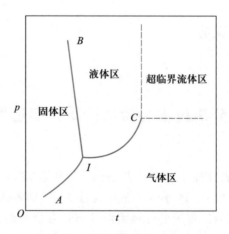

图 5-38   纯物质的温度-压力图

超临界流体在传递特性与溶解能力等方面兼有液体和气体的两重性特点,它既有与液体相当的密度、溶解能力,又有与气体相近的黏度、扩散系数和渗透能力。超临界流体的另一特点是其物性对温度和压力的变化十分敏感,在临界区附近温度和压力微小的变化就会引起流体密度、溶解能力等的显著改变。

超临界流体作为萃取剂必须具有良好的选择性,要提高超临界流体萃取剂的选择性必须满足两点:

① 操作温度与临界流体的临界温度接近;

② 超临界流体的化学性质和待分离溶质的化学性质相近。

研究表明,操作温度与超临界萃取剂的临界温度越接近,其溶解能力越大;临界温度相同的超临界萃取剂,与被萃取溶质的化学性质越相似,溶解能力越大。

作为萃取剂的超临界流体还须具备以下性能:

① 具有化学稳定性,对设备无腐蚀;

② 临界温度适中,最好在室温附近或操作温度附近;

③ 操作温度应低于被萃取溶质的分解温度或变质温度;

④ 临界压力不可太高,以节省压缩动力费用;

⑤ 选择性要好,容易获得高纯度产品;

⑥ 溶解度要高,以减少溶剂循环量;

⑦ 来源方便,价格低廉;

⑧ 对一些特殊场合,如医药和食品工业中使用的萃取剂还要求无毒。

表 5-1 列出了常见的超临界萃取剂及其超临界物性。

表 5-1　常见的超临界萃取剂及其超临界物性

萃取剂	临界温度/ ℃	临界压力/ MPa	临界密度/ (g·cm⁻³)	萃取剂	临界温度/ ℃	临界压力/ MPa	临界密度/ (g·cm⁻³)
乙烷	32.3	4.88	0.203	二氧化碳	31.1	7.38	0.460
丙烷	96.9	4.26	0.220	二氧化硫	157.6	7.88	0.525
丁烷	152.0	3.80	0.228	水	374.3	22.11	0.326
戊烷	296.7	3.38	0.232	笑气	36.5	7.17	0.451
乙烯	9.9	5.12	0.227	氟利昂-13	28.8	3.90	0.578
氨	132.4	11.28	0.236				

CO_2 是最常用的超临界萃取剂,临界温度和临界压力分别为 31.1 ℃ 和 7.38 MPa。在 61.5 ℃ 下,如将压力由 11.0 MPa 升至 22.1 MPa,密度将从 398 kg·m⁻³ 增加到 860 kg·m⁻³;在 14.77 MPa 下,温度由 61.5 ℃ 降至 40.2 ℃,密度将从 335 kg·m⁻³ 增加到 839 kg·m⁻³。超临界流体的溶解能力与其密度有很大关系,溶质在超临界流体中的溶解度随密度的增大而增大。利用上述性质,选择适宜的超临界萃取剂,在高密度(低温、高压)下萃取分离所需物质,然后提高温度或降低压力,将萃取剂与待分离物质分离,从而把要分离的组分从混合物料

中萃取分离出来。

与一般的萃取过程相比,超临界流体萃取具有如下的特点:

① 超临界流体的密度接近液体,黏度却接近气体,自扩散能力又比液体大上百倍,具有极好的传递性能,这是超临界流体萃取比普通萃取分离效果好的主要原因;

② 超临界流体的萃取能力与密度有很大关系,且随操作压力和操作温度的变化而变化。许多体系可以通过降低超临界相的密度将其包含的溶质凝析出来,过程无须相变,能耗低,这是超临界流体萃取的一大优点;

③ 萃取剂在常温常压下为气体,操作一般在低温高压下进行,特别适合于热敏性、易氧化物质的分离;

④ 选用无毒性的超临界流体做萃取剂(如 CO_2),不会引起被萃取物质污染,适用于医药、食品等工业;

⑤ 超临界流体萃取的局限性是对水溶性强的极性化合物的提取比较困难。

(2) 超临界流体萃取工艺过程

如图 5-39 所示,超临界流体萃取过程由萃取阶段和分离阶段组合而成。在萃取阶段,溶质被超临界流体溶解;分离阶段,通过变化某个参数或其他方法,使溶质从超临界流体中分离出来,并使萃取剂循环使用。根据分离方法的不同,有如下几种工艺流程(图 5-39):

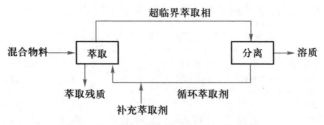

图 5-39 超临界流体萃取的工艺过程

① 等温分离法 等温分离法又称绝热分离法,它是依靠压力变化而进行萃取分离的方法。在一定的温度下,使超临界流体减压,经过膨胀、分离的气体经压缩机加压后再返回萃取釜循环使用,而溶质则从分离釜下部取出,如图 5-40 所示。

② 等压分离法 等压分离法是利用温度的变化来实现溶质与萃取剂分离的方法。萃取了溶质的超临界流体经加热升温使萃取剂与溶质分离,作为萃取剂的气体经过降温压缩后送回萃取釜使用,如图 5-41 所示。

③ 吸附(吸收)分离法 吸附(吸收)分离法是采用可吸附(吸收)溶质而不吸附(吸收)萃取剂的吸附(吸收)剂使溶质和萃取剂分离的方法。在分离釜中溶质被吸附(吸收)剂吸附(吸收),分离后的气体经循环泵送回萃取釜继续使用,如图 5-42 所示。

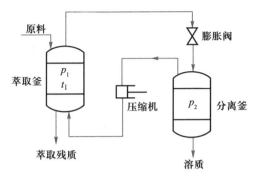

图 5-40 等温分离法超临界萃取流程

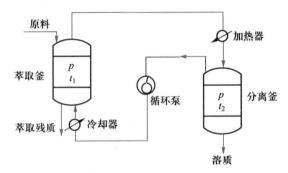

图 5-41 等压分离法超临界萃取流程

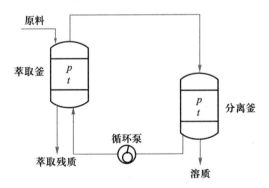

图 5-42 吸附分离法超临界萃取流程

（3）超临界流体萃取的应用

从 20 世纪 50 年代超临界流体萃取开始用于工业分离操作，由于它在许多方面优于传统分离方法，因而发展很快，在石油、医药、食品、香料与化妆品等领域得到了广泛的应用。概括起来，有以下几类：

① 天然产物有效成分的分离　例如,用超临界 CO_2 从香子兰豆中提取香精,从大豆中提取大豆油,从胡椒中提取有效成分。又如,用超临界 CO_2 萃取咖啡豆中的咖啡因,可将咖啡豆中的咖啡因从 0.6% ~ 3% 降低至 0.02%。图5-43 是该过程水吸收分离的流程简图。在装有咖啡豆的萃取塔中通以超临界 CO_2,咖啡因被萃取出来,然后将溶解有咖啡因的萃取相送入吸收塔,与逆向流下的水进行质量交换,大部分咖啡因被水所吸收。脱除了咖啡因的 CO_2 送回萃取塔循环使用。水相经膨胀减压后进入脱气器,溶解的 CO_2 在此从水相中脱出,经压缩后重新进入吸收塔底部,含有咖啡因的水溶液则送入蒸发结晶器分离出咖啡因,冷凝水用泵送回吸收塔重复使用。

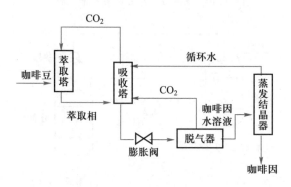

图 5-43　超临界 CO_2 萃取咖啡因的水吸收流程简图

② 化学产品的分离与精制　例如,用超临界丙烷脱石油残渣中的沥青和煤中的石蜡、杂酚油、焦油等;还有有机合成反应物、有机溶剂的精制分离等。

③ 在反应工程和生物技术中的应用　在一些反应中,超临界流体既可作反应溶剂,又可作催化剂。例如,在乙酸的生产中使用超临界 CO_2,生成的乙酸被超临界 CO_2 所萃取,反应和分离纯化可一步完成。此外,用超临界 CO_2 萃取发酵法生产乙醇,从微生物发酵的干物质中萃取 γ-亚麻酸,酵母、菌体生成物的超临界萃取等都属这方面的应用。

④ 对食品原料的处理　用超临界流体萃取啤酒花,进行食品的脱脂、酒精饮料的软化与脱色等。

超临界流体萃取是一项正在开发研究的新型分离技术,以其节能、无污染、广泛的适用性和灵活性等优点引起科技和工业界的普遍重视,在许多领域中存在着潜在的、广阔的应用前景。今后应在完善基础理论与数据、改善高压设备、拓展应用领域等方面开展研究工作。

2. 膜分离

膜分离是以选择性透过薄膜将双组分或多组分液体或气体进行分离、分级、纯化或富集的过程。膜分离的核心部件是具有选择透过性能的薄膜,它可以是完全透过,也可以是半透过性的。当膜两侧存在某种推动力(压力差、浓度差、电化学势差等)时,原料侧流体(膜上游)中组分选择性地透过薄膜,进入透过侧(膜下游),从而达到分离的目的。

膜要具有选择透过性能,取决于两个因素,一是膜材料,二是制膜技术。膜可以是均一相,也可以由两相以上的凝聚态物质构成;可以是固态,也可以是液态。目前,固体分离膜占 99% 以上,其制造材料以有机高分子材料为主,大致有以下九类:纤维素衍生物类、聚砜类、聚酰胺类、聚酰亚胺类、聚酯类、聚烯烃类、乙烯类聚合物、含硅聚合物、甲壳素类。制膜方法有相转化法和复合膜化法,制得的有对称膜和非对称膜等。不同的膜分离过程使用的膜是不同的,膜的结构不同,推动力、传递机理、操作方法等也不同,各种膜分离过程的基本特征列于表 5-2。

表 5-2 各种膜分离过程

过程	示意图	推动力	传递机理	透过物	截留物	膜类型
微滤(孔径 0.02~10 μm)	进料 → 浓缩液 / 滤液	压力差~0.1 MPa	筛分	水、溶剂、溶解物	悬浮物、颗粒、纤维	多孔膜
超滤(孔径 1~20 nm)	进料 → 浓缩液 / 滤液	压力差 0.1~1.0 MPa	筛分	水、溶剂	胶体大分子(不同的相对分子质量)	非对称膜
反渗透(孔径 0.1~1 nm)	进料 → 溶质 / 溶剂	压力差 1.0~10 MPa	溶解扩散、优先吸附-毛细孔流理论	水、溶剂	溶解物、胶体、悬浮物	非对称膜、复合膜
渗析(孔径 1.5~10 nm)	进料 → 净化液 / 扩散液 ← 接受液	浓度差	溶质的扩散传递	相对分子质量低的物质、离子	溶剂(相对分子质量>1 000)	非对称膜、离子交换膜

续表

过程	示意图	推动力	传递机理	透过物	截留物	膜类型
电渗析（孔径 1~10 nm）	浓缩液　溶剂　+极　-极　阴膜　阳膜　进料	电位差	电解质离子的选择传递	电解质离子	非电解质大分子物质	离子交换膜
气体分离	进气　渗余气　渗透气	压力差 1.0~10 MPa 和浓度差	气体和蒸气的扩散渗透	渗透性强的气体和蒸气	难渗透的气体和蒸气	均匀膜、复合膜、非对称膜
渗透蒸发	进料　溶质或溶剂　溶剂或溶质	压力差	选择传递（物性差异）	溶质或溶剂（易渗透组分的蒸气）	溶剂或溶质（难渗透组分的液体）	均匀膜、复合膜、非对称膜
乳化液膜分离	液膜　内相　外相	化学反应和浓度差	反应促进和扩散传递	在液膜相中有高溶解度的或能反应的组分	在液膜相中难溶解组分	液膜

注:有载体支撑的高分子膜,孔径随膜厚度变化的称为非对称膜。

（1）微滤和超滤

两者都是以压力差为推动力的过程,两者的分离机理都是膜孔对溶液中微粒的筛分作用。在压力差的作用下,小于孔径的微粒随溶剂一起透过膜孔,大于孔径的微粒被截留。被截留的微粒不形成滤饼,仍以溶质的形式保留在滤余液中,如图 5-44 所示。微滤所用的膜为多孔膜,平均孔径 $0.02~10~\mu m$,能截留粒径为 $0.02~10~\mu m$ 的粒子或相对分子质量大于 10^6 的高分子溶质。超滤所用的膜为非对称膜,其表面活性层有孔径为 $1~20~nm$ 的微孔,

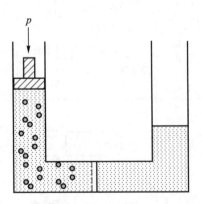

图 5-44　微滤和超滤的工作原理

能截留相对分子质量大于 500 的大分子和胶体微粒。微滤和超滤适用于水中极痕量的悬浮胶体和霉菌等的去除,热敏性食品、药物及酶等生物活性物质的分离

和浓缩。在食品、电涂、造纸、金属加工等工业的废水处理与有用组分的回收以及城市污水的处理方面也有大量应用。

（2）反渗透

用一张选择性透过溶剂（通常为水）的膜把两种浓度不同的溶液分开，如膜两侧的静压力相等，则溶剂将从稀溶液侧透过膜到浓溶液侧，此为渗透现象。随着溶剂的渗透，浓溶液侧的液面逐渐升高，静压力增加，当达到渗透平衡时，膜两侧的压力是不同的，此压差为渗透压差，若稀溶液以纯溶剂代替，此压差即为渗透平衡时浓溶液的渗透压。渗透压与溶液的种类、浓度和温度有关。若浓溶液侧与稀溶液侧的压差大于溶液的渗透压差，溶剂将从浓度高的一侧透过膜流向浓度低的一侧，这就是反渗透现象，如图 5-45 所示。显然，进行反渗透过程必须满足两个条件：一是有选择性透过溶剂的膜；二是在膜两侧施加的压差必须大于其渗透压差。实际中膜两侧的压差还必须克服透过膜的阻力，通常为渗透压差的 2~3 倍或更高。反渗透膜主要是非对称膜、复合膜，目前工业应用的可分为三类：高压海水脱盐反渗透膜、低压苦咸水脱盐反渗透膜和超低压反渗透膜。反渗透可分离相对分子质量小于 500 的小分子物质，大规模的应用主要是苦咸水和海水的淡化、纯水制备和水处理方面。

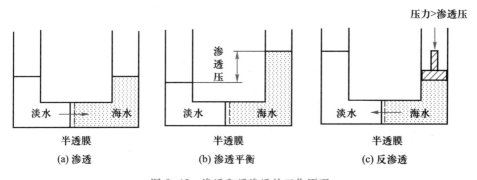

图 5-45　渗透和反渗透的工作原理

（3）渗析

渗析是在浓度差作用下，使一种或几种溶质通过膜，从一股液流传递到另一股液流的膜分离过程。渗析操作中，料液和渗析液（接受液）分别从膜两侧通过，在膜两侧浓度差的推动下，料液和渗析液中的小分子溶质通过膜扩散相互交换，大分子溶质则被膜截留。渗析所用的膜为非对称膜与离子交换膜。渗析主要用于脱除溶液中的相对分子质量低的组分，制造人工肾是其最主要的应用。

（4）电渗析

电渗析是指利用直流电场的作用，使溶液中的带电离子选择性地透过离子交换膜的分离过程。如表 5-2 中的示意图所示,在两电极间交替地放置阳离子交换膜(阳膜)和阴离子交换膜(阴膜)(图中只画出一对作示意,实际中为若干对)。阳膜通常含有带负电荷的酸性活性基团,能选择性地使溶液中的阳离子透过,阴离子则因受负电荷基团的同性相斥作用而被阻挡。阴膜则含有带正电荷的碱性活性基团,使阴离子选择性地透过而阳离子被阻挡。当在两膜所形成的隔室中充入含离子的水溶液并通入直流电时,阳离子将向阴极移动并透过阳膜,但受到阴膜的阻挡;阴离子将向阳极移动并透过阴膜,却受到阳膜的阻挡。其结果是使相邻两个隔室的离子浓度一个增加,一个减小,增加的称为浓缩室,减小的称为淡化室。电极所在的阳极室和阴极室则分别发生氧化和还原反应,这些电极反应与普通的电极反应相同。从浓缩室引出浓缩的溶液,淡化室引出淡化水,浓液得到分离。电渗析适用于水中脱盐、电解质的浓缩、非电解质中电解质的分离和复分解反应等领域,目前是海水脱盐的一种重要方法。

(5) 气体分离

膜法气体分离是根据混合气体中各组分在压力的推动下透过膜的传递速率不同以达到分离目的的操作。不同结构的膜,气体通过膜的传递扩散方式是不同的。气体通过多孔膜时,微孔介具有活泼的毛细管体系,对气体组分有吸附力而造成流动。根据微孔扩散机理,为获得良好的气体分离效果,须使混合气体通过多孔膜的传递过程以分子流为主。对非多孔膜,气体在膜中的传递基于溶解-扩散机理,此机理假设气体透过膜的过程由三步组成:气体在膜上游侧表面吸附溶解,扩散透过膜及在膜下游侧表面解吸,其中气体在膜内的渗透扩散最慢,是速率控制步骤。不同的气体、不同的膜及不同的气体状态条件的渗透扩散能力是不同的,气体透过膜的传递速率也不同。非多孔膜的选择性比多孔膜的大。用膜来分离气体混合物,操作简单、设备费低、能耗小。

(6) 渗透蒸发

渗透蒸发是利用膜对液体混合物中不同组分的溶解扩散性能不同,使不同组分通过膜的渗透速率不同来实现分离的,具有相态变化的膜分离过程。渗透蒸发时,在膜两侧蒸气压差的推动下,液体混合物中易渗透组分较多地溶解在膜料液侧表面,并较快地扩散通过膜,然后在膜透过侧表面汽化、解吸而被抽出,从而使易渗透组分与难渗透组分得到分离。造成膜两侧蒸气压差的方法主要有:

① 在膜透过侧用真空泵抽真空来造成膜两侧组分的蒸气压差;

② 通过料液加热和透过侧冷凝的方法以形成膜两侧组分的蒸气压差;

③ 用载气吹扫膜透过侧,将透过组分带走。

渗透汽化过程主要使用复合膜和非对称膜,采用非对称膜时,表层必须致密,否则分离效果差。渗透蒸发适用于分离较易挥发的物系、沸点相近的物系及量少价贵的产品。

（7）液膜分离

液膜是由液体形成的一层薄膜,主要由膜溶剂、表面活性剂、流动载体与膜增强添加剂等组成。液膜能把两种互溶的组成不同的溶液隔开,它对不同物质也具有选择性渗透的性质,因而可利用它来实现组分的分离。如使用水溶性表面活性剂,得到的液膜由水和表面活性剂等组成（称为水膜）,被隔开的两种溶液是有机溶液;若使用油溶性表面活性剂,得到的液膜则由有机组分和表面活性剂等组成（称为油膜）,被隔开的两种溶液是水溶液。液膜可分为三种:

① 支撑型液膜　也称隔膜型液膜,由溶解了载体的溶液含浸在惰性多孔膜的微孔中所形成,也可用半透性玻璃纸把溶液包封成夹心型薄片而成。这种液膜传质面积小,稳定性差,目前主要用于支撑液膜萃取的研究。

② 单滴型液膜　整个液膜是一个单一的球面薄层,这种膜寿命短,不稳定,目前主要用于理论研究。

③ 乳化液膜　将两种互不相溶的液体,通过高速搅拌或超声波处理形成乳化液,然后将其均匀分散在第三相（连续相,即外相）中,即形成乳化液膜,如表 5-2 中的示意图所示。乳化液膜的传质比表面积大,膜厚度小,应用前景好,是研究的主攻方向。乳化液膜分离的主要缺点是过程复杂。

乳化液膜分离过程主要包括制乳、液膜萃取、破乳等步骤。配制好液膜溶液和待包封的内相试剂,然后按前述方法制成乳化液,将乳化液与待处理料液在混合器中混合,使乳化液分散在料液中形成较粗大的乳化液珠粒,待分离的溶质便通过液膜的选择性促进迁移透过膜进入乳化液滴的内相中,之后经澄清使乳化液与料液分相,再经破乳将内相浓缩液与膜相成分分离,完成液膜分离过程。膜相成分可循环使用。

液膜分离技术的应用研究领域相当广泛,在金属离子的分离回收方面已有工业化应用,但真正工业化应用的实例还不多,大部分还处于实验室阶段,需在分离机理、提高液膜的稳定性与寿命、设备等方面进一步研究、探索和完善。

膜分离技术目前已广泛地应用在许多领域,并已使多种传统生产的面貌发生了根本性变化。在这里仅举两个实例做一简单说明。

① 在合成氨生产中,为维持惰性气体含量在控制的范围内,需排出一部分循环气,该循环气中 H_2 的体积分数大于 60%,直接放空是损失,用气体膜分离器分离后,可回收约 26% 的 H_2,使每吨氨的能耗下降 522～836 kJ。工艺过程示意图如图 5-46 所示。进入气体膜分离器之前进行鼓泡处理,目的是使气体中 NH_3 的含量小于 0.02%,以防止分离膜被氨溶胀破坏。

② 金属制品在用电泳法涂漆后,需用水将制品上带出的涂料冲去,淋洗下

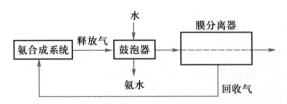

图 5-46 合成氨释放气中 H_2 的回收工艺过程示意图

来的水含有 1%~2% 的涂料。如像一般的工业废水那样处理达标后排放,既浪费涂料和清洗水,还得投入处理费用。采用如图 5-47 所示的超滤系统,涂料池内的溶液经超滤器处理,分离得到浓缩液和固体含量小于 0.1% 的渗透液,浓缩液返回池内,渗透液用于清洗被涂制品,这样就达到了回收涂料及循环使用清洗水的目的。

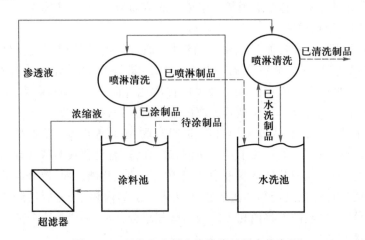

图 5-47 超滤在金属电泳涂漆过程中的应用

膜分离作为新的分离净化和浓缩技术,具有如下的优点:

① 过程不发生相变化(除渗透蒸发外),与有相变化的分离过程相比能耗低;

② 在环境温度下操作,适用于热敏性物质的分离;

③ 对目标组分选择性高,采用不同材质的膜,可以操控分离过程的选择性;

④ 适用范围广,可用于有机物和无机物,病毒、细菌到微粒的分离,还可用于许多特殊溶液体系的分离,如溶液中大分子与无机盐的分离,一些共沸物或近沸点物系的分离等;

⑤ 分离效率高,无二次污染,适用于环境保护;

⑥ 分离装置简单、操作容易、保养方便,并且无放大效应。

基于其所具有的突出优点，膜分离技术被认为是继热分离(蒸馏、蒸发等)和辅助相过程(吸收、液体萃取、吸附等)之后，分离过程的第三波发展，是 21 世纪最有发展前途的高技术之一。然而，膜分离毕竟是一门年轻的学科，在理论、技术和应用上都还有许多问题，在研究、完善和解决之中。

① 寻求和制造渗透性强和选择性好的膜材　聚合物上限操作温度通常在 100 ℃左右，并且对化学品敏感(如用于生物技术和水处理中的超滤和反渗透的氯，用于气体分离的重质烃，用于有机溶剂纳滤的溶剂)，这限制了它在工业膜分离上的应用。随着纳米材料开发成功，膜材可能实现性能突破，如碳纳米管。无机纳米结构材料耐高温、抗腐蚀，与广泛的化学品有很好的相容性。超薄结构石墨烯薄膜和具有完美晶格结构的金属氧化物，也为扩展膜的高效分离应用展示了希望。

② 发展膜和组件的大规模生产工艺　为一种新的膜材料开发一种新的定制模块，投资大、耗时长。膜与模块工业生产中，通常使用可能导致环境污染的有机溶剂进行聚合物的溶解。绿色溶剂(水、超临界二氧化碳等)可以改善这些问题，但它们的使用远不能适用于任何类型的聚合物。尽管如此，在生产更可持续的膜、使用绿色溶剂和生物基材料以替代传统的有毒、有害化合物方面取得了重大进展。新近开发的耐溶剂膜，如具有良好机械阻力的氟化聚合物和薄膜聚合物，为聚合物膜开辟了新的应用前景。模块生产通常依赖密封技术，开发灌封和外壳材料也是一个需要攻关的课题，如材料兼容性和树脂灌封的无缺陷黏合操作都存在着技术困难。

随着 3D 打印技术的进展，膜组件生产工艺可能会出现一个全新的发展。虽然通过 3D 打印代替经典生产技术(如中空纤维纺丝和树脂灌封)直接生产膜组件尚无法实现，但在不久的将来可能会成为现实。对聚合物或无机材料的膜组件直接进行 3D 打印生产可能会彻底改变游戏规则，实现快速高效的模块生产。膜的生产工艺通过 3D 打印，使制作复杂的几何形状膜成为可能，从而有可能使膜分离应用扩展到基于复杂结构膜的多种生命系统(如人工肺、肾等)。

③ 开发与优化膜分离设备及工艺　材料和工艺研究之间的协同发展是膜应用的关键。具有不同的软件环境的工艺系统工程对膜工艺设计优化非常有效，选择最高效的膜材料，以及最佳位置、最佳设计和最佳操作条件，已在大量工业应用中实现。多级或混合系统等复杂过程，可以解决一些重要的优化问题。过程系统工程中现代人工智能类型工具(神经网络、代理模型、结构方法和遗传算法等)的发展，能够非常快速地识别最佳膜、工艺设计和操作条件。优化算法和计算能力的联合使用为创新工艺开辟了道路，使多膜、多级工艺的设计成为可能。

④ 发展适应新工业环境下的膜分离过程　随着化石燃料使用量的逐步减少,可再生资源有望取代化石碳氢化合物,将减少石油炼油厂经典分离工艺的应用。生物精炼厂将需要有效的分离过程,以实现对含有热敏生物分子的水性稀释混合物的分离。膜分离可以在不消耗热量的情况下分离复杂的混合物,是发展生物精炼厂的关键技术。此外,可替代驱动力愈发引起人们的关注,如温差、光能或电场等,在某些情况下这些新颖的方法可能会在可持续发展的工业框架中重新考虑,特别是在集约的节能网络中。除了膜分离多年应用的传统分离过程外,预计膜分离过程还会出现新的应用可能性,如同时完成过滤、催化和热交换等多项单元操作,以及膜技术与其他常规分离方法的有效组合。

综上所述,科学推动(新方法和新技术)和应用拉动(新原料和新要求)会产生重大的技术进步。高性能纳米结构材料的发展、新的生产技术(如 3D 打印)和高性能计算的可能性,有望为膜分离技术的发展与应用,带来新的进展,开辟新的领域。

3. 反应精馏

反应精馏是一种将化学反应和精馏放在同一设备中同时完成的操作过程。依据侧重点不同,反应和精馏结合的操作可分为两种类型:

（1）通过反应促进精馏分离

在待分离的混合溶液中加入反应夹带剂,使其有选择地与溶液中的某一组分发生快速可逆反应,以加大组分间的挥发度差异,从而能容易地用精馏方法将混合物分离。这种方法通常用在组分的挥发度很接近但化学性质存在着差异的物系的分离。例如,间二甲苯与对二甲苯的混合物是一极难分离物系,若以对二甲苯钠作为反应夹带剂,由于间二甲苯的酸性比对二甲苯大得多,它会与对二甲苯钠发生反应生成间二甲苯钠,从而使分离变得十分容易。使用只有 6 块理论板的反应精馏塔即可获得满意的分离效果。需要指出的是,若夹带剂及其产物能反应生成目的产物,则不需要夹带剂回收系统,否则需将夹带剂再生和还原为反应组分并分离出来。在上例中,将分离出的间二甲苯钠与异丙苯反应,生成间二甲苯和异丙苯钠并分离之,异丙苯钠再与对二甲苯反应得到对二甲苯钠和异丙苯并循环使用。

（2）利用精馏促进反应

利用精馏过程把反应产物和原料分离,破坏了化学反应的平衡关系,使反应总是向生成物方向进行,加大了反应的转化率和反应速率,提高了生产能力;将目的产物从反应区及时移出,还可以减少副反应,提高过程的收率。若反应为放热过程,可利用反应热作为精馏过程的热源,从而降低能耗。反应精馏将反应器和精馏塔合二为一,节省了设备费与操作费。

利用精馏促进反应的方法必须具备一定条件:① 化学反应为液相过程,精馏方可成为反应物与生成物的可行分离方法;② 反应温度与精馏泡点温度一致;③ 反应不宜为强吸热反应;④ 生成物沸点必须高于或低于反应物;⑤ 在精馏温度下不会导致副反应等不利影响的增加。

醇与酸进行酯化反应是一个典型的利用精馏促进反应的例子,如乙醇与醋酸的酯化反应为可逆过程,由于酯或酯、水和醇三元恒沸物的沸点低于乙醇与醋酸的沸点,在反应过程中将反应产物乙酸乙酯不断蒸出,可以使反应不断向右进行,提高了反应的转化率。图 5-48 为乙醇与醋酸的酯化反应精馏的示意图,乙醇 A(过量)蒸气上升,而醋酸 B 淋下,反应生成酯 E,塔顶馏出三元共沸物,冷凝后分为两层即酯相和水相。

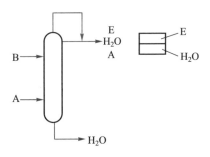

图 5-48　乙醇与醋酸的酯化反应精馏的示意图

对于中间产物为目标产物的连串反应,若目标产物比反应物易挥发,利用反应精馏可尽快分出目标产物,避免了它进一步反应,使其收率比单纯反应过程有较大幅度的提高。

用精馏促进反应的实例还很多,皂化、酯交换、水解、异构化、卤化等反应过程都可以应用反应精馏技术。

作为一种新型分离技术,反应精馏有很好的发展前景。但反应和精馏之间存在着较复杂的相互影响,即使进料位置、板数、传热、速率、停留时间、催化剂及进料配比等参数值的微小变化都会对过程产生强烈影响。反应精馏过程的工艺设计和操作较之普通精馏要复杂得多,并且每个物料体系均有其本身的特殊性,因而对它的研究还需深入进行。从目前看,反应精馏的主要研究方向是:① 反应物种类及反应物和产物的性质对反应精馏的影响;② 反应热效应对精馏过程的影响;③ 非均相催化反应精馏过程的传递规律及其设计方法;④ 用于精细化工生产的间歇反应精馏的非稳态特性等。随着反应精馏研究的不断深入,它的应用将会进一步扩大。

4. 冷冻干燥

冷冻干燥是先将待干燥物料冷冻,然后控制温度、压力等条件,加热使冷冻成固态的湿分直接升华变成蒸气,然后逸出而除去。在普通的干燥过程中,被干燥物料中的湿分是在液态下汽化的,湿分的迁移和溶液的逐渐浓缩及较高的干燥温度使干燥中收缩、失形的现象和某些成分的变性损失与生物活性的失活不可避免。冷冻干燥解决了这些问题。在冷冻干燥过程中,物料有稳固的骨架,干燥温度较低且通常在真空下进行,所以干燥后的物料能基本保持原来的化学组成和物理性质。这一特点使冷冻干燥在生物制品、医药、材料、食品、化工等领域受到重视,被广泛应用于生物标本的制作,各种疫苗、血清和食品的脱水,材料的制备,文物的保存和工艺美术品的处理等方面。冷冻干燥将物料"先冷后热",干燥过程通常还需要抽真空,所以比普通的干燥方法能耗高,降低过程的能耗是今后的主要研究方向。

5. 超重力传质技术

超重力是在比地球重力加速度大的环境下物质所受到的力。超重力能大大减少液体表面张力的作用,巨大的剪切力能将液体变成微小液滴,产生很大的接触表面积。

对气-液相间传质过程,传统的气-液逆流接触设备是依靠重力作用实现气-液接触进行传质的,由于重力场较弱,液膜流动缓慢,液膜厚度较大而传质系数较小。对液膜控制的传质过程而言,传质设备体积庞大,空间利用率和设备生产强度低。20 世纪 80 年代,出现了超重力场新型传质设备,它是利用环形旋转器的高速转动,产生强大的离心力(称为旋转床),使气-液膜变薄,传质阻力减小,气-液之间产生高效的逆流接触,从而极大地强化传质过程。由于超重力传质技术潜在的应用前景,国内外都在竞相对其进行开发研究,并进行了一定的中试及工业运行。例如硫酸工业尾气脱硫,合成氨工业原料气二氧化碳的脱除等。但该技术出现的时间不长,基础理论的研究尚未完善,设备的制造工艺也有许多问题待解决。要在工业中广泛应用超重力传质技术,还有待进一步研究与开发。

本节小结

本节从概念、原理、特点、应用等方面介绍了几种新型传质分离技术与特殊传质分离过程。这些技术在许多领域已被广泛应用,而且应用范围还在快速扩大,但同时还有许多方面有待完善和进一步研究。

本节复习题

1. 何为超临界流体？它有什么特点？如何选择超临界流体？

2. 试从原理、影响萃取能力的因素、操作条件、溶剂的再生分离等方面,将超临界液体萃取与一般液-液萃取进行对比。

3. 在线搜索"超临界流体萃取",了解超临界流体萃取的最新研究及应用进展,列出1~2个你感兴趣的新发展。

4. 液膜分离技术与溶剂萃取相同,亦由萃取和反萃取两个过程组成。试从萃取和反萃取两过程分析比较液膜分离与溶剂萃取的异同。

5. 膜的选择透过性能取决于膜材料和制膜技术。通过文献查阅,试举一种膜分离过程,说明其采用的材料和制备方法是如何提升这种分离过程的。

6. 试分析反应精馏的优点和局限性。

7. 通过一定的文献调研,了解传质分离技术的最新进展。列举几种新型的传质分离技术,并指出它们的原理、特点及应用领域。

本节参考书目与文献

第6章

工业化学反应过程及反应器

6.1 概述

1. 工业化学反应过程的特征

物理化学中涉及的化学反应动力学,讨论理想条件下化学反应的机理和速率,探讨影响反应速率的各种因素以及如何获得最优的反应结果,即研究处于均匀混合状态和均一操作条件下反应物系的动力学规律。实验室中所遇到的化学反应基本上都属于或可近似看作理想条件下的反应过程,然而工业规模下的反应过程却并非如此。一个化学反应在实验室或小规模进行时,可以达到相对比较高的转化率或收率,但放大到工业反应器中进行时,维持相同反应条件,所得转化率却往往低于实验室结果,究其原因,有以下几方面:

① 大规模生产条件下,反应物系的混合不可能像实验室那么均匀。即使在强烈搅拌存在下,当反应器的体积比较大时,搅拌的效果也达不到实验室那样的理想状况。

② 生产规模下,反应条件不能像实验室中那么容易控制,体系内温度和浓度并非均匀。如放热反应,在实验室可以比较容易地通过冷却、水浴等手段使反应体系的热量移出,从而保持温度恒定且处处相等;而生产规模下,通过换热方式移走放出的热量,反应体系内部仍存在较大的温度梯度,反应只能控制在相对的一个温度范围内进行。由此,致使工业反应器内浓度也表现出非均匀性。

③ 生产条件下,反应体系多维持在连续流动状态,反应器的构型以及器内的流动状况、流动条件对反应过程有极大的影响。反应器的结构不同,反应物料质点流经反应器的时间就会不一样,有的停留时间长,有的可能一进入反应器就很快地离开了,工业反应器内存在一个停留时间分布。

总之,工业反应器中实际进行的过程不但包括化学反应,还伴随着各种物理过程,如热量的传递,物质的流动、混合和传递等,这些传递过程显著地影响着反应的最终结果,这就是工业规模下的反应过程的特征所在。

2. 化学反应工程学的任务和研究方法

工业反应器的反应结果既与反应本身的特性有关,又与反应器内传递过程有关,因而要透彻了解工业化学反应过程,不但要研究化学反应和传递过程各自的规律,更重要的是掌握两者相互影响、相互制约的规律,由此形成了一门新兴学科——化学反应工程学。

化学反应工程学研究生产规模下的化学反应过程和设备内的传递规律,它应用化学热力学和动力学知识,结合流体流动、传热、传质等传递现象,进行工业反应过程的分析、反应器的选择和设计及反应技术的开发,并研究最佳的反应操作条件,以实现反应过程的优化操作和控制。

化学反应工程学有着自身特有的研究方法。在一般的化工单元操作中,通常采用的方法是经验关联法,如流体阻力系数、对流传热系数的获得等,这是一种实验-综合的方法。但化学工程学涉及的内容、参数及其相互间的影响更为复杂,研究表明,这种传统的方法已经不能解决化学反应工程问题,而要采用以数学模型为基础的数学模拟法。

所谓数学模拟法是将复杂的研究对象合理地简化成一个与原过程近似等效的模型,然后对简化的模型进行数学描述,即将操作条件下的物理因素,包括流动状况、传递规律等过程的影响和所进行化学反应的动力学综合在一起,用数学公式表达出来。数学模型是流动模型、传递模型、动力学模型的总和,一般是各种形式的联立代数方程、微分方程或积分方程。20世纪50年代以来,计算机技术的迅猛发展,使得数学模型的数值运算易于进行,数学模拟法得以迅速应用。

建立数学模型的过程采用了分解-综合的方法,它将复杂的反应工程问题先分解为较为简单的本征化学动力学和单纯的传递过程,然后把两者结合,通过综合分析的方法提出模型并用数学方法予以描述。

建立数学模型的关键是对过程实质的了解和对过程的合理简化,这些都依赖于实验;同样模型的验证和修改,也依赖于实验,只有对模型进行反复修正,才能得到与实际过程等效的数学模型。

在实际研究中,往往是先抽提出理想反应器模型,然后讨论实际反应器与理想反应器的偏离,再通过校正和修改,最后建立实际反应器的模型。

3. 工业反应器简介

(1) 工业反应器分类

从传递特性和动力学特性两方面入手,可将工业反应器分类。

① 按操作状况 根据反应物料加入反应器的方式,可将反应器分为间歇反应器、连续反应器和半连续/半间歇反应器。

间歇反应器:反应物料一次加入,在搅拌的存在下,经过一定时间达到反应要求后,反应产物一次卸出,生产为间歇地分批进行。特征是反应过程中反应体系的各种参数(如浓度、温度等)随着反应时间逐步变化,但不随器内空间位置而变化。物料经历的反应时间都相同。

连续反应器:稳定操作时,反应物和产物连续稳定地流入和引出反应器,反应器内的物系参数不随时间发生变化,但可随位置而变。反应物料在反应器内停留时间可能不同。

半连续/半间歇反应器:一种或几种反应物先一次加入反应器,而另外一种反应物或催化剂则连续注入反应器,这是一种介于连续和间歇之间的操作方式。反应器内物料参数随时间发生变化。

② 按反应器的形状 根据几何形状可归纳为管式、槽(釜)式和塔式三类反应器。

管式反应器是长(高)径比很大的反应器,此类反应器中物料混合程度很小,一般用于连续操作过程。

槽(釜)式反应器的高径比较小,一般接近1。通常槽(釜)内装搅拌器,器内混合比较均匀。此类反应器既可用于连续操作,也可用于间歇操作。

塔式反应器高径比在以上两者之间(一般地讲,高径比还是较大的),采用连续操作方式。

③ 按反应混合物的相态 根据反应物料混合物的相态可分为均相反应器和非均相反应器。均相反应器又分为气相和液相反应器,非均相反应器分为气-液、气-固、液-液、液-固、气-液-固等反应器。

生产中的反应器实际上具有多种特性,并非按照单一分类方式来命名,通常是将以上的分类加以综合。

（2）常见工业反应器（见图 6-1）

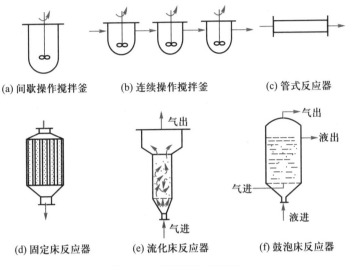

(a) 间歇操作搅拌釜 (b) 连续操作搅拌釜 (c) 管式反应器

(d) 固定床反应器 (e) 流化床反应器 (f) 鼓泡床反应器

图 6-1 常见工业反应器

① 间歇操作搅拌釜 这是一种带有搅拌器的槽式反应器。一般用于小批量、多品种的液相反应系统,如制药、染料等精细化工生产过程。

② 连续操作搅拌釜 即物料连续流动的搅拌釜式反应器。常用于均相、非均相的液相系统,如合成橡胶等聚合反应过程。它可以单釜连续操作,也可以多釜串联操作。

③ 管式反应器 即连续操作的管式反应器,主要用于大规模流体参加的反应过程,如石脑油裂解、高压乙烯聚合等。

④ 固定床反应器 反应器内填放固体催化剂颗粒或固体反应物,在流体通过时静止不动,由此而得名。主要用于气固相催化反应,如合成氨生产等。

⑤ 流化床反应器 与固定床反应器中固体介质固定不动相反,此处将固相介质做成较小的颗粒,当流体通过床层时,固相介质形成悬浮状态,好像变成了沸腾的流体,故称流化床,俗称沸腾床。主要用于要求有较好的传热和传质效率的气固相催化反应,如石油的催化裂化、丙烯氨氧化,以及固相的氧化、脱水、分解等非催化反应过程。

⑥ 鼓泡床反应器 这是一种塔式结构的气-液反应器,在充满液体的床层中,气体鼓泡通过,气液两相进行反应,如乙醛氧化制醋酸。

工业反应器型式各异,其中进行的反应更是多种多样,限于篇幅,本章主要讨论恒温的均相反应器的特点、设计、优化及选型等问题,并对工业中常用的非均相反应器——气固相催化反应器的结构、特征及选择进行简介。

4. 反应器的基本计算方程

反应器的设计计算主要是确定反应器的生产能力,即完成一定生产任务所需反应器的体积。对于等温反应器,使用物料衡算便可描述反应器内的流动状况,并与反应器中具体反应的动力学结合,从而获得将原料和产品组成、产量和反应速率相互联系起来的关联式,即反应器的基本计算方程,也就是反应器的数学模型。由此,可求出各种反应器的体积或确定体积的反应器完成一定生产任务所需的反应时间。

对于任一反应器,其物料衡算表达式为

$$引入反应物的速率 = 引出反应物的速率 + 反应消耗反应物的速率 +$$
$$反应物积累速率 \tag{6-1}$$

根据反应器的操作方法不同,上式可简化为下列两种情况。

① 间歇操作:

$$反应消耗反应物的速率 + 反应物积累速率 = 0 \tag{6-2}$$

② 连续稳定操作:

$$引入反应物的速率 = 引出反应物的速率 + 反应消耗反应物的速率 \tag{6-3}$$

反应器中的物料衡算,往往选定某一组分为基准。而衡算范围要根据反应器形状和流动状态确定。对于反应物呈均匀分布的反应器,衡算可就整个反应器进行;对反应物分布不均匀的反应器,则选取反应器中的一个体积微元进行衡算,然后在整个反应器范围内进行积分。

6.2 理想反应器及其计算

从本节开始,将讨论恒温的均相反应器的流动状况、反应器计算及其强化和优化等内容。为讲述方便,从理想反应器的介绍入手。

1. 间歇搅拌釜式反应器(BR)

(1) 结构与操作特点

图6-2为间歇搅拌釜式反应器。反应物料一次加入反应器,充分搅拌,使整

个反应器内物料的浓度和温度保持均匀。通常它配有外部夹套或内设蛇管,以控制反应温度。经过一定时间,达到规定的转化率后,停止反应并将物料排出反应器。间歇反应器操作的一个生产周期包括加料、反应、出料、清洗。

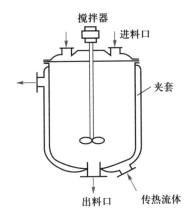

图 6-2 间歇搅拌釜式
反应器示意图

在理想的间歇搅拌釜式反应器内,由于剧烈搅拌,物料达到分子尺度上的均匀,且浓度处处相等,因而排除了物质传递过程对反应的影响;由于具有足够大的传热速率,器内各处温度相等,亦排除了热量传递过程对反应的影响。这种操作特点决定了间歇搅拌釜式反应器的反应结果只由化学动力学所确定。

(2)间歇搅拌釜式反应器的计算

以反应物 A 为基准对反应器进行物料衡算,根据式(6-2),

反应物 A 消耗速率 $= (-r_A)V$

反应物 A 积累速率 $= \dfrac{\mathrm{d}n_A}{\mathrm{d}t}$

因此物料衡算式为

$$(-r_A)V = -\frac{\mathrm{d}n_A}{\mathrm{d}t}$$

或

$$(-r_A) = -\frac{1}{V}\frac{\mathrm{d}n_A}{\mathrm{d}t} \tag{6-4}$$

式中,r_A 为组分 A 的反应速率,$\mathrm{kmol \cdot m^{-3} \cdot s^{-1}}$;$V$ 为反应物料的体积,$\mathrm{m^3}$;t 为反应时间,s;n_A 为反应物 A 的物质的量,kmol。

如果反应过程中,反应物料的体积不发生变化,即为恒容过程,这时 $n_A = Vc_A$ 或 $\mathrm{d}n_A = V\mathrm{d}c_A$,则

$$(-r_A) = -\frac{\mathrm{d}c_A}{\mathrm{d}t} \tag{6-5}$$

反应时间为

$$t = -\int_{c_{A,0}}^{c_A} \frac{\mathrm{d}c_A}{(-r_A)} = c_{A,0}\int_0^{x_A} \frac{\mathrm{d}x_A}{(-r_A)} \tag{6-6}$$

式中，$c_{A,0}$ 为 A 的初始浓度，$\mathrm{kmol \cdot m^{-3}}$；$x_A$ 为 A 的转化率，%。

式（6-6）是间歇搅拌釜式反应器的基本计算方程。由此式可得出，间歇反应器中达到一定转化率所需的反应时间仅与反应速率有关，而与反应器的容积无关。表 6-1 列出了间歇搅拌釜式反应器中不同级数反应的反应时间计算式。

表 6-1　间歇搅拌釜式反应器中不同级数反应的反应时间计算式

反应级数	反应速率式	残余浓度式	转化率式
零级	$(-r_A) = -\dfrac{\mathrm{d}c_A}{\mathrm{d}t} = k$	$t = (c_{A,0} - c_A)/k$	$t = \dfrac{c_{A,0}x_A}{k}$
		$c_A = c_{A,0} - kt$	$x_A = \dfrac{kt}{c_{A,0}}$
一级	$(-r_A) = -\dfrac{\mathrm{d}c_A}{\mathrm{d}t} = kc_A$	$t = \dfrac{1}{k}\ln\dfrac{c_{A,0}}{c_A}$	$t = \dfrac{1}{k}\ln\dfrac{1}{1-x_A}$
		$c_A = c_{A,0}e^{-kt}$	$x_A = 1 - e^{-kt}$
二级	$(-r_A) = -\dfrac{\mathrm{d}c_A}{\mathrm{d}t} = kc_A^2$	$t = \dfrac{1}{k}\left(\dfrac{1}{c_A} - \dfrac{1}{c_{A,0}}\right)$	$t = \dfrac{x_A}{kc_{A,0}}\left(\dfrac{1}{1-x_A}\right)$
		$c_A = \dfrac{c_{A,0}}{1 + c_{A,0}kt}$	$x_A = \dfrac{c_{A,0}kt}{1 + c_{A,0}kt}$
	$(-r_A) = -\dfrac{\mathrm{d}c_A}{\mathrm{d}t} = kc_Ac_B$	$t = \dfrac{1}{(m-1)c_{A,0}k} \cdot$ $\ln\dfrac{(m-1)c_{A,0}+c_A}{mc_A}$	$t = \dfrac{1}{(m-1)c_{A,0}k} \cdot$ $\ln\dfrac{m-x_A}{m(1-x_A)}$
		$\dfrac{c_{B,0}}{c_{A,0}} = m$	
n 级	$(-r_A) = -\dfrac{\mathrm{d}c_A}{\mathrm{d}t} = kc_A^n$	$t = \dfrac{c_A^{1-n} - c_{A,0}^{1-n}}{k(n-1)}$	$t = \dfrac{1 - (1-x_A)^{1-n}}{k(n-1)c_{A,0}^{n-1}}$

间歇搅拌釜式反应器的一个操作周期除了反应时间 t 之外，还有加料、出料、清洗等非生产时间，或称为辅助时间 t'。如果已知单位时间平均处理物料的体积 q_v，那么反应器有效体积 V_R 的计算公式为

$$V_R = q_v(t + t') \tag{6-7}$$

式中，V_R 为反应器的有效容积。为了安全起见，实际反应器的体积 V_T 要比有效容积大。定义有效容积所占总体积的分数为装料系数 $\varphi = V_R/V_T$，则

$$V_T = V_R/\varphi \tag{6-8}$$

装料系数 φ 根据经验选定,一般为 0.4~0.8。对不产生泡沫、不沸腾的液体,φ 取上限。

例 6-1 在间歇搅拌釜式反应器中进行如下分解反应:

$$A \longrightarrow B+C$$

已知在 328 K 时 $k = 0.002\ 31\ \text{s}^{-1}$,反应物 A 的初始浓度为 1.24 kmol·m^{-3},要求 A 的转化率达到 90%。又每批操作的辅助时间 30 min,A 的日处理量为 14 m^3,装料系数为 0.75,试求反应器的体积。

解: (1) 确定达到要求的转化率所需反应时间

反应速率表达式为 $\qquad -r_A = kc_A = kc_{A,0}(1-x_A)$

根据式(6-6)

$$t = c_{A,0}\int_0^{x_A} \frac{\mathrm{d}x_A}{(-r_A)} = \int_0^{x_A} \frac{\mathrm{d}x_A}{k(1-x_A)} = \frac{1}{k}\ln\frac{1}{1-x_A}$$

代入数据得 $\qquad t = 1\ 000\ \text{s}$

(2) 计算反应器体积

假定日工作时间为 12 h,根据式(6-7)和式(6-8),有

$$V_R = q_v(t+t') = \left[\frac{14}{12}\times\left(\frac{1\ 000}{3\ 600}+\frac{30}{60}\right)\right]\ \text{m}^3 = 0.91\ \text{m}^3$$

$$V_T = V_R/\varphi = (0.91/0.75)\ \text{m}^3 = 1.2\ \text{m}^3$$

2. 活塞流反应器(PFR)

(1) 活塞流

连续稳定流入反应器的流体,在垂直于流动方向的任一截面上,各质点的流速完全相同,平行向前流动,恰似汽缸中活塞的移动,故称为活塞流或平推流,又叫理想置换、理想排挤流。其特点是先后进入反应器的物料之间完全无混合,而在垂直于流动方向的任一截面上,物料的参数都是均匀的。换言之,沿反应器轴向上物料之间没有混合,而径向上物料之间混合均匀。物料质点在反应器内停留的时间都相同。

显然,这是一种理想的流动模型。常见的管式反应器中的流动接近这种流型,特别是当其长径比较大、流速较高、流体流动阻力很小时,可视为活塞流,故习惯称为理想管式反应器。

(2) 活塞流反应器的计算

根据活塞流的流动特征,对活塞流反应器进行物料衡算,求取其基本计算

方程。

设一反应器体积为 V_R,进、出反应器的物料参数如图 6-3 所示,其中 q_V、$q_{n,A}$ 分别为反应物的体积流量和 A 的摩尔流量。

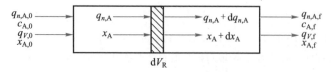

图 6-3 活塞流反应器示意图

定态操作时,反应器内物料的参数不随时间发生变化,而沿着长度方向发生变化。为此,取反应器内体积为 dV_R 的一微元作为衡算范围,对组分 A 进行物料衡算。

进入微元体积的反应物 A 的速率:

$$q_{n,A} = q_{n,A,0}(1-x_A) = q_{V,0}c_{A,0}(1-x_A)$$

流出微元体积的反应物 A 的速率:

$$q_{n,A} + dq_{n,A} = q_{V,0}c_{A,0}(1-x_A-dx_A)$$

A 反应消耗的速率为 $(-r_A)dV_R$,根据物料衡算式(6-3)可得

$$q_{n,A} = q_{n,A} + dq_{n,A} + (-r_A)dV_R$$

或 $$q_{V,0}c_{A,0}(1-x_A) = q_{V,0}c_{A,0}(1-x_A-dx_A) + (-r_A)dV_R$$

简化上式则有 $$q_{V,0}c_{A,0}dx_A = (-r_A)dV_R \tag{6-9}$$

对整个反应器进行积分,得

$$V_R = \int_0^{V_R} dV_R = q_{V,0}c_{A,0}\int_0^{x_{A,f}} \frac{dx_A}{(-r_A)} \tag{6-10}$$

或 $$\tau = \frac{V_R}{q_{V,0}} = c_{A,0}\int_0^{x_{A,f}} \frac{dx_A}{(-r_A)} \tag{6-11}$$

对于恒容过程 $c_A = c_{A,0}(1-x_A)$,则 $dx_A = -dc_A/c_{A,0}$,代入上式

$$\tau = \frac{V_R}{q_{V,0}} = \int_{c_{A,f}}^{c_{A,0}} \frac{dc_A}{(-r_A)} \tag{6-12}$$

式(6-10)、式(6-11)和式(6-12)是活塞流反应器的基本计算方程式,它关联了 $c_A(x_A)$、$(-r_A)$、V_R、$q_{V,0}$ 和 τ 五个参数。其中 τ 称作空间时间,定义为反应物料以入口状态体积流量通过反应器所需的时间;对恒容过程,又称为停留时

间,指物料粒子从进入到流出反应器所需要的时间。

与间歇搅拌釜式反应器的基本计算方程式(6-6)比较,可以看出二者的基本计算方程除在时间表达方式上不同外,其余完全相同。间歇搅拌釜式反应器为反应时间 t,活塞流反应器为停留时间 τ,实际上对于恒容过程,停留时间等于反应时间,因而表6-1中列出的间歇搅拌釜式反应器不同反应级数的反应时间计算式,也适用于活塞流反应器停留时间的计算。

3. 全混流反应器(CSTR)

(1)全混流

全混流是指连续稳定流入反应器的物料在强烈的搅拌下与反应器中的物料瞬间达到完全混合,又称理想混合流。其特点是反应器内物料的参数处处均匀,且都等于流出物料的参数,但物料质点在反应器中停留的时间各不相同,即形成停留时间分布。

这亦是一种理想的流动模型,常见的连续搅拌釜式反应器接近全混流模型。当搅拌比较强烈、流体黏度较小、反应器尺寸较小时,就可看作理想混合,因此习惯上常称为理想釜式反应器。

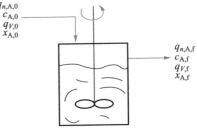

图6-4 全混流反应器示意图

(2)全混流反应器的计算

对于全混流反应器(见图6-4),在充分搅拌下,进入反应器的物料粒子与反应器中已有的粒子之间瞬间混合均匀,反应器内处处组成相同,故可以对整个反应器做物料衡算。

根据连续流动物料衡算式(6-3),可得

$$q_{n,A,0}-q_{n,A,0}(1-x_{A,f})=(-r_A)_f V_R$$

或

$$q_{V,0}c_{A,0}-q_{V,0}c_{A,0}(1-x_{A,f})=(-r_A)_f V_R$$

整理得

$$\tau=\frac{V_R}{q_{V,0}}=\frac{c_{A,0}x_{A,f}}{(-r_A)_f} \tag{6-13}$$

如果进料中已含反应产物,$x_{A,0}\neq 0$,则

$$\tau=\frac{V_R}{q_{V,0}}=\frac{c_{A,0}(x_{A,f}-x_{A,0})}{(-r_A)_f} \tag{6-14}$$

恒容过程中,$q_V=q_{V,0}$,则

$$\tau = \frac{V_R}{q_{V,0}} = \frac{c_{A,0} - c_{A,f}}{(-r_A)_f} \tag{6-15}$$

式(6-13)、式(6-14)及式(6-15)是全混流反应器的基本计算方程。由于物料粒子在全混流反应器中停留时间各不相同,所以式中 τ 为平均停留时间。表6-2列出了全混流反应器中不同级数反应的反应物残余浓度和转化率计算式。

表6-2　全混流反应器中不同级数反应的反应物残余浓度和转化率计算式

反应级数	反应速率式	残余浓度式	转化率式
零级	$(-r_A) = -\dfrac{dc_A}{dt} = k$	$\tau = (c_{A,0} - c_{A,f})/k$	$\tau = \dfrac{c_{A,0} x_{A,f}}{k}$
		$c_{A,f} = c_{A,0} - k\tau$	$x_{A,f} = \dfrac{k\tau}{c_{A,0}}$
一级	$(-r_A) = -\dfrac{dc_A}{dt} = kc_A$	$\tau = \dfrac{c_{A,0} - c_{A,f}}{kc_{A,f}}$	$\tau = \dfrac{x_{A,f}}{k(1 - x_{A,f})}$
		$c_{A,f} = \dfrac{c_{A,0}}{1 + k\tau}$	$x_{A,f} = \dfrac{k\tau}{1 + k\tau}$
二级	$(-r_A) = -\dfrac{dc_A}{dt} = kc_A^2$	$\tau = \dfrac{c_{A,0} - c_{A,f}}{kc_{A,f}^2}$	$\tau = \dfrac{x_{A,f}}{kc_{A,0}(1 - x_{A,f})^2}$
		$c_{A,f} = \dfrac{\sqrt{1 + 4c_{A,0}k\tau} - 1}{2k\tau}$	$k\tau c_{A,0} = \dfrac{x_{A,f}}{(1 - x_{A,f})^2}$
n 级	$(-r_A) = -\dfrac{dc_A}{dt} = kc_A^n$	$\tau = \dfrac{c_{A,0} - c_{A,f}}{kc_{A,f}^n}$	$\tau = \dfrac{x_{A,f}}{kc_{A,0}^{n-1}(1 - x_{A,f})^n}$

例6-2　某液相反应 A+B $\longrightarrow$ R+S,其反应动力学表达式为 $(-r_A) = kc_A c_B$。$T = 373$ K时,$k = 0.24$ m³·kmol⁻¹·min⁻¹。今要完成一生产任务,A 的处理量为 80 kmol·h⁻¹,入口物料的浓度为 $c_{A,0} = 2.5$ kmol·m⁻³,$c_{B,0} = 5.0$ kmol·m⁻³,要求 A 的转化率达到80%,问:① 若采用活塞流反应器,反应器容积应为多少? ② 采用全混流反应器,反应器容积应为多少?

解:已知 $q_{n,A,0} = 80$ kmol·h⁻¹,$c_{A,0} = 2.5$ kmol·m⁻³,$c_{B,0} = 5.0$ kmol·m⁻³,所以

$$q_{V,0} = q_{n,A,0}/c_{A,0} = 32 \text{ m}^3 \cdot \text{h}^{-1}$$

又因反应混合物中 B 稍过量,$c_{B,0} = 2c_{A,0}$,则当 A 的转化率为 x_A 时,$c_A = c_{A,0}(1 - x_A)$,$c_B = c_{B,0} - c_{A,0} x_A = c_{A,0}(2 - x_A)$,$(-r_A) = kc_A c_B = kc_{A,0}^2 (1 - x_A)(2 - x_A)$

① 活塞流反应器:

$$\tau = c_{A,0} \int_0^{x_{A,f}} \frac{dx_A}{(-r_A)} = c_{A,0} \int_0^{x_{A,f}} \frac{dx_A}{kc_{A,0}^2 (1 - x_A)(2 - x_A)}$$

$$= \frac{1}{kc_{A,0}} \int_0^{x_{A,f}} \left(\frac{1}{1 - x_A} - \frac{1}{2 - x_A} \right) dx_A = \frac{1}{kc_{A,0}} \left(\ln \frac{2 - x_A}{1 - x_A} \right)_0^{x_{A,f}}$$

代入数据
$$\tau = \frac{1}{0.24 \times 2.5}(\ln 6 - \ln 2) \ \text{min} = 1.83 \ \text{min}$$

所以
$$V_R = q_{V,0}\tau = 32 \times 1.83/60 \ \text{m}^3 = 0.976 \ \text{m}^3$$

② 全混流反应器：

$$(-r_A)_f = kc_{A,0}^2(1-x_{A,f})(2-x_{A,f}) = [0.24 \times 2.5^2 \times (1-0.8)(2-0.8)] \ \text{kmol} \cdot \text{m}^{-3} \cdot \text{min}^{-1}$$

$$= 0.36 \ \text{kmol} \cdot \text{m}^{-3} \cdot \text{min}^{-1}$$

$$\tau = \frac{c_{A,0}x_{A,f}}{(-r_A)_f} = \frac{2.5 \times 0.8}{0.36} \ \text{min} = 5.56 \ \text{min}$$

所以
$$V_R = 32 \times 5.56/60 \ \text{m}^3 = 2.97 \ \text{m}^3$$

因而,在相同的生产条件、物料处理量和最终转化率下,全混流反应器所需的容积要比活塞流反应器的容积大得多。

4. 多釜串联反应器(MMFR)

如果生产过程中所需的全混流反应器体积比较大,这时往往会采用几个较小的全混流反应器串联。这是因为,一方面,直径很大的釜式反应器制造及安装都比较困难;另一方面,体积很大的反应器中搅拌的效果相对较差,混合的均匀程度不好。

多釜串联反应器即几个全混流反应器串联,如图6-5所示。其特点为:

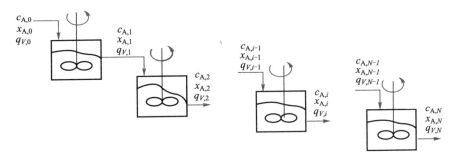

图 6-5 多釜串联反应器

① 每一级反应器都是全混流反应器。

② 反应器之间,流体不相互混合。前一级反应器出口的物料浓度为后一级反应器入口的浓度,反应在后一级反应器中继续进行,反应转化率高于前一级。串联级数越多,各级之间反应物浓度差别越小,整个多釜串联反应器越接近平推流反应器。

对第 i 个反应器进行物料衡算得

$$c_{A,i-1}q_{V,i-1} = c_{A,i}q_{V,i} + (-r_A)_i V_{R,i} \tag{6-16}$$

定容过程 $q_{V,0} = q_{V,1} = \cdots = q_{V,i} = \cdots = q_{V,N}$，则有

$$\tau_i = \frac{V_{R,i}}{q_{V,0}} = \frac{c_{A,i-1} - c_{A,i}}{(-r_A)_i} \tag{6-17}$$

或

$$\tau_i = \frac{c_{A,0}(x_{A,i} - x_{A,i-1})}{(-r_A)_i} \tag{6-18}$$

式（6-17）和式（6-18）即为多釜串联反应器的基本计算方程。在多釜串联反应器的计算中，涉及每级反应器的有效容积 $V_{R,i}$、串联反应器的级数 N、最终转化率 $x_{A,N}$、反应物最终浓度 $c_{A,N}$ 四个参数，可用代数法和图解法。

（1）代数法

对一级反应 $\qquad\qquad\qquad$ A→R

$$(-r_A)_i = k_i c_{A,i}$$

由式（6-17）

$$\tau_i = \frac{c_{A,i-1} - c_{A,i}}{k_i c_{A,i}}$$

或

$$\frac{c_{A,i-1}}{c_{A,i}} = 1 + k\tau_i \tag{6-19}$$

即有

$$\frac{c_{A,0}}{c_{A,1}} = 1 + k_1\tau_1$$

$$\frac{c_{A,1}}{c_{A,2}} = 1 + k_2\tau_2$$

$$\frac{c_{A,2}}{c_{A,3}} = 1 + k_3\tau_3$$

$$\cdots\cdots$$

$$\frac{c_{A,N-1}}{c_{A,N}} = 1 + k_N\tau_N$$

所有上式连乘，有

$$\frac{c_{A,0}}{c_{A,N}} = \prod_{i=1}^{N}(1 + k_i\tau_i)$$

或

$$c_{A,N} = c_{A,0}\prod_{i=1}^{N}\left(\frac{1}{1 + k_i\tau_i}\right) \tag{6-20}$$

$$x_{A,N} = 1 - \prod_{i=1}^{N} \left(\frac{1}{1+k_i \tau_i} \right) \qquad (6-21)$$

生产中,往往各级反应器的体积相等,且反应条件也相同,因此

$$\tau_1 = \tau_2 = \cdots = \tau_N = \tau$$
$$k_1 = k_2 = \cdots = k_N = k$$

则有

$$x_{A,N} = 1 - \left(\frac{1}{1+k\tau} \right)^N \qquad (6-22)$$

由此可得

$$\tau = \frac{1}{k} \left[\left(\frac{1}{1-x_{A,N}} \right)^{\frac{1}{N}} - 1 \right] \qquad (6-23)$$

$$N = \frac{\ln(1-x_{A,N})}{\ln(1+k\tau)} \qquad (6-24)$$

对于非一级反应,如果釜数不多,也可采用代数法;当釜数多时,用代数法时需要迭代或试差,这时往往采用图解法。

(2)图解法

对定容反应过程,将第 i 级釜的基本计算式(6-17)改写为

$$(-r_A)_i = \frac{c_{A,i-1}}{\tau_i} - \frac{c_{A,i}}{\tau_i} \qquad (6-25)$$

式(6-25)称为物料衡算或操作线方程,它表明,当第 i 级釜进口浓度 $c_{A,i-1}$ 已知,其出口浓度 $c_{A,i}$ 和 $r_{A,i}$ 为直线关系,斜率为 $-1/\tau_i$,截距为 $c_{A,i-1}/\tau_i$,如图 6-6 所示。

第 i 级釜的反应亦应满足动力学关系:

$$(-r_A)_i = kf(c_A) \qquad (6-26)$$

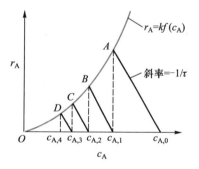

图 6-6　多釜串联反应器的图解计算

反应的动力学关系可利用已知的关系式或实验数据,绘制在 c_A-$r_{A,i}$ 图上。两条线的交点所对应的横坐标 c_A 即为釜出口的转化率。

在已知各级反应器的体积、处理量和原料浓度的前提下,τ_i 已知。从 $c_{A,0}$ 开始作操作线,它与动力学关系线相交的横坐标为第一级出口的浓度 $c_{A,1}$;再从 $c_{A,1}$ 作操作线,它与动力学关系线相交的横坐标为第二级出口的浓度 $c_{A,2}$;依此类推,直至所得 $c_{A,i}$ 小于或等于最终出口浓度为止,所作操作线的数目即为釜数

N。如各釜体积相等,则停留时间也相等,操作线的斜率亦相等。

如果已知釜数 N,按上法作图,第 N 条操作线与动力学关系线的交点的横坐标即为最终出口的浓度。

如果已知釜数和最终出口的浓度,需要确定总体积或体积流量时,则要采用试差法。

应当指出的是,只有当反应速率能用单组分的浓度来表示时,才能绘制在 c_A-$r_{A,i}$ 图上,对平行、串联等复杂反应不适用。

例 6-3 如果例 6-2 中条件改为 $c_{A,0}=c_{B,0}=2.5$ kmol·m^{-3},其他条件不变,则采用全混流反应器时体积为多少? 如果采用体积相同的三个全混流反应器串联,则所需反应器的容积又为多少?

解: 因为 $(-r_A)_i=kc_{A,i}c_{B,i}=kc_{A,i}^2=kc_{A,0}^2(1-x_{A,i})^2$,根据多釜串联反应器公式(6-18),有

$$\tau=\tau_i=\frac{c_{A,0}(x_{A,i}-x_{A,i-1})}{kc_{A,0}^2(1-x_{A,i})^2}$$

当三个反应器时:

第三级
$$\tau=\frac{0.8-x_{A,2}}{kc_{A,0}(1-0.8)^2}=\frac{0.8-x_{A,2}}{0.024}$$

整理,得
$$x_{A,2}=0.8-0.024\,\tau$$

第二级
$$\tau=\frac{x_{A,2}-x_{A,1}}{kc_{A,0}(1-x_{A,2})^2}=\frac{0.8-0.024\,\tau-x_{A,1}}{0.6(1-0.8+0.024\,\tau)^2}$$

第一级
$$\tau=\frac{x_{A,1}}{0.6(1-x_{A,1})^2}$$

利用试差法解联立方程组,得

$$x_{A,1}=0.520 \quad \tau=3.76\text{ min}$$

每个反应釜的体积为: $V_{R,1}=V_{R,2}=V_{R,3}=32\times3.76/60\text{ m}^3=2.01\text{ m}^3$

总体积为
$$V_R=6.03\text{ m}^3$$

采用单个全混流反应器,根据式(6-13)

$$\tau=\frac{c_{A,0}x_{A,f}}{(-r_A)_f}$$

又
$$(-r_A)_f=kc_{A,f}c_{B,f}=kc_{A,f}^2=kc_{A,0}^2(1-x_{A,f})^2$$

所以
$$\tau=\frac{c_{A,0}x_{A,f}}{kc_{A,0}^2(1-x_{A,f})^2}=\frac{0.8}{0.24\times2.5(1-0.8)^2}\text{ min}=33.3\text{ min}$$

故
$$V_R=q_{v,0}\tau=32\times33.3/60\text{ m}^3=17.76\text{ m}^3$$

从上例可以看出,相同的生产条件和生产任务,采用多个反应釜串联时,反应器的总体积比采用单个反应器的体积明显减少。

6.3 理想反应器的评比与选择

从工艺上看,评价反应器的指标有两个,一是生产强度,二是收率。反应器的生产强度是单位体积反应器所具有的生产能力。在规定的物料处理量和最终转化率的条件下,反应器所需的反应体积也就反映了其生产强度。在相同条件下,反应器所需反应体积越小,则表明其生产能力越大。但在影响实际生产过程费用的诸因素中,除了反应器的投资外,更重要的是产品的收率。它对整个流程的安排、设备的设计和经济核算等方面都有重大影响,由于收率太低而始终未能工业化的例子并非罕见。

对简单反应,不存在产品分布问题,只需从生产能力上进行优化。复杂反应则存在产品分布问题,且产品分布随反应过程条件的不同而变化,因而涉及这类反应时,首先应该考虑目的产物的收率和选择性。有时两种指标是矛盾的,此时要从经济上进行权衡。

本节将从反应器的工艺指标出发,介绍理想反应器的评比、反应器型式的选择和操作方法的优化。

1. 理想反应器的评比

(1) 返混

为了更好地比较各种理想反应器之间的异同,先引入返混的概念。

所谓返混是指反应器中逗留了不同时间,因而具有不同性质的物料粒子之间的混合,即经历了不同反应时间的物料粒子之间的混合。返混有别于一般的搅拌混合,它是一种时间概念上的混合,因而称为逆向混合;而搅拌混合仅指物料粒子在空间位置上的变动,所以又叫空间混合。返混同时也包含空间位置上的混合,空间混合是逆向混合造成的原因,逆向混合的程度亦反映了空间混合的状况。

对理想的间歇操作反应器,所有物料粒子同时加入,在任一时刻物料粒子的反应时间都相同,不存在逗留时间不同的物料粒子的混合,因而返混只对连续反应器有意义。根据返混的定义,对于活塞流反应器,所有粒子在反应器内的逗留时间都相同,并不发生返混,即返混为零。全混流反应器中,物料粒子的逗留时间各不相同,有些在反应器内逗留时间很短,有些则逗留很长时间,并且这些物料粒子达到了完全混合,因此是最大限度的返混。对于多釜串联反应器,每一个釜是全返混,而釜与釜之间又完全无返混,釜数确定的多釜串联反应器,整个反应器的返混程度一定;釜数越多,从整体上看,多釜串联反应器的返混程度越小,越接近平推流。

（2）连续理想反应器的推动力比较

流体流况对化学反应的影响主要是由于返混造成反应器内反应推动力的不同,从而导致反应的速率不同。

设有一反应体系,$c_{A,0}$、$c_{A,f}$ 分别为反应物 A 在反应器进、出口的浓度,c_A^* 为反应物 A 的平衡浓度。则反应器中任一位置处的浓度推动力为 $c_A - c_A^* = \mathrm{d}c_A$,整个反应器中反应推动力即为任一位置处推动力的积分,即

$$\int_{c_{A,0}}^{c_{A,f}} \mathrm{d}c_A \tag{6-27}$$

图 6-7 是各种连续反应器浓度的变化曲线。根据积分的物理意义,各自的浓度推动力即为阴影部分的面积。从图可以明显地看出,在相同的生产任务下,活塞流反应器的浓度推动力大于全混流反应器的推动力,而多釜串联反应器的推动力介于二者之间。

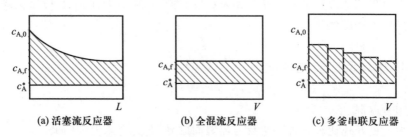

(a) 活塞流反应器   (b) 全混流反应器   (c) 多釜串联反应器

图 6-7 理想流动反应器的浓度推动力

（3）反应器体积的比较

① 理想的间歇搅拌釜式反应器与活塞流反应器 在 6.2 节中已述及,这两种反应器在构造上和物料流况上都不相同,但它们却具有相同的反应时间或（有效）体积计算式。究其根源,是因为两种反应器中浓度的变化相同,间歇搅拌釜式反应器内浓度随时间改变,活塞流反应器内的浓度则随空间位置（管长）而改变,两者反应推动力呈现出相同的分布,反应器内反应速率相同。因此,相同生产条件下,完成一定的任务,所需反应时间或（有效）体积相同。

然而,间歇操作反应器除了反应时间之外,还要有辅助时间,这样它所需的实际体积要大于活塞流反应器。换言之,连续的活塞流反应器比间歇的搅拌釜式反应器的生产能力要大,完成一定任务所需实际反应体积要小,即连续操作带

来生产的强化。因而,大宗化学品的生产多采用连续操作的流动反应器;对小批量化学品生产,或几种产品生产共用一个釜时,出于经济性的考虑,通常采用间歇反应器。

② 连续反应器的比较 由于存在返混,全混流反应器新加入反应的物料与已反应了的物料之间瞬间达到了完全混合,并等于出口浓度,即器内反应推动力或反应速率一直处于最小;而活塞流反应器中反应物的浓度则由入口到出口逐渐减小,亦即反应速率逐渐减小,在出口达到最小,于是活塞流反应器内的反应速率总是高于全混流反应器。因而,在相同生产条件和任务时,全混流反应器所需容积要大于活塞流反应器的容积。

为更好地比较,定义同一反应在相同反应条件和完成同样任务时的活塞流反应器与全混流反应器的有效容积之比为容积效率,记作 η:

$$\eta = \frac{(V_R)_P}{(V_R)_C} = \frac{\tau_P}{\tau_C} = \frac{c_{A,0}\int_0^{x_{A,f}}\dfrac{\mathrm{d}x_A}{(-r_A)}}{\dfrac{c_{A,0}x_{A,f}}{(-r_A)_f}} = \frac{(-r_A)_f}{x_{A,f}}\int_0^{x_{A,f}}\frac{\mathrm{d}x_A}{(-r_A)} \tag{6-28}$$

对零级反应,$(-r_A) = k$,即反应速率与浓度无关。代入式(6-28),有

$$\frac{(V_R)_P}{(V_R)_C} = 1 \tag{6-29}$$

对一级反应,$(-r_A) = kc_A = kc_{A,0}(1-x_A)$,代入式(6-28)并化简,得

$$\frac{(V_R)_P}{(V_R)_C} = \frac{1-x_{A,f}}{x_{A,f}}\ln\frac{1}{1-x_{A,f}} \tag{6-30}$$

对 n 级反应($n>1$),$(-r_A) = kc_A^n$,代入式(6-28)并化简,得

$$\frac{(V_R)_P}{(V_R)_C} = \frac{1-x_{A,f}}{x_{A,f}} \cdot \frac{1-(1-x_{A,f})^{n-1}}{n-1} \tag{6-31}$$

图 6-8 显示了容积效率与转化率、反应级数之间的关系。从图可得出如下结论:

① 转化率的影响 对零级反应,转化率对容积效率无影响。其他正级数反应的容积效率都小于 1,一定反应级数下,转化率越大,容积效率越小。也就是说,全混流反应器所需容积要远

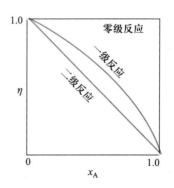

图 6-8 容积效率与
反应级数的关系

大于活塞流反应器的容积。

② 反应级数的影响 转化率一定时,反应级数越大,容积效率越小,即两种反应器的容积差别越大,换言之,对于级数大的反应,如用全混流反应器,则需要更大的有效容积。但这种差别在小转化率时,并不显著。

采用多个全混流反应器串联时,反应器中反应物的浓度梯度除最后一级外,每一级都比只采用单个反应釜的大,因而反应推动力大、反应速率高,达到一定的转化率所需的反应器体积小。反应器串联釜数越多,各级反应器中反应物浓度之间的差别越小,当 $N \to \infty$,多釜串联反应器的反应物浓度的变化接近活塞流反应器,其体积也接近活塞流反应器。

关于多釜串联反应器釜数 N 等对其总容积的影响,也可通过容积效率进行类似的比较。图6-9表示了釜数与容积效率之间的关系。由图中可以看出,釜数越大,容积效率越大,其总容积越接近活塞流反应器;当 $N \to \infty$ 时,容积效率等于1,其性能与活塞流反应器完全一样。尽管反应器釜数越大越接近活塞流反应器,反应器所需总体积越小,但并不是釜数越大越好。从图可见,釜数增大到一定程度以后,再增加釜数,其反应器总体积的减小已不明显。另外,釜数增大,材料费用和加工成本增加,操作管理复杂,经济上并非合理。因此实际工业生产过程中,一般常用的釜数不超过4。

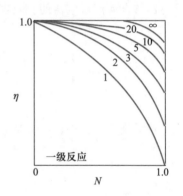

图6-9 釜数对容积效率的影响

总的来讲,在相同的反应条件、反应转化率及物料处理量的情况下,所需反应时间以活塞流最小,全混流最大,多釜串联居中。如果要求反应时间及反应转化率相同,则活塞流反应器的生产能力最大,多釜串联次之,全混流最小。

2. 理想反应器的选择

对于复杂反应,人们关注的是原料的利用程度,一般在工业上常用收率表示之,而在理论研究时,往往用选择性来表示。

复杂反应的平均收率(或称总收率) φ 和平均选择性(或称总选择性) β,分别是反应器在任一时刻或任一点的瞬时值的积分值,它们的定义为

$$\varphi = \frac{\text{转化为目的产物的反应物的物质的量}}{\text{进入反应器的反应物的物质的量}} \tag{6-32}$$

$$\beta = \frac{转化为目的产物的反应物的物质的量}{转化为目的产物和副产物的反应物的物质的量} \qquad (6-33)$$

瞬时收率 φ' 和瞬时选择性 β' 分别定义为

$$\varphi' = \mathrm{d}\varphi = \frac{生成目的产物的反应速率}{进入反应器的反应物的速率} \qquad (6-34)$$

$$\beta' = \frac{生成目的产物的反应速率}{主反应的反应速率和副反应的反应速率之和} \qquad (6-35)$$

平均收率和平均选择性与它们的瞬时值之间的关系如下：

$$\beta = \frac{\displaystyle\int_{c_{A,f}}^{c_{A,0}} \beta' \mathrm{d}c_A}{c_{A,0} - c_{A,f}} \qquad (6-36)$$

$$\varphi = \int_{c_{A,f}}^{c_{A,0}} \mathrm{d}\varphi \qquad (6-37)$$

平均收率、平均选择性和转化率之间的关系为

$$\varphi = \beta x \qquad (6-38)$$

复杂反应的种类很多,平行反应和串联反应既是它们的代表,又是组成更复杂反应的基本反应。下面分别讨论这两类反应的优化问题。

（1）平行反应

设一平行反应为

$$\mathrm{A+B} \diagup\diagdown \begin{array}{l} \mathrm{S}(目的产物)(主反应,速率常数\ k_1,反应级数\ a_1,b_1) \\[2em] \mathrm{T}(副产物)(副反应,速率常数\ k_2,反应级数\ a_2,b_2) \end{array}$$

主、副反应的反应速率为

$$r_S = \frac{\mathrm{d}c_S}{\mathrm{d}t} = k_1 c_A^{a_1} c_B^{b_1}$$

$$r_T = \frac{\mathrm{d}c_T}{\mathrm{d}t} = k_2 c_A^{a_2} c_B^{b_2}$$

定义对比速率 S 为主、副反应速率之比,则

$$S = \frac{k_1}{k_2} c_A^{a_1-a_2} c_B^{b_1-b_2}$$

S 与瞬间选择性 β' 的关系为

$$\beta' = \frac{r_S}{r_S + r_T} = \frac{S}{1+S}$$

可见,对比速率与选择性只是表达上的不同,本质上是相同的,完全可以通过对比速率 S 来分析平行反应的选择性优化。

一定条件下的反应,当 k_1、k_2、a_1、a_2、b_1、b_2 已知,对比速率或选择性只与 c_A、c_B 有关。要提高主产物的收率,就要使对比速率的值增大,即要提高 $c_A^{a_1-a_2}$ 和 $c_B^{b_1-b_2}$ 的值,指数代数和为正值时,则应提高浓度;指数代数和为负值时,则应降低浓度。

提高或降低反应物的浓度,既可以改变初始物料的状况,也可以通过选择合适的反应器和操作方法来实现。保持较大浓度的方法有:大浓度进料;对气相反应,增大系统的压力;采用较小的单程转化率。保持较小浓度的方法有:采用部分反应后的物料的循环,以降低进料中的反应物浓度;加入惰性稀释剂;对气相反应,减小系统的压力;采用较大的单程转化率。图 6-10 所示为各种形式反应器及加料操作方法。

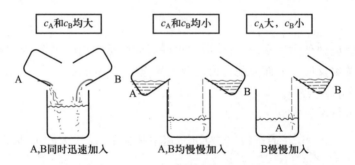

(a) A,B组分在间歇操作时加入的方法

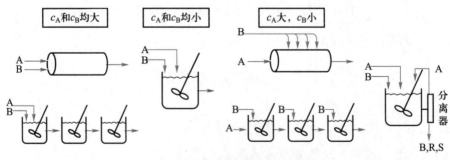

(b) A,B组分在连续操作时加入的方法

图 6-10   操作方法与反应浓度的关系

对上述平行反应：

① 当 $a_1 > a_2$，$b_1 > b_2$ 时，同时提高 c_A 和 c_B 可提高选择性，选用活塞流反应器或间歇搅拌釜式反应器为宜。如由于其他原因必须采用全混流反应器，也应选用多釜串联反应器。在操作方法上，应将 A 与 B 同时加入。

② 当 $a_1 < a_2$，$b_1 < b_2$ 时，则同时降低 c_A 和 c_B 可提高选择性，选用全混流反应器时，A 和 B 一次加入；或选用间歇搅拌釜式反应器，A 和 B 慢慢滴入。

③ 当 $a_1 > a_2$，$b_1 < b_2$ 时，应提高 c_A、降低 c_B，可考虑以下选择。

a. 选择活塞流反应器，反应物 A 一次加入；B 沿反应器不同位置分小股分别加入；

b. 选择间歇搅拌釜式反应器，反应物 A 一次加入，B 慢慢滴加；

c. 选择多釜串联反应器，A 一次加入，B 分小股在各个釜分别加入；

d. 此外，还可考虑将 A 组分过量，以保持其浓度，而在反应后再进行分离回收。

④ 当 $a_1 < a_2$，$b_1 > b_2$ 时，应提高 c_B、降低 c_A，反应器的选择及操作与③相反。

⑤ 当 $a = b$ 时，选择性与 c_A 无关，此时应通过其他途径来解决。

总之，对平行反应，在一定温度下，浓度是控制产物分布的关键。高反应物浓度有利于其反应级数差为正值的反应；低反应物浓度有利于其反应级数差为负值的反应。直接采取适宜浓度的进料，选择适当类型的反应器和加料方法都可提高收率。

例 6-4　有一液相平行反应：

$$A+B \longrightarrow R(主产物)，\quad \frac{dc_R}{dt} = 1.0 c_A c_B^{0.3}$$

$$A+B \longrightarrow S(副产物)，\quad \frac{dc_S}{dt} = 1.0 c_A^{0.5} c_B^{1.8}$$

已知混合前两股物料 A 和 B 的体积流量相同，初始浓度均为 20 kmol·m^{-3}。若① 采用全混流反应器；② 采用活塞流反应器；③ 采用活塞流反应器，A 由入口一次注入，B 沿反应器的不同位置分批加入。试求 A 和 B 的转化率为 90% 时，产物中杂质的质量分数。

解：R 的瞬时选择性为：

$$\beta' = \frac{1.0 c_A c_B^{0.3}}{1.0 c_A c_B^{0.3} + 1.0 c_A^{0.5} c_B^{1.8}} = \frac{1}{1 + c_A^{-0.5} c_B^{1.5}}$$

已知 $c_{A,0} = c_{B,0} = 10$ kmol·m^{-3}，则有 $c_A = c_B$，即瞬时选择性为

$$\beta' = \frac{1}{1 + c_A}$$

① 全混流反应器　整个反应器浓度是均匀的，所以

$$\beta = \beta' = \frac{1}{1 + c_{A,f}} = \frac{1}{1 + 10(1 - 90\%)} = 0.5$$

故产物中的杂质含量为 50%。

② 活塞流反应器

$$\beta = \frac{-1}{c_{A,0}-c_{A,f}}\int_{c_{A,0}}^{c_{A,f}}\beta' dc_A = \frac{-1}{c_{A,0}-c_{A,f}}\int_{c_{A,0}}^{c_{A,f}}\frac{dc_A}{1+c_A} = \frac{1}{c_{A,0}-c_{A,f}}\ln\frac{1+c_{A,0}}{1+c_{A,f}}$$

代入数据,得 $\beta = 0.19$,故产物中杂质含量为 81%。

③ 采用活塞流反应器 B 沿反应器的不同位置分批以 $c_B = 1$ kmol·m^{-3} 加入,A 由入口一次加入,所以

$$c_{A,0} = \frac{19\times20}{20} = 19 \text{ kmol·m}^{-3}$$

$$\beta = \frac{-1}{c_{A,0}-c_{A,f}}\int_{c_{A,0}}^{c_{A,f}}\beta' dc_A = \frac{-1}{c_{A,0}-c_{A,f}}\int_{c_{A,0}}^{c_{A,f}}\frac{dc_A}{1+c_A^{-0.5}c_B^{1.5}}$$

积分并代入数据,得 $\beta = 0.736$,故产物中杂质含量为 26.4%。

(2)连串反应

设所进行的连串反应为 A ⟶ R ⟶ S(目的产物 R,主、副反应速率常数分别为 k_1、k_2)。

若反应均为一级,其速率表达式分别为

$$-\frac{dc_A}{dt} = k_1 c_A \tag{6-39}$$

$$\frac{dc_R}{dt} = k_1 c_A - k_2 c_R \tag{6-40}$$

$$\frac{dc_S}{dt} = k_2 c_R \tag{6-41}$$

反应开始时,$c_A = c_{A,0}, c_R = 0, c_S = 0$。将式(6-39)积分,得

$$c_A = c_{A,0} e^{-k_1\tau} \tag{6-42}$$

将式(6-42)代入式(6-40),解得

$$c_R = \frac{k_1}{k_2-k_1}c_{A,0}(e^{-k_1\tau}-e^{-k_2\tau}) \tag{6-43}$$

因为 $\qquad c_{A,0} = c_A + c_R + c_S$

所以 $\qquad c_S = c_{A,0}\left[1+\frac{1}{k_1-k_2}(k_2 e^{-k_1\tau}-k_1 e^{-k_2\tau})\right] \tag{6-44}$

具有不同 k_1 和 k_2 值的连串反应的组分浓度随反应时间的变化关系曲线如

图 6-11 所示。k_1 和 k_2 相对值不同,其图形略不一样,但各组分浓度变化趋势相同,反应物 A 的浓度单调下降,副产品 S 的浓度单调上升,而主产品 R 的浓度先升后降,存在最大值:

$$c_{R,max} = c_{A,0}\left(\frac{k_1}{k_2}\right)^{\frac{k_2}{k_2-k_1}} \tag{6-45}$$

此时反应时间为

$$\tau_{R,max} = \frac{\ln(k_2/k_1)}{k_2-k_1} \tag{6-46}$$

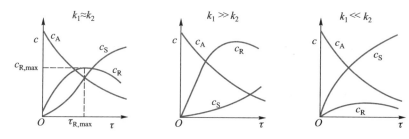

图 6-11　连串反应 A→R→S 中各组分浓度随时间的变化关系曲线

为了使目的产物获得最大的收率,要严格控制反应时间,因此应选用活塞流反应器和间歇反应器,并在反应达到规定的时间时,采取迅速终止反应的措施,如降温、调节 pH 等。

连串反应的瞬间选择性 β' 可表示为

$$\beta' = \frac{r_R}{r_A} = 1 - \frac{k_2 c_R}{k_1 c_A} \tag{6-47}$$

由式(6-47)可见,提高 c_R 与 β' 是矛盾的,前者为大的生产能力所必须,后者是提高原料利用率所要求,当今原料的费用在生产成本中占有很大的比例,因而提高反应的选择性是矛盾的主要方面。提高连串反应的选择性可以通过适当选择反应物的初始浓度和转化率来实现。转化率增大,c_A 降低,β' 下降,所以对连串反应不能盲目追求过高的转化率。工业生产中进行连串反应时,常使反应在较低的转化率下操作,而把未反应原料经分离回收后再循环使用,如图 6-10(b)所示。

6.4　非理想流动及实际反应器的计算

前面讲过的活塞流反应器和全混流反应器是两种理想流动模型,是反应器内物料混合的两个极端情况,实际反应器中流体的流动状况往往偏离理想流动,存在一定程度的返混而介于两者之间。在研究上,往往从理想流动出发,找出非理想流动与理想流动的偏离,并寻求度量偏离程度的方法,由此建立非理想流动模型,进而进行实际反应器的计算。

1. 非理想流动对理想流动的偏离

引起实际反应器流动偏离理想流动的原因多种多样,概括起来主要有以下几种。

① 沟流或短路　部分粒子易于在反应器中阻力最小、路程最短的通路以较其他流体粒子快得多的速率流过;

② 死角　器内与主流相比移动非常慢(小一个数量级)或停滞不前的区域;

③ 旁路　专指流体粒子偏离了流动的轴心,而沿阻力小的边缘区域流动。

除了以上原因外,对管式反应器还有管内流体质点的轴向扩散和径向流速分布等。

几种实际反应器中的非理想流动如图6-12所示。从本质上看,反应器的几何构造和流体的流动方式是造成偏离理想流动、形成一定程度返混的根本原因,它导致了流体在反应器中停留时间的不一致。不同的反应器的流况各异、返混程度不同,某一反应器的返混,可用停留时间分布来描述。

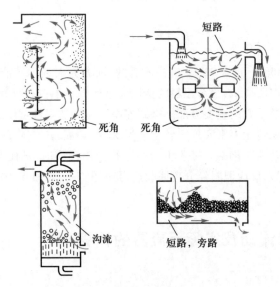

图6-12　实际反应器中的流动状况

2. 停留时间分布的表示方法

停留时间指流体质点在反应器内停留的时间,停留时间分布是指反应器出口流体中不同停留时间的流体质点的分布情况。流体在实际反应器内的停留时间完全是随机的,停留时间分布呈概率分布。定量描述流体质点的停留时间分布有两种方法。

(1) 停留时间分布密度函数 $E(\tau)$

进入反应器的 N 个物料质点,停留时间介于 τ 和 $\tau+d\tau$ 之间的物料粒子 dN 所占分率为 dN/N,以 $E(\tau)d\tau$ 表示,则 $E(\tau)$ 即为停留时间密度函数。由于停留时间在 $0 \sim \infty$ 之间的所有物料分率之和为 1,因而停留时间分布密度函数具有归一化的性质,即

$$\int_0^\infty E(\tau)\,d\tau = 1 \qquad (6\text{-}48)$$

(2) 停留时间分布函数 $F(\tau)$

进入反应器的所有物料的质点中,停留时间小于 τ 的物料所占的分率,称为停留时间分布函数 $F(\tau)$,即

$$F(\tau) = \int_0^\tau E(\tau)\,d\tau \qquad (6\text{-}49)$$

显然,$\tau=0$ 时,$F(\tau)=0$;$\tau=\infty$ 时,$F(\tau)=1$。

图 6-13(a) 和 (b) 所示分别为 $F(\tau)$ 与 $E(\tau)$ 曲线。$F(\tau)$ 与 $E(\tau)$ 的关系为

$$\frac{dF(\tau)}{d\tau} = E(\tau) \qquad (6\text{-}50)$$

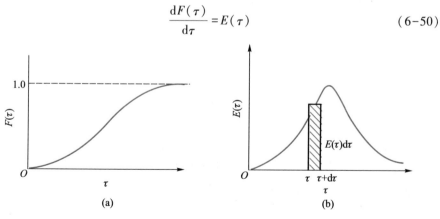

图 6-13 停留时间分布函数及分布密度函数曲线

3. 停留时间分布的测定方法

停留时间分布由实验测定,通常采用刺激响应技术,又称示踪法,即在反应器的进口加入某种示踪物,同时在出口测定示踪物浓度等的变化,由此确定流经反应器中物料的停留时间分布。

示踪法的关键是利用示踪物的光、电、化学或放射等特性,并使用相应的仪器进行检测。因而示踪物的选择十分重要,除要求示踪物具有上述特性外,它还应当不挥发、不吸收、易溶于主流体,并在很小的浓度下也能被检测出。示踪物的输入方式主要有脉冲法和阶跃法。

(1) 脉冲示踪法

在稳定操作的连续流动系统中,若进料的体积流量为 q_V,进料浓度为 c_0,于 $\tau = 0$ 时刻将一定物质的量 n 的示踪物 A 在一瞬间注入进料,同时于出口处观测示踪物浓度 c_A 随时间的变化。

由物料衡算,得
$$n_A = \int_0^\infty q_V c_A \mathrm{d}\tau$$

或
$$\int_0^\infty \frac{q_V c_A}{n_A} \mathrm{d}\tau = 1 \tag{6-51}$$

由 $E(\tau)$ 的定义,得

$$E(\tau) = \frac{q_V c_A}{n_A} \tag{6-52}$$

因此,测得出口示踪物浓度响应就可得出停留时间分布密度函数。所得输入-响应曲线绘于图 6-14。

(2) 阶跃示踪法

在稳定连续流动系统中,若物料体积流量为 q_V,浓度为 c_0,瞬间用相同流量和浓度的示踪物切换主流体,同时在出口处测定示踪物浓度 c_A 随时间的变化,直至 $c_A = c_0$ 为止。出口流体任意时刻示踪物的分数为 c_A/c_0,即为停留时间分布函数 $F(\tau)$。所得输入-响应曲线见图 6-15。

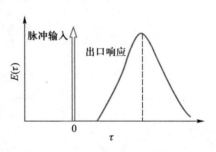

图 6-14　脉冲示踪法所得
输入-响应曲线

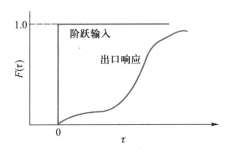

图 6-15　阶跃示踪法所得输入-响应曲线

4. 停留时间分布的数字特征

停留时间呈概率分布,可用描述随机变量的数字特征来表征其分布的特点。

（1）平均停留时间

平均停留时间是指全部物料质点在反应器中停留时间的平均值,在概率上称为数学期望,可通过分布密度函数来计算:

$$\bar{\tau} = \frac{\int_0^\infty \tau E(\tau)\,\mathrm{d}\tau}{\int_0^\infty E(\tau)\,\mathrm{d}\tau} = \int_0^\infty \tau E(\tau)\,\mathrm{d}\tau \tag{6-53}$$

在几何学上看,$\bar{\tau}$ 是 $E(\tau)$ 曲线与横坐标之间所围图形的重心的横坐标,因此它是停留时间的分布中心。

在实验中往往得到的是离散情况（即各个别时间）下的 $E(\tau_i)$,这时可用下式计算:

$$\bar{\tau} = \frac{\sum \tau E(\tau_i)\Delta\tau_i}{\sum E(\tau_i)\Delta\tau_i} \tag{6-54}$$

（2）方差

方差用来描述物料质点各停留时间与平均停留时间的偏离程度,即停留时间分布的离散程度。其定义为

$$\sigma_\tau^2 = \frac{\int_0^\infty (\tau-\bar{\tau})^2 E(\tau)\,\mathrm{d}\tau}{\int_0^\infty E(\tau)\,\mathrm{d}\tau} = \int_0^\infty (\tau-\bar{\tau})^2 E(\tau)\,\mathrm{d}\tau \tag{6-55}$$

用实验数据求方差可用下式

$$\sigma_\tau^2 = \frac{\sum (\tau_i - \overline{\tau})^2 E(\tau_i) \Delta \tau_i}{\sum E(\tau_i) \Delta \tau_i} = \sum \tau_i^2 E(\tau_i) \Delta \tau_i - \overline{\tau}^2 \tag{6-56}$$

图 6-16 所示为具有不同 σ_τ^2 的 $E(\tau)$ 曲线。可见,σ_τ^2 越大,物料的停留时间
分布越分散,偏离平均停留时间的程度
越大;反之,偏离平均停留时间的程度
越小;$\sigma_\tau^2 = 0$ 表明物料的停留时间分布
都相同。

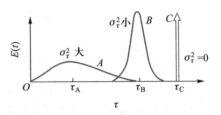

　　为了便于进行反应器比较,将 $E(\tau)$
和 $F(\tau)$ 与 $\overline{\tau}$ 联系起来,定义量纲为 1 的
数,对比时间 θ,有

图 6-16　不同方差的 $E(\tau)$ 曲线

$$\theta = \tau / \overline{\tau} \tag{6-57}$$

停留时间分布函数和密度函数用 θ 表示,有

$$F(\theta) = F(\tau) \tag{6-58}$$

$$E(\theta) = \overline{\tau} E(\tau) \tag{6-59}$$

用 θ 表示的方差为

$$\sigma^2 = \sigma_\tau^2 / \overline{\tau}^2 \tag{6-60}$$

用 σ^2 的大小来度量停留时间分布的离散程度更方便。当 $\sigma^2 = 0$,为活塞流;
当 $\sigma^2 = 1$,为全混流;当 $0 < \sigma^2 < 1$,则为非理想流动。

5. 理想流动反应器的停留时间分布

(1) 活塞流反应器

活塞流反应器中,物料在反应器中无任何返混,所有物料粒子都具有相同的
停留时间,且都等于平均停留时间 $\tau = \overline{\tau} = V_R / q_V$。其停留时间分布函数为

$$E(\tau) = \begin{cases} \infty, \tau = \overline{\tau} \\ 0, \tau \neq \overline{\tau} \end{cases} \tag{6-61}$$

$$F(\tau) = \begin{cases} 0, \tau < \overline{\tau} \\ 1, \tau \geqslant \overline{\tau} \end{cases} \tag{6-62}$$

方差为

$$\sigma_\tau^2 = 0, \quad \sigma^2 = 0 \tag{6-63}$$

活塞流反应器的 $E(\tau)$ 和 $F(\tau)$ 函数的曲线如图 6-17 所示。

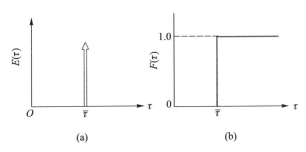

(a)   (b)

图 6-17 活塞流反应器的 $E(\tau)$ 和 $F(\tau)$ 函数的曲线

（2）全混流反应器

全混流反应器中物料的浓度处处相等，物料返混程度最大。因此 $\tau=0$ 时刻进入反应器的物料，到达出口的时间介于 $0\sim\infty$ 之间。为便于测定其停留时间分布，采用阶跃输入法，利用物料衡算就可得出停留时间分布函数 $F(\tau)$。

设反应器体积为 V_R，物料流的体积流量为 q_V，阶跃输入示踪剂浓度为 $c_{A,0}$，经过时间 τ 后，测定出口示踪剂浓度为 c_A，在时间间隔 $\mathrm{d}\tau$ 内，反应器内示踪剂物料变化为 $V_R \mathrm{d}c_A$，则

$$q_V c_{A,0} \mathrm{d}\tau - q_V c_A \mathrm{d}\tau = V_R \mathrm{d}c_A$$

或

$$\frac{\mathrm{d}c_A}{\mathrm{d}\tau} = \frac{q_V}{V_R}(c_{A,0} - c_A) = \frac{1}{\bar{\tau}}(c_{A,0} - c_A) \tag{6-64}$$

因为

$$F(\tau) = \frac{c_A}{c_{A,0}}$$

即

$$\frac{\mathrm{d}F(\tau)}{\mathrm{d}\tau} = \frac{1}{c_{A,0}} \frac{\mathrm{d}c_A}{\mathrm{d}\tau}$$

将上式代入式（6-64），分离变量并积分得

$$F(\tau) = 1 - \exp\left(-\frac{\tau}{\bar{\tau}}\right) \tag{6-65}$$

则

$$E(\tau) = \frac{\mathrm{d}F(\tau)}{\mathrm{d}\tau} = \frac{1}{\bar{\tau}}\exp\left(-\frac{\tau}{\bar{\tau}}\right) \tag{6-66}$$

方差为

$$\sigma_\tau^2 = \bar{\tau}^2, \quad \sigma^2 = 1 \tag{6-67}$$

全混流反应器的 $F(\tau)$ 和 $E(\tau)$ 函数的曲线绘于图 6-18。可见,$\tau = 0$ 时,$F(\tau) = 0$,$E(\tau)$ 为最大值 $1/\bar{\tau}$;$\tau = \bar{\tau}$ 时,$F(\tau) = 0.632$,表明此时有 63.2% 的物料质点在反应器内停留时间小于平均停留时间;$\tau = \infty$ 时,$F(\tau) = 1.0$,$E(\tau) = 0$,说明有的物料质点在器内停留很长时间。

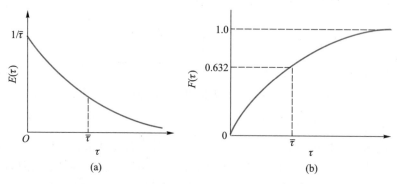

图 6-18   全混流反应器的 $F(\tau)$ 和 $E(\tau)$ 函数曲线

6. 非理想流动模型

对实际流动反应器,仍需像理想反应器一样建立流动模型。建立实际反应器流动模型的思路是:研究实际反应器的流动状况和传递规律,设想非理想流动模型,并导出该模型参数与停留时间分布的定量关系,然后通过实验测定停留时间分布来确定模型参数。从若干个可能的模型中筛选出最能反映实际情况而参数又少的模型,以供设计计算。非理想流动模型一般是对单一理想流动模型的适当修正或是理想流动模型之间的适当组合。通常用的非理想流动模型有多釜串联模型、轴向扩散模型等。

(1)多釜串联模型

多釜串联模型假设一个实际反应器的返混情况等效于若干级等体积的全混釜的返混。这样任何实际反应器内的流动状况,都可用多釜串联模型参数 N 来模拟。

根据多釜串联反应器公式(6-17):

$$V_{R,i} \frac{dc_{A,i}}{d\tau} = q_V (c_{A,i-1} - c_{A,i})$$

各釜体积相同,则
$$\frac{V_{R,1}}{q_V} = \frac{V_{R,2}}{q_V} = \cdots = \frac{V_{R,N}}{q_V} = \bar{\tau}$$

$$\frac{\mathrm{d}c_{A,N}}{\mathrm{d}\tau} + \frac{c_{A,N}}{\bar{\tau}} = \frac{c_{A,N-1}}{\bar{\tau}} \tag{6-68}$$

对于一个釜($N=1$):

$$\frac{\mathrm{d}c_{A,1}}{\mathrm{d}\tau} + \frac{c_{A,1}}{\bar{\tau}} = \frac{c_{A,0}}{\bar{\tau}}$$

积分,得
$$c_{A,1} = c_{A,0}(1-\mathrm{e}^{-\tau/\bar{\tau}_1}) \tag{6-69}$$

式中,$\bar{\tau}_1$ 是一个釜的平均停留时间,即

$$\bar{\tau}_1 = \frac{V_{R,1}}{q_V} = \bar{\tau}$$

对于两个釜($N=2$),式(6-68)变为

$$\frac{\mathrm{d}c_{A,2}}{\mathrm{d}\tau} + \frac{c_{A,2}}{\bar{\tau}} = \frac{c_{A,0}(1-\mathrm{e}^{-\tau/\bar{\tau}})}{\bar{\tau}}$$

积分,得

$$c_{A,2} = c_{A,0}\left[1-\mathrm{e}^{-2\tau/\bar{\tau}_2}\left(1+\frac{2\tau}{\bar{\tau}_2}\right)\right] \tag{6-70}$$

式中,$\bar{\tau}_2$ 是两个釜的平均停留时间,即

$$\bar{\tau}_2 = \frac{V_{R,1}+V_{R,2}}{q_V} = \frac{2V_R}{q_V} = 2\bar{\tau}$$

因此 N 个釜的出口浓度表达式为

$$c_{A,N} = c_{A,0}\left[1 - \mathrm{e}^{-N\tau/\bar{\tau}_N}\sum_{i=1}^{N}\frac{(N\tau/\bar{\tau}_N)^{i-1}}{(i-1)!}\right] \tag{6-71}$$

式中,
$$\bar{\tau}_N = \frac{NV_R}{q_V} = N\bar{\tau}$$

根据以上推导,得出如下多釜串联模型的停留时间分布函数:

$$F_N(\tau) = \frac{c_{A,N}}{c_{A,0}} = 1-\mathrm{e}^{-N\tau/\bar{\tau}_N}\sum_{i=1}^{N}\frac{(N\tau/\bar{\tau}_N)^{i-1}}{(i-1)!} \tag{6-72}$$

$$E_N(\tau) = \frac{N^N}{\bar\tau_N} \left(\frac{\tau}{\bar\tau_N}\right)^{N-1} \frac{e^{-N\tau/\bar\tau_N}}{(N-1)!} \tag{6-73}$$

如以对比时间 θ 为时间坐标，$\theta = \tau/\bar\tau_N$，则

$$F(\theta) = 1 - e^{-N\theta} \sum_{i=1}^{N} \frac{(N\theta)^{i-1}}{(i-1)!} \tag{6-74}$$

$$E(\theta) = \frac{N}{(N-1)!}(N\theta)^{N-1} e^{-N\theta} \tag{6-75}$$

$$\sigma^2 = \int_0^\infty (\theta-1)^2 E(\theta)\,\mathrm{d}\theta = \int_0^\infty \theta^2 E(\theta)\,\mathrm{d}\theta - 1$$

多釜串联模型停留时间分布函数 $F(\theta)$ 和 $E(\theta)$ 的特征曲线绘于图 6-19。可见，多釜串联模型的流动状况介于全混流和活塞流之间，通过模型参数 N 可模拟实际流动状况。当 $N=1.0$ 时，为全混流；当 $N \to \infty$ 时，就是活塞流。N 的值可通过方差求取：

$$\sigma^2 = \int_0^\infty \frac{\theta^2 N^N \theta^{N-1}}{(N-1)!} e^{-N\theta} \mathrm{d}\theta - 1 = \frac{1}{N} \tag{6-76}$$

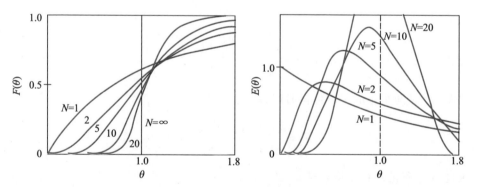

图 6-19   多釜串联模型停留时间分布函数 $F(\theta)$ 和 $E(\theta)$ 的特征曲线

可知，N 越大，σ^2 越小。当 $N \to \infty$ 时，$\sigma^2 = 0$，为活塞流；当 $N=1$ 时，$\sigma^2 = 1$，为全混流。

（2）轴向扩散模型

流体在活塞流反应器中，完全无返混，物料粒子停留时间都相同；而实际流体在管内流动时，会有一定程度的返混，也就存在一定程度的停留时间分布。扩散模型是在活塞流的基础上叠加一个流体的轴向扩散的校正。模型参数为轴向扩散系数 D，停留时间分布可表示为 D 的函数。该模型适用于返混不大的系统，

如管式和固定床反应器。

设流体的流速为 u,扩散系数为 D,进入微元的流体浓度为 c_A,反应器管长为 L,流通截面为 S,对长为 dz 的微元段进行物料衡算(见图 6-20)。

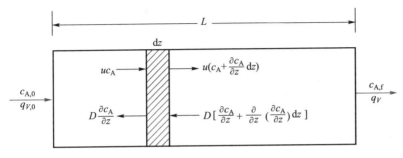

图 6-20 一维扩散模型

流入流体微元的物料:

主流 uSc_A

扩散 $-D\dfrac{\partial c_A}{\partial z}S$

流出流体微元的物料:

主流 $uS\left(c_A+\dfrac{\partial c_A}{\partial z}dz\right)$

扩散 $-D\left[\dfrac{\partial c_A}{\partial z}+\dfrac{\partial}{\partial z}\left(\dfrac{\partial c_A}{\partial z}\right)dz\right]S$

积累 $\dfrac{\partial c_A}{\partial \tau}Sdz$

根据流入量=流出量+积累量,得

$$D\frac{\partial^2 c_A}{\partial z^2}-u\frac{\partial c_A}{\partial z}=\frac{\partial c_A}{\partial \tau} \tag{6-77}$$

式(6-77)即为扩散模型数学表达式。若 $D\rightarrow 0$,则为活塞流基本计算方程。

令新的长度变量 $l=z-u\tau$,然后积分变换得

$$D\frac{\partial^2 c_A}{\partial l^2}=\frac{\partial c_A}{\partial \tau} \tag{6-78}$$

其边界和初始条件为

$$c_A=0,\ 当\ l>0,\tau=0$$

$$c_A = c_{A,0}, \text{当} l < 0, \tau = 0$$
$$c_A = 0, \text{当} l = \infty, \tau > 0$$
$$c_A = c_{A,0}, \text{当} l = -\infty, \tau > 0$$

则方程(6-78)的解为

$$c_A = \frac{c_{A,0}}{2}\left[1 - \text{erf}\left(\frac{l}{2\sqrt{D\tau}}\right)\right] \tag{6-79}$$

式中,erf(Y)为误差函数,其定义为

$$\text{erf}(Y) = \frac{2}{\sqrt{\pi}}\int_0^Y \exp(-Y^2)\,dY$$

为确定扩散系数 D,将其与停留时间分布函数联系起来,有

$$F(\tau) = \frac{1}{2} - \frac{1}{2}\text{erf}\left(\frac{l - u\tau}{2\sqrt{D\tau}}\right) \tag{6-80}$$

又取平均停留时间 $\bar{\tau} = l/u$,$\theta = \tau/\bar{\tau}$,则

$$F(\theta) = \frac{1}{2} - \frac{1}{2}\text{erf}\left[\frac{1 - \theta}{2\sqrt{(\theta)(D/lu)}}\right] \tag{6-81}$$

其中,量纲为 1 的数群 $\dfrac{lu}{D} = Pe$,称为传质贝克来(Péclet)数,它与扩散系数成反比,是表征轴向扩散程度的准数,其值越大,轴向扩散程度越小。

进一步可得停留时间分布密度函数 $E(\theta)$,即

$$E(\theta) = \frac{1}{2\sqrt{\pi(D/lu)\theta}}\exp\left[-\frac{(1-\theta)^2}{4\theta(D/lu)}\right] \tag{6-82}$$

当返混小时,$E(\theta)$呈正态分布,方差为

$$\sigma^2 = \frac{2}{Pe} \tag{6-83}$$

当返混较大时,$E(\theta)$不对称,其方差为

$$\sigma^2 = \frac{2}{Pe} - 2\left(\frac{1}{Pe}\right)^2(1 - e^{-Pe}) \tag{6-84}$$

当 Pe 越小时,这种模型越接近全混流模型,$Pe = 0$ 时成为全混流模型;当 Pe 越大时,越接近活塞流模型,$Pe \to \infty$ 时即为活塞流模型。

7. 实际反应器的计算

实际反应器的计算同样是根据生产任务和要求达到的转化率,确定反应器体积;或由生产任务和选定的反应器体积,确定所要达到的转化率。由于实际反应器中的流况比较复杂,其计算也要比理想反应器复杂得多,前面所研究的停留时间分布和建立的非理想流动模型,都是为了简化实际反应器的计算。下面从非理想流动模型出发,简介实际反应器的计算。

(1) 直接应用停留时间分布进行计算

实际反应器内,各物料粒子的停留时间不同,反应程度也不一样,转化率也就不相同。因此,实际反应器出口物料的转化率应是所有物料粒子转化率的平均值。

设出口物料中停留时间介于 τ 和 $\tau+\mathrm{d}\tau$ 之间的物料分率为 $E(\tau)\mathrm{d}\tau$,而其转化率为 $x_A(\tau)$,则

$$\overline{x}_A = \int_0^\infty x_A(\tau)E(\tau)\mathrm{d}\tau \tag{6-85}$$

可见,只要测得反应器的停留时间分布和其内反应的动力学关系,就可求得平均转化率。如果停留时间用平均停留时间表示,就可得到 $\overline{x}_A$ 与反应器体积 V_R 之间的关系。

以全混流反应器中进行一级不可逆反应为例,一级不可逆反应的动力学方程为 $x_A = 1-\mathrm{e}^{-k\tau}$,全混流反应器的停留时间密度分布函数为

$$E(\tau) = \frac{1}{\overline{\tau}}\mathrm{e}^{-\tau/\overline{\tau}}$$

将其代入式(6-85),得

$$\overline{x}_A = \int_0^\infty (1-\mathrm{e}^{-k\tau})\frac{\mathrm{e}^{-\tau/\overline{\tau}}}{\overline{\tau}}\mathrm{d}\tau \tag{6-86}$$

积分上式,得

$$\overline{x}_A = \frac{k\overline{\tau}}{k\overline{\tau}+1} \tag{6-87}$$

因为 $\qquad\qquad\qquad\qquad \overline{\tau} = V_R/q_V$

所以 $\qquad\qquad\qquad\qquad V_R = \frac{q_V\,\overline{x}_A}{k(1-\overline{x}_A)} \tag{6-88}$

此计算结果与全混流模型所得结果完全一样。

（2）依据多釜串联模型进行计算

若一连续反应器流况符合多釜串联模型，由前所得多釜串联模型的停留时间密度分布函数，得

$$\bar{x}_A = \int_0^\infty x_A E_N(\tau)\,d\tau = \int_0^\infty x_A \frac{N^N}{\bar{\tau}_N}\left(\frac{\tau}{\bar{\tau}_N}\right)^{N-1}\frac{e^{-N\tau/\bar{\tau}_N}}{(N-1)!}\,d\tau \qquad (6\text{-}89)$$

式中模型参数 N 由实验测得停留时间分布后，按式（6-76）计算。

当所进行的反应为一级不可逆反应时，$x_A = 1 - e^{-k\tau}$，代入式（6-89）得

$$\bar{x}_A = 1 - \left(\frac{1}{1+k\tau}\right)^N \qquad (6\text{-}90)$$

与 6.2 节中多釜串联反应器的计算结果完全一样。

（3）依据扩散模型进行计算

假定一连续稳定操作的反应器符合扩散模型，将其物料衡算式（6-77）改写为

$$D\frac{\partial^2 c_A}{\partial z^2} - u\frac{\partial c_A}{\partial z} - (-r_A) = 0 \qquad (6\text{-}91)$$

对于一级不可逆反应，$-r_A = kc_A$，引入适当边界条件，将上式求解得

$$\frac{c_A}{c_{A,0}} = 1 - x_A = \frac{4\beta}{(1+\beta)^2\exp\left[\dfrac{1}{2}\left(\dfrac{lu}{D}\right)(1-\beta)\right] - (1-\beta)^2\exp\left[-\dfrac{1}{2}\left(\dfrac{lu}{D}\right)(1+\beta)\right]} \qquad (6\text{-}92)$$

式中，

$$\beta = \left(1 + 4k\,\bar{\tau}\cdot\frac{D}{lu}\right)^{\frac{1}{2}}$$

$$\frac{lu}{D} = Pe$$

若 $D \to 0$，则 $\beta \to 1$，$\dfrac{1}{2}\left(\dfrac{lu}{D}\right)(1-\beta) \approx k\tau$，所以

$$x_A = 1 - e^{-k\tau}$$

即是活塞流反应器中进行一级不可逆反应的转化率计算公式。

例 6-5 有一反应器中进行液相反应 $A + B \longrightarrow 2R$，反应速率为 $(-r_A) = kc_A c_B$，反应温度

为 25 ℃ 时, $k = 1\ \text{L} \cdot \text{mol}^{-1} \cdot \text{min}^{-1}$。已知反应初始浓度 $c_{A,0} = c_{B,0} = 1.0\ \text{mol} \cdot \text{L}^{-1}$。今测得反应器的平均停留时间为 $\bar{\tau} = 15\ \text{min}$, 方差 $\sigma_\tau^2 = 112.5\ \text{min}^2$。如果这个反应器可用等体积多釜串联模型来描述, 试求该反应器出口反应物的转化率。

解: $\sigma^2 = \sigma_\tau^2 / \bar{\tau}^2 = 112.5/15^2 = 0.5$

由式(6-76): $\sigma^2 = \dfrac{1}{N}$, 得 $N = 2$

每个釜的停留时间为 $\bar{\tau}_1 = \bar{\tau}_2 = \bar{\tau}/N = 15/2\ \text{min} = 7.5\ \text{min}$

对第一个釜进行物料衡算:

$$c_{A,0} = c_{A,1} + (-r_{A,1})\bar{\tau}_1 = c_{A,1} + kc_{A,1}^2 \bar{\tau}_1$$

整理并代入数据:

$$7.5 c_{A,1}^2 + c_{A,1} - 1.0 = 0$$

解得: $c_{A,1} = 0.30\ \text{mol} \cdot \text{L}^{-1}$

对第二个釜进行物料衡算:

$$c_{A,1} = c_{A,2} + (-r_{A,2})\bar{\tau}_2 = c_{A,2} + kc_{A,2}^2 \bar{\tau}_2$$

整理并代入数据:

$$7.5 c_{A,2}^2 + c_{A,2} - 0.30 = 0$$

解得 $c_{A,2} = 0.144\ \text{mol} \cdot \text{L}^{-1}$

反应器出口转化率

$$x_{A,2} = \frac{c_{A,0} - c_{A,2}}{c_{A,0}} = \frac{1.0 - 0.144}{1.0} = 0.856$$

6.5　气固相催化反应器

　　气固相催化反应器内进行的是非均相反应。均相反应与非均相反应的基本区别在于, 前者的反应物料之间无相界面, 不存在相际间的物质传递过程, 其反应速率只与温度、浓度有关; 而后者在反应物料之间或反应物与催化剂之间有相界面, 必然存在相际物质传递过程, 因此非均相反应器的实际反应速率还与相界面的大小及相间扩散速率有关。由于这些原因, 非均相反应过程比前面讨论的均相反应要复杂得多, 在反应器的结构和操作方面也相应地有许多特殊之处。

　　气固相催化反应过程是化工生产中最常见的非均相反应过程, 如基本化工原料工业中的硫酸、硝酸、合成氨、甲醇和尿素等的生产, 石油加工工业中的合成纤维、合成橡胶和合成树脂等的生产, 都是以气固相催化反应过程为主体的生产过程, 而气固相催化反应器也是近代化学工业中最普遍采用的反应器之一。

1. 气固相催化反应过程

（1）气固相催化反应过程分析

图 6-21 为气固相催化反应 A→B 的整个反应过程示意图。气固相催化反应的全过程为七个步骤：

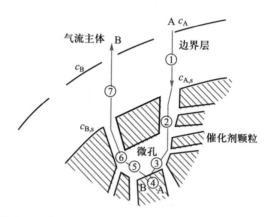

图 6-21   气固相催化反应 A→B 的整个反应过程示意图

① 反应组分 A 从气流主体扩散到催化剂颗粒外表面；

② 组分 A 从颗粒外表面通过微孔扩散到颗粒内表面；

③ 组分 A 在内表面上被吸附；

④ 组分 A 在内表面上进行化学反应，生成产物 B；

⑤ 产物 B 在内表面上脱附；

⑥ 产物 B 从颗粒内表面通过微孔扩散到颗粒外表面；

⑦ 反应产物 B 从颗粒外表面扩散到气流主体。

在上述七个步骤中，①、⑦称为外扩散过程，该过程主要与床层中流体流动情况有关；②、⑥称为内扩散过程，它主要受催化剂微孔孔隙大小所控制；③、⑤分别称为表面吸附和脱附过程，④为表面反应过程，③、④、⑤这三个步骤总称为表面动力学过程，其速率与反应组分、催化剂性能和温度、压力等有关。整个气固相催化宏观反应过程是外扩散、内扩散、表面动力学三类过程的综合。上述七个步骤中某一步的速率与其他各步相比特别慢时，整个气固相催化宏观反应过程的速率就取决于它，此步骤成为控制步骤。

这里仅就外扩散过程和内扩散过程进行讨论。

（2）外扩散过程

外扩散过程由分子扩散和涡流扩散组成。工业规模的气固相催化反应器中，气体的流速较高，涡流扩散占主导地位。

在进行气固相催化反应时，如果反应速率极快，而气体流过催化剂的流速较慢，则整个反应过程可能为外扩散控制。当反应为外扩散控制时，整个反应的速率等于这个扩散过程的速率。图 6-21 所示的反应 A→B，流体主流中反应组分 A 的浓度 c_A 大于催化剂颗粒外表面上组分 A 的浓度 $c_{A,s}$。在稳定状况下，单位时间单位体积催化剂层中组分 A 的反应量（$-r_A$）等于由主流体扩散到颗粒外表面的组分 A 的量，即

$$N_A = (-r_A) = k_g S_e \phi (c_{A,g} - c_{A,s}) = k'_g S_e \phi (p_{A,g} - p_{A,s}) \tag{6-93}$$

式中，（$-r_A$）为催化剂床层中组分 A 的反应速率，$mol \cdot s^{-1} \cdot m^{-3}$（催化剂）；$k_g$ 为外扩散传质系数，$m \cdot s^{-1}$，$k'_g = k_g/RT$；S_e 为催化剂床层（外）比表面积，$m^2 \cdot m^{-3}$；ϕ 为催化剂颗粒的形状系数，圆球为 1，圆柱体为 0.91，不规则颗粒为 0.90；$c_{A,g}$、$c_{A,s}$ 为气体主流及颗粒外表面上组分 A 的浓度，$mol \cdot m^{-3}$；$p_{A,g}$、$p_{A,s}$ 为气体主流及颗粒外表面上组分 A 的分压，Pa。

k_g 与吸收过程的气膜传质分系数相似，取决于流体力学情况和气体的物理性质，增大气速可以显著地增大外扩散传质系数。

工业生产中，一般的过程都可通过提高气体流速而消除外扩散阻力，但也有处于外扩散控制的反应过程，如氨氧化生成 NO 的反应，它以几层铂铑金属网为催化剂，由于这个网丝的直径仅为 0.05 ~ 0.09 mm，床层很薄，氨和空气混合物的流速不能太快，所以反应过程为外扩散控制。

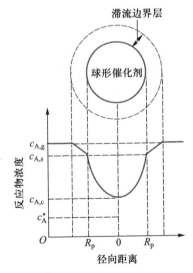

图 6-22　球形催化剂中
反应物浓度分布

（3）内扩散过程

当反应组分向催化剂微孔内扩散的同时，便在微孔内壁上进行表面催化反应。由于反应消耗了反应组分，因而越深入微孔内部，反应物浓度越小。图 6-22 显示了扩散过程的浓度变化。在催化剂颗粒外表面上反应组分 A 的浓度为 $c_{A,s}$，在微孔底端的浓度为 $c_{A,c}$。对不可逆反应，$c_{A,c}$ 可能为零；对可逆反应 $c_{A,c} \geqslant c_A^*$，c_A^* 为平衡浓度。

在微孔中，内扩散路径极不规则，既有

分子间的碰撞为阻力的容积扩散(即正常扩散),又有以分子与孔壁之间碰撞为阻力的诺森扩散。

当微孔直径远大于气体分子运动的平均自由路径时,气体分子相互碰撞的机会远比与孔壁碰撞的机会多得多,这种扩散称为容积扩散。容积扩散系数与微孔半径大小无关,而与绝对温度的 1.75 次方成正比,与压力成反比。对于压力超过 1×10^7 Pa 的反应或常压下颗粒微孔半径大于 10^{-7} m 的扩散,均属容积扩散。

当微孔直径小于气体分子的平均自由路径时,气体分子与微孔壁碰撞的机会,比与其他分子碰撞的机会多得多,这种扩散称为诺森扩散。诺森扩散系数与孔半径及绝对温度的平方根成正比,而与压力无关。多数工业催化剂的微孔半径多在 10^{-7} m 以下,如操作压力不高,气体的扩散均属诺森扩散。

由于催化剂颗粒内部微孔大小不一,迂回曲折;同时由于诺森扩散,反应组分的气体分子在扩散途中,就有一部分被吸附而反应,造成气体成分的不断改变,各处反应速率因而不同。有的甚至还来不及扩散到微孔深处就已经被吸附而反应完毕,使得一部分催化剂的内表面得不到充分利用。因此提出内表面利用率的概念来表示催化剂颗粒内表面的有效利用程度。

颗粒内表面上的催化反应速率取决于反应组分 A 的浓度。在微孔口浓度较大,反应速率较快;在微孔底浓度最小,反应速率也最小。在等温情况下,整个催化剂颗粒内单位时间的实际反应量 N_1 为

$$N_1 = \int_0^{S_i} k_s f(c_{A,s}) \, dS_i \tag{6-94}$$

式中,S_i 为单位床层体积催化剂的内表面积,k_s 为表面反应速率常数,$f(c_{A,s})$ 为颗粒内表面上以浓度表示的动力学浓度函数。

若按颗粒外表面上的反应组分浓度 $c_{A,s}$ 及催化剂颗粒内表面积进行计算,则得理论反应量 N_2 为

$$N_2 = k_s S_i f(c_{A,s}) \tag{6-95}$$

令 $N_1/N_2 = \eta$,η 称为催化剂颗粒的内表面利用率。则

$$\eta = \frac{\int_0^S k_s f(c_{A,s}) \, dS_i}{k_s S_i f(c_{A,s})} \tag{6-96}$$

内表面利用率实际上是受内扩散影响的反应速率与不受内扩散影响的反应速率之比。它是用以克服单独表达内扩散影响的困难,而引入一个能反映内扩散分率的概念。若内表面利用率的值接近或等于 1,反应过程为动力学控制;若

远小于 1,则为内扩散控制。工业催化剂颗粒的内表面利用率一般在 $0.2 \sim 0.8$。

有了内表面利用率的概念,问题的关键成为如何求出不同情况下具体的 η 值,即找出 η 与其影响因素的函数关系。最直接的办法是在不同条件下实测 η 值,然后关联成经验式。人们也从机理分析出发,做出各种合理简化,在推论与实验基础上找出它们的规律,该方法的思路是:

$$\left.\begin{array}{c}\text{粒内的传递过程速率}\\\text{表面过程动力学方程}\end{array}\right\}\xrightarrow{\text{合理的简化假设}}\left.\begin{array}{c}\text{建立内扩散-}\\\text{反应的数学模型}\end{array}\right\}$$

$$\xrightarrow{\quad}\left.\begin{array}{c}\text{结合边界条件求}\\\text{解粒内浓度的分布}\end{array}\right\}\left.\begin{array}{c}\text{确定 }\eta\text{ 的}\\\text{函数关系}\end{array}\right\}$$

以球形颗粒催化剂表面进行等温一级不可逆反应的内表面利用率为例,所求得的 η 的计算公式为

$$\eta = \frac{1}{\varphi}\left(\frac{1}{\tan(3\varphi)} - \frac{1}{3\varphi}\right) \tag{6-97}$$

式中,φ 是量纲为 1 的数,称为内扩散模数,又叫蒂勒(Thiele)模数,tan 为正切函数。η 是 φ 的函数,两者成反比,φ 增大,η 降低。φ 定义为

$$\varphi = \frac{R}{3}\sqrt{\frac{k_{\mathrm{V}}}{D_{\mathrm{e}}}} \tag{6-98}$$

式中,R 为催化剂颗粒半径,m;k_{V} 为催化剂颗粒为基准的反应速率常数,s^{-1};D_{e} 为内扩散系数,$\mathrm{m}^2 \cdot \mathrm{s}^{-1}$。

由式(6-98)可分析影响内表面利用率的因素,催化剂颗粒半径 R 越大,内孔越小,内扩散系数 D_{e} 越小,则 φ 越大,而 η 越小,表明选用小颗粒、大孔径的催化剂有利于提高内扩散速率;催化剂体积反应速率常数 k_{V} 越大,η 越小,说明反应速率越大,内扩散对整个过程的阻滞作用越严重。同时亦表明,并非催化剂活性越大越好,而要使催化剂活性与催化剂的结构调整和颗粒大小相适应。改善催化剂结构的一个有效方法是将催化剂制成双孔,即催化剂内具有大、小两种孔径分布。如此所得颗粒,虽然粒径较大,但内表面积也大,从而能有效地消除内扩散阻力。此外,还可采用活性组分非均匀分布的办法,以充分利用活性组分,减小内扩散阻力。

(4) 气固相催化反应宏观动力学模型

气固相催化反应的七个步骤连串进行,当反应处于稳态,即七个步骤的中间环节上都没有物料的积累时,各过程的速率必定相等,宏观反应速率等于其中任一步的速率。

根据式(6-93)和式(6-96),则有

$$(-r_A) = kc_A^n = k_g S_e \phi (c_{A,g} - c_{A,s}) = k_s S_i \eta f(c_{A,s}) \tag{6-99}$$

因为式(6-99)包含不易测定的界面参数 $c_{A,s}$,无法用气相主体中的各组分直接确定 $(-r_A)$,不便于使用,需要进一步处理。

以一级不可逆反应 A→B 为例,

$$(-r_A) = k(c_{A,s} - c_A^*)$$

$$f(c_{A,s}) = c_{A,s} - c_A^*$$

式中,c_A^* 为在操作温度、压力下组分 A 的平衡浓度。所以

$$k_g S_e \phi (c_{A,g} - c_{A,s}) = k_s S_i \eta (c_{A,s} - c_A^*)$$

解出 $c_{A,s}$,代入速率方程式,得

$$r_A = \cfrac{1}{\cfrac{1}{k_g S_e \phi} + \cfrac{1}{k_s S_i \eta}} (c_A - c_A^*) \tag{6-100}$$

式(6-100)便是在多孔催化剂进行一级可逆反应的宏观反应速率方程式或宏观动力学模型,它描述了总反应速率与其影响的关系式。式中 $1/k_g S_e \phi$ 表示外扩散阻力,$1/k_s S_i \eta$ 表示内扩散阻力,而 $(c_A - c_A^*)$ 表示反应过程的推动力。由于采用了实验易于测定的浓度 $c_{A,g}$,若已知 k_g、k_s 和 η 等参数,应用式(6-100)便能计算出反应速率。

根据式(6-100)中各项阻力的大小,可以判断过程的控制阶段:

当 $\dfrac{1}{k_g S_e \phi} \gg \dfrac{1}{k_s S_i \eta}$ 时,$1/k_s S_i \eta$ 可以忽略不计,总反应过程为外扩散控制。这种情况比较少见,发生在催化剂活性好、颗粒相当小的时候。

当 $\dfrac{1}{k_g S_e \phi} \ll \dfrac{1}{k_s S_i \eta}$ 时,$1/k_g S_e \phi$ 可以忽略不计,如果 $\eta \leqslant 1$,说明总反应过程属内扩散控制。这种情况通常发生在主气流速度足够大,而催化剂的活性和颗粒都比较大的时候。

当 $\dfrac{1}{k_g S_e \phi} \ll \dfrac{1}{k_s S_i \eta}$ 时,且当 $\eta = 1$,说明外扩散和内扩散均可忽略,式(6-100)转变成

$$(-r_A) = k_s S_i (c_A - c_A^*) \tag{6-101}$$

总反应过程属动力学控制。这种情况一般发生在主气流速度足够大,而催化剂

的活性和颗粒都比较小的时候。

需要说明的是,在工业催化反应器中,由于存在着温度分布、浓度分布和压力分布,在不同"空间"甚至不同"时间"(指非正常操作,如开工、停工或不正常操作)可能会有不同的控制阶段。例如,在固定床反应器床层的气体进入部位,化学反应异常剧烈,这时便处于外扩散控制阶段;在床层气体出口部位,表面化学反应速率小于反应组分的外扩散和内扩散速率,那时便处于表面反应或动力学控制阶段。因此气固相催化反应的控制步骤并非一成不变,它随具体条件而变化,在处理实际问题时,必须予以注意。

2. 固定床催化反应器

流体通过静止不动的固体催化剂或反应物床层而进行反应的装置称作固定床反应器,工业上以气相反应物通过固体催化剂床层的气固相固定床催化反应器最为重要。

固定床反应器的主要优点是床层内流体的流动接近活塞流,可用较少量的催化剂和较小的反应器容积获得较大的生产能力,当伴有串联副反应时,可获得较高的选择性。此外,结构简单、操作方便、催化剂机械磨损小,也是固定床反应器获得广泛应用的重要原因。

固定床反应器的主要缺点是传热能力差,这是因为催化剂的载体往往是导热性能较差的材料。化学反应多伴有热效应,而且温度对反应结果的影响十分灵敏,因此对热效应大的反应过程,传热与控温问题就成为固定床技术中的难点。固定床反应器的另一缺点是在操作过程中,催化剂不能更换,因此对催化剂需频繁再生的反应过程不宜使用。此外,由于床层压力降的限制,固定床反应器中催化剂粒度一般不小于 1.5 mm,对高温下进行的快速反应,可能导致较严重的内扩散影响。

固定床反应器有三种基本形式:绝热式、对外换热列管式和非绝热自热式列管反应器。

(1) 绝热式反应器

该类反应器不与外界进行任何热量交换。对于放热反应,反应过程中所放出的热量完全用来加热系统内的物料。物料温度的提高,称为绝热温升。如果是吸热反应,系统温度会降低,相应地称为绝热降温。

简单绝热式反应器的结构如图 6-23 所示。其外形一般呈圆筒状,下有栅板用来支承催化剂。反应气体一般从上部进入,不致使床层松动。气体均匀地通过催化剂床层,停留时间比较一致。它适用于反应的热效应较小,反应过程对温度的变化不敏感及副反应较少的简单反应。例如,乙烯水合生产乙醇的反应,其反应热较小,在 25 ℃时为 44 170 kJ·kmol^{-1},而且反应过程中乙烯的单程转化率只有 5%左右,工业上就采用这种反应器。

简单绝热式反应器具有结构简单,气体分布均匀,反应空间利用率高和造价便宜等优点。其缺点是反应器轴向温度分布很不均匀,不适用于热效应大的反应。

为了克服简单绝热式反应器的缺点,将上述反应器改成多段式,即把催化剂层分成数层,如图 6-24 所示。在各段间进行热交换,以保证每段床层的绝热温升或绝热温降维持在允许范围之内。图 6-24(a)所示的反应器是中间换热式反应器,在各段间引出气体在换热器与外界进行热交换。图 6-24(b)所示为中间直接冷激式反应器,用冷原料气直接冷却反应后的气体。例如,SO$_2$ 转化为 SO$_3$ 所用的多段绝热式反应器,段与段之间引入空气进行冷激。

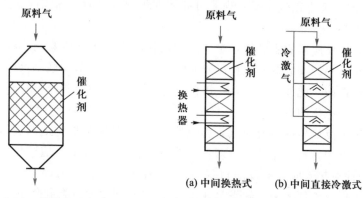

图 6-23　绝热式反应器　　　　图 6-24　多段绝热反应器

这类反应器适用于具有中等热效应的反应。它们的优点是每一段温度可按最佳温度的需要进行调节,缺点是与简单绝热反应器相比,其构造较为复杂。

（2）对外换热列管式反应器

在反应热较大的反应中,广泛应用对外换热的列管式反应器,其特点是在反应区进行热交换。它类似管壳式换热器,管内填充催化剂,壳间走载热流体,如图 6-25 所示。载热体或冷却剂根据反应温度、反应热效应、操作情况以及过程对温度波动的敏感性来选择。为了避免壁效应,催化剂的颗粒直径不得超过管内径的 1/8,一般采用直径为 2~6 mm 的颗粒。

对外换热的列管式反应器的优点是传热效果好,容易保证温度均匀一致,特别适用于以中间产物为目的产物的强放热复杂反应。其缺点是结构比较复杂,不宜在高压下操作。

（3）非绝热自热式列管反应器

该类反应器是指在反应区用原料气体加热或冷却催化剂层的一类反应器。合成氨和二氧化硫的氧化中广泛应用这类反应器。图6-26是自热式双套管催化床反应器的主要部分示意图。

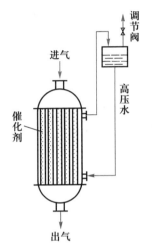

图 6-25 对外换热列管式反应器

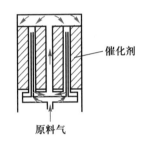

图 6-26 自热式双套管催化床
反应器的主要部分示意图

3. 流化床催化反应器

流化床反应器是利用气体自下而上通过固体颗粒层而使固体颗粒处于悬浮运动状态,并进行气固相反应的装置。

流化床催化反应器亦有多种类型,各适用于不同的反应。一些常用的型式见图 6-27。

① 自由床　流化床内除分布板和旋风分离器外,没有其他构件。床中催化剂被反应气体密相流化。床的高径比为 1~2。它适用于热效应不大的一些反应,如乙炔与醋酸生成醋酸乙烯所用的反应器。

② 设有内部构件的流化床　床内设有换热管式挡板,或两者兼而有之的密相流化床。这些构件既可用于换热,又可限制气泡增大和减少物料返混,适用于热效应大的反应和温度控制范围较狭窄的场合。这是流化床应用最广泛的一种形式,如萘氧化生产苯酐和丙烯腈的合成等都采用这类反应器。

③ 双体流化床　它由反应器和再生器两部分组成。反应器内进行催化反

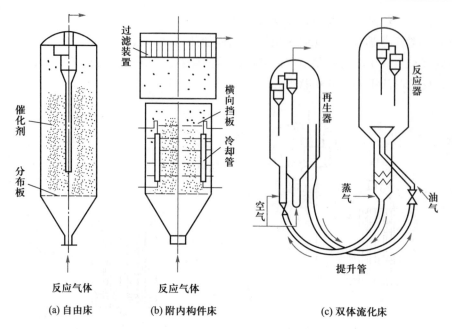

图 6-27　流化床催化反应器的一些型式

应,再生器内使催化剂恢复活性。它适用于催化剂易于失活的场合,如石油产品的催化裂化就可用这类反应器。反应装置在运行过程中,用空气经提升管将反应器内已结炭的部分催化剂引入再生器,并在再生器中烧掉结炭,使催化剂恢复活性。再生以后的催化剂经提升管被油气送回反应器继续使用。在反应器和再生器中,催化剂是密相流化;在提升管中,则是稀相流化(气流输送)。

流化床与固定床相比,具有以下优点:

① 可以使用粒度很小的固体颗粒,有利于消除内扩散阻力,充分发挥催化剂表面利用率。

② 由于颗粒在流体中处于运动状态,颗粒与流体界面不断搅动,界面不断更新,颗粒湍动程度增加,因而其传热系数比固定床大得多,当大量反应热放出时,能够很快传出。

③ 在催化剂必须定期再生,特别是催化剂活性消失很快而需及时进行再生的情况下,具有优越性。由于流化床催化剂具有流动性,便于生产的连续性和自动化。

然而,在具有上述突出优点的同时,流化床反应器也存在一些严重的缺点:

① 气固流化床中,少量气体以气泡形式通过床层,气固接触严重不均,导致气体反应很不完全,其转化率往往比全混流反应器还低,因此不适用于要求单程转化率很高的反应。

② 固体颗粒的运动方式接近全混流,停留时间相差很大,对固相加工过程,会造成固相转化率不均匀。固体颗粒的混合还会夹带部分气体,造成气体的返混,影响气体的转化率;当存在串联副反应时,会降低选择性。

③ 固体颗粒间以及颗粒和器壁间的磨损会产生大量细粉,被气体夹带而出,造成催化剂的损失和环境污染,必须设置旋风分离器等颗粒回收装置。

④ 流化床反应器的放大远较固定床反应器困难。

从反应来讲,热效应是影响气固相反应器选型的重要因素。在确定反应器选型时,首先要了解反应热的大小及系统允许的温度范围。后者从催化剂考虑,不能超过催化剂最高允许温度;但就反应本身而言,或许应在低于催化剂承受温度下操作以保持反应的选择性。催化剂性状变化的快慢是影响气固相反应器选型的另一个重要因素,有时还会成为决定因素。只要不是催化剂失活很快的过程,一般都选用固定床反应器;当催化剂失活很快时,如在几小时或更短时间内催化剂将失去大部分活性,则应选择流化床反应器。此外,反应器返混对转化率、选择性的影响,设备投资大小,操作控制是否简便都是反应器选型应考虑的因素。在选择反应器时,从上述不同角度的考虑可能会导致不同的结论,因此对同一反应采用不同型式的反应器在工业上并不罕见,如合成氨既有利用多段绝热反应器的,也有用列管式反应器的。

小结

工业反应器是大规模化学反应过程进行的场所,其结构型式和操作方式,以及物料的流动状况、温度分布都直接影响着产品的质量和产量。

本章以恒温、等容、均相反应器为例,从理想流动模型入手,介绍了活塞流反应器、全混流反应器等理想反应器的特点及计算,并引入返混概念,在此基础上,比较和分析了各种理想反应器的流动状况对生产能力、反应选择性的影响,从而为选择适宜反应器、强化生产、优化反应提供了途径。

反应器研究的思路是:了解反应器的流动状况,建立其流动模型(对等温反应器借助物料衡算,非等温反应器还需要热量衡算),结合反应器内的动力学模型,获得反应器的数学模型,再根据已知条件使用模型进行设计计算。

对于非理想流动反应器,其偏离理想流动(返混)的程度采用停留时间分布来表征,它的设计计算也像理想反应器一样从建立数学模型开始。实际反应器的建模思路是:研究实际反应器的流动状况和传递规律,设想一个非理想流动模型,导出该模型参数与停留时间分布的定量关系,然后通过实验测定停留时间分布来确定模型参数,再从若干个可能的模型中筛选出最能反映实际情况而参数又少的模型(检验模型)以供设计计算。

　　气固相催化反应器在化工生产中有着广泛的应用,其中进行的气固相催化反应过程较之均相反应具有复杂性,但气固相催化反应器的设计计算与均相反应器的设计计算的思路却是相同的。本章仅就气固相催化反应过程的特点和气固相催化反应器的结构特征进行了介绍,若有进一步的学习需要,可参考有关专著。

　　反应器放大问题将在7.3节讨论。

　　化学反应工程学的知识框架及其相互联系,可用图6-28表示:

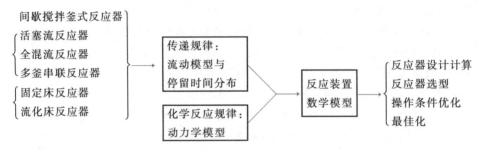

图6-28　本章知识框架及其相互联系

复习题

　　1. 简述工业化学反应过程的特征。实验室规模化学反应过程与工业规模化学反应过程有何不同?

　　2. 常见工业反应器有哪些? 各自的特征和用途是什么?

　　3. 什么是两种理想流动模型和两种理想反应器? 什么样的反应器可视为理想反应器?

　　4. 间歇搅拌釜式反应器的操作特点是什么? 什么情形下,可视为理想的间歇搅拌釜式反应器?

　　5. 什么是返混? 间歇反应器是否存在返混? 描述两种连续流动反应器的返混程度。

　　6. 从反应器构造、物料流况、浓度分布等方面比较理想的间歇搅拌釜式反应器与理想的管式反应器的异同。间歇反应器反应时间 t 和活塞流反应器空间时间 τ 完全相等的条件是什么?

　　7. 化学反应器的主要技术指标是什么?

　　8. 什么是容积效率? 反应转化率和反应级数对它的影响如何?

　　9. 转化率、平均收率和平均选择性的定义是什么? 三者关系如何?

　　10. 对于单一反应组分的平行反应:

其瞬间收率随反应物浓度而单调下降,选择哪种反应器合适? （CSTR）

11. 等温液相反应 $A+B \longrightarrow R(r_R = k_1 c_A c_B)$，$2A \longrightarrow S(r_S = k_2 c_A^2)$。R 为目的产物,若要提高 R 的收率,选择何种反应器及加料方式? （BR，B 一次加入，A 连续加入）

12. 何为反应器物料的停留时间分布? 描述它的函数有哪两种? 分别用什么方法测定?

13. 简述活塞流反应器与全混流反应器的停留时间分布数学特征。

14. 何为诺森扩散? 它与容积扩散有什么不同? 它们与压力、温度的关系如何?

15. 什么是内表面利用率? 引入它的意义是什么? 影响它的因素有哪些?

16. 比较固定床与流化床反应器的优缺点,进而分析硫酸生产中焙烧炉和催化氧化转化器,丙烯腈合成反应器及氨合成塔,采用不同类型反应器的原因。

习题

1. 用硫酸为催化剂,把过氧化氢异丙苯分解成苯酚和丙酮的反应是一级反应,在等温间歇搅拌釜式反应器中进行反应。当反应经历 30 s 时,取样分析过氧化氢异丙苯的转化率为 90%,试问:若转化率达 99%,还需要多少时间? （30 s）

2. 在间歇搅拌釜式反应器中,用醋酸和丁醇生产醋酸丁酯,反应方程式为:

$$CH_3COOH + C_4H_9OH \longrightarrow CH_3COOC_4H_9 + H_2O$$

反应物配比为 $n_{醋酸} : n_{丁醇} = 1 : 4.97$。假设反应物的密度在反应前后不变,均为 750 $kg \cdot m^{-3}$,反应在 373 K 时进行,转化率达 50% 时需 34.5 min,而加料、卸料、清洗等辅助时间为 30 min,现要求每天生产 2 400 kg 醋酸丁酯(分离损失不计),试计算反应釜的容积($\varphi = 0.85$)。

（1.243 6 m^3）

3. 在间歇搅拌釜式反应器中进行液相一级不可逆反应 $A \longrightarrow 2R$。$(-r_A) = kc_A$,单位为 $kmol \cdot m^{-3} \cdot h^{-1}$,$k = 9.52 \times 10^9 \exp(-744 8.4/T)$,单位为 h^{-1},式中 T 为操作温度,单位为 K。反应初始时,$c_{A,0} = 2.3$ $kmol \cdot m^{-3}$,$c_{R,0} = 0$。若转化率 $x_A = 0.7$,反应器生产能力为 5×10^4 kg 产物 R,$M_R = 60$,非生产操作时间为 0.75 h。求 50 ℃ 下等温操作所需反应器的有效体积。

（22.2 m^3）

4. 在活塞流反应器中进行等温液相反应 $A+B \longrightarrow R$。反应系二级反应,$(-r_A) = kc_A c_B$,在反应进行的温度下 $k = 1.97 \times 10^{-3}$ $L \cdot mol^{-1} \cdot min^{-1}$,$c_{A,0} = c_{B,0} = 4$ $mol \cdot L^{-1}$,反应物料的体积流量 $q_V = 171$ $L \cdot h^{-1}$。

（1）要使反应物 A 的转化率 $x_A = 80\%$,活塞流反应器的有效容积为多少?

（2）上述条件不变时,当 $x_A = 90\%$,它的有效容积为多少?

（3）当反应物 A 和 B 的起始浓度 $c_{A,0} = c_{B,0} = 8$ $mol \cdot L^{-1}$,而 x_A 仍为 80% 时,它的有效容积

为多少？　　　　　　　　　　　　　　　　　　　$(1.45 \ m^3 ; 3.25 \ m^3 ; 0.73 \ m^3)$

5. 用醋酸和丁醇生产醋酸丁酯,其反应为:

$$CH_3COOH + C_4H_9OH \longrightarrow CH_3COOC_4H_9 + H_2O$$

反应在 373 K 恒温下进行,配料比为 1 kmol 醋酸用 4.97 kmol 丁醇,以少量硫酸为催化剂。以醋酸为着眼组分(A)的动力学方程式为:$(-r_A) = kc_A^2 (kmol \cdot L \cdot min^{-1})$。已知 $k = 17.4 \ L \cdot kmol^{-1} \cdot min^{-1}$,物料密度在反应前后不变,均为 $0.75 \ kg \cdot L^{-1}$。当每天生产 2 400 kg 醋酸丁酯,醋酸转化率为 50% 时,试计算:

(1) 当每批操作的辅助时间为 0.5 h,间歇反应釜的有效容积。

(2) 活塞流反应器的有效容积。

(3) 全混流反应器的有效容积。

(4) 两釜串联反应器,使第一釜中醋酸转化率为 32.3%,第二釜为 50%,反应器的总有效容积。　　　　　　　　　　　　$(1.018 \ m^3 ; 0.526 \ m^3 ; 1.052 \ m^3 ; 0.747 \ 3 \ m^3)$

6. 某液相反应 $A + B \rightleftharpoons R + S$,其反应动力学表达式为 $(-r_A) = k_1 c_A c_B - k_2 c_R c_S$,式中 $k_1 = 7 \ m^3 \cdot kmol^{-1} \cdot min^{-1}$,$k_2 = 3 \ m^3 \cdot kmol^{-1} \cdot min^{-1}$。今要完成一生产任务,采用 $0.12 \ m^3$ 的全混流反应器,物料 A、B 分别加入,两股进料的浓度分别为 $c_{A,0} = 2.8 \ kmol \cdot m^{-3}$,$c_{B,0} = 1.6 \ kmol \cdot m^{-3}$,要求的 B 转化率达到 75%,试求反应物 A、B 的进料流量。

$(0.004 \ m^3 \cdot min^{-1}, 0.004 \ m^3 \cdot min^{-1})$

7. 在一反应体积为 $3 \ m^3$ 的连续釜式反应器中等温进行下列液相反应:

$$A + B \longrightarrow P (主产物) \qquad r_P = 1.6 \ c_A$$
$$2A \longrightarrow Q (副产物) \qquad r_Q = 0.2 \ c_A^2$$

反应用的原料为 A 和 B 的混合液,其中 $c_{A,0} = 2 \ kmol \cdot m^{-3}$,每小时处理混合液 $6 \ m^3$。试求反应器出口 A、P、Q 的浓度,主产物 P 的收率和总选择性。

$(c_A = 1 \ kmol \cdot m^{-3}, c_P = 0.8 \ kmol \cdot m^{-3}, c_Q = 0.1 \ kmol \cdot m^{-3}; 0.4, 0.8)$

8. 若欲将习题 3 中的反应改为在活塞流反应器或全混流反应器中进行,分别求所需反应器有效容积和容积效率。　　　　　　　　　　$(14.1 \ m^3, 27.34 \ m^3; 0.516)$

9. 气相 A 的固体催化分解为二级反应。$2 \ m^3 \cdot h^{-1}$ 的纯 A 在 597 K、2 026.5 kPa 下加装到有 2L 催化剂的管式中试反应器中,反应物的转化率为 65%。现在要放大成工厂规模,要求设计一反应器在 597 K、4 053 kPa 下处理 $100 \ m^3 \cdot h^{-1}$ 的原料气。原料气 $\varphi(A) = 60\%$ 和 $\varphi(稀释剂) = 40\%$,A 的转化率为 85%,求所需反应器的体积。　　　　　(254 L)

10. 某一等温恒容一级不可逆反应 $A \longrightarrow P$,在一活塞流反应器与一全混流反应器所组成的串联反应器组中进行。两反应器的有效容积均为 V_R,操作温度相同,进料为纯 A,初始体积流量为 $q_{V,0}$。试证明最终反应结果与两个反应器串联的顺序无关。

$$\left(c_{A,f} = \frac{c_{A,0}}{1 + k\tau} e^{-k\tau} \right)$$

11. 某物料以 $0.2 \ m^3 \cdot min^{-1}$ 的流量通过 $V = 1 \ m^3$ 的反应器,若以脉冲法测定物料在反应器内的停留时间分布状况,一次注入示踪剂 20 g,在示踪剂注入瞬间即不断地分析出口处示

踪剂的质量浓度,测得结果如下:

τ/min	0	5	10	15	20	25	30	35
$\rho(\tau)$/(g·m^{-3})	0	3	5	5	4	2	1	0

　　试绘出 $E(\tau)$ 曲线,说明该反应器近似地接近哪一种流动模型,并计算物料粒子在反应器内的平均停留时间。　　　　　　　　　　　　　　$[E(\tau)=0.01\rho(\tau),\mathrm{PFR};15\ \mathrm{min}]$

　　12. 将习题11中的反应器用于某一级不可逆反应,该反应在 PFR 中进行时,在同样 τ 下,得 $x_A=0.99$。试求该反应在上题实际反应器中所得到的转化率。　　　　　　(0.954)

　　13. 已知物料在某反应器里的停留时间分布函数为 $E(\tau)=0.01\ \mathrm{e}^{-0.01\tau}\ \mathrm{s}^{-1}$,若物料在这个反应器内的平均停留时间是 100 s,问停留时间小于 100 s 的物料占进料的百分之多少?

(63.2%)

　　14. 已知一闭式液相反应器在流量为 5 L·s^{-1}下进行脉冲示踪,得到停留时间分布密度函数为 $E(t)=\dfrac{1}{20}\exp\left(\dfrac{t}{20}\right)$,试求:(1)平均停留时间;(2)反应器的反应体积;(3)$E(\theta)$, $F(\theta)$ 和 σ^2;(4)若该反应器用多釜串联模型描述,其模型参数 N 为多少?

$(20\ \mathrm{s};100\ \mathrm{L};\mathrm{e}^{-t/20},1-\mathrm{e}^{-t/20},1;1)$

　　15. 已知某闭式反应器的量纲为 1 的方差 $\sigma^2=0.211$,平均停留时间 $\bar{\tau}=15\ \mathrm{min}$,在该反应器中进行乙酐水解过程,反应为一级不可逆,25 ℃时,$k=0.158\ \mathrm{min}^{-1}$,试分别用扩散模型和多釜串联模型,求反应转化率。　　　　　　　　　　　　　$(0.91,0.85)$

参考书目与文献

第 7 章

化工过程开发与评价

7.1 化工过程开发的步骤及内容

1. 化工过程开发步骤

化工过程开发是指从实验室研究成果(新产品、新工艺等)到实现工业化生产的整个过程。化工过程开发步骤可概括为图 7-1 所示框图,划分为三大阶段。

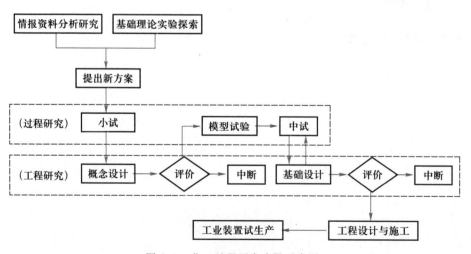

图 7-1 化工过程开发步骤示意图

① 实验室研究(小试)阶段 化工过程开发中的实验室研究阶段,是根据化学学科的基础理论,或从实验观察得到的启发与推演,以及从收集的技术情报资料加以分析、研究所获得的信息,构思提出方案,并经过初步评价(立题评价,亦称第一次评价)确认其研究成果具有工业化的可能性之后,以开发为目的,在实验室内进行的开发基础研究。其目的在于确定原料工艺路线,提出和验证实施反应的方法,寻求适宜的工艺条件,收集或测定必要的物性和热力学数据,进行催化剂性能及动力学研究,开展传递过程研究以了解过程特征,以及建立有关的分析方法等。

② 中间试验(中试)阶段 该阶段是在实验室研究获得成功后,进行的概念设计、中间评价和中试研究。

概念设计是研究人员根据小试所揭示的开发对象的特征,针对未来生产规模所做的原则流程的尝试性设计,又称为"预设计"。其主要内容包括:确定原料和产品的规格、生产规模;进行物料衡算和能量衡算;给出最佳工艺流程和物料流程图;提出主要设备的型式、规格及材料的初步要求;确定单耗指标以及"三废"治理方案;估算基建投资与产品成本;预测投资回收期等。

概念设计介于小试研究和中间评价之间。一方面,它依据小试提供的数据和概念进行设计,此时会遇到一系列需要做出的工程选择和决策,可能发现一些不成熟的条件和需要补充的数据,要求重复或完善小型试验。因而,概念设计环节保证了小试的质量,促使在小试中就开始从工程角度考虑问题。另一方面,概念设计中关于经济衡算的内容,为中间评价提供了基本的依据。同时,它还对中试研究提出具体的建议和要求。

中间评价(亦称第二次评价)是运用技术经济分析方法对概念设计的方案进行技术可靠性和经济合理性方面的分析,对方案的可行性做出论证。其目的在于判断过程是否具有继续开发的价值,如果有进一步开发的必要,则要提出开发方案的改进意见及实施的具体计划。

中间试验是为提供工业生产设计所需的数据和生产经验,而设置的具有工厂实验性质的试验研究。它的规模要依据开发过程的性质和采用的放大方法及预定的生产规模来确定,以能体现出过程的真实特征,并能全面准确地获得过程数据。中试可分级进行,其装置可包括与大型工业生产装置完全类似的全部流程和设备,也可只是其中部分流程或设备。为了节省开发费用和缩短开发周期,应当尽量减少中试级数和缩小中试试验的规模,力求达到经济、高效。

中试研究是过渡到工业化生产的关键阶段,其任务为:检验和确定系统的连续运转条件、操作范围及可靠性;在操作条件下,考察设备的选型及材料的性能;观察运转过程中杂质等微量组分对过程的影响;提供足够数量的产品和副产物,

以供加工和应用方面的研究;验证所采用分析方法和控制仪表的可行性与分析
系统的可靠性;研究和探讨治理"三废"的方法。

③ 工业装置试生产阶段　化工过程开发的最后一个阶段是建立第一套工
业生产装置。该阶段主要工作内容有基础设计、最终评价、工程设计、施工与开
车等。

基础设计是针对第一套工业规模的生产装置(也称示范装置或试生产装
置)而进行的原则设计,它将中试结果以设计的形式呈现,是技术转让的主要技
术文件,研究单位开发的阶段性成果。基础设计质量的好坏,体现了研究开发工
作的水平。通常,该项工作是在研究内容全部完成,并通过鉴定之后,由研究单
位编制,并由研究人员承担。若研究单位设计力量不足时,可以委托设计单位,
或者与设计单位合作进行。

基础设计包括即将建立的生产装置的一切技术要点,其内容如下:设计基
础;工艺流程说明;物料流程图和物料衡算表;对工程设计的要求;带控制点的管
道流程图;设备名称表和设备规格说明书;工艺操作说明;"三废"排放点及排放
量;自控设计说明;消耗定额;有关技术资料、物性数据;安全技术和劳动保护说
明等。

但是,要将基础设计作为指导工厂建设和装置建立的技术文件还不完善,必
须转化为工程设计的形式。同时,在工程设计之前,对整个过程还须进行最终评
价(亦称工业化评价或第三次评价),评价的重点是项目投资和经济效益,目的
在于确定项目可否投产建设生产装置。

工程设计是依据基础设计所做的进一步具体化、完善化的设计,是指导建立
生产装置的最终文件,它的主要内容为:设计依据及设计说明书;非定型设备的
设计、施工及安装图;定型设备、零部件及原材料明细表;工艺流程图;工艺管线
及仪表布置图;公用管线和仪表;主要设备的平面和立面布置图;过程安全、公用
系统及环境保护等。

按照工程设计的图纸和文件,采购定型设备,制造非定型设备,然后进行安
装、调试、开车和试生产。当第一套工业生产装置建成,正常运转,并能达到设计
的工艺要求时,生产装置的建设任务才算完成。从第一套工业化装置所获得的
数据,可以用来核对设计模型,并修改原设计,进一步考虑生产装置的最优化问
题,这样才能使今后建立的装置普遍达到最优设计和最优控制。至此,化工过程
开发宣告结束。

当一般化学工程理论及资料不能提供传递规律时,还必须进行专门研
究——模型试验。模型试验是化工过程开发中的一个重要步骤,它是在模型设
备中对单一过程进行模拟的试验研究,其目的是深入考察影响过程的因素,进一

步认识过程的特征,观察和分析"放大效应"产生的原因,测定过程放大的有关数据寻求放大的规律,建立放大模型,其研究内容可能是温度场,浓度场,宏观混合,微观混合,单相或多相体系中的混合、分离、传递等中的一个或几个方面。通常可采用"冷模试验"和"热模试验"两种方式进行。所谓冷模试验,是采用物理性质与实际工作介质相近的物料进行试验(如用空气代替反应气体,用水代替反应液体,用沙子代替固体颗粒),单纯考察过程的物理规律;而热模试验则是用实际工作介质,并且使用和实际工艺相同的条件进行的一种模拟工艺试验研究。

模试的规模可与小试装置大小相同,也可达到实验工厂规模。前一种情况,可并入实验室研究阶段,但研究内容完全不同;后者相当于中试规模,考察内容全面时,也可取代中试。

是否设置模型试验同所开发过程的性质有关,有些化学反应过程所用反应器基本上是理想反应器,可直接引用其数学模型来处理;有的传递过程,如管内的流动、热交换、吸收和精馏等,它们的放大可通过特征数关联式、理论级计算等方法解决,都无必要再做冷模试验。

2. 化工过程开发中的两种开发研究

化工过程开发按其研究内容可归纳为过程研究和工程研究两种不同性质的研究。

① 过程研究 过程研究是开发工作的主体,它是以工业模拟和工程放大为目的的试验研究,包括小型工艺试验、模型试验和中间工厂试验等三个环节,可在实验室、中间装置、实验工厂进行。不同层次的过程研究探索的内容可有所偏重,有所不同,但过程研究的中心任务是一致的,即探索工程因素对化学反应过程的影响,测取放大数据,为项目提供设计的依据和评价的原型。

② 工程研究 工程研究是开发工作的灵魂,包括概念设计、技术经济评价和基础设计三个环节。工程研究的重要性可从它的自身环节体现出来。概念设计从工程角度对小试结果进行工业化构思,从而提出一系列工业化的问题,实际上是对实验室工作的全面总结和鉴定,确保了小试的质量,促使在小试中实现工艺和工程、研究和设计的早期结合。贯穿开发工作始终的技术经济评价为整个开发过程确定了工作目标和是否继续进行的判据。基础设计的设置使中试目的不仅仅局限于中试数据的测试,重要的是以基础设计的形式来表达中试放大的结果,形成对中试的检验,保证了中试数据的完整。可见,化工过程开发的质量、进度,以及成本在很大程度上取决于工程研究的水平。

　　过程研究是借助实验装置进行的科学试验研究,为化工过程开发提供放大数据;而工程研究则立足于研究者和设计者的理论知识和丰富经验进行思维,为化工过程开发提供依据。前者主要由科研人员承担,后者则由研究人员和设计人员共同承担,如此从组织上保证了化工过程开发的工作质量。研究人员参与概念设计可将过程的工程要求、技术经济要求与过程特征紧密结合起来,从而促进了工程观念在实验室阶段的运用,有利于提高实验室研究的效果。研究人员参与基础设计,使得研究人员不仅仅只对中试结果负责,而且还要对放大结果负责,从而加强了研究与设计两者之间的高效配合。这种工作制度下的分工与合作,发挥了研究人员的能动作用,也对他们提出了较高的要求。参与工程研究的研究人员应具备较完善的知识结构(需加强的是工程知识)和充足的工作经验,在工程研究中要能够思考和分析在工业实施中可能遇到的工程技术问题,并能运用工程技术原理予以解决。

7.2　化工过程开发的放大方法

　　为把实验室成果尽快开发放大到工业生产规模,尽早地转化为生产力,长期以来人们一直在探索、寻求较好的开发放大方法。目前,开发放大方法有逐级经验放大法、相似放大法、数学模拟法和部分解析法四种。

1. 逐级经验放大法

　　逐级经验放大法依据类似产品生产的经验或装置,经过一系列试验及中间装置来逐级放大反应装置的尺寸。在放大过程中,每一级放大设计的依据都是前一级试验取得的研究成果和数据,是一种经验性质的放大。由于缺乏对过程内在规律的透彻认识,每一级放大倍数不可能太大,多数控制在 10~50 倍。因此,要达到大型工业生产的预期目的,放大次数必然较多,且每次放大都要重新建立试验装置,因此增加了开发费用,延长了开发周期。

　　在逐级经验放大法中,为了获得设备选型、条件优化和设备放大的信息,一般利用小试进行结构变量试验,即采用不同型式和结构的小型反应器,在实验室对所开发过程进行试验研究,考察设备的型式和结构,确定最佳型式的反应器;继而在选定的反应器中进行操作变量试验,即对不同操作条件的试验结果进行对比,以筛选出最佳工艺条件;然后,再逐级考察设备几何尺寸改变以后对试验

结果所造成的影响。据此可以看出,逐级经验放大法具有以下基本特征:

① 仅着眼于外部联系,不能深入研究过程的内在规律 在逐级经验放大法的研究过程中,反应过程实际上被视为"黑箱",只考察其输入变量和反应结果(输出)的关系,即外部联系。对于化学反应过程中,热力学和动力学等内在规律对反应结果的影响,以及反应器内物料的流动与混合、传热和传质等外界条件的影响均不能考察。若反应结果一旦变坏,即归咎于"放大效应",因此,不可能直接查明影响试验结果的真正原因。

② 人为规定试验步骤,研究程序并不科学 逐级经验放大法把上述三种变量看成是相互独立,可以逐个依次决定的,因此采用单因素试验的方法。每次只考察一个对试验结果影响最大的因素,而这种决定谁先谁后进行试验的步骤又是人为规定的,与化学工程理论并不相符。尽管如此,由于在该法中所获得的过程开发的信息和资料都经过了试验,且通过了一个或几个中试层次,故结果比较可靠。同时,也不可能在大型装置上大幅度地选择工艺条件,或者是先建厂,然后再进行试验,因此,对于难以进行理论解析的课题,往往依靠经验来解决。

③ 放大是根据经验结果外推,可靠性差 化工开发过程中的各种规律多呈非线性关系,或者仅在某一局部范围内接近线性,因而每一级放大都根据前一级的试验结果进行外推,必然会导致准确性降低,这正是逐级放大法需要多级、小倍数放大而造成开发工作旷日持久的原因。

逐级经验放大法也有可取之处。它不需要对过程有透彻了解,适合复杂的、难以了解其本质的过程。对一些批量较小、间歇生产、反应速率慢的反应,一般地讲,放大效应并不显著,可以采用较大的放大倍数,在较短的时间内开发成功。更重要的一点是逐级放大法容易上马,可很快获得少量产品,投放市场可获得宝贵的信息,还可获得利润,并由此来支持自身的开发。

2. 相似放大法

相似放大法指以相似论为基础的相似模拟放大法。相似模拟是研究将个别现象的研究结果,推广到所有相似的现象上去的方法。相似论的基础是关于相似的三个定律:

① 相似第一定律(正定理) 相似现象属于同一现象,必须发生在几何相似的空间,服从自然界中同一基本规律,并且具有相似的初、边值条件;彼此相似现象,必须具备数值相同的同名相似特征数(相似准数)。

② 相似第二定律(逆定理) 凡同一种类现象,如表述的相似特征数的数值相等,则两体系相似。

③ 相似第三定律(π 定理)　相似现象各种量之间的关系,通常采取相似特征数的函数关系,称为准数方程来描述。

相似模拟也是一种以实验为依据的放大方法。相似模拟对同类事物的模拟,是在实验室条件下,用模型来进行试验的,即所谓"模型试验"研究。实验模型是与物理系统密切相关的小型装置,通过对实验模型的观察或试验,可以对需要的方面精确地预测实际系统的性能,这个被预测的实际系统,称为"原型"。模型与原型相比,尺寸一般都是按比例缩小的,或者尺寸虽然相同,但选用易于制造的、能观察内部流动情况的(如透明有机玻璃等)廉价材质,故制造容易、装卸方便,与采用原型相比,能节省大量的资金、人力、时间和空间。

相似模拟放大法被有效地应用于冷模试验的研究,它通过"模型试验"获得流体流动、传热、传质等许多物理过程的传递规律,进而去认识、推测原型的行为。但是,对于有化学反应的过程,相似模拟放大法不适用。

通常,相似模拟放大遵循的步骤是:① 根据对过程理解和掌握的程度,确定有关影响因素(如温度、压力、速度、密度、黏度、浓度等);② 由相似转换或量纲分析(参见 3.4.3 节),对实验变量进行归纳和简化,从而得到相似特征数(如流体流动过程中的雷诺数 Re,传热过程中的努塞尔数 Nu 和普朗特数 Pr 等);③ 根据上述有关因素确定实验模型和大型装置之间的相似条件,并由此构造实验模型,通过试验,确定特征数之间的关系(如管内湍流流动的传热膜系数计算式 $Nu = 0.023\,Re^{0.8}Pr^m$ 即为一例);④ 从模型试验结果预计大型装置的性能,并应用特征数方程进行放大设计计算。

3. 数学模拟法

随着化学反应工程学和计算机科学技术的发展,自 1958 年首次成功实现了对化学过程模拟放大以后,数学模拟法有了很大进展。数学模拟放大是一种建立在理论分析基础上的放大,其核心是建立数学模型。该方法依据小试试验,研究化学反应的规律和特征,建立反应动力学模型;在大型冷模试验装置中研究流体流动、传热和传质规律,建立反应器的传递模型;然后通过物料衡算和能量衡算把反应动力学模型和传递模型结合起来,经合理简化,得到与原型近似等效的物理模型,同时对该模型进行数学描述,即建立反应器的数学模型。数学模型通常由数学解析表达式,即描述化工过程动态规律的一组或几组代数方程、微分方程、偏微分方程,或者差分方程构成。为了寻找在不同工艺条件下反应器的规律与特征,按照程序设计方法对数学模型编程,并在计算机上进行数值计算。当在计算机上改变工艺参数,便可得到相应反应装置的反应结果,这就是所谓的"模拟试验"。由此可得到最佳工艺条件和预测工业反应器的性能,还可进行工业生产装置的设计。这样,可以大大缩短过程开发周期,从而实现反应器的有效设计、放大和工业化生产的最优操作与控制。

由于数学模型所描述的对象是指某种反应器内所进行的某一化学反应的动态规律,因此,只要反应器的结构、型式和化学反应相同,数学模型所描述的过程动态规律不受设备几何尺寸的限制。也就是说,运用数学模型进行工业反应器的设计不存在放大问题,通过数学模型运算,便可直接进行工业反应器的设计。

应提及的是,利用数学模拟法将反应器数学模型用于工业反应器设计之前,仍然需要中试。但与逐级经验放大法以探索设备几何尺寸的变化对反应结果的影响的中试不同,数学模拟法通过中试装置的运转结果检验模型预测的可靠性,并对反应器数学模型进行修正。

数学模型的建立是数学模拟法的关键,而数学模型的简化又是建立数学模型最困难的工作。寻求描述化工过程运行的动态规律的简化方法,可使建立的数学模型易于运行求解。例如,气固相催化反应过程,采用固定床反应器时,由于催化剂颗粒在器内乱堆而形成不规则的网状通道,气体绕催化剂颗粒流动必然产生不断地分流与汇合,这种现象完全是随机的,无一定规律可循。如要找到一种函数关系来描述这种紊乱的流动状态显然十分困难。但是考虑到物料的流动状态对化学反应过程的影响,主要是由于返混程度不同而产生的,即紊乱的分流和汇合现象可以用返混概念对它做等效描述。虽然两者的机理似乎不同,但它们对化学反应过程的影响却可以做到基本一致。而描述返混的模型可以用扩散模型或多釜串联模型。如此处理,复杂的过程得以简化。简化数学模型的关键,在于找到与实际过程等效的简化方法。

用数学模拟法放大标志着化工过程开发的新阶段,但到目前为止,成功地应用数学模型开发放大的典型实例,除了美国固特异轮胎与橡胶(Good Year Tire & Rubber)公司开发丙烯二聚生成异戊二烯的管式反应器,未经中试直接放大17 000倍,以及日本用铁锑催化生产丙烯腈的开发,一次放大80 000倍外,其他成功的例子很少见报道,究其原因:

① 模型研究以单因素为基础,在研究扩散和传热等物理因素对化学反应的影响时,常以 A→B 这类十分简单的单组分不可逆反应为例,与复杂的实际反应相去较远;

② 尽管建立数学模型应当做到简化而不失真,然而简化假定与实际过程往往存在相当程度的偏离,造成模型不能确切反映实际;

③ 即使模型可靠,但是模型涉及的参、变量难以准确测定,而造成较大的放大误差;

④ 与开发对象本身特征有关，或者说与其难易程度有关。

4. 部分解析法

部分解析法是一种依据理论分析与试验探索相结合的开发方法。在化工过程开发中，所见到的过程常常是其内在的规律已被有所了解，但又未能达到定量表示，因而不足以建立数学模型，此时可采用部分解析法放大。该法根据化学反应工程的知识和理论，对过程进行分析，并通过初步试验了解化学反应的特征（反应类型，热效应及速率大小，收率分析及温度、浓度效应等），再结合工程问题的特殊性（装置结构、尺寸和工程因素变量等），形成一些技术概念（如设备型式和工艺条件的选择、预测反应结果和放大效应等），然后经过试验验证、修改、补充，形成技术方案，并据此指导系统试验（模试或中试），获取放大数据，找出放大规律。部分解析法是一种半理论、半经验的方法，它虽然没有建立数学模型，但采用的分解—综合和试验—简化—验证的方法却与数学模拟法相似，其有效性也不低于数学模型；它与逐级放大法并不相同，因为它所进行的试验并不是实验室结果的简单放大，而是对实验室实验基础上的理论思维的某些设想的探索和检验。简言之，部分解析法通过若干次的理论分析与试验探索及验证而逐步得到放大规律，其特点在于以理论指导试验，减少了试验的盲目性，既提高了试验效果，又简化了试验工作，因此是在当今化工技术发展水平下的一种切合实际、行之有效的放大方法。

开发方法的选择取决于实际过程的性质和特点、所涉及问题的复杂性以及人们对它的认识程度。上述几种开发放大方法，目前在工业反应器的设计中都有应用。一般认为数学模拟法较适用于大型化工项目的开发，而对大量精细化工产品的开发放大，可采用逐级经验放大或部分解析的方法。

7.3　化学反应器的放大

化学反应器是化工生产过程的核心，也是化工过程放大中最难掌控的部分。第 6 章已对工业反应器进行了阐述，本节将着重于反应器的放大问题，以下讨论限定于均相反应器。

反应器放大试图在工业反应器中重现小试或中试的过程结果（反应速率、收率和选择性）。影响过程结果的因素有温度、浓度、传递过程（搅拌程度及混合状况)等诸变量。若工业反应器中每个反应单元的温度状态、浓度水平、传递速率与小试或中试一样,则工业反应器的工艺结果必然与小试或中试相近。然而,放大至工业生产装置,装置参数和过程性质随设备尺寸变化的规律各不相同,致使化学反应器因设备规模变化而造成工艺结果难以再现,这种大小装置之间工艺结果的差异称为"放大效应",寻求其产生原因和改善方法是化学反应器放大的主要任务。

1. 混合时间与等温搅拌釜式反应器的放大

未混合的各种配料加入反应器后,物料在反应器中达到完全混合所需时间,称为混合时间,记为 t_{mix}。混合时间与搅拌强度有直接关系,它可通过实验测定获得。例如,将水加入反应器,开启搅拌器,在时间 $t=0$ 时加入少量盐溶液。测定反应器内各点的盐溶液浓度,直至在测量误差内浓度为常数,这时的时间记为混合时间 t_{mix}。一种通常采用的方法是在反应器内加入有指示剂的弱酸溶液(有色初始溶液),在时间 $t=0$ 时加入浓碱液,混合时间 t_{mix} 为最后一点颜色消失的时间。加入反应器的配料必须通过流体流动或扩散从一处传递到另一处,传递速率与反应速率决定着混合时间。对于非常快速的反应,如燃烧或酸碱中和反应,在反应开始时,反应器内很难达到完全混合,此时反应由混合控制。当反应是一个半衰期 $t_{1/2}$ 为几小时的酯化反应时,反应器内物料有效地混合则容易达到。因而,间歇釜式反应器达到完全混合的条件是 $t_{mix} \ll t_{1/2}$。满足这一条件的反应过程为动力学控制。实际应用中,若 $t_{1/2}$ 大于 8 倍的 t_{mix},就认为达到了完全混合。在有机械搅拌的反应器内,混合时间典型的取值范围从实验室玻璃釜中的几秒钟到大型工业装置中的几分钟。在 6.2 节中,组分衡算及其所得结果,都是在可观测到的反应发生之前,釜中物料已达到均匀混合的假定之下,即均满足 $t_{mix} \ll t_{1/2}$。

对流动反应器,混合时间与平均停留时间 $\bar{\tau}$ 相比必须很短,否则新加入的物料在与反应器内物料充分混合之前就会流出反应器。因此,对流动反应器,完全混合要求满足的条件为 $t_{mix} \ll \bar{\tau}$。实际上,连续釜式反应器设计的一般操作条件就满足 $t_{1/2} \ll \bar{\tau}$,所以只要连续釜式反应器能达到完全混合的要求 $t_{mix} \ll t_{1/2}$,则它必满足 $t_{mix} \ll \bar{\tau}$。

连续搅拌釜式反应器中,流经反应器的净流率与搅拌引起的循环流相比是很小的,这一通过量的存在对混合时间几乎没有什么影响,因而间歇搅拌反应釜的混合时间关联式也可用于连续搅拌釜式反应器。

混合时间是表征搅拌釜式反应器内物料混合状况的一个重要参数,也是搅拌设备设计和放大的依据之一。在大型搅拌釜式反应器中,如改变搅拌速率,反应结果随之发生变化,说明混合时间是敏感的,也就是说存在潜在的放大问题。

在搅拌釜式反应器放大中,常采用几何相似的方法,这意味着工业反应器将具有与中试反应器相同的形状。若放大过程能成功地保持中试反应器所有的特性和条件,则同一反应在大、小反应器的反应结果将是相同的。定义生产能力放大因子为

$$S = \frac{\text{通过工业装置的质量流量}}{\text{通过中试装置的质量流量}} = \frac{q_{m,2}}{q_{m,1}} = \frac{\rho_2 q_{V,2}}{\rho_1 q_{V,1}} \tag{7-1}$$

如工业装置和中试装置在同样密度下操作,则

$$S = \frac{q_{V,2}}{q_{V,1}} \tag{7-2}$$

若放大过程中保持相同的平均停留时间 $\bar{\tau}$,则

$$S = \frac{V_{R,2}/\bar{\tau}_2}{V_{R,1}/\bar{\tau}_1} = \frac{V_{R,2}}{V_{R,1}} \tag{7-3}$$

式中,S 又称为体积放大因子。在停留时间不变和恒定密度操作的条件下,生产能力放大因子就是体积放大因子。

几何相似放大搅拌釜式反应器,意味着所有线性尺寸,如搅拌叶轮直径、液面高度、叶轮离釜底的距离等,均随釜直径放大,即随 $S^{1/3}$ 的比例放大。

混合时间是搅拌雷诺数 Re(3.4.2 节)、釜直径与搅拌叶轮直径比及釜直径与液面高度比的复杂函数。按几何相似法的第一合理近似条件,反应器需在高雷诺数下操作,即

$$Re = \frac{\rho N D^2}{\mu} \geqslant 1\ 000 \tag{7-4}$$

式中,D 为叶轮直径而不是釜的直径;N 为搅拌叶轮转速;速度项为叶轮的轮端速率,ND。当 $Re = 1\ 000$ 时,釜内呈高度湍流,雷诺数与 ND^2 成正比。

在完全湍流(高雷诺数)下,几何相似放大遵循:

$$(N_2 t_{\text{mix},2})_{\text{大}} = (N_1 t_{\text{mix},1})_{\text{小}} = \text{常数} \tag{7-5}$$

$$\left(\frac{P_2}{\rho_2 N_2^3 D_2^5}\right)_{\text{大}} = \left(\frac{P_1}{\rho_1 N_1^3 D_1^5}\right)_{\text{小}} = \text{常数} \tag{7-6}$$

式中,P 为搅拌功率,它与 $N^3 D^5$ 成正比。$\dfrac{P}{\rho N^3 D^5}$ 为量纲为 1 数群,称为功率准数。

式(7-5)表明,混合时间与搅拌叶轮转速成反比。保持恒定的搅拌转速,便会得到相同的混合时间。

由式(7-6)可知,如保持搅拌转速不变,则搅拌功率需以 D^5,即 $S^{5/3}$ 的比例增加。若搅拌釜直径增加 10 倍,搅拌叶轮直径也需增加 10 倍,允许处理物料量增加 1 000 倍,而搅拌功率应增加 100 000 倍。换言之,要维持恒定不变的混合时间,单位体积功率必须增加 100 倍。如此大的功率需求在生产中是不经济的,因此,放大中保持恒定不变的混合时间并不现实。

在实际放大中,人们希望在不违背 $t_{mix} \ll t_{\frac{1}{2}}$,$t_{mix} \ll \bar{\tau}$ 的前提下,适当提高混合时间。在大多数搅拌釜式反应器的放大中,按单位体积功率保持常数或接近保持常数的原则进行,其结果是搅拌速率随放大而降低,混合时间随放大而增大。

例 7-1 在中试规模的连续搅拌釜式反应器中进行的等温、均相反应过程,假想为完全混合,即可采用 6.2.3 节全混流反应器基本方程式来设计计算。现将该反应器在单位体积功率不变的条件下,放大 512 倍,确定放大对混合时间的影响。

解:放大 512 倍,即 $S=512$,$D=S^{1/3}=8$,线性尺寸放大 8 倍。如果功率按 $N^3 D^5$ 倍放大,那么单位体积功率将按 $N^3 D^2$ 倍放大。要保持单位体积功率恒定,放大中 N 必须减小,N 必须与 $D^{-2/3}$ 成正比,即搅拌转速减小至 0.25 倍。混合时间则与 $D^{2/3}$ 成正比,即混合时间随放大增加了 4 倍。

表 7-1 列出了搅拌釜按此条件放大 512 倍,装置参数和操作变量的放大因子。

反应器放大 512 倍是相当大的,需要考虑的问题是大容器是否依然具有全混流反应器的性能。由于混合时间将增大 4 倍,是否仍能保持 $t_{mix} \ll t_{1/2}$ 和 $t_{mix} \ll \bar{\tau}$?如果仍能满足,则放大后反应器行为便可认为符合理想的连续搅拌釜式反应器。

表 7-1 几何相似搅拌釜式反应器的放大因子

反应器	通用放大因子	单位体积功率恒定的放大因子	当 $S=512$ 时放大因子的数值
容器直径 d	$S^{1/3}$	$S^{1/3}$	8
叶轮直径 D	$S^{1/3}$	$S^{1/3}$	8
容器体积 V_R	S	S	512
通过量 q	S	S	512
停留时间 τ	1	1	1
搅拌雷诺数 Re	$NS^{2/3}$	$S^{4/9}$	8
*搅拌弗劳德数 Fr	$N^2 S^{1/3}$	$S^{-1/9}$	0.5

续表

反应器	通用放大因子	单位体积功率恒定的放大因子	当 $S=512$ 时放大因子的数值
搅拌器转速 N	N	$S^{-2/9}$	0.25
功率 P	$N^3 S^{5/3}$	S	512
单位体积功率 P_V	$N^3 S^{2/3}$	1	1
混合时间 t_{mix}	N^{-1}	$S^{2/9}$	4
** 传热表面积 A	$S^{2/3}$	$S^{2/3}$	64
** 传热总系数 K	$N^{2/3} S^{1/9}$	$S^{-1/27}$	0:79
** 系数面积乘积 KA	$N^{2/3} S^{7/9}$	$S^{17/27}$	50.8
** 推动力 Δt	$N^{-2/3} S^{2/9}$	$S^{10/27}$	10.1

* 弗劳德数定义见习题2。

** 传热放大因子见7.3.3节。

2. 等温管式反应器的放大

管式反应器的性能由物料组成、温度及其流动的平均停留时间决定。管式反应器几何相似放大,应保持物料在大、小反应器中有相同的平均停留时间。为了保持物料流动的平均停留时间不变,系统的物料质量流量必须放大 S 倍。当流体为不可压缩流体时,体积放大 S 倍。通常情况下,管式反应器的放大可通过增加管数、加大管径或管长来实现。由式(7-3)得

$$S=\frac{V_{R,2}}{V_{R,1}}=\frac{(n_{tuble}R^2 L)_2}{(n_{tuble}R^2 L)_1}=S_{tuble}S_R^2 S_L \tag{7-7}$$

式中,$S_{tuble}=\dfrac{n_{tuble,2}}{n_{tuble,1}}$,$n$ 为管数,S_{tuble} 为管数放大因子;$S_R=\dfrac{R_2}{R_1}$,R 为釜半径,S_R 是直径放大因子;$S_L=\dfrac{L_2}{L_1}$,L 为管长,S_L 为长度放大因子。

增加管式反应器的生产能力,按式(7-7)有三种方法:

① 平行增加同样的反应器。采用多管并联的列管式反应器的设计就是常用的和较为经济的增加生产能力的方法。

② 加大管径。几何相似放大,加大管径意味着也要加长管长,以保持相同的长径比 L/d。对恒压降放大,若流体为湍流状态,则增大管径,会降低长径比。

③ 增长管长。虽然有效,但它不是常用增加生产能力的方法。

多管并联放大时,流动雷诺数[3.4.2 节式(3-33)]是常数,但在其他放大方式中,流动雷诺数是增加的。当大、小反应器均为单管构成时:

$$\frac{Re_1}{Re_2} = \frac{(Ru)_2}{(Ru)_1} = \left(\frac{R_2}{R_1}\right)^{-1}\left(\frac{q_{V,2}}{q_{V,1}}\right) = S_R^{-1}S \qquad (7-8)$$

对多管串联放大,$S_R=1$,所以 Re 增大到 S 倍。式(7-8)没有考虑流体物理性质的变化。通常 ρ/μ 随压力增加而增大,因而 R 比 S 增大要快。

多管并联放大,$S_R=S_L=1$,式(7-7)简化为

$$S = S_{\text{tuble}}$$

即管数与生产能力的增加直接成正比。多管并联放大自动保持了物料在各管子中的流动平均停留时间相同,放大是小装置的完全复制,但物料通过量增大到 S 倍。

多管并联放大时,需注意保证物料在各管间均匀分布,尤其在反应造成很大的黏度变化的情况下,物料分布更值得关注。壳层中传热介质的流动分布好坏决定着所有管子的传热系数。解决了这些问题,多管并联放大就没有明显限制。例如,生产邻苯二甲酸酐的氧化反应,已建成了有 10 000 根管子的列管式反应器。

多管串联放大,保持相同管径而增加管长。如果长度增加 1 倍,流速必须增大 1 倍,以保持相同的平均停留时间。对不可压缩流体的多管串联放大,$S_R = S_{\text{tuble}} = 1$,式(7-7)简化为

$$S_L = S$$

即管长按所需的生产能力的比例增加。

多管串联放大 100 倍,若小装置为运转良好的液相管式反应器,在产量为其 100 倍的大型生产装置中也会运转正常。但由于管长要增大 100 倍,流速亦要增大 100 倍;此情形下,压力降变化成为多管串联的难点。对湍流的不可压缩流体,多管串联放大的压力降 Δp 变化为

$$\frac{\Delta p_2}{\Delta p_1} = S^{2.75} \qquad (7-9)$$

即放大因子增大到 100 倍,压力降要增大到 316 000 倍。通过泵向流体输入功率为 $N=q_V\Delta p$,即按放大比例成 $S^{3.75}$ 倍增加。如此大地增加能耗,是多管串联放大为不常采用方法的原因。

几何相似放大,加大管径的同时也增加管长,大、小反应器具有相同的长径比,从而有 $S_R=S_L$。对不可压缩流体,体积放大 S 倍,由式(7-7)得

$$S_R = S_L = S^{1/3}$$

几何相似放大的雷诺数变化,由式(7-8)得

$$\frac{Re_2}{Re_1} = S_R^{-1} S = S^{2/3} \tag{7-10}$$

几何相似放大的压力降变化为

$$\frac{\Delta p_2}{\Delta p_1} = \begin{cases} 管内为滞流流动时 \ S^0 \\ 管内为湍流流动时 \ S^{1/2} \end{cases} \tag{7-11}$$

可见,采用几何相似放大,只要维持放大后反应器内流动仍为滞流,其压力降便是恒定不变的,此结果是几何相似放大有意义的情形。在湍流流动状态下几何相似放大,压力降则按产量的二次方根增大,换言之,产量的增加需要额外的泵送能量。增加泵送能量的有利因素是促进了混合和传热效果。

恒压降放大试图在保持停留时间和压力降都不变的条件下,对单管直径进行放大,即在 $\Delta p_2 = \Delta p_1$,$S_{\text{tuble}} = 1$ 情形下增大管径。对不可压缩流体的湍流流动反应器,体积放大 S 倍,由式(7-7)得

$$S = S_R^2 S_L$$

恒压降下放大:

$$\frac{\Delta p_2}{\Delta p_1} = 1 = S^{1.75} S_L S_R^{-4.75} \tag{7-12}$$

联立解上两式,得

$$S_R = S^{11/27}, \quad S_L = S^{5/27}$$

恒压降放大的雷诺数变化,由式(7-8)得

$$\frac{Re_2}{Re_1} = S_R^{-1} S = S^{16/27} \tag{7-13}$$

前面讨论的滞流流动管式反应器的几何相似放大,也是一种恒压降放大。它适用于液体和气体,但对太大的管径,活塞流的假定将不再合理,除非大装置中径向扩散可以忽略。否则对管内滞流流动情形不推荐采用几何相似放大。

3. 非等温反应器的放大

化学反应伴随着热效应,反应器内温度及其分布直接影响到反应速率、反应

选择性和收率。在反应器放大中,涉及反应的热效应必须予以关注,反应器内温度必须实施控制。

反应器放大过程中,反应体积和传热面积的增加程度并不一致,单位体积的传热面积反而减小。放大后,反应处理物料增加,反应热效应加剧,但控制反应温度所需的传热面积却没有相应地增加,造成反应器内温度不能得以控制,反应器将接近绝热操作,然而很少有反应能承受全部绝热温升。对吸热反应将使产量大幅度减少,对放热反应会造成"飞温",并生成不需要的副产物。

非等温反应器的放大就是要了解并避免因装置规模变化而产生的放大效应。

(1) 避免非等温放大的可能性

如果能使放大后的反应器中的温度水平及分布与小型反应器相同或相似,就可能避免因温度改变而带来的放大效应。可以采取的措施有:

① 使用稀释剂　目的是控制反应器的绝对温升,使其在可接受的范围内。对气相体系,氮、二氧化碳和水蒸气等惰性组分可用于缓解反应的放热效应。在液相体系中,则可使用惰性溶剂。加入额外的物料会增加生产费用,但如果由此产生的费用增加后能够允许放大顺利进行,那也不失为一种方法。

② 并联放大　是一种花费不大但能有效增加生产能力的方法。对管式反应器的放大,经常采用这种放大技术,如列管式设计,放大的关键是解决管与管之间的分布问题。

③ 放弃几何相似　对釜式反应器,可加设内部加热蛇管或外部的泵送循环回路(将在本节稍后讨论)。在管式反应器中进行的不可压缩的均相反应,增加管长而保持管径不变的放大方法使体积和外表面积都以相同的因子放大,从而避免了放大效应。另一种可能性是增加反应器数目,即多个反应器串联。两个反应器串联,体积和表面积都增加两倍,多个串联的釜式反应器将更接近活塞流。

④ 采用自冷控温　用冷进料带走反应热,如冷进料从进料到出料所需能量恰好吸收反应放出的热量,则连续釜式反应器的热量衡量便能无限制地放大。冷进料带走的反应热与进料流量成正比,进料流量放大 S 倍,吸收反应热量亦增加 S 倍。对连续管式反应器,沿反应器的管程分批注入冷反应物料,即形成半间歇操作的管式反应器,它带来的缺点是使活塞流性能退化。

(2) 非等温搅拌釜式反应器的放大

前面讨论过几何相似放大,反应体积与放大因子同倍增长(S^1),而传热表面积以 $S^{2/3}$ 的倍数增加,单位体积传热表面积则以 $S^{-1/3}$ 的倍数变化。表 7-2 列出了标准搅拌釜式反应器的性能参数,由表可见随釜直径增大,体积、传热面积及单位体积传热面积的变化情况。

表 7-2　标准搅拌釜式反应器的性能参数

釜直径 d/m	体积 V/m^3	传热面积 A/m^2	$\dfrac{A/V}{m^{-1}}$	质量 $m/10^{-3}kg$	材质	压力 $p/10^{-3}kPa$
0.9	0.7	3.4	4.86	0.8	玻璃	1.5
1.2	1	4.45	4.45	1.8	不锈钢	6
1.8	4	10.9	2.73	2.5	不锈钢	6
2.0	8	18.6	2.33	9.5	有玻璃衬里的不锈钢	15
2.5	14	26.6	1.90	14	有玻璃衬里的不锈钢	15
2.8	25	40.0	1.60	21	有玻璃衬里的不锈钢	15
3.1	32	45.6	1.43	24	有玻璃衬里的不锈钢	15

　　常用的搅拌釜式反应器都附设夹套,器内反应温度通过夹套的传热介质来控制。图 7-2 为搅拌釜式反应器内温度随时间的变化。开工初期,先用较高温度的传热介质来加热反应物,以达到所需反应温度。对放热反应过程,当反应开始放热,切换为较低温度的传热介质,移出反应热,以维持一定的反应速率,如图 7-2(a)所示。如果反应热效应太大,受夹套传热能力制约,即使用足够低温的传热介质亦不能控制温度的升高,则造成反应器内反应温度的“飞温”,如图 7-2(b)所示。

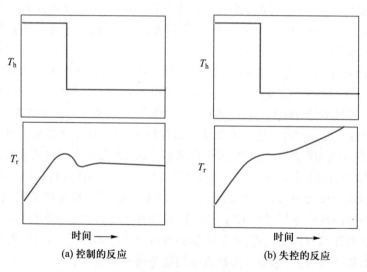

图 7-2　用温度为 T_h 的传热介质控制反应温度 T_r

　　带夹套的搅拌釜式反应器的传热速率可表述为

$$\Phi = KA\Delta t$$

式中,Δt 为釜内物流主体与夹套内传热介质的温度差,A 为釜壁表面积,K 为总传热系数。K 主要取决于釜内物流的对流传热系数 h（4.3 节），而 h 与物料物性、搅拌器直径和转速有关。在几何相似放大过程中，若流体物性不变，在湍流状态下，大、小规模反应器的对流传热系数变化与搅拌器直径 D 和转速 N 的关联式为

$$\frac{h_2}{h_1} = \left(\frac{D_2}{D_1}\right)^{1/3} \left(\frac{N_2}{N_1}\right)^{2/3} = S^{1/9} N^{2/3} \qquad (7-14)$$

对单位体积功率恒定的情况，从例 7-1 得到 $N \propto D^{-2/3}$，于是

$$\frac{h_2}{h_1} = \left(\frac{D_2}{D_1}\right)^{-1/9} = S^{-1/27} \qquad (7-15)$$

即放大过程中，h 略微减小。假定 h 控制总传热系数 K，则

$$\frac{K_2 A_2}{K_1 A_1} = \frac{h_2 A_2}{h_1 A_1} = S^{17/27} \qquad (7-16)$$

如果传热速率 $\varPhi$ 放大 S 倍，则传热推动力按下式变化：

$$\frac{\Delta t_2}{\Delta t_1} = S^{10/27} \qquad (7-17)$$

　　以上传热过程特性参数的放大因子列于表 7-1 的最后 4 行。当反应器放大 512 倍时，反应器体积增大 512 倍，传热面积仅增大 64 倍。若传热速率增加 512 倍，KA 仅增大 50.8 倍，传热温差增加 10.1 倍，方可弥补传热面积减小，以保持传热速率的恒定。采用温度较低的传热介质可提高传热温差，但传热温差增加这么多倍未必可能，因为使用过低温度的传热介质在生产上也是不经济的，同时还可能造成反应物料冷凝于反应釜内壁面。选择适宜的搅拌器，增大搅拌强度，可提高传热系数，但亦有限（参阅 4.5.2 节）。

　　在非等温反应器放大过程中，增加相应的热交换表面对放大成功至关重要。通常通过在搅拌釜内加设蛇管热交换器或增加蛇管的数目来增加传热面积。这种做法放弃了几何相似，将改变釜内流动，减小传热能力。在放大过程中维持良好传热的较好方法是采用外置热交换器，如图 7-3 所示。

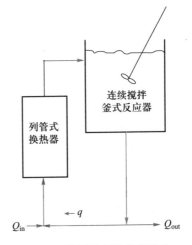

图 7-3　设置外部热交换器的
连续搅拌釜式反应器

图中所示案例为连续搅拌釜式反应器,但此方法也可用于间歇釜式反应器。

（3）非等温管式反应器的放大

圆形管式反应器内强制对流（充分湍流）时,对流传热系数的关联式如 4.3 节式（4-15）和式（4-16）。依据此关联式,将不可压缩流体的放大行为列于表 7-3 中。表中未列出并联放大,因为其所有放大因子均为 1。

表 7-3　液相管式反应器的放大因子

反应器	通用放大因子	串联放大	几何相似	恒压降放大
直径放大因子	S_R	1	$S^{1/3}$	$S^{11/27}$
长度放大因子	S_L	S	$S^{1/3}$	$S^{5/27}$
长径比	$S_L S_R^{-1}$	S	1	$S^{-2/9}$
压力放大因子 Δp	$S^{1.75} S_R^{-4.75} S_L$	$S^{2.75}$	$S^{1/2}$	1
传热面积 A	$S_R S_L$	S	$S^{2/3}$	$S^{0.59}$
对流传热系数 h	$S^{0.8} S_R^{-1.8}$	$S^{0.8}$	$S^{0.2}$	$S^{0.07}$
面积与传热系数乘积 hA	$S^{0.8} S_R^{-0.8} S_L$	$S^{1.8}$	$S^{0.87}$	$S^{0.66}$
推动力 Δt	$S^{0.2} S_R^{0.8} S_L^{-1}$	$S^{-0.8}$	$S^{0.13}$	$S^{0.34}$

利用放大因子可对反应器放大进行概念研究,需要进行详细的计算,并经过比较、分析,舍弃不合理的放大方案,将注意力放在最有希望的放大选择上。

例 7-2　中试管式反应器采用一根内径为 2.7 cm,长为 3.66 m 的管子。物料为液体,密度为 860 kg·m^{-3},雷诺数为 8 500,在管内停留时间为 10.2 s。进口物料被预热和预混合,进口温度为 60 ℃,出口温度为 64 ℃,55 ℃的温水为冷却介质。试设计放大 128 倍的大型反应器,比较各种方案并探讨其传热性能。

解：已知 $S=128$，$\dfrac{L_1}{d_1}=\dfrac{366}{2.7}=136$，$\Delta t_1=\left(\dfrac{64+60}{2}-55\right)℃=7℃$

① 并联放大　采用列管式设计（参阅 4.1 节）,并联放置 128 根同尺寸管子。管程流动为反应物料,壳程流动为传热介质。每根管子内保持中试反应器的操作条件,即单管放大因子 $S'=S/128=1$。

② 串联放大　需建造一个长度为 128×3.66 m = 468.5 m 的管子,可考虑用 U 形弯头连接或蛇管组装,以节省占地面积。放大后,$L_2/d_2=136×128=17\,408$；由式（7-8）,雷诺数增加 8 500×128=1 088×10^3；由式（7-9）,压力降增加 128$^{2.75}$倍。这是因为要保持恒定停留时间,管子加长,流速必须同倍增加。温度差按 $S^{-0.8}=0.021$ 改变,即放大后传热温度差由 7 ℃ 降为 0.14 ℃,需要传热介质水温为 61.8 ℃,生产装置中维持如此低的温度差,必须限制水的流量。

③ 几何相似放大　制造一根管子,$L_2=3.66\,S^{1/3}=18.4$ m,$d_2=2.7\,S^{1/3}=13.6$ cm,在详细设计时可套用标准管子尺寸。几何相似放大长径比不变,由式（7-10）,雷诺数增大为 8 500 $S^{2/3}=216×10^3$（湍流）；由式（7-11）,压力降增加 $S^{1/2}=11.2$ 倍。温度推动力将增加

$S^{0.13} = 1.9$ 倍,大约增加到 13 ℃,要求传热介质温度为 49 ℃。该设计较为合理。

④ 恒压降放大 制造一个管式反应器,$L_2 = 3.66\ S^{5/27} = 8.9$ m,$d_2 = 2.7\ S^{11/27} = 19.3$ cm。长径比减小到 $S^{-2/9}$ 倍,变为 47。由式(7-13),雷诺数增加到 $8\ 500\ S^{16/27} = 151 \times 10^3$。温度差将增加 $S^{0.34} = 5.2$ 倍,大约增加到 36 ℃,传热介质温度需为 26 ℃。此设计方案也是合理的。

例 7-3 在例 7-2 中,如不希望改变传热介质参数,即保持大、小装置温度差相同。考察恒压降放大的各放大因子。

解:这里温度差放大因子 $S^{0.2} S_R^{0.8} S_L^{-1} = 1$;恒压力降放大,由式(7-12),$S^{1.75} S_R^{-4.75} S_L = 1$,同时保持停留时间不变。解出 $S_R = S^{0.28}$,$S_L = S^{0.44}$。长径比按 $S^{0.16}$ 放大。由式(7-12)确定压力降放大因子为 $S^{0.86}$。雷诺数按 $S^{0.72}$ 放大。

例 7-2 中,$S = 128$。$L_2 = 30.8$ m,$R_2 = 10.4$ cm,$L_2/R_2 = 296$,$Re_2 = 27\ 800$,$\Delta p_2/\Delta p_1 = 65$。温度推动力保持不变,仍为 7 ℃,夹套内传热介质温度还是 55 ℃。

(4)非等温反应器的数学模型放大

对等温反应器,在第 6 章中已讨论了其数学模型的建立,即通过物料衡算获得描述反应器内流动状况的物理模型,并与反应器中进行具体反应的动力学过程相结合,从而得到它的基本设计方程——数学模型。

对非等温反应器,还需要考察反应器内的热量衡算。对任一反应器,其热量衡算表达式为:

$$引入物料的热量 + 反应产生的热量 =$$
$$引出物料的热量 + 传递出去热量 + 热量累积 \qquad (7-18)$$

对间歇操作,简化了的热量衡算数学方程形式表示为:

$$(-r) V \Delta H = KA \Delta t + \frac{\mathrm{d}(V \rho c_p T)}{\mathrm{d}t} \qquad (7-19)$$

若为物料物性不变的恒容反应,则

$$(-r) \Delta H = K \Delta t A / V + \rho c_p \frac{\mathrm{d}T}{\mathrm{d}t} \qquad (7-20)$$

对连续稳定操作,且物料物性不变的恒容反应,其热量衡算式为

$$q_{n,\text{in}} H_{\text{in}} + (-r) V \Delta H = q_{n,\text{out}} H_{\text{out}} + KA \Delta t \qquad (7-21)$$

关于连续管式反应器和连续釜式反应器热量衡算式的详细推演,可参阅有关的反应工程专著。

非等温反应器的热量衡算式和物料衡算式,加之反应动力学方程的联合求解,可进行反应器计算、设计及放大。例 7-4 为一个间歇釜式反应器用数学模型放大的实例。

例 7-4　考察连串反应: $A \xrightarrow{k_1} R \xrightarrow{k_2} S$ (目的产物 R, 主、副反应均为一级反应)

该反应在间歇釜式反应器中进行, 过程伴随着热量放出, 为非等温过程。试采用数学模型法对此非等温反应器进行放大。

解: 该间歇釜式反应器物料衡算方程与连串反应速率方程(动力学模型)关联式为

$$\frac{dc_A}{dt} = r_1 = -k_1 c_A$$

$$\frac{dc_R}{dt} = r_2 - r_1 = k_1 c_A - k_2 c_R$$

非等温间歇反应器的热量平衡方程(热量传递模型)为

$$\rho c_p \frac{dT}{dt} = (r_1)(-\Delta H_1) + (-r_2)(-\Delta H_2) + K(T_h - T)A/V$$

数学模型的边界条件为 $t = 0$, $c_A = c_{A,0}$, $c_R = c_{R,0}$, $T = T_0$

模型中符号说明及反应和传热数据如下:

$r_1(k_1)$, $r_2(k_2)$ 分别为两步反应的反应速率(反应速率常数), $mol \cdot m^{-3} \cdot s^{-1}(s^{-1})$

$$k_1 = k_{1,0} \exp \left(-\frac{E_1}{RT} \right)$$

$$k_2 = k_{2,0} \exp \left(-\frac{E_2}{RT} \right)$$

式中, $k_{1,0} = 0.5 \ s^{-1}$, $E_1 = 20 \ kJ \cdot mol^{-1}$; $k_{2,0} = 10^{11} \ s^{-1}$, $E_2 = 100 \ kJ \cdot mol^{-1}$; R 为气体常数, $R = 8.314$ $J \cdot mol^{-1} \cdot K^{-1}$; T 为反应混合物温度, K, $T_0 = 295 \ K$; $c_{A(R)}$ 为反应组分 A(R) 的浓度, $mol \cdot m^{-3}$, $c_{A,0} = 1 \ 000 \ mol \cdot m^{-3}$, $c_{R,0} = 0 \ mol \cdot m^{-3}$; ρ 为密度, $kg \cdot m^{-3}$, $\rho = 1 \ 000 \ kg \cdot m^{-3}$; c_p 为热容, $kJ \cdot kg^{-1} \cdot K^{-1}$, $c_p = 4 \ kJ \cdot kg^{-1} \cdot K^{-1}$。(假定反应物与产物均溶于水中, 并不影响体系的密度和热容, 故选用水的密度和热容为反应混合物的密度和热容。) ΔH 为反应焓, $kJ \cdot mol^{-1}$, $\Delta H_1 = -300 \ kJ \cdot mol^{-1}$, $\Delta H_2 = -250 \ kJ \cdot mol^{-1}$; K 为总传热系数, $W \cdot m^{-2} \cdot K^{-1}$, $K = \left(\frac{1}{h_1} + \frac{\delta}{\lambda} + \frac{1}{h_2} \right)^{-1}$; h_1 为反应器内的表面传热系数, $W \cdot m^{-2} \cdot K^{-1}$, $h_1 = 200 \sim 700 \ W \cdot m^{-2} \cdot K^{-1}$; h_2 为夹套内的表面传热系数, $W \cdot m^{-2} \cdot K^{-1}$, $h_2 = 1 \ 000 \ W \cdot m^{-2} \cdot K^{-1}$; δ 为反应器壁厚度, m; λ 为反应器壁材料导热系数, $W \cdot m^{-1} \cdot K^{-1}$, $\lambda = 30 \sim 100 \ W \cdot m^{-1} \cdot K^{-1}$; T_h 为传热介质温度, K, $T_h = 345 \ K (0 < t < 3 \ 600 \ s)$, $T_h = 295 \ K (3 \ 600 \ s < t < 5 \ 400 \ s)$。

反应器体积放大 100 倍, 反应器尺寸参数为: V 为反应器体积, m^3, 小型 $V = 0.063 \ m^3$, 大型 $V = 6.3 \ m^3$; A/V 为单位体积的传热面积, m^{-1}, 小型 $A/V = 9.5 \ m^{-1}$, 大型 $A/V = 2.6 \ m^{-1}$。

数学模型的微分方程组, 可用 Runge-Kutta 解析法求数值解。图 7-4 为计算结果, 呈现为放大前后两尺寸间歇反应器目的产物浓度分布(a)和反应器温度分布(b)。可见, 放大后的反应器的目的产物收率, 在经过较长反应时间后, 显著降低。当 $t = 5 \ 000 \ s$, 小型反应器内 $c_R = 400 \ mol \cdot m^{-3}$, 而大型反应器中 c_R 几乎为零。这是由于放大后的单位体积传热面积大为减小,导致反应温度因传热不足,随反应进行而持续上升,促使副反应加速,从而降低了目的产物的收率。

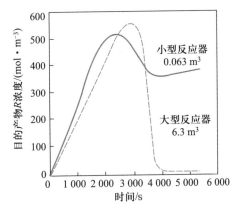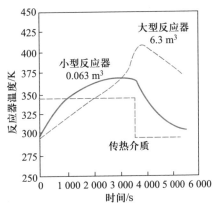

图 7-4 间歇反应器内目的产物浓度和反应温度随时间变化

如反应热效应太大,反应器温度可能失控。此时,必须采用其他手段改善操作,改变反应物 A 加料的方式是优化操作的一种方法。在开工初期,仅加入小量的反应物 A 于反应器中,当预热反应器至反应温度时,再以一定速率连续地加入反应物 A。通过调控反应器内反应组分 A 的浓度水平,来控制反应热效应及反应器温度,避免"飞温"。

采用优化加料的半间歇反应器,除反应物 A 加入方式不同于间歇反应器外,其他过程条件维持不变。在时间 t_d,开始以速率 r_d 连续加入反应物 A。为简便起见,假定反应混合物的体积及其物理性质不变。在 $t<t_d$ 时,间歇反应器的数学模型仍适用于半间歇反应器;在 $t>t_d$ 时,半间歇反应器的动力学模型可表示为

$$\frac{\mathrm{d}c_A}{\mathrm{d}t} = r_1 + r_d$$

边界条件为 $t=t_d$,$c_A=c_{A,d}$,$c_R=c_{R,d}$,$T=T_d$。r_d 为反应物 A 加料速度,$\mathrm{mol \cdot m^{-3} \cdot s^{-1}}$,$r_d=0.3\ \mathrm{mol \cdot m^{-3} \cdot s^{-1}}$;$t_d$ 为反应物 A 开始连续加入时间,s,$t_d=1\,800\ \mathrm{s}$;$c_{A,d}$ 为在 $t=t_d$ 时的反应物 A 的浓度,$\mathrm{mol \cdot m^{-3}}$;$c_{R,d}$ 为在 $t=t_d$ 时的反应物 R 的浓度,$\mathrm{mol \cdot m^{-3}}$;$T_d$ 为在 $t=t_d$ 时的反应温度,K。

优化加料的半间歇反应器计算结果如图 7-5 所示。可见,放大后的半间歇反应器的目的产物收率不但高于同尺寸的间歇反应器的收率,也高于小型间歇反应器的收率。采用优化加料的半间歇反应器能满足所考察的一级连串放热反应过程。

下表列出了反应 5 400 s 后,间歇反应器和半间歇反应器的反应结果比较。

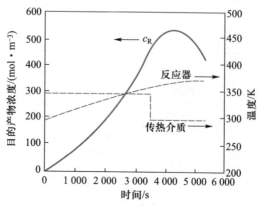

图 7-5　半间歇反应器内目的产物浓度和反应温度随时间变化

反应器	体积 m³	单位体积 传热面积/m⁻¹	转化率 %	选择性 %	目的产物 R 收率 %
间歇	0.063	9.5	92.5	41.6	38.5
间歇	6.3	2.6	97.8	1.2	1.2
半间歇	6.3	2.6	85.6	47.2	40.2

4. 反应器放大中的若干问题

在讨论搅拌釜式反应器放大时,提及了一个基本问题:几何相似放大,要保持混合时间不变是不可能的。但是如果采用物料预混合消除混合时间因数的影响,等温的约束条件下剔除了传热限制,单相体系又避免了相间传质的制约,在这些严格约束条件下,放大是没有放大效应的。遗憾的是,由于实际体系的复杂性,其传递过程对放大有直接的影响。在均相反应器放大中,使反应物料保持良好的混合状态,处于等温操作或维持相同的反应器内温度水平及分布,是避免放大效应的基本考虑。

在搅拌釜式反应器放大中,选择不同型式的搅拌釜,以达到良好的混合。对低黏度互溶液体的混合,一般采用涡轮式搅拌釜;锚式和框式搅拌反应釜,适宜除去黏附于釜壁的沉淀或黏稠液体,有利于釜间壁传热;对高黏度液体混合,可选用锚式、螺带式和螺杆式搅拌器。若大、小规模搅拌釜采用相同搅拌器,即几何相似放大,在满足了生产能力所需釜体积的前提下,保证大型釜内物料的混合状态与小试釜中物料混合状况相同,并尽可能满足或接近理想混合。

对连续操作的搅拌釜式反应器的放大,不但要保证放大前后两装置具有相同平均停留时间,还要保证大小两反应器的单位体积传热面积的传热量相等。后者需要改变釜的结构,如在釜内加设蛇管热交换器,因此大、小两装置不能满足几何相似。若在几何相似下放大,按单位体积功率恒定进行,放大后反应器内的混合将不会产生放大问题。采用多个搅拌釜串联放大,生产能力和传热能力都同等增长,釜数越多,整体流况越接近活塞流。

在连续管式反应器放大中,并联放大是小试装置的完全复制,它是唯一能保证大装置与小试反应器雷诺数相等的放大。保持停留时间分布相同,也是管式反应器放大的基本考虑。如小型反应器中流动为湍流并接近活塞流,保持停留时间和长径比在放大后不变,如此放大没有任何放大效应。只有并联和几何相似放大中才可以维持反应器的长径比不变。对管式反应器中的气相反应,当管长远大于管径,气体压力损失影响系统总压情况下,除了保证放大前后两系统具有相同停留时间及分布外,还必须保证压力变化值相同。

例 7-5 用逐级经验放大法和数学模拟法对过氧化氢异丙苯(CHP)分解反应器进行放大。以异丙苯为原料生产苯酚和丙酮,反应分两步进行:

第二步为过氧化氢异丙苯(CHP)在硫酸催化剂存在下,分解生成苯酚和丙酮。该步分解反应决定着产物的收率,为液相一级不可逆反应:

$$-\frac{dc_{CHP}}{dt} = kc_{CHP}$$

解:(1)采用逐级经验放大法

① 结构变量试验——反应器选型

常温常压条件下,上述反应物和产物都为液相,管式反应器和釜式反应器均适用。从操作方式上,釜式反应器又可分别采用间歇操作和连续操作。

试验时,在相同操作条件下,取相同体积的连续管式反应器和连续搅拌釜式反应器。结果表明:前者转化率可达98.8%,而后者只有97.8%。由于釜式反应器体积不是指其几何体积,而是指实际装料所占反应器的有效体积,即釜式反应器一般是不装满的,需要考虑装料系数(0.40~0.85)。加之对间歇操作而言又要加料、控温、卸料、清洗等辅助操作时间,故要达到相同的转化率和相同的反应物料处理能力,连续操作或间歇运行的釜式反应器所需体积都大于连续流动管式反应器。经分析对比,决定采用连续流动管式反应器。

② 操作变量试验——工艺条件优化

考察反应物料温度、浓度、流量及催化剂浓度等工艺条件对反应结果的影响。实验室研究时,选取一管长为 1 202 mm,管径为 40 mm 的连续流动管式反应器,其体积为

$$V = \pi d^2 l/4 = 3.14 \times 0.04^2 \times 1.202 \div 4 \ m^3 = 1.51 \times 10^{-3} \ m^3$$

试验发现,CHP 分解速率随反应物浓度、反应温度和催化剂浓度的提高而加快,但达到一定数值后,分解速率的变化逐渐减缓。反应物流量不宜过大,因为过大流量使物料在反应器内停留时间太短,反应物分解不完全,而使转化率和收率下降。根据多次反复试验,欲使 CHP 的转化率达到 98.8%,其最佳工艺条件如下表:

	反应物料			催化剂(H_2SO_4)
T/K	$c/(kmol \cdot m^{-3})$	$q_V/(m^3 \cdot h^{-1})$		$c/(mol \cdot L^{-1})$
359	3.2	0.1		3

③ 几何变量试验——反应器放大

放大试验在原型基础上分两级进行,试验工艺条件及试验结果列于下表:

项目	原型	第一级	第二级	结论
$V/10^{-3} \ m^3$	1.51	2.15	10	
$q_V/(m^3 \cdot h^{-1})$	0.1	0.1	0.464	无放大效应
$x/\%$	98.8	99.8	99.8	

从表中数据可以看出,在原型基础上进行的第一级放大,反应器体积增大 30%,而转化率仅提高 1%,说明反应后期反应速率已经十分缓慢。第二级的放大,转化率仍为 99.8%,进一步说明了这个问题。增大反应器体积对提高产品收率并不显著,从技术经济观点考虑,最终转化率仍定为 98.8%。此结果也表明 CHP 分解反应无放大效应,于是生产所用反应器的设计,可按照几何相似原则进行放大。若每小时处理 3 m^3 浓度为 3.2 kmol · m^{-3} 的 CHP,在原型的基础上将反应器体积以外推法按比例放大 30 倍(放大倍数较小时,可以认为符合线性规律),则放大反应器体积为 0.045 3 m^3,转化率仍然可保持在 98.8%。

(2)采用数学模拟法放大

按照逐级放大法进行工艺条件优化获得的结果,即催化剂(H_2SO_4)浓度为 3 mol · L^{-1},反应温度 359 K,等温条件下每小时分解 3 m^3 浓度为 3.2 kmol · m^{-3} 的 CHP,要求转化率达98.8%所需的反应器体积。

① 化学反应动力学特征

CHP 的分解为等温、恒容、均一液相催化分解反应,由题设条件知其为不可逆反应。以

下标 A 表示 CHP,并关联转化率 x_A,则其动力学模型为

$$-r_A = kc_{A,0}(1-x_A)$$

经试验测得:$k = 288 \text{ h}^{-1}$。

② 传递过程特征

该反应在连续流动管式反应器中进行时,由于 CHP 黏度较小,流量较大,且反应器长径比达 30~40,故反应器内物料流动状态基本为活塞流,而且在等温操作条件下,反应器内无温度梯度,又不存在返混现象,传热和传质对化学反应的结果无影响。

根据停留时间的概念和在定态操作条件下对活塞流反应器进行物料衡算,可获得反映活塞流反应器传递过程特征的基本设计方程[见 6.2 节式(6-11)]:

$$\tau = \frac{V}{q_{V,0}} = c_{A,0} \int_0^{x_A} \frac{dx_A}{-r_A}$$

③ 数学模型

关联上述化学反应动力学特征和传递过程特征,对于不可逆一级反应,活塞流反应器内进行 CHP 均一液相催化反应的数学模型为

$$V = \frac{q_{V,0}}{k} \ln \frac{1}{1-x_A}$$

因此当要求转化率 $x_A = 98.8\%$ 时,活塞流反应器的体积为

$$V = \frac{3}{288} \ln \frac{1}{1-0.988} = 0.046\ 1\ \text{m}^3$$

比较两种不同开发放大方法,可见数学模拟法的计算结果与经验放大法的外推结果是基本相符的。

7.4 化工过程技术经济评价

化工过程开发需要承担一定的风险。随着项目规模的扩大,研究开发费用也会成倍地增加。因此,在化工规划、设计、施工和生产等每一步工作之前都应做出技术经济评价。只有经过评价证明该步骤所取得的结果和做出的结论在技术上可行、可靠,经济上合理、有利,才能进入下一个开发步骤。如前所述,化工过程技术经济评价有初步评价、中间评价、最终评价三种类型,它们在开发的各个阶段为过程开发提供决策的依据。评价的内容和指标大体上都包括技术水平、经济效益、市场机会、生态环境等几个方面,但在评价深度、衡量方法、表示方式、判定准则等方面各有不同。一般在初步评价时,可选择较简单的评价方法,而在最终的工业化评

价时,则应深度大一些,要进行详细的市场预测和投资估算。

1. 技术经济评价的内容

（1）技术评价

技术评价是评价一个化工过程技术的可行性、先进性和可靠性,即评价其技术水平。

技术评价首先考虑方案实施后,投产运行的可靠性,有无潜在的技术风险,是否能够达到立项时规定的技术指标;其次是考虑该方案在现有条件下实施的可能性;最后考虑方案的先进性和适应性,即方案的科学价值、技术效果,以及适应范围和发展前景。

技术可靠性是指其成熟的程度及成功的可能性,它主要包括:

① 物料性质　当过程的物料相态依次由气—液—固变化时,由于对不同相态研究和认识的差异,在采用逐级经验放大时,放大倍数过大,就可能有技术上的风险。再者,对物料的腐蚀性、毒性和易燃、易爆等特性,必须采用相应的安全防范措施,则相应的设备、操作以及工艺流程会变得复杂,同样也使过程的可靠性降低。

② 工艺技术　对于涉及单元操作和单元过程的评价,应当充分考虑技术发展的成熟程度,是否已达到应用阶段,其规模如何。如果是产品,还应当考虑采用的工艺方案和工艺装置等,需要充分说明能够生产出符合技术指标的、可靠的高质量产品,且具有较好的经济效益。

③ 生产步骤　连续化生产过程,除了对每一步骤的技术成熟程度应充分论证外,对多步骤中间过程还应考虑中间衔接是否得当;控制措施是否存在薄弱环节。为保证生产节奏和生产效率,应当购置哪些高效设备,选取什么样的测试手段实施测量、控制等,都是提高可靠性的具体措施。

在保证技术可靠性的前提条件下,技术先进性是评价过程的一项重要内容。先进性除要求原材料消耗低、劳动生产率高和生产周期短外,更重要的是要体现出该化工过程技术要有一定的生命力和竞争能力。

（2）经济评价

经济评价是指在开发投资项目的技术方案中,用技术经济观点和方法来评价技术方案实施后对生产单位产品产生的经济效益和对社会产生的经济效果,它是技术评价的继续和确认。主要内容有成本和盈利两方面:成本是对技术开发方案进行经济评价的重要指标,一般需要计算生产成本和开发成本,前者是指生产产品的销售成本,后者是指开发项目的研究、设计和建立生产装置所消耗的费用总和,通常将开发费用(研究和设计费用)和装置费用分开。而盈利则是指技术开发方案实施后,从生产销售中产生的纯收入。

经济评价可按以下步骤进行:

① 明确研究问题的范围 对于不同的技术方案应当选取相同的考察范围。

② 明确不同方案的差别 为使问题简化,应当突出各方案的差异点,而舍弃共性问题。

③ 选择适当的评价方法 拟订出评价指标体系,并采用适当方法进行计算。

④ 确定经济上最佳方案 根据上述计算结果,确定经济效果最佳的方案。

2. 技术经济评价的指标

指标是计划和统计中反映技术经济现象数量方面的概念,包括指标名称和指标数值,作为定量比较的尺度和依据。例如,反映劳动耗费的指标——产品成本,8 500 元/吨(即企业在生产和销售单位产品所支付的生产资料费用、工资费用和其他费用的总和);反映劳动成果的指标——产品产量,1 500 万吨/年;反映经济效益的指标——劳动生产率,25 000 元/(人·年)(即劳动成果指标与劳动耗费指标之比),等等。

根据不同的情况,可以对技术经济指标进行分类,见表7-4。

表 7-4 技术经济指标的分类

指标名称	指标分类的依据	举例
货币指标和实物指标	按指标的表现形式	将实物(如原料或产品)以货币形式进行统计比较
个体指标和综合指标	按指标的综合程度	将只能反映某个方面的个体指标(如原料、动力消耗、劳动生产率等)用能够比较全面反映方案技术特性的综合指标(如产品成本)予以统一
a. 绝对数量指标 b. 相对数量指标 c. 时间指标	根据指标的特点	a. 指国民收入、建设投资、产量、总成本等 b. 指投资利润率、内部收益率、单位产品成本等 c. 指投资回收期等

续表

指标名称	指标分类的依据	举例
数量指标和质量指标	根据指标反映角度的不同	如产品产量、产品纯度以及有效成分含量等
静态指标和动态指标	根据指标是否考虑了时间价值	分为投资、成本、净产值、国民收入和净现值、净利年金、内部收益率等

3. 技术经济评价的方法

(1) 项目投资估算

项目投资估算是对建设一个项目和经营一个项目所需的资金总和的计算。项目总投资是指项目从前期准备开始到项目全部建成投产为止所发生的全部投资费用,它反映的是项目建设期末的投资总额,是由建设投资(按其货币形态亦称固定资金)和流动资金以及建设期投资利息组成,如图 7-6 所示,图中建设投资各项费用构成见表 7-5。

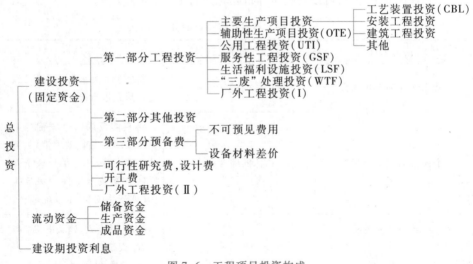

图 7-6   工程项目投资构成

表 7-5 建设投资各项费用

项目	内容
工艺装置投资	包括设备、仪器、仪表、管道、厂房、土建,以及界区内的水、电、气、空分、冷冻、催化剂、车间内"三废"处理等投资
辅助生产项目投资	机修、电修、仪表修理、中心实验室、空气压缩站、仓库等项目投资
公用工程投资	指界区(主要生产装置)以外的水、电、气、给排水工程和厂内运输工程的投资
服务性工程投资	厂内办公室、医务室、浴室、消防车库、厂内食堂等的投资
生活福利设施投资	厂外宿舍、食堂、托儿所、学校等投资
"三废"处理投资	处理"三废"、环境保护等方面的投资
厂外工程投资(Ⅰ)	水源、公路、铁路、热电站的投资
厂外工程投资(Ⅱ)	厂外铁路编组站、气体运输站及管道、高压输变电路、大电站等的投资
开工费	试车用的原材料、动力、润滑油及点火燃料费等
不可预见费用	因外界因素变化,或投资不够准确所引起的费用

项目投资估算作为经济与评价的基础资料,是投资决策的重要依据,直接影响对投资效益的判断是否正确,在可能的情况下,应当力求准确。然而,估算的精度取决于对工程项目了解的程度和投入估算的力量的大小。在建设初期要做出详细准确的估算,既不可能又不必要。投资估算有粗略估算(20%~30%误差)和详细估算(5%误差)。后者用于工程设计完成、设备规格已选定的最后估算,这里仅介绍几种粗略的投资估算方法。基于设备尺寸的投资估算图表是粗略估算设备投资的常用方法,为节省篇幅,参见有关专著、手册。扩大指标估算法是在对已建成同类项目的实际投资指标进行大量积累和科学整理分析器的基础上,采用其典型指标对拟投资项目所需投资进行套用估算的方法,是一种简便、快速的估算方法。

① 工艺装置投资估算

a. 单位生产能力估算法。该法根据原有装置生产能力求出的单位生产能力投资额,计算新建装置的建设投资,公式为

$$C_{BL} = C_U V_A f(1+n_1) I/I' \tag{7-22}$$

式中,C_{BL} 为新建装置建设投资,元;C_U 为 C'_{BLD}/V_B,单位生产能力建设投资,(元/吨)·年;V_A、V_B 为拟建装置和原有装置的生产能力,吨/年;f 为地区建设投资系数,一般取1,边远省份或山区则按当地规定选取;I、I'为建设年份和原有装置建

设年份的价格指数;n_1 为装置间接费用(指专利费、设计费和技术服务费等)系数,一般取投资额的 4%。

式(7-22)适用范围:$0.5 \leqslant V_A/V_B \leqslant 2$。

b. 装置能力估算法。对于工艺路线相同,生产能力不同的同一化工产品的生产,其投资大小与它们生产能力之间的关系并非为线性,而是成指数关系,即

$$C_{BL} = C'_{BLD}(V_A/V_B)^x f(1+n_1)I/I' \tag{7-23}$$

式中,C'_{BLD} 为原有装置界区直接建设投资,元;x 为装置能力指数,对于操作压力较高,并配备多台大中型压缩机泵和工业炉的装置,x 取 0.85;对于低压装置,x 取 0.7;一般情况,x 取 0.8。

在比较准确知道装置能力系数时,式(7-23)的误差小于由式(7-22)计算的误差。

c. 新开发工艺装置的投资估算法。这种估算只能根据工艺技术方案中所采用的设备和要求配套的设置进行,计算公式如下:

$$C_{BL} = \left(\frac{1.05 \sum E_i \times 1.1}{A_1} \right) f(1+n_1) \tag{7-24}$$

式中,1.05 为设备运杂费系数;$\sum E_i$ 为工艺技术方案中各类设备估算费用之和,元;A_1 为装置安装费用系数,视装置规模和特点而定,取值范围在 0.5 ~ 0.7,如以煤为原料的中型合成氨装置 A_1 取 0.68。

对于定型设备的费用估算可以根据设备的规格、型号,查阅专业手册获得;对于非定型设备,在收集有关各类设备的价格数据的基础上,利用回归分析法求取设备费用与主要关联因子间的关系,得到设备估算关联公式,具体形式参见有关专著,此处从略。

② 设备安装投资估算 一般按照设备价格的百分数估算指标求取,公式为

设备安装费=设备原总价×设备安装费率

③ 建筑工程投资估算 建筑工程估算指标是指国家或授权机关,以房屋的"平方米"或建筑物的"座"为计算单位规定的费用消耗标准。在估算时需要计算出建筑面积,并且根据建筑物的设计要求和主要结构特征,如结构性质(砖木或钢筋水泥等)、基础、墙体、地面、梁柱、门窗、内外装修的用料及施工方法等,套用相应的指标,即可算出单位工程的投资。

④ 公用工程投资估算 利用工艺设计要求的用量和参数,采用系数法来估算锅炉、冷却塔、循环水、工艺水、软水、机械制冷、惰性气体等公用工程的投资。估算关联式及适用范围如表 7-6 所示。整个公用工程费用为

$$U_{TI} = 1.2(V_1 + V_2 + V_3 + V_4 + V_5) \qquad (7-25)$$

式中,1.2 为考虑估算时包括总图运输等费用的校正因子。

表 7-6 公用工程费用估算方程

设备	估算方程	适用范围
锅炉房(全套)	$V_1 = 5.461\,0^4 Q^{0.83}$ Q——蒸发量,$\mathrm{kg \cdot h^{-1}}$	$Q = (2 \sim 10) \times 10^3$ 压力:$p < 1.28 \times 10^6\,\mathrm{Pa}$
变电站	$V_2 = 84 V^{0.913}$ V——总容量,$\mathrm{kV \cdot A}$	$V = 560 \sim 7\,500$
制冷装置	$V_3 = 11\,640\,Q^{0.73}$ Q——制冷量,$10^4\,\mathrm{kJ \cdot h^{-1}}$	$Q = 41.87 \sim 167.48$
冷却水泵系统	$V_4 = 2\,150\,Q^{0.85}$ Q——水量,$\mathrm{m^3 \cdot h^{-1}}$	$Q = 100 \sim 1\,000$
工艺水(软水)系统	$V_5 = 11\,870 Q^{0.685}$ Q——水量,$\mathrm{m^3 \cdot h^{-1}}$	$Q = 2 \sim 160$

注:$V_1 \sim V_5$ 均为投资费用,元。

⑤ 其余工程费用估算 辅助生产项目、服务性工程、生活福利设施、"三废"处理等工程项目投资均可按如下公式估算:

$$F = (\sum C_{BL} + U_{TI}) n \qquad (7-26)$$

式中,n 为投资估算系数。对辅助生产项目,由总体工程的规模和特征来确定;对生活福利设施,可按照国内规定和工厂定员关联计算;对服务性工程和"三废"处理,分别取 0.2 和 0.05。

厂外工程费用分别计入建设单位固定资金和其他单位固定资金,视具体要求根据大致的规划估算。

⑥ 其他费用 指除工程费、设备费及其安装费以外的一切费用。主要包括:土地占用费及补偿费、职工培训费、勘察设计费、水电增容费、环保投资、技术软件费、管理费、建设期固定资产贷款利息,以及不可预见费等。根据有关规定,它们应当在固定资产投资中支付。其中,可行性研究阶段的管理费取工程费的 10% ~ 15%,不可预见费取工程费及管理费之和的 5% ~ 8%。

开工费包括开工中所消耗的原材料、动力、燃料、润滑油、催化剂和溶剂一次填充量及技术指导费之和,再减去产品的回收价值。

⑦ 流动资金估算 流动资金是项目总投资的重要组成部分,是保证生产和

流通正常进行的必不可少的周转用资金。流动资金主要是指定额流动资金,即为了完成项目的生产和流通任务,保证最低物质储备量和必须维持的在制品和产品量的那一部分周转资金。

a. 储备资金。原材料库存费用的计算,一般取库存 60 天来计算,公式为:原材料(元/吨产品)×生产能力×库存天数/年工作日。而备品备件的费用,则取建设投资的 5%。

b. 生产资金。在制品及半成品每年占用的流动资金的计算公式为:在制品车间成本(元/吨半成品)×生产能力×库存天数/年工作日。

对于连续性生产过程,可以不考虑半成品,间歇性生产的库存天数根据生产过程所需周期而定。

如果涉及催化反应过程,触媒占用的流动资金,可以按照项目所需要的各种触媒填充量的 5%,提取利用资金。

c. 成品资金。成品资金的计算一般将库存天数取为 10 天,当运输和销售条件较差时可适当增加一些,每年成品所占资金的计算公式为:工厂成本(元/吨产品)×生产能力×库存天数/年工作日。

流动资金的估算,在缺乏足够数据时,一般估算可取建设投资的 12%~20%。

(2)产品成本估算

① 产品成本的构成　一个开发项目的总投入除了表现为总投资以外,还表现为该项目在投产后的产品成本。产品成本是以货币形式表现的企业生产和销售产品的全部支出,即企业所支付的生产资料费用,工资费用和其他费用的总和,它既是决定产品价格的重要依据,又是用来考核企业生产经营管理水平的一项综合指标。在产品价格已定的情况下,只有当企业的单位产品成本低于其销售单价,才有盈利。成本越低,则销售收入中用于补偿生产耗费的部分就越少,盈利部分就越多,企业的经济效益就越好;反之,企业的经济效益就越差。

根据不同的情况,可将产品成本加以划分,并冠以不同的称谓,如表 7-7 所示。

表 7-7　产品成本及其划分依据

划分依据	产品成本
管理环节和计算范围	车间成本、工厂成本、销售成本
计量单位	年总成本、单位成本
计算费用指标来源及用途	计划成本、设计成本、实际成本
生产费用和产品产量	固定成本、可变成本

为了便于管理,通常按照图 7-7 来表示产品成本组成。表 7-7 中所涉及的其他几种成本,可参阅有关技术经济类书籍,此处不再赘述。

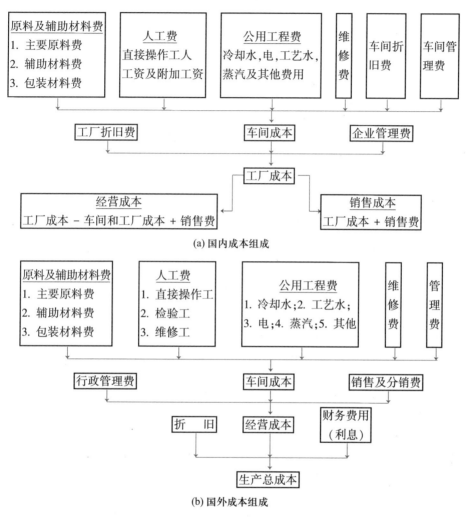

图 7-7　产品成本组成示意图

② 产品成本估算方法

a. 原材料及辅助材料。原材料指产品生产过程中经过加工而构成产品实体的各种物料。而辅助材料则是不构成产品实体,但有助于产品形成所耗用的材料,包括催化剂、溶剂、助剂和包装材料等。

原材料及辅助材料的成本费＝每吨产品消耗量×单价×年产量

b. 直接操作工人工资及附加费用。直接操作工人工资指直接从事产品生产操作的工人(不包括分析员、检修员等辅助人员)工资,等于年平均工资×定员人数。附加费用指按生产工人工资比例提取的医药卫生、劳保、福利及工会经费补助金等,按工资的 11% 计。

c. 公用工程。指直接用于生产工艺过程,为生产提供能量的燃料和直接供给产品生产所用的水、电、蒸汽等。

$$公用工程费用=每吨产品消耗量×单价×年产量$$

d. 维修费。为装置投资(C_{BL})的 3%~6%。

e. 车间折旧。指车间管理的固定资产的折旧。产品生产过程中,作为化工生产主要劳动手段的机器设备随着使用年限的增加,会因为机械摩擦、振动,以及化学腐蚀等作用,发生实体上的磨损,从而使设备的技术性能下降,甚至被破坏或报废。设备的这种价值的降低或损失,必须要以某种形式将之转换到产品成本中去,以期通过销售产品而得到补偿。若将这种降低的价值分次逐渐转移到产品生产成本之中,则这种部分资产价值的转移即称为折旧。它作为一种支出,势必减少同期的利润,这实际上是分配成本的过程。在我国,目前固定资产的折旧采用直线折旧法。

直线折旧法是假定设备的价值在使用过程中是以恒定的速率降低,即在使用年限内平均分摊设备损耗价值。

若令设备原价值(该项固定资产最初实际支出的货币额)为 C_{FC},使用年限为 n 年,其残值为 s,则

折旧率 $\qquad\qquad d=1/n$

年折旧费 $\qquad D_t=(C_{FC}-s)d=(C_{FC}-s)/n$ $\qquad\qquad$ (7-27)

例 7-6 有一台设备原始成本为 16 000 元,第 5 年末,其残值估计为 1 000 元,试列出直线折旧法各年折旧费及各年末账面价值。

解:由式(7-27),得出各年折旧费均为

$$D_t=\frac{16\,000-1\,000}{5}元/年=3\,000\ 元/年$$

由于年末账面价值可以看作前一年末设备的原值扣除当年折旧费以后的余额,故各年折旧费及年末账面价值结果如表 7-8 所示。

表 7-8 直线折旧法 单位:元

年限	年折旧	账面价值
0	—	16 000
1	3 000	13 000
2	3 000	10 000
3	3 000	7 000
4	3 000	4 000
5	3 000	1 000

f. 车间管理费。对于化工项目和炼油项目,其计算公式分别如下:

$$化工项目车间管理费 = (a+b+c+d+e) \times (2\% \sim 5\%)$$
$$炼油项目车间管理费 = (a+b+c+d+e) \times (15\% \sim 18\%)$$

g. 车间成本。我国企业车间成本为 $a+b+c+d+e+f$。

若将国内计算的车间成本减去车间折旧一项,则大体与国外车间成本相当。国外对企业的折旧费是不纳所得税的,用以鼓励企业家投资,故车间成本中不包括折旧费。

h. 工厂折旧:

$$工厂折旧 = \left[T_{FC} - \sum C_{BL} - U_{TI} \right] \times \frac{C_{BL}}{\sum C_{BL}} \times 折旧率$$

式中, T_{FC} 为固定投资, U_{TI} 为公用工程投资。

i. 企业管理费。该项费用可取车间成本的 3%~6%。

j. 工厂成本。为 g,h,i 三项之和。

(3)盈利估算

盈利是指企业的产品和副产品在销售获得的收入中,扣除了生产成本以后的余额,即

$$盈利 = (销售单价 - 单位销售成本) \times 产品销售量$$

企业盈利又称毛利,毛利扣除销售税金之后为销售利润,再扣除其他税金后为净利润。

利润是用以表明经济效益高低的一项最直接、最重要的指标,用以考核项目的盈利能力和清偿能力,并进而以此方案做出决策选择。同时利润也是国家财政收入和企业各项专用基金的重要来源。按照现行规定,产品实现销售以后,企业要按产品的销售收入向国家缴纳税金,作为国家财政收入的重要组成部分。其税额是根据课税产品的销售量、出厂价格和税率计算的,不受企业成本高低的

影响。与化工企业利润关系最大的是所谓"四税两费",即产品税、资源税、所得税、调节税,以及城市维护建设费和教育附加费等。

① 产品税(又称工商税、增值税)   对生产企业按产品销售收入征收的一种税。对不同行业、不同产品其值不同,一般必需品低于非必需品。化工产品的税率多在销售收入的 5% ~ 10%,个别产品,如高价油税率高达 55%。

② 资源税   对涉及自然资源开发的项目所征收的税金。目前只对石油、天然气、煤炭、水征收,金属矿和非金属矿产品暂缓征收。

③ 所得税   对有盈利企业普遍征收的利润所得税。对于大中型国有企业,所得税税率为销售收入的 55%;对于中外合资企业,所得税税率为 30%,另加地方所得税 10%。

④ 调节税   对于因技术装备、地理、交通等客观条件较好,且盈利较高的企业所征收的税金。一般新建企业的调节税税率取销售利润的 20%。

⑤ 城市维护建设费和教育附加费   所征收的固定资产和流动资金的占用费,以产品税额的百分比计。城市维护建设费按纳税人所在地而异,一般城市为 7%,县城为 5%,其他为 1%;教育附加费为产品税额的 1%。

4. 经济效益分析

为了节省并有效地使用项目投资,必须考虑经济效益。所谓经济效益是经济活动中所取得的劳动成果与劳动耗费的比较,即产出与投入的比较。经济效益评价是将经济效益用经济指标量化表示。根据是否考虑资金和时间的关系,经济效益评价方法有静态分析法(又称简单分析法)和动态分析法(又称现值分析法)两类。

(1)静态分析法

静态分析法不考虑资金的时间因素和经济寿命期,采用的指标和计算方法也很难反映未来时期的发展变化情况,故常用于对可行性研究初始阶段进行粗略评价、方案初选,或者用来对短期投资项目进行分析。这种方法虽然不够精确,但简单、直观、实用。

① 投资利润率和投资利税率   投资利润率是指在投资项目达到设计生产能力后的一个正常年度的年利润总额与项目总投资(包括建设期利息)的比率。它反映了单位投资每年获得利润的能力,其值越大,经济效益越好。计算公式如下:

$$投资利润率 = \frac{年利润总额}{总投资} \times 100\% \qquad (7-28)$$

投资利税率是指投资项目在达到设计生产能力后的一个正常年份的年利润、税金总额或项目生产期内的年平均利税总额与总投资的比率,其计算公式为

$$投资利税率 = \frac{年利税总额}{总投资} \times 100\% \qquad (7-29)$$

其中
$$年利税总额 = 年利润总额 + 年销售税金 \qquad (7-30)$$
$$总投资 = 固定资产投资 + 建设期贷款利息 + 流动资金 \qquad (7-31)$$

投资利税率是从国家角度出发的衡量指标,而投资利润率则是从企业角度出发的。计算这两个指标的数据来源,是利润估算表和总投资估算表。

我国国营工业企业各部门实际应达到的投资利润率,暂以有关部门的工业项目规定为基准。表 7-9 给出了化工、石油化工等部门的基准投资利润率。

表 7-9 基准投资利润率

部门	平均投资利润率/%	平均投资利税率/%
化工	8~22	11~28
	一般取 8~15	一般取 11~23
石油、天然气开采	10~17	12~20
石油化工	4~15	10~30
		一般取 10~20
建材	8~14	12~22

基准投资利润率是衡量投资项目可行与否的定量标准。当某项目的计算投资利润率高于其基准投资利润率时,认为该项目可行,反之,则认为该项目不可行。

例 7-7 新建一座年产 72 万吨的普通硅酸盐水泥厂。据项目投资费用的估算确定固定资产投资为 19 440 万元,其中在三年建设期内从国内银行贷款利息共计 1 163 万元,流动资金需要 2 600 万元。预计第四年投产,第五年达到生产能力 100%,当年产品销售税金为 1 384.94 万元,利润总额达 5 012.99 万元。试根据投资利润率和投资利税率两个静态评价指标判断该项目可行与否。

解:由式(7-28),式(7-29)及式(7-30)可得

$$投资利润率 = \frac{5\ 012.99}{19\ 440 + 1\ 163 + 2\ 600} \times 100\% = 21.60\%$$

$$投资利税率 = \frac{5\ 012.99 + 1\ 384.94}{19\ 440 + 1\ 163 + 2\ 600} \times 100\% = 27.57\%$$

据表 7-9 可知,本例计算结果均高于建材部门规定的投资利润率和投资利税率,故该项

目可行。

② 投资回收期　投资回收期,又称投资还本期或投资偿还期。它是指一个项目从投资开始算起或从竣工投产算起,达到全部投资回收时所经历的时间,即以项目的净收益(主要是指利润)抵偿全部投资所需的时间,以年为单位表示。投资回收期的长短是反映项目财务的清偿能力的重要指标。静态投资回收期的计算公式为

$$\sum_{t=1}^{P_t} (C_1 - C_0) = 0 \tag{7-32}$$

如果一个项目投产或达产后,按照年平均净利收益计算,则计算公式为

$$P_t = \frac{K}{C_1 - C_0} = \frac{K}{M} \tag{7-33}$$

式中,P_t 为投资回收期,年;C_1 为现金流入量;C_0 为现金流出量;K 为项目的投资总额;M 为年平均净收益。

如果从一个项目建成后的投产之日算起,则式(7-33)所示的投资回收期,可以看作投资利润率的倒数。我国有关部门规定,投资回收期一般从项目投资开始(包括建设期)算起,如果从投产开始年算起,则须注明。

与计算投资利润率一样,年净收益的计算,若从国家角度考虑时,则为企业利润与税金之和;若站在企业的立场上考虑,则年净收益为企业利润与折旧费之和。

例 7-8　某精细化工厂建设项目的方案表明,该项目在建设开始的第一年建成,投资 10 万元人民币。第二年投产并获净收益 2 万元,第三年获净收益 3 万元,第四年到第十年每年获净收益均为 5 万元。求该项目的投资回收期。

解:由式(7-32),得

$$\sum_{t=1}^{4} (C_1 - C_0) = -100\,000 + 20\,000 + 30\,000 + 50\,000 = 0$$

即该项目投资回收期从建设开始年份算起共 4 年,若从投产期算起则为

$$P_t = \frac{K}{M} = \frac{100\,000}{(20\,000 + 30\,000 + 50\,000)/3} \text{年} = \frac{100\,000}{33\,333} \text{年} = 3 \text{ 年}$$

采用投资回收期对单一方案评价时,应将计算的投资回收期 P_t 和有关部门规定的标准投资回收期 $P_{t,B}$ 进行比较。当 $P_t < P_{t,B}$ 时,表明项目的总投资能够在规定的时间内收回,故认为该方案在财务上是可以考虑的,否则应予拒绝。

例 7-9　新建一座化工厂,投资总额为 620 万元,建成投产后,该厂年销售收入为 1 300 万元,年产品经营成本为 1 052 万元,试计算该化工厂投资偿还期为多少年?如果标准投资

回收期 $P_{t,B}$ 为 4 年,该项目经济效果如何?

解:已知 $K = 620$ 万元,$M = (1\,300 - 1\,052)$ 万元 $= 248$ 万元,

由式(7-33),得

$$P_t = \frac{K}{M} = \frac{620}{248} 年 = 2.5 年$$

即该化工厂用 2.5 年时间就可以偿还清项目的总投资,$P_t < P_{t,B}$,故经济效果好。

③ 最小费用法 投资项目评价过程中,有的项目并无利润而言,如安全设施工程、污水处理工程等;有的项目只是一个局部,对整体经济效益的贡献或难以计算,或与其他候选方案大体相同,如整个化工过程中的一个单元或一台设备。在评价这些项目时,如果各个候选方案的功能、效用相同,便可以只取其费用的大小来决定方案的优先顺序。通常,可以采用标准投资回收期为计算期,得到"年平均费用"和"总费用",或者以年为计算周期,相应计算得到"年计算费用"。方案的总费用或年费用越小,方案就越优。这是因为经济效果是产出与投入之比,产出一定时,投入越小,经济效果自然就大,故称这种方法为最小费用法。

a. 标准偿还年限内年费用法。年费用包括两个部分;一是把技术方案的总投资按一定办法分摊到标准投资回收期的每一年费用里,另一是项目的年经营成本或操作费用。计算公式为

$$Z_i = \frac{K_i}{P_{t,B}} + C_i \tag{7-34}$$

式中,Z_i 为标准偿还年限内年平均费用($i = 1, 2, 3, \cdots$);K_i 为第 i 个方案的总投资额;C_i 为第 i 个方案的年经营成本;$P_{t,B}$ 为标准投资回收期。

例 7-10 某化工厂欲按标准偿还年限内年费用法从四个技术方案中选择最优方案,假设标准投资回收期为 5 年,各方案投资和经营成本如下表(单位:万元)所示:

方案	指标	
	投资额 K_i/万元	经营成本 C_i/万元
A_1	2 000	500
A_2	2 300	430
A_3	2 700	400
A_4	3 000	360

解:根据上表提供的数据,由式(7-34)可以直接求出各方案的标准偿还年限内年费用为

$$Z_1 = \frac{K_1}{P_{t,B}} + C_1 = \left(\frac{2\,000}{5} + 500\right) 万元 = 900 \ 万元$$

$$Z_2 = 890 \ 万元, Z_3 = 940 \ 万元, Z_4 = 960 \ 万元$$

从上述计算结果可知,第二个方案的年费用少,投资效果好,是四个方案中的最优方案。即适当高的投资额,而经营成本又能相对节约的方案,经济效果好。

b. 标准偿还年限内总费用法。在标准偿还年限内,将方案的投资额与整个标准投资回收期内经常性支出的经营成本相加,即组成标准偿还期内技术方案的总费用。计算公式为

$$Z_{t,i} = K_i + P_{t,B} C_i \tag{7-35}$$

式中,$Z_{t,i}$ 为第 i 个方案的标准偿还年限内总费用。

例 7-11 取例 7-10 数据,试用标准偿还年限内总费用法计算,以判断方案的优劣,并选择最优方案。

解:根据式(7-35)计算,获得结果经比较为

$$Z_{t,2}(4\,450 \ 万元) < Z_{t,1}(4\,500 \ 万元) < Z_{t,3}(4\,700 \ 万元) < Z_{t,4}(4\,800 \ 万元)$$

方案 2 的标准偿还年限内总费用 $Z_{t,2}(4\,450 \ 万元)$ 最小,故视为最优。

c. 年计算费用法。年计算费用包括两个部分:一个是总投资按照一定的办法分摊到每年的投资回收费用;另一个为年经营成本或操作维修费用。计算公式为

$$Z_{t,i} = E_0 K_i + C_i \tag{7-36}$$

式中,$Z_{t,i}$ 为年计算费用;E_0 为基准投资利润率(或标准投资回收期的倒数)。

例 7-12 欲新建一座年产 10 万吨的硫酸厂,现有两种方案如下表所示,假设基准投资利润率为 12%,试比较两种方案的优劣。

方案	指标	
	投资额 K_i/万元	吨酸操作费用 C_i/(元·吨$^{-1}$)
1	5 000	450
2	6 200	400

解:由式(7-36),得

$$Z_{t,1} = E_0 K_1 + C_1 = (0.12 \times 5 \times 10^7 + 450 \times 10^5) \ 元 = 5.1 \times 10^7 \ 元$$

$$Z_{t,2} = E_0 K_2 + C_2 = (0.12 \times 6.2 \times 10^7 + 400 \times 10^5) 元 = 4.74 \times 10^7 元$$

因为 $Z_{t,2} < Z_{t,1}$，故方案 1 不可取，应推荐方案 2。

（2）动态投资回收期法

动态分析法考虑到资金和时间的关系，把不同时间发生的资金流量进行等效值换算，然后在相同基准上进行比较和评价。

① 几个基本概念

a. 利息。一笔钱（本金）存入银行，经过一段时间便可以得到比本金多一些的钱，多出的那部分钱即为利息。单位时间（一个计算周期）内利息与本金的比率叫作利率。同样，从银行贷一笔款，还款时也要付出比原贷款额多一些的钱，则多付的钱也称为利息。利息有单利和复利之分。

单利是指只有本金生息，而不把前期利息累加在本金中去的一种计息方式。如果令 P 为本金，i 为利率，n 为计息周期，S_n 为 n 个计息周期末的本利和，则对于各个计息周期而言，单利计算公式为

$$S_n = P(1+ni) \tag{7-37}$$

复利是指除本金计息之外，前期利息也累加到本金中计息。复利在无特殊说明情况下，均指年复利，即以一年为一个计息周期。计算复利公式较多，这里仅介绍计算复利将来值（或终值）及现值的公式为

$$F = P(1+i)^n \tag{7-38}$$

$$P = F \frac{1}{(1+i)^n} \tag{7-39}$$

式中，P 为资金的现值；F 为资金的将来值或终值（即本利和）；i 为年利率；n 为计息周期数。

例 7-13 某项目投资 1 000 万元，其中 50% 为银行贷款，如果贷款年利率为 8%，则 5 年后一次偿还的本利和是多少？支付银行利息是多少？

解：已知现值 $P = 1\ 000 \times 50\% 万元 = 500 万元$

年利率 $i = 8\%$ 计息周期数 $n = 5$

由式（7-38），得本利和（将来值）：

$$F = P(1+i)^5 = 500(1+0.08)^5 万元 = 734.66 万元$$

故支付利息为：$(734.66 - 500)万元 = 234.66 万元$

例 7-14 某化工厂在 5 年后需还贷 500 万元，欲用现在一笔投资的本利和来补偿，若银行的年利率为 8%，问现在这笔投资应为多少？

解：已知终值 $F = 500 万元$ 年利率 $i = 8\%$ 计息周期数 $n = 5$

则现在这笔投资为

$$P = F\frac{1}{(1+i)^n} = 500\frac{1}{(1+0.08)^5}万元 = 340.29\ 万元$$

b. 资金的时值、现值和将来值。在资金运动过程中,处于某一时刻的价值,称为资金的时值。把将来某个时期(或某一时点)的资金价值换算成与现在时期(或较早时期或时点)等值的资金价值,这一过程称为折现(或贴现),其换算结果为现值。而将来值是指与现值等值的某一时期的资金价值,即如前所述的终值或本利和。在式(7-38)中,$(1+i)$ 称为一次支付将来值系数,式(7-39)中的 $1/(1+i)$ 称为一次支付现值系数,或称贴现系数。在技术经济分析中,一般都采用复利计息法。

c. 资金等值。通常将两个作用相等的现象称为等值或等效。对资金运作而言,在考虑资金时间价值的情况下,把任一时点的资金按一定的利息换算为另一特定时点的不同数量的资金,而这两个不同时点的两个不同数额的资金,在经济上作用相等,有相等的经济价值——资金等值。资金等值是以复息计算公式为基础的。例如,今天的 1 000 元存入银行,在年利率为 10% 的条件下,和一年后的 1 100 元尽管资金数额不等,但其经济价值相等,即二者等值。资金等值的要素是:资金额、计息周期数和利率,其中利率是关键。资金的等值换算以同一利率为依据,等值换算就是利息公式的利用。

d. 现金流量和累计现金流量图。所谓现金流量,是指当年的收支(现金流入和现金流出)相抵之后的净金额,或称净现金流量。在一个工程项目的经济寿命期(包括建设期和生产服务期)内,现金流入指产品和副产品销售收入、流动资金回收额回收固定资产余值等。现金流出包括总投资、经营成本、技术转让费、上缴税金、利息等。一般把现金流入取正值,现金流出取负值。

为了形象地描述一个系统的投资与收入情况,可以将工程项目寿命期内各年累计现金流量绘制成曲线,即累计现金流量图。图 7-8 为一新建化工厂典型的累计现金流量图。图中,工程项目从原点 O 开始,投入资金用于开发设计(OA 段),随着建设的进行,从 A 点开始,AB 段为固定资产投资,到 B 点时建设已基本完成,还需要投入流动资金和开工试车费用,如 BC 段。从 O 点到 C 点,整个过程投资不可能产生效益,故现金流量为负值。从 C 点起,工厂若正常运转,而销售收入又超过经营成本,则曲线开始上升,到达 D 点时,现金流量曲线与横坐标轴相交,表示该工程项目净回收现金之和已达到总投资的金额,收支平衡,即投资已偿还,D 点即是盈亏平衡点。继续生产,则累计现金流量为正,并不断增加(DE 段)。到项目终止时(E 点),原土地、固定资产残值,以及流动资金均可回收,为正现金流量 EF 段。

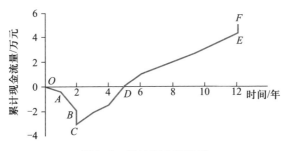

图 7-8 累计现金流量图

累计现金流量图直观表达了工程项目投资及现金返还情况,对工程项目评价很有意义。

② 动态投资回收期 动态投资回收期,是在考虑资金时间价值的基础上,按照规定的利率回收投资所需要的时间。投资回收期可以指出一项投资的原始费用得到补偿的速度,亦即投资本息的偿还速度。这是投资者非常关注的问题。

一笔 t 年后的资金 F_t 的现值 P 的计算公式为

$$P = \sum_{t=0}^{n} F_t(1+i)^{-t} \qquad (7\text{-}40)$$

式中,i 为基准利润率。

如果初始投资可以简化为一次性投资 P(或者将各年投资折现为 P),且投产后各年收益为等额年金 A,则可按下式计算:

$$P = A\frac{(1+i)^t - 1}{i(1+i)^t} \qquad (7\text{-}41)$$

整理,得

$$(1+i)^t = \frac{A}{A - Pi} = \frac{1}{1 - \dfrac{Pi}{A}}$$

两边取对数

$$t\lg(1+i) = \lg 1 - \lg(1 - Pi/A)$$

即所求的投资回收期为

$$t = \frac{-\lg(1 - Pi/A)}{\lg(1+i)} \qquad (7\text{-}42)$$

例 7-15 某化纤厂初期投资 5 亿元,每年年末等额盈利 1.2 亿元,若投资贷款利率为 8.5%,试计算静态和动态投资回收期,并进行评价。

解:静态投资回收期,由式(7-33),得

$$P_t = K/M = 5/1.2 \text{ 年} = 4.17 \text{ 年}$$

动态投资回收期,由式(7-42),得

$$t = \frac{-\lg(1-Pi/A)}{\lg(1+i)} = \frac{-\lg(1-5\times0.085/1.2)}{\lg(1+0.085)}年$$

$$= \frac{-\lg 0.645\,8}{\lg 1.085}年 = 5.36\,年$$

显然,采用复利计算的动态投资回收期要大于静态投资回收期。

(3) 净现值法

净现值(net present value, NPV)法不仅计算资金的时间价值,而且还考虑项目在整个寿命期内的全部现金流入和流出,即净现金流量。

$$R_t = (C_1 - C_0)_t \tag{7-43}$$

式中,R_t 为发生在 t 年的净现金流量。

把不同时点上发生的净现金流量,通过一个规定的利率(或折现率),统一折算为基准时点或基准年(一般项目开始为 0 年)的现值,其代数和即为该项目的净现值。

$$NPV = \sum_{t=0}^{n} R_t (1+i)^{-t} \tag{7-44}$$

式中,n 为项目寿命期年限;i 为规定的利率、折现率或基准投资利润率;t 为年份。

净现值的实质可以理解为,投资者一旦决定将资金投资到某一项目,即可获得此数量的增值。如果净现值为正值,说明除了达到基准投资利润率之外尚有盈余,说明项目可行;如果为负值,即小于零,表明达不到基准利润率,或者说资金会立即减少这一数量,说明项目不可取;如果净现值等于零,则说明投资者在此项目中一无所获。

例 7-16 已知某项目初始投资为 1 200 万元,若其后三年的净现金流量分别为 800 万元、770 万元、600 万元,设折现率 $i = 10\%$,问该项目净现值为多少万元?

解:

$$NPV = \sum_{t=0}^{3} R_t (1+i)^{-t}$$

$$= (-1\,200 + 800\times1.1^{-1} + 700\times1.1^{-2} + 600\times1.1^{-3})万元$$

$$= (-1\,200 + 727.3 + 578.5 + 450.8)万元$$

$$= 556.6\,万元$$

净现值法的主要优点在于它一方面考虑了资金的时间价值,并全面考虑了项目在整个寿命期内的经营情况;另一方面,它直接以金额来表示项目的收益性,比较直观。

7.5　可行性研究

可行性研究是在投资决策之前,对拟建工程项目(或生产经营方案)进行的技术经济论证工作,它的基本任务是:对项目技术上的先进性和可靠性,经济上的合理性和有利性等问题进行调查研究、分析论证、综合评价,对其产生的经济效益进行预测,最后评选出投资少、产品好、销路广、效益高的最佳建设项目(或最优生产经营方案),以及最佳时机,为决策者提供投资决策的依据。可行性研究在整个工程项目建设(或生产经营方案实施)中所占地位极为重要,它是决定投资命运的环节。

1. 可行性研究内容与作用

可行性研究的主要内容可概括为环境、技术和经济三个方面。环境保护是可行性研究的前提,技术上的可行性是研究的基础,经济上的合理性是评价和决策的依据。具体内容为:a. 市场销售情况的研究;b. 原料和技术路线的研究;c. 工程条件(包括环境保护)的研究;d. 劳动力资源、项目实施计划的研究;e. 资金和成本的研究;f. 经济效益的研究。这六个方面,一般都不可缺少,但是对不同的项目,可各有侧重。要结合工程特点,抓住关键,兼顾一般,进行综合研究,做出比较准确的技术经济评价。

通过可行性研究,应当达到如下目标:项目(或产品开发)成立和投资决策的依据;筹措资金和向银行申请贷款的依据;上级主管部门对项目进行评估和审批的依据;向政府及环保部门申请建设施工许可证书,以及同有关部门、协作单位签订协议或合同文件的依据;下阶段实施设计或组织开工生产准备的依据;引进国外技术、装备和资源,以及与外商谈判和签订合同的依据。

2. 可行性研究的三个阶段

工程项目建设的整个过程大体上可分为三个时期:投资前时期、投资时期和生产或投产时期。每一时期又可分为若干阶段。投资前期主要进行项目的可行性研究及评估。可行性研究根据其研究的进展过程,一般分为三个阶段:投资机会研究、初步可行性研究和详细可行性研究,如图 7-9 所示。

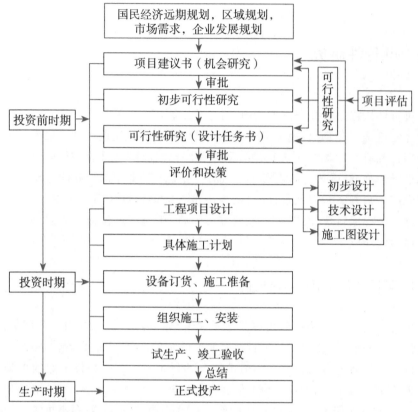

图7-9　工程项目建设的三个时期和可行性研究的三个阶段

（1）投资机会研究

投资机会研究是指由各部门、各地区、各单位，根据国民经济发展的长远规划、行业规划、地区规划以及经济建设的方针、建设任务和技术经济政策，结合本单位的经营发展战略，对资源情况、市场情况以及建设条件等因素进行调查和预测，选择可能的建设项目，寻找最有利的投资机会，提出投资建议，并拟定项目建议书。

这一阶段的主要任务是提出项目投资方向的建议和计划，其工作是比较粗略的。采用大指标进行分析和估算，初步分析项目投资效果，在几个有投资机会的项目中，迅速有依据地做出选择，以激发投资的兴趣和响应。然后，转入下一阶段的研究。机会研究需时一般为1~3个月，研究费用占总投资的0.2%~1.0%，估算精确度为±30%。投资的估算方法常用单位生产能力估算法、资本周转率法等，估算出拟建项目所需的建设投资。若投资机会研究的结论是项目具有投资吸引力，则应转入初步可行性研究。

（2）初步可行性研究

初步可行性研究是指在机会研究的基础上或项目建设书得到批准后,对前一阶段研究提出的项目意向或投资建议的可行性所进行的初步估计,其内容与可行性研究基本相同,主要差别在于所获得资料的详细程度、研究的深度及程度不同。

初步可行性研究主要解决以下问题:a. 投资机会是否有希望;b. 是否需要进一步做详细可行性研究;c. 有哪些关键性问题需要做进一步调查研究;d. 初步筛选方案;e. 提出产品生产方案、建设初步计划、评价指标等。

一般只有重大及特殊项目才需要进行初步可行性研究,对于较成熟和确定程度大的项目或者较小的项目,可以省去这一研究阶段,直接进行详细可行性研究。

初步可行性研究所要具备的资料包括:简单工艺流程图,初步设备一览表,厂址,建筑物的大致尺寸和型式,公用工程的估计需要量,初步电器、仪表清单,初步设备布置图等,时间为 4~6 个月,研究费用占总投资的 0.3%~1.5%,估算精确度约为±20%。投资估算方法可采用装置能力指数法或系数法。

（3）详细可行性研究

详细可行性研究一般简称可行性研究,也称为最终可行性研究或技术经济的可行性研究。它是项目投资前期的关键阶段,是项目投资决策的基础。这一阶段的任务是在前述研究阶段的基础上,对拟建工程项目进行深入的技术经济综合分析、论证,综合研究市场需求预测、生产规模、工艺技术、设备选型、厂址选择、工程实施计划、组织管理及机构定员、财务分析、经济评价等内容,从而为项目决策提供技术、经济和其他方面的依据。

详细可行性研究是一项涉及面广、影响因素多、工作量大的复杂工作。所需的资料和研究内容比初步可行性研究要更详细、更深入,所得出的结论应明确可靠。详细可行性研究阶段的投资估算,除工艺技术成熟的项目可利用已建成的同类项目的数据外,设备费用一般都要逐台计算。研究需时 3~6 个月或更长,费用为总投资的 0.8%~3.0%,大型项目为 0.2%~1%。研究结果的精确度约为±10%。

可行性研究一般由项目建设单位委托咨询公司或设计部门进行,也可由建设单位组织进行。可行性研究结果的鉴定和评价由决策部门组织进行。可行性研究的这三个阶段,内容由浅入深,结果由粗到细。可行性研究是项目投资前期工作的主要部分,是项目建设必不可少的工作。

对项目实际进行可行性研究时,并非都要按三个阶段一步一步地进行。对大中型项目,必须分别做投资机会研究、初步可行性研究和详细可行性研究。但对其他类型项目,则可视项目复杂程度和影响大小,选择合适的可行性研究阶段。

3. 可行性研究报告

可行性研究报告是对项目在环境、技术、经济,以及外部协作条件等诸方面进行全面的分析论证和多方面的评价比较,认为可行之后而推荐出最佳方案,并经编制所形成的一份正式文件。可行性研究报告(设计任务书)是可行性研究的最终成果形式。

可行性研究报告应当按照国家有关部门规定的内容和格式编制,这样才能具有完整性、准确性和可操作性。根据我国情况,1983年国家计委制定颁发了《关于建设项目进行可行性研究的试行管理办法》,明确规定了工业项目的可行性研究报告的内容、范围和深度。1987年国家计委又发布了《建设项目经济评价方法与参数》,并在1997年进行了修订,对经济评价的程序、方法、指标等都做了明确的规定和具体的说明。中国石油和化学工业联合会2006年制定、2012年重新修订的《化工投资项目可行性研究报告编制办法》依据国家相继出台的一些新的政策法规,对可行性研究报告编制内容进行了细化、扩展、完善,进而加大了对安全、环境、节能减排等方面的要求力度。

可行性研究报告编制大纲:

(1)总论

① 项目提出的背景(改扩建项目应说明企业现状),投资的必要性和经济意义。

② 研究的依据和原则、涉及范围和简要结论。

(2)需求预测和拟建规模

① 国内外市场需求状况的预测。

② 国内外现有生产能力的估计和产品供求平衡分析。

③ 产品销售、价格、竞争能力及进入国际市场的前景预测和分析。

④ 项目建设规模、产品方案、发展方向等方面的技术经济论证和分析。

(3)资源、原材料、燃料及公用设施状况

① 经过国家储量委员会正式批准的资源储量、品位、成分,以及开采利用条件的分析和论证。

② 原材料、燃料、动力供应的可能性和可靠性(用量、来源、价格)分析。

③ 公用设施(主要指水、电、气、交通、运输和通信等)具备状况,供应方式,供应条件,以及发展变化趋势的调查、分析和论证。

（4）建厂条件和厂址选择

① 厂址的地理位置、气象、水文、地质、地形及当地社会经济状况的分析和论证。

② 多个可供选择方案的比较、论证和推荐理由。

（5）项目设计方案

① 项目的构成范围，包括主要单项工程的名称、数量及其设计。

② 工艺技术方案说明，原料路线确定的原则和依据，主要工艺技术指标的计算和确定，原料及动力消耗定额的估算，典型设备配置方案的比较和选择。

③ 引进技术、设备的来源、因由、内容、特点及方式等。

④ 全厂总图布置方案及土建工程量的估算。

⑤ 公用工程、辅助设施和厂内外交通运输方案的分析、比较和选择。

（6）节能、节水

① 节能、节水措施设计依据。

② 能耗、水耗指标及分析。

（7）环境保护

① 建厂地点及周边环境状况调查、分析。

② 项目的"三废"、粉尘、放射性物质的排放情况、处理措施和对环境影响的评价。

③ 环境保护设计依据和方案的分析与论证。

（8）劳动安全卫生和消防

① 劳动安全卫生和消防系统设计依据。

② 劳动安全防护和消防方案的分析与论证。

（9）企业组织、劳动定员和人员培训

① 全厂组织机构、管理与生产指标系统的设置。

② 生产车间、辅助车间的组成与划分。

③ 劳动定员与人员培训规划。

（10）项目实施计划

① 项目建设的基本要求和总安排。

② 建设周期的规划，勘察、设计、设备订货和制造、建筑施工、生产调试及试产、投产的时间等过程的衔接与配合。

（11）投资估算和资金筹措

① 主体工程与协作配套工程所需投资总额的估算，流动资金估算。

② 资金来源、筹措方式、贷款偿还能力与偿还方式，以及投资回收时间。

③ 合理利用资金的计划。

（12）财务、经济效益和社会效益评价

① 产品成本、销售成本及销售收入估算。

② 编制财务计算报表，按规定计算评价主要指标，以考察和分析项目的盈利能力，清偿能力，以及外汇平衡等财务状况。

③ 项目的国民经济及不确定性分析，综合评价工程项目对国民经济的净贡献，经济与社会效益及技术、自然资源、生态及环境评价。

④ 对项目从宏观和微观经济效益作出结论，对主要方案提出选择和推荐意见。

以上是大、中型建设项目所涉及的内容，对小型项目及老厂改造、扩建、更新改建项目，可参考该办法的要求，在满足投资决策需要的前提下，可行性研究的内容可以适当简化。

小结

本章在简要叙述化工过程开发步骤和内容的基础上，介绍了化工过程开发的放大方法，并结合实例，着重对反应器放大进行了分析、讨论。同时，对技术经济评价做了较详细的介绍，涉及评价的内容、指标、原理、方法及可行性研究。目的是使读者理解化学实验室研究成果（新产品、新工艺等）开发放大为工业规模反应装置生产的整个过程，掌握化工技术经济的基本知识、基本概念，初步具有市场经济的知识，明确开发项目决策的依据。

复习题

1. 简述化工过程开发的含义。

2. 试比较化工过程开发四种放大方法的主要优缺点。

3. 相似放大法的步骤是什么？阅读并分析 3.4.3 节流体阻力系数关联式和 4.3.2 节对流传热系数实验公式的求取过程。

4. 简述建立数学模型的思想方法。

5. 名词解释：（1）热模试验；（2）冷模试验；（3）放大效应；（4）数学模型；（5）混合时间；（6）飞温。

6. 化学反应器放大中，欲保持小试的反应结果，需要考察的因素是什么？在何情形下，不存在放大效应？

7. 反应器完全混合的条件是什么？几何相似放大能否保持混合时间不变？

8. 比较多管并联和串联放大过程中压力降的变化，分析其优缺点。

习题

1. 例 7-1 中反应器放大 512 倍，传热面积仅增加 64 倍，单位体积传热面积的放大因子的数值是多少？确定其单位体积功率恒定下的放大因子。　　　　　　　　　　$(0.125\ \text{倍}, S^{-1/3})$

2. 表 7-1 中弗劳德（Froude）数定义为 $Fr = \dfrac{N^2 D}{g}$，其中 g 为重力加速度。弗劳德数用来表征搅拌釜内旋涡和涡流的形成与大小。表中 Fr 的放大因子数值为 0.5 倍，说明涡流程度因单位体积功率恒定放大而减小。试推导出其放大因子。　　　　　　　　　　$(S^{-1/9})$

3. 在保持单位体积功率不变的情形下放大反应器 1 000 倍，确定混合时间，传热面积和单位体积传热面积的变化。　　　　　　　　　　$(4.6, 100\ \text{倍}, 0.1\ \text{倍})$

4. 在小型管式反应器中进行中试规模的液相酯化反应，反应热很小，可忽略。管内物料为不可压缩，流动为湍流。现要将其放大至 100 倍的工业规模反应器，在并联、串联、几何相似和恒压降放大过程中，估算雷诺数和压力降的变化，并分析比较结果。

$$(\text{并联}: Re_2/Re_1 = 1, \Delta p_2/\Delta p_1 = 1; \text{串联}: Re_2/Re_1 = 100, \Delta p_2/\Delta p_1 = 31\ 600;$$
$$\text{几何相似}: Re_2/Re_1 = 21.5, \Delta p_2/\Delta p_1 = 10; \text{恒压降}: Re_2/Re_1 = 15.3, \Delta p_2/\Delta p_1 = 1)$$

5. 在例 7-2 中，若物料流体进口温度为 160 ℃，出口温度为 164 ℃。确定各种放大方法中传热介质所需温度。

$$(\Delta t_1 = 107\ ℃; \text{传热介质温度}: \text{并联}\ 55\ ℃, \text{串联}\ 157.8\ ℃,$$
$$\text{几何相似}-41\ ℃, \text{恒压降}-394.4\ ℃)$$

6. 一台化工设备原值为 25 000 元，设折旧年限为 8 年，残值为 4 200 元，试用直线折旧法计算第 5 年末，该设备的账面价值为多少元？　　　　　　　　　　$(12\ 000\ \text{元})$

7. 若将现金 10 000 元存入银行，定期 5 年，年利率为 5.5%，问 5 年后本利和为若干？若将此 10 000 元存入银行，每年满期时将本、利取出再转存，则 5 年后本利和又为若干？

$$(12\ 750\ \text{元}, 13\ 069.6\ \text{元})$$

8. 某项目投资额为 2 000 万元，每年均等地获得 1 000 万元的净收益，若基准利润率为 8%，试求其静态投资回收期和动态投资回收期。　　　　　　　　　　$(2\ \text{年}, 2.25\ \text{年})$

9. 某开发项目开始投资 1 500 万元，3 年后开始收益，若连续 4 年平均收益都为 600 万元，问当利润率 i 分别为 0, 0.05, 0.10 和 0.15 时，该项目的净现值各为多少？并对计算结果加以简要说明。　　　　　　$(900\ \text{万元}, 676.8\ \text{万元}, 303.2\ \text{万元}, -127.6\ \text{万元})$

参考书目与文献

第 8 章

化学工业和化学工程学的发展趋势与展望

21 世纪,世界进入知识经济时代,仅靠劳动或资本密集,大规模地使用和消耗资源和能源的工业经济发展模式,已不符合社会和经济的要求。而以知识为主要生产要素,建立在知识的生产、分配和使用之上的高效的节约资源和能源的新型经济模式,将成为经济发展的主流。这是社会发展的必然,是对世界化学工业和化学工程学发展提出的新挑战。在我国,人口众多、需求巨大,资源和能源"总量丰富、人均贫乏",知识经济正好为化学工业和化学工程学提供了一个前所未有的发展机遇。本章将就化学工业的发展态势、新兴的化学工业以及化学工程学的前沿进行介绍。

8.1 化学工业的发展趋势

1. 行业结构、产品结构向"精细化"发展

20 世纪 80 年代以来,化学工业行业内部结构不断发展变化,高新技术产业的发展促使化学工业由"粗放型"向"精细化"转移。发达国家依仗技术上的领先地位,将经营重点转向知识和技术密集、附加值高的专用化学品、生物技术和新材料等化工新兴行业,而把以能源密集为特点的大宗化工产品和劳动密集的下游产品,或调整压缩或保持水平或转移到亚洲及其他地区生产。这种变革不仅使企业或公司自身结构发生变化,生产规模得以优化,产品成本明显下降,而且伴随着化工生产的全球化,先进技术与廉价的劳动力及资源组合形成的优势,使改组、兼并和收购愈演愈烈。由此造成国际分工深度细化,一个全球性的化

工生产结构体系已成雏形,并不断升级和优化。

产品结构变化主要是指化工通用产品向专用产品,单一产品向系列产品的转变。一种化工产品是否"精细",可从以下四个方面衡量。

① 产品具有优异的性能或功能 通用化工产品是国民经济广泛使用的产品,它的生产规模大、产量大、品种专一,在质量上只要求符合一定的通用规格。由于这类产品一般不能直接使用,而是作为进一步加工的原料,所以易加工性是其必须具备的条件。"精细化"的化工产品则必须具有某种或某些特定的优异性能和功能,社会对它的每一产品要求量虽不很大,但要求其多品种、系列化,以满足各方面的要求。它与通用产品的根本区别之一,是"精细化"产品不仅提供了物质本身,而且提供了物化在物质特殊功能之中的解决某种问题的办法或方案,并配有相应的应用技术和一定的技术服务。

② 产品技术含量(技术知识密集度)高 "精细化"化工产品既然以特定的优异性能或功能取胜,它的研究开发和生产自然比较复杂。研究开发费用高、时间长、成功率低,生产以及售后服务过程中,还必须进行大量的技术指导、监督和支持。因而其技术知识密集度远比一般的通用化学品要高。但"精细化"产品在生产过程中所耗物质和能量一般并不比通用化工产品多,出售"精细化"产品,与其说是出售物质,不如说是出售技术。

③ 产品附加值高 产品的特定性能和专门用途,使得产品得到高附加值。一般通用化工产品原材料费率(原料费占产值的比率)为 60%～70%,附加价值率(附加价值占产值的比率)为 20%～30%;"精细化"产品的原材料费率则为 30%～40%,附加价值率约为 50%。

④ 产品品种多、批量小,生命周期短 "精细化"化工产品性能特殊,用途相对狭窄,加之市场需求的不断变化,使之必须多品种、小批量生产。同时,"精细化"化工产品的高附加值促使企业或公司之间竞争激烈,新产品研制日新月异,老产品淘汰加速,生命周期越来越短。

社会对化工产品的理想要求是,既要高功能,又要易加工,但两者往往相互矛盾。在物资不足,满足不了社会需求时,宁可牺牲功能而优先考虑易加工性,发展通用产品;当物资比较充裕,而科学技术又有条件解决这一矛盾时,开始侧重功能,发展"精细化"产品。知识经济时代到来,世界的需求已发生巨大变化,化工生产应该由重视数量转向重视质量,由重视易加工转向重视功能。以量取胜的时代成为过去,产品"精细化""功能第一"的时代正向我们走来。

知识经济时代也并不是不再需要通用化工产品,但不会按现在的模式继续发展下去。以化肥为例,我国化肥产量由 1949 年的 2.7 万吨持续增加到 2020 年的 5 496 万吨,满足着农业生产的需求。对发展中国家,在相当长的一段时间,主要考虑的还是通用化工产品的生产问题。但应注意到过量使用化肥,农民将增产不增收,土地会酸化板结,由排水进入江河、湖泊的化肥可造成水体富营养化,破坏环境,造成污染。投资大,耗资、耗能高的化肥生产的一味增长,势必阻碍国民经济可持续发展。因此,化肥的发展模式必须发生变革。如果能根据不同植物生长的每个阶段对化肥的需求,生产氮、磷、钾组成都能与之匹配,且具有缓释功能的复合肥料,则既可合理利用化肥,又能减少对环境的污染。

2. 原料结构多样化将长期存在

据统计,世界约 76% 的合成氨,80% 的醇,39% 的乙烯、丙烯及其衍生物以石油和天然气为原料。这一方面是因为石油化工技术成熟、产品广泛、具有很好的经济效益,另一方面是由于世界原油市场平稳、价格较低、尚能保障供应。根据世界已探明的、可开采的化石能源储量推算,石油(2 343 亿吨)储采比为 54.2 年,天然气(208.4 亿立方米)储采比为 63.6 年,煤炭(8 609.4 亿吨)储采比为 112 年。随着科技的创新,节约资源和能源技术的开发,以石油为原料的化学工业在今后一段时间将会仍然保持竞争性。我国自 1993 年由石油净输出转向净输入,并且呈快速增长的趋势,2021 年进口量达到 51 297.8 万吨。其目的是利用境外资源,大力发展高附加值的石油化工,以此来带动化工行业提高经济效益。虽然煤炭利用效益低、污染大,但它的经济性在石油和天然气资源枯竭、价格上涨之时将会显示出来。目前,以煤为原料制合成气作为化工原料进而制备含氧化合物,如醋酸、乙二醇等,尚有一定竞争力。但由煤制合成气进一步制烯烃,按当前油价水平难与石油化工竞争,近中期工业化的可能性不大。从长远看,以煤取代石油作为化工原料是发展化学工业的主要途径,关键是行业自身的改造和新一代清洁、高效的洁净煤技术的开发。

生物质原料可不断再生,无环境污染问题,且多有生物活性,目前在食品、医药和化妆品等行业已被越来越多地使用。例如,糖类化合物 D-甘露醇醋酸具有扩张血管作用;天然糖苷有储糖功能,可用于香料、色素、药物等方面。生物质原料综合利用也大有可为,如由纤维素制葡萄糖,通过一些合成酶可制得 1,2-苯二酚,进而制备尼龙原料己二酸;又如,葡萄糖生物转化为乙醇,乙醇制乙烯,进而合成高分子材料等基础研究正在进行,有望未来得以采用。据美国《化学工程》杂志报道,美国正在致力于以非食品基生物质,如谷物外壳或其他农业残余物,生产运输燃料及乙醇等化学产品。计划到 2030 年,以生物质为原料将占美国发电量的 50%、燃料的 20% 和化学品产量的 25%。但生物质资源集输困难,资源有局限性,要取代化石能源尚不可能。从化石原材料转向可再生的原材料,是今后几十年化工等行业面临的重大机遇和挑战。

3. 环境保护问题成为化学工业发展的一个关键

随着科学技术的飞速发展,民众的生活水平的日益提高,人们对已严重威胁到自身生存的环境污染与生态破坏问题越来越关注。各国政府和环境机构相继制定了一系列环境法规,这些法规将对化学工业产生相当大的影响。关于保护臭氧层、限制 CO_2 排放量、控制 SO_2 和 NO_x 排放、废塑料回收利用、可生物降解聚合物研制开发、城市垃圾处理等与环保有关的课题,都与化学工业有密切的关系。

目前绝大多数的化工技术都是几十年前开发的,由于当时技术的局限和环保意识较差(先污染、后处理的管端做法)等方面的问题,化学工业长年累月地向大气、水源和土壤排放着大量有毒有害的物质。以 1993 年为例,美国按 365 种有毒有害物质排放估算,化学工业排放量为 36 万吨。再以我国水污染为例,2019 年国家统计,全国废水排放量 567 亿吨,其中工业废水排放量 77.2 亿吨,占全国的 13.6%。因而,控制和治理污染,是化工企业的一个重要课题。据统计,西方大公司的环保支出占其投资额的 9%~25%,占其销售额的 1%~2%。从环保、经济和社会的要求看,化学工业不能再承担产生有毒有害物质的费用,需要大力研究与开发从源头上减少或消除污染的绿色化工技术。

所谓"绿色化工技术"是指在绿色化学基础上开发的从源头上阻止环境污染的化工技术,它的研究与开发主要围绕"原子经济"反应,提高化学反应的选择性,无毒无害原料、催化剂和溶剂,可再生资源为原料和环境友好产品等内容展开,目的在于整体上实现化学工业"绿色化"。图 8-1 为绿色化工技术研究与开发的内容及其关系。

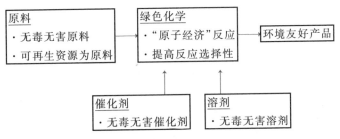

图 8-1　绿色化工技术研究与开发的内容及其关系

"原子经济"是指原料分子中究竟有百分之几的原子转化成了产物。理想的"原子经济"反应是反应的原料分子中的原子百分之百地转变成产物,不产生副产物或废物,实现废物的"零排放"。例如,大宗的基本有机化工产品产量在百万吨以上,选择"原子经济"反应十分重要。已有丙烯腈甲酰化制丁醛,甲醇羰化制醋酸,乙烯或丙烯的聚合,丁二烯和氢氯酸合成己二腈等过程实现了"原子经济"反应。

提高反应的选择性在现代化工生产中极其重要。精细化工每生产 1 t 产品,副产品可高达 100 t 以上。据统计,用催化过程生产的各类有机化学品中,催化选择氧化生产的产品约占 25%。例如,烃类选择性氧化为强放热反应,目的产物大多是热力学上不稳定的中间化合物,在反应条件下很容易被进一步深度氧化为二氧化碳和水。这不仅造成资源浪费和环境污染,而且给产品的分离和纯化带来很大困难,使投资和生产成本大幅度上升。所以,控制氧化反应深度,提高目的产物的选择性始终是烃类选择性氧化研究中最具有挑战性的难题。国外已开发成功丁烷晶格氧化制顺酐的提升管再生工艺,将顺酐的收率由原有工艺的 50% 提高到 72%,未反应的丁烷循环利用,被誉为绿色化工技术。

在选用无毒无害原料方面,可考察以电石为原料生产聚氯乙烯的过程。该工艺有大量"三废"产生(以每吨产品计,电石粉尘约 20 kg、电石渣浆约 2 t、碱性含硫废水约 10 t),还有硫化氢、磷化氢等有毒气体释放出来,并存在汞污染问题,且能耗也大(每生产 1 t 乙炔约耗电 10 000 kW·h)。因此,应该废除以电石为原料的生产方法。而以乙烯为原料,采用氧氯化法生产聚氯乙烯,不仅能解决环境污染问题,还可使生产成本下降约 50%。为使制得的中间体具有进一步转化所需的官能团和反应性,在有机化工生产中仍使用剧毒的光气和氢氰酸等作为原料。为了人类健康和社会安全,需要用无毒无害的原料代替它们来生产所需的化工产品。例如,美国一公司从无毒无害的二乙醇胺原料出发,经过催化脱氢,开发了安全生产氨基二乙酸钠的工艺,改变了过去的以氨、甲醛和氢氰酸为原料的两步合成路线,并因此而获得 1996 年美国总统绿色化学挑战奖的"变更合成路线奖"。

环境友好产品是指安全、无公害的"绿色产品",如高效、低毒、低残留农药,生物农药,无磷洗涤剂,无害纺织染料等。在环境友好机动车燃料方面,为减少汽车尾气中 CO 及烃类引发的臭氧和光化学烟雾等对空气的污染,1990 年美国清洁空气法规定,逐步推广使用新配方汽油。新配方汽油要求限制汽油的蒸气压、苯含量,还要逐步限制芳烃和烯烃含量,还要求在汽油中加入含氧化合物(如甲基叔丁基醚等),使其成为一种环境友好汽油。国内外致力于研究开发新配方汽油,将推动与汽油相关的炼油技术的绿色化。在环境友好化工产品方面,对于严重破坏生态环境和污染环境的产品,如氟利昂制冷剂、多氯联苯等,应调整、取消并开发新的品种。国外已开发成功保护大气臭氧层的氟氯烃代用品和防止白色污染的生物降解塑料等。大量的与化学品制造相关的污染问题不仅来源于原料和产品,而且来源于制造过程中使用的物质。例如,烯类一般使用氢氰酸、硫酸、三氯化铝等液体酸催化剂,这些液体催化剂的共同缺点是严重腐蚀设备、危害人身健康和安全,产生废液、废渣污染环境。多年来,国外一直从分子筛、杂多酸、超强酸等新催化剂材料中大力开发固体烷基化催化剂。1997 年我国的"九五"重大基础研究项目"环境友好石油化工催化化学与化学反应工程"也将固体酸烷基化列为一个研究内容,并取得突破进展。又如,在反应介质、分离和配方中使用的溶剂,使用较广泛的是挥发性有机化合物,其在使用中会引起地面臭氧形成,有时会引起水源污染,因此,需要限制这类溶剂的使用。采用无毒无害的溶剂代替挥发性有机化合物溶剂是绿色化工技术的重要研究方向。在这方面最活跃的研究是开发超临界流体,特别是 CO_2 作溶剂,它作为油漆、涂料的喷雾剂已在工业上应用。

以再生资源为原料合成化学品要依靠生物技术实现。生物技术中的化学反应大都以自然界中的酶或者通过 DNA 重组及基因工程等生物技术在微生物上产生工业酶为催化剂。在应用上,既可使用酶也可使用产酶的微生物作为催化剂。酶反应大多条件温和、设备简单、选择性好、副反应少,产品性质优良,又不产生新的污染。

总之,时代发展对环境保护的要求将日益提高,如何把化学工业发展与有效的环境保护有机地结合起来,正是今后化学工业发展过程中的一个关键问题,而从源头上减少或消除污染,实现化学工业生产"绿色化"是化学工业发展的一条必由之路。

4. 化学工业的可持续发展

"可持续发展"的观点是 1987 年世界环境与发展委员会在其发表的《我们共同的未来》一书中首次提出的,该观点认为人类社会发展应"既满足当代人的需求,又不对后代人满足其需求的能力构成危害"。1992 年,在巴西召开的联合国环境与发展大会通过的全球持续发展战略框架文件《21 世纪议程》中正式采用了这一观点。我国 1994 年发布《中国 21 世纪议程》,将可持续发展作为重要战略。可持续发展作为人类社会发展的新模式,已成为全世界共同行动所努力追求的目标。

可持续发展把生态、经济、社会统一为不可分割的整体,要求能动地调控自然、经济、社会复合大系统,使人类在不超越资源与环境承载能力的条件下,促进经济的发展,同时保持资源持续和提高生活质量。它以生态持续为基础,以经济持续为条件,以社会持续为目标,追求整个人类与自然的协调发展和共同进化。

可持续发展的内涵丰富,对一个国家来说,其涉及内容很广,如人口控制、经济发展、社会稳定、资源和生态环境保护等。我国人口众多,人均资源缺乏(人均水资源不足世界人均的 1/4;能源储量中,只有煤的人均储量与世界人均接近,而人均石油储量只有世界人均的 1/8,天然气则只有 1/25;农业资源人均占有量不足世界人均的 1/3),生产力水平相对落后,经济增长很大程度上依靠生产要素的投入,科技进步作用较小(对经济增长贡献只有 30%,而发达国家则达 60% 以上),普遍存在忽视资源和环境的价值的倾向,所以长期以来造成了一种高投入、高消耗、高速度、低效益、低质量、低收入的粗放型经济增长方式,不可避免带来了惊人的资源浪费(我国每万元国内生产总值的能耗为美国的 2.4 倍,是日本的 6.8 倍)和严重的环境问题(例如,2010 年我国的排放量是日本的 7 倍,约占世界总排量的 24%;2018 年我国 SO_2 排放量 275.8 万吨,占全球排放总量的 9%)。严峻的环境污染和生态破坏形势以及不断加剧的资源短缺趋势,成为我国社会和经济发展的制约因素,因而推进可持续发展的任务显得尤为艰巨和紧迫。

化学工业属能源密集型产业,能源消耗总量约 40% 作为生产原料,60% 作为动力和燃料,而原料消耗的成本又往往占产品成本的 60% ~ 70%,这与其他工业部门能源消费的特点有很大不同。化学工业节能降耗,统筹规划,潜力巨大。化学工业丰富的最终产品与人类衣食住行及文化需求等各个方面都有着紧密联系,它的发展关系到实施可持续发展战略的总体全局。化学工业也是重污染部门,化学工业生产过程中及化工产品储输使用过程中如处理不当都可能对自然环境造成危害。但另一方面治理污染,解决废弃物的处理和资源化利用等问题又往往离不开化工转化过程和操作。化学工业的这些特点决定了它不但面临着产业自身的可持续发展问题,而且在推进社会和经济可持续发展的整体战略中也占有举足轻重的作用。

总之,化学工业可持续发展主要集中到资源、能源综合利用和清洁生产上,其基础在于不断推进的技术进步和创新。概括地讲,化学工业的可持续发展之路在于:在建立与资源、能源集约化相适应的化工技术体系的基础上,通过制定合理的产业政策和技术路线,发展资源综合利用和清洁生产,以达到节约资源、能源,保护环境,提高产业综合效益的目的。

合理利用资源、提高资源利用率是化学工业实现可持续发展的重要前提。一方面要做到资源综合利用,另一方面要达到废物资源化(二次资源开发利用),同时要强化资源管理,建立包括资源、环境价值观在内的新的经济核算体系,不仅只对生产过程,而是就自然界新陈代谢的全过程来考察,实现节省资源、减少物耗、降低成本、净化环境的目的。

清洁生产可概括为,使用清洁的能源和原辅材料,通过清洁的生产过程,生产出清洁的产品。它包括清洁利用矿物燃料,采用无毒无害或低毒的优质原辅材料,开发利用可再生能源和资源,使用无废、少废、先进、安全的生产工艺以及布局合理并实行科学化管理的高效生产设备,降低能源和原辅材料的消耗,生产对人类与环境无害的产品,尽量减少废物产生量及毒性,以及末端治理和废物资源化与综合利用等。

清洁生产要求实现两个目标:一是用最少的原辅材料和能源,得到最大数量的有用产品;二是保证产品的生产和消费过程与环境相容,尽量减少甚至消除污染物的产生量和排放量。它与"先污染后治理"的管端处理方法完全不同,强调从源头上和生产全过程中减少造成污染的废弃物,力图从根本上解决污染问题。应当指出,要达到污染物的"零排放"并非易事,有些过程甚至不可能。因此,管端技术实际上是作为清洁生产的有效补充,集成于清洁生产之中。

8.2 新兴化学工业及其发展前景

1. 精细化学工业

精细化学工业指生产精细化学品的工业。精细化学品是基础化学品进一步深加工得到的具有特定应用功能的产物,在国际上通常称专用化学品或功能化学品。精细化学品与传统基础化工产品并没有截然的分界线,有些基础产品进一步的加工精细化,便成为专用化、功能化的高性能产品。例如,纯碱用于玻璃行业就是基础化工产品,把它做成食品级、医用级就实现了功能化;硫酸、盐酸、硝酸等用于磷肥等工业过程就是传统基础化工品,而做成电子级纯度就是电子信息产业不可或缺的电子化学品;磷酸铵、磷酸钙等用于肥料就是传统磷肥产品,制成食品添加剂就是精细化产品;炭黑用于汽车轮胎、汽车内饰材料就是传统化工产品,而用于牙膏、蛋糕等领域就是食品级精细化产品。

在我国精细化品划分为 11 个产品类别:① 农药;② 染料;③ 涂料(包括油漆和油墨);④ 颜料;⑤ 试剂和高纯物;⑥ 信息用化学品(包括感光材料、磁性材料等能接受电磁波的化学品);⑦ 食品和饲料添加剂;⑧ 黏合剂;⑨ 催化剂和各种助剂;⑩ 化工行业生产的化学药品(原料药)和日用化学品;⑪高分子聚合物中的功能高分子材料(包括功能膜、偏光材料等)。

精细化学工业具有技术密集、产品附加值较高、商业性强、更新快的特点。精细化工是当今世界化学工业发展的战略重点,全球化学工业发展的重要方向。

(1) 世界精细化工的现状与发展趋势

精细化工是当今化学工业中最具活力的新兴领域之一。世界各国,尤其是美国、欧洲和日本等化学工业发达国家地区及其著名的跨国化工企业,都十分重视发展精细化工,把精细化工作为调整化工产业结构、提高产品附加值、增强国际竞争力的有效举措。世界精细化工呈现快速发展态势,世界精细化学品种门类有 50~60 个,品种 10 万多个。精细化工比率(精细化工行业产值占化工行业总产值的比例)的高低已经成为衡量一个国家或地区化学工业发达程度和化工科技水平高低的重要标志。发达国家的精细化工比率,在 20 世纪 80 年代为 45%~55%,2018 年达到 60%~70%。

世界精细化工发展,呈现以下趋势:

① 跨国公司战略转型的重点　跨国公司通过资产重组、兼并、收购、联合,突出主营业务,生产更为集中,产品更加专业化。最典型的有索尔维由最初的纯碱公司转型为今天的新材料和功能化学品公司,帝斯曼由最初的煤矿企业转型为今天的营养化学品、医药健康化学品公司。又如德司达公司垄断了纺织用染料;罗氏、巴斯夫等公司垄断了医药、食品和饲料工业等需大量使用的维生素产品;诺华、孟山都、杜邦等公司垄断了农药;法国爱森公司成为世界上专门生产聚丙烯酰胺的最大生产厂;富莱克斯公司成为世界最大的橡胶助剂生产厂商;诺华、科莱恩等成为世界最大的精细化工公司。

② 创新是精细化工发展的关键　基础化工产品的专门化、功能化需要技术创新,精细化工产品质量稳定性的提高也需要技术创新。加大精细化工产品的科研开发和应用研究力度,增加研发的资金、人员投入,发展新技术,掌握自主知识产权。同时,增加售后技术服务的投入,达到更高的市场占有率,由此获取最快的发展速度。

③ 高新技术的采用是精细化工激烈竞争的焦点　精细化工是一个技术含量高、技术水平要求高的领域,精细化工高新技术化是必然趋势。高新技术,诸如纳米技术、信息技术、现代生物技术、现代分离技术(膜分离、超临界萃取、分子蒸馏等)与精细化工相互融合,精细化工为高新技术提供支持,高新技术又进一步改造精细化工,使精细化工产品的应用领域进一步拓宽,产品进一步精细化、复合化、功能化,向高新精细化工方向发展。

④ 精细化工的研发投产周期缩短　利用计算机进行有机合成模拟,试验速度加快,开发成本降低,能使过去 10 年开发出一种产品缩短为 1~2 年,大大节省了开发费用。同时,利用模拟放大工程技术,也缩短了科研成果转化投产时间。

⑤ 精细化工将向绿色化方向发展　21 世纪,人类面临资源与能源、环境与健康等重大问题,精细化工的发展也将围绕这些主题,向精细化工绿色化发展。现代生物工程技术、新材料技术、信息技术进展将为精细化工的绿色化发展提供支持。做好源头预防、过程控制、综合治理,采用绿色清洁工艺,实施绿色化清洁生产,实现精细化工行业绿色发展。

(2) 我国精细化工的发展与现状

我国精细化工行业起步较晚,经历了几十年的发展。“八五”规划提出重点发展精细化工;“九五”规划确立精细化学品为结构调整的重点领域;“十二五”规划明确指出,精细化工行业应积极技术创新,大力生产环境良好型产品和高附加值的化工新材料,以求缩短与发达国家在技术水平上的差距;“十三五”期间,围绕石化工业转型升级,延伸产业链条,促进精细化工专用化学品发展;“十四五”规划明确提出继续把精细化工作为石化产业高质量发展重点领域和重要方向。

精细化工已成为我国化学工业中一个重要的独立分支和新的经济效益增长点。“八五”期间,全国建成 10 个精细化工技术开发中心;“十一五”期间,精细化工行业销售收入和利润总额以 15% 的年增长率增长。2009 年,我国精细化工门类达 25 个,品种有 3 万多个,精细化学品年产量超过 1 400 万吨,年产值约 1.4 万亿元;2017 年,我国精细化学品产值达 4.4 万亿元;2018 年,我国精细化工比率达到 45%。

我国精细化工快速发展,一些精细化工产品居世界领先地位,具有一定的国际竞争能力(见表 8-1)。2003 年中国染料产量达到 54.2 万吨,约占世界染料产量的 60%,跃居世界首位。2004 年我国染料出口量达到 22.66 万吨,出口量居世界第一,约占世界染料贸易量的 25%,年出口创汇 5 亿美元。2009 年染料产量达到 142.4 万吨,中国已成为世界染料生产和贸易的中心,在世界染料市场占有重要地位。我国涂料产量 2009 年达到 911.4 万吨,比 2000 年净增 774 万吨,成为世界第二大涂料生产国。我国农药产量 2009 年达 226.2 万吨,居世界第二位。经过多年的努力,我国塑料助剂产业品种、专用或特殊功能用产量逐步增加,在绿色环保助剂更新换代,清洁生产、工艺改进等方面取得了长足的进步,2019 年塑料助剂产量达到了 755.1 万吨,全球第一。

表 8-1 我国精细化工产品产量 单位:万吨

行业名称	2003 年	2009 年	2020 年
染料	54.2	142.4	73.3
涂料	241.5	911.4	2 459.1
农药	86.3	226.2	214.8
食品/饲料添加剂	170/220	—	974
胶黏剂	335	—	923
表面活性剂	95	—	256
水处理剂	35	—	—
造纸化学品	60	—	1 602.5
塑料助剂	115	—	706.9
全国精细化工	1 412	—	—

注:表中染料不含有机颜料。

几十年来,我国精细化工发展迅速,精细化学品生产已具有相当的规模,发展态势良好,但存在的问题也比较多,与发达国家相比差距较大,主要表现在以下几个方面:

① 产品品种少、总量不足、质量差、更新换代慢 世界现有十几万精细化工品种,而我国仅 3 万种。即使在传统的精细化工领域,如染料,其品种仅能满足 50% 的需要。又如表面活性剂,目前世界上每年有 100 多个新品种投入市场,而我国产品总数仅为 700~800 种。新兴精细化工品种则更为缺少,在许多领域,如功能树脂、精细陶瓷等方面尚处于起步阶段。在高端电子化学品领域,几乎全部被国外产品垄断。在总量上,许多重要的产品一直依靠进口。产品质量也有明显差距,产品更新换代慢,缺乏系列化;原料型产品多,精加工产品少。例如,饲料添加剂中的氨基酸、维生素类产品,食品添加剂中的黄原胶、β-胡萝卜素,胶黏剂中汽车行业用胶等。虽然产业链前端的一些产品已经做到了世界第一,但越往下游走,品种越少,总量不足,更谈不上"质"的问题。

② 生产技术水平低,产品技术含量低 我国精细化工生产技术普遍低下,在生产路线、单元操作、产品后处理等方面仍停留在 20 世纪 80 年代到 90 年代的世界水平。原材料消耗以及公用工程用量一般均高于国外同类产品水平。产品技术含量低,中、低档产品多,高精尖产品少,基本上是以量取胜。例如合成胶黏剂,我国现多生产脲醛胶、聚乙烯醇缩甲醛等,环保型的热熔胶产量仅占合成胶黏剂总量的 3%。我国胶黏剂产量占全世界的 15% 以上,而产值仅占 7.3%。

③ 企业集中度低、生产规模小、资源配置效率低　我国精细化工企业虽有上万家,但生产规模普遍偏小,而且低水平重复建设严重。以柠檬酸为例,年产量约 48 万吨的产品由近 20 家企业生产,每家平均年产量不足 3 万吨。又如饲料磷酸氢钙,国内生产企业的规模多为 5 000~10 000 吨/年,而国外企业多为 10 万吨/年以上,最大达 50 万吨/年。

④ 科技开发投入力度不够,自主创新体系处于初级阶段　企业科技研发费用提取率仅 2%左右,大多数企业没有自己的技术开发机构,科技资源大多数集中在科研机构和高等院校,科技成果转化率仅 10%,为中小企业提供技术服务的机构不够健全。

⑤ 市场开发和应用开发力度不够　我国精细化工发展过程中,应用开发、技术服务薄弱,严重制约我国精细化工的发展。往往是先上装置,再开发市场,造成装置能力不能发挥,影响投资收益。衍生产品开发力度不够,应用技术薄弱,配方应用技术差距更大。

⑥ 环境污染已成为精细化工发展的重要制约因素　我国精细化工企业规模小、资金不足、布局分散,生产过程中产生大量"三废",治理难度大、效果差,对环境造成了一定影响,制约了行业发展。

我国的精细化工行业面临诸多挑战,迫切需要加快转变发展方式、走创新驱动发展之路。国家《石油和化工行业"十四五"发展指南》将培育壮大战略性新兴精细化工产业列为主要任务之一,提出到"十四五"末期形成一批战略性新兴精细化工产业,把精细和专用化学品比率提高到 50%以上。中国精细化工专业委员会提出的产业发展近期主要目标是:总产值突破 5 万亿元,年均增长率超过 15%,出口总额年均增长率超过 20%。据此,要培育 10 家年产值超过 100 亿元的细分行业龙头企业,升级改造 2~3 个精细化工园区,成立 10 家新领域精细化工技术中心,为精细化工行业升级做出引领,为精细化学品换代提供技术支持。

（3）精细化工生产技术及其特点

精细化学工业生产具有一定复杂性,主要表现在合成反应过程条件苛刻、操作控制困难、产品质量要求高等方面,由此,产生了一些关键的技术:

① 反应多在液相中进行,因为反应物溶解度的缘故,一般难以达到均相。研究非均相反应体系中传递过程及其对化学反应速率的影响十分重要。

② 合成工艺路线多种多样,如可采用热化学、光化学、电化学、声化学或磁化学反应,还可添加催化剂、表面活性剂和微生物等。例如,由 β-甲基萘生产维生素 K_3 的中间体 β-甲基萘醌,若采用化学计量法（CrO_3 为催化剂）,收率为 50%~60%,生产 1 t 产品将产生 18 t 含铬固体残渣,会引起极大的环境污染和资源浪费;改用 Pd 催化法（H_2O_2 为氧化剂）,收率为 55%~60%,副产品为水而废

物很少。又如,用生物催化合成的有机产品逐年增加,由淀粉生产葡萄糖,由植物油和脂肪生产脂肪酸的生物技术都在开发之中。在合成中逐步淘汰像 $KMnO_4$ 和 $K_2Cr_2O_7$ 等污染严重的试剂,改用 O_2、O_3 或 H_2O_2 氧化;在还原方面淘汰铁粉或硫化钠工艺,改用催化加氢还原工艺。对官能团取代和单元操作,如烷基化、酰化、硝化、还原、磺化、氧化等,在工艺路线上都有相当大的变革。

③ 合成反应步骤多,副产物量大。例如,以生产 1 t 产品所带出的副产品吨位计算,炼油产品为 0.1,大宗化学品为 1~5,精细化学品则为 5~50(其中医药化学品为 25~100 或更高)。因而精细化工生产工艺设计中不能只考虑生产有用的产品,还要注重利用"无用"的副产品。

④ 原料成本高,提高反应收率是精细合成最重要的任务。合成反应动力学及合成路线、合成步骤和合成顺序等都影响产品的收率,亦即关系到降低原材料消耗问题。表 8-2 为反应步数和各步收率与总收率的关系。

表 8-2 反应步数和各步收率与总收率的关系

各步收率 %	总 收 率/%			1 kg 产物所需原料/kg		
	5 步反应	10 步反应	15 步反应	5 步反应	10 步反应	15 步反应
50	3.3	0.1	0.003	16	512	16 384
70	16.8	2.8	0.5	3	18	105
90	59.1	35.4	21.1	0.8	1.4	2.4

即使具有相同的反应步数及各步收率,反应进行方式不同也会影响总收率。例如,将 A、B、C、D、E、F 连成化合物 ABCDEF 时,若采用连续的方法合成,至少包括下列 5 步:

$$A \xrightarrow[(90\%)]{+B} AB \xrightarrow[(90\%)]{+C} ABC \xrightarrow[(90\%)]{+D} ABCD \xrightarrow[(90\%)]{+E} ABCDE \xrightarrow[(90\%)]{+F} ABCDEF$$

设各步收率均为 90%,则总收率为 $(0.90)^5 \times 100\% = 59\%$。若采用平行合成法,其中一种方式是先合成碎片 ABC 和 DEF,然后将它们组装起来,成为 ABCDEF:

$$\left.\begin{array}{l} A \xrightarrow[(90\%)]{+B} AB \xrightarrow[(90\%)]{+C} ABC \\ D \xrightarrow[(90\%)]{+E} DE \xrightarrow[(90\%)]{+F} DEF \end{array}\right\} \xrightarrow[(90\%)]{} ABCDEF$$

这一过程虽然也是 5 步,但其中只有 3 步是连续的,设每步收率为 90%,则总收率为 $(0.90)^3 \times 100\% = 72.9\%$

⑤ 反应产物组成复杂、不稳定,但分离纯化要求又很高。例如,激光器用的染料纯度至少要求三个"9",高绝缘的染料中不允许有痕量金属离子存在,特效药物的手性分离纯化等。通常采用新型高效的分离技术才能满足精细化学品生产及质量的要求,同时可得到高附加值产品。例如 4-溴-1-氨基蒽醌-2-磺酸,若纯度为 90% 的商品,销售价每吨不到 9 万元,若纯度为 96% 的商品每吨可售12 万元,而纯度为 99% 的商品每吨售价则达 14 万元。

⑥ 一种精细化学品可以制成多种专用化学品,如铜酞菁有机颜料,同一种分子结构由于加工成的晶型不同、粒径不同、表面处理不同或添加剂不同,可以制成纺织品着色用、汽车上漆用、建筑涂料中用或催化剂用产品等。专用化技术是精细化工最重要的标志,专用化的化学品的附加值要比精细化学品高 10倍以上。

复配技术是制造专用化学品的有效方法。两种或两种以上主产品或主产品与助剂复配,应用时效果常远优于单一主产品性能,所以复配技术又称为 1+1>2技术。如表面活性剂与颗粒或乳粒相互作用,改变了粒子表面电荷性能或空间隔离性,使分散体系或乳液体系稳定。某些农药本身不溶于水,可溶于甲苯,在加有乳化剂时,若调配适当,可制成稳定的乳状液,并能使该乳液在植物叶上完全润湿,取得好的杀虫效果。某些药物加入表面活性剂后,可增大药物溶解度,从而增加其在血液中浓度。由于表面活性剂与药物相互作用,增大了药物对细胞膜的渗透性,使内用药外用的效果显著,如阿司匹林治风湿症,外用治疗结果和治愈率均略高于内用,最大的好处是排除了对胃的刺激作用。复配增效的研究关键在于搞清楚各组分的作用机理以及复配后的组成与性能的关系,但至今尚缺乏有效的基础理论指导。复配技术的基础在于聚集态分子的物理化学,其中表面活性剂的构性关系研究尤为重要。

剂型改造也是改善精细化学品性能的一种方法。根据专用化学品的应用领域,可采用各种技术和措施。染料粉尘有碍环境和生态,单从粒径考虑,要想减少粉尘,粒径需尽可能增大,但像分散染料为染纤维需要粒径在 $1~\mu m$ 左右,不能太大,这种情况不易做成粉末状产品而应制成液状产品或用微胶囊包封。对乳状液或分散体系要求越稳定越好,可采用电位仪进行测定,当 ζ 电位小于25 mV 时,系统在动力学上不稳定,应设法增大 ζ 电位值;也可以采用 Stockes 定律计算介质的有效黏度来评价体系的稳定性。如要使一个粒径 $10~\mu m$ 的固体微粒在水介质中稳定一年不下沉,则水介质的有效黏度至少要比水的黏度大3.5×10^4 倍,即需要添加大分子表面活性剂作为分散剂,否则,单纯在水中分散时,只要 20 min 就将观察到颗粒下降现象。剂型选择得当,可以使产品的性能大为改观。

精细化工属知识密集型工业,大幅度的技术开发投入十分必要。由于精细化工开发内容多,成功率较低,其开发费用一般远高于通用产品化学工业,而且开发周期长,因而开发效率偏低。精细化工的发展主要不是靠资本而是依赖于技术,在开发费用中,设备费与材料费仅占 30%,而人工费要占 70%,即要付出更多的智力投资。与其他科学技术一样,化学领域的科学成就是精细化工开发的基础,然而使科学转化为技术和产品,这一过程从基础到应用涉及范围极广,需要跨学科、跨部门的协作攻关。依据市场需求选择适宜的开发领域和具体的内容,长期努力并根据情况不断调整开发规划,是取得开发成功的关键。一旦对某一领域有所突破,便会衍生出一系列新产品或使老产品获得一系列新的用途,从而使化学工业出现飞跃式的发展。

2. 生物化学工业

生物化学工业是生物技术与化学工程相结合而形成的新兴化学工业。生物技术利用生物体的机能或模仿生物体的机能进行物质生产,其实质是以具有生物活性的酶为催化剂代替传统化学工业使用的化学催化剂。化学工程为生物技术提供了高效率的反应器、新型分离介质、工艺控制技术和后处理技术,扩大了生物技术的应用范围。

酶催化反应具有反应条件温和、能耗低、效率高、选择性强、三废少,以及可利用再生资源并能合成复杂有机化合物等优点。据报道,生物制造产品比传统石化产品平均节能 30%~50%,减少环境污染 20%~60%。生物化学工业成为传统化工战略转移的目标。Nova Institute 统计数据显示,2020 年全球生物基聚合物产量 420 万吨,仅占化石基聚合物总产量的 1%。据经合组织预计,全球有超过 4 万亿美元的产品由化工过程而来,未来 10 年,至少有 20% 的石化产品、约8 000 亿美元的石化产品可由生物基产品替代。

(1)生物化工的产品结构

生物化工发展至今,已有半个多世纪。最早主要是生产抗生素,随后是氨基酸发酵、甾体激素的生物转化、维生素的生物法生产、单细胞蛋白生产及淀粉糖生产等。自 20 世纪 80 年代,随着现代生物技术的兴起,生物化工又利用重组微生物、动植物细胞大规模培养等手段生产药用多肽、蛋白质、疫苗、干扰素等。

传统的生物化工主要是指抗生素(如青霉素等)、食品(如酒精、味精等)等行业。如今,生物化工产品几乎渗透到生活的各方面,如医药、保健、农业、环境、能源、材料等。在医药方面有各种新型抗生素、干扰素、胰岛素、生长激素、生长因子、疫苗等;氨基酸和多肽方面有谷氨酸、赖氨酸、天冬氨酸、丙氨酸、苏氨酸、脯氨酸等以及各种多肽;酶制剂有 160 多种,主要有糖化酶、淀粉酶、蛋白酶、脂肪酶、纤维素酶、青霉素酶、过氧化氢酶等;生物农药有春日霉素、多氧霉素、井冈霉素等 50 多种;有机酸有 30~40 种,如柠檬酸、乳酸、苹果酸、衣康酸、延胡索酸、己二酸、脂肪酸、α-酮戊二酸、γ-亚麻酸、透明质酸等。还有微生物法制 1,3-丙二醇、丙烯酰胺等。

　　生物化工生产规模范围极广,既有市场年需求量仅为千克级的干扰素、促红细胞生长素等昂贵产品(价格每克可达数万美元),也有年需求量逾万吨的抗生素、酶、食品与饲料添加剂、日用与农业生化制品等低价位产品(部分价格每克仅几美元)。高价位的产品市场份额在 50%~60%,低价位的产品市场份额在 40%~50%,几乎平分秋色。

　　生物化工产品正向专业化、高科技含量、高附加值方向发展。传统的低价位产品受到冷落,而高价位产品如生化药物、保健品、生化催化剂等则备受青睐。纵观生物化工的发展趋势,高价位产品的发展速率将高于低价位产品的发展速率。

　　生化药物由于附加值高而成为今后生物化工领域发展的重点。2016 年全球生物药的市场规模为 2 202 亿美元,2020 年该市场规模已增长至 2 979 亿美元,复合增长率为 7.8%,预计 2020 年至 2025 年全球生物药市场规模将继续保持 12.2% 的增速水平,显著高于同期全球化学药市场规模增速。

　　氨基酸主要用于调味品、营养剂、饲料添加剂和药物等,在已知的 20 多种氨基酸中,用发酵和酶法生产的约为 18 种。虽然用于药物合成氨基酸的量相对较小,但其发展潜力很大。据统计,500 种主要药物中,有 18% 含有氨基酸或其衍生物。另外,多肽也是今后的发展重点之一。多肽是指由 10 个以上氨基酸以肽键连接而组成的化合物,在临床上使用非常广泛,主要用于治疗癌症、HIV 病毒和免疫系统功能减退、对传统抗生素产生抗体的感染以及疫苗等。

　　酶制剂是酶经过加工复配后的具有催化功能的生物制品,主要用于催化不同应用场景下的各种化学反应。目前全球已报道发现的酶类有 3 000 多种,实现规模化生产的酶制剂有 60 多种。酶制剂产品特点是用量少、催化效率高、专一性强。酶制剂应用领域广泛,涉及食品、洗涤、纺织、饲料、乳制品、皮革、造纸、医药等行业。酶制剂的使用可以降低下游行业的生产成本,有效缓解各类原材料价格上涨的压力,同时可以提高下游行业的产品生产效率,减少环境污染。工业酶制剂可以称为新兴生物产业的“芯片”,是生物化工发展的重点。以用于临床的糖类为例,其结构复杂,用化学法合成复杂的糖类比较困难,难以实现工业化,而用酶法合成则是一条切实可行的途径。

　　生物农药主要有细菌农药、真菌农药、病毒农药和抗生素农药四大类。其中抗生素农药品种多、用途广,是生物农药的主力。目前国外的主要品种有防治病虫害的杀虫剂、杀虫杀螨虫剂、植物生长调节剂和动物饲料添加剂。2019 年全球农业生物制品市场规模 72 亿美元,年复合增长率 9.4%。北美和欧洲是农业生物制品两个最大的市场,累计约占农业生物制品市场份额的 60%。

丙烯酰胺是重要化工原料,用丙烯腈水合来制备。生物法是生产丙烯酰胺的第三代技术,具有高选择性,丙烯腈反应完全,无副产物及杂质,节省了投资和能源,被认为是当前最先进的生产工艺。日本早在 20 世纪 80 年代就建成了年产 4 000 吨的生物法生产丙烯酰胺的装置,现仍处于世界领先地位。

生化表面活性剂由于具有无毒、生物降解性好等优点,今后可能成为表面活性剂的升级换代产品,但目前还处于探索阶段。生物化工在高分子材料、特殊化学品、生物芯片、环境保护等方面也将有极大的发展潜力。

生物化工对于促进工业技术进步和产业调整、促进绿色化学工业的发展起着至关重要的作用。随着基因重组、细胞融合、酶的固定化等技术的发展,生物技术不仅可提供大量廉价的化工原料和产品,而且还将改变某些化工产品的传统工艺,甚至一些性能优异的化合物也将通过生物催化合成。

(2)生物化工的工业结构

生物化工涉及行业面广,覆盖产品众多,所以从事生物化工生产的企业较多。据报道,20 世纪 90 年代中期,美国生物化工企业就有 1 000 家,欧洲有 580 多家,日本有 300 多家。其中,既有像诺华、阿斯利康等从事生命科学开发与生产的世界性大公司,也有像 DSM、诺和诺德等大型的精细化工公司,还有在某一方面有专长的小公司,如 Altus 等。许多从事医药、农业、环境保护、能源等方面生产的企业,都在从事生物化工生产。尤其是某些从事传统化工行业生产的厂家,也纷纷涉足生物化工领域。如杜邦公司长期以来主要从事有机化工和聚合材料的生产,也在加大生物化工的开发力度,已成功开发了生物法生产 1,3-丙二醇的工艺,并正在开发用改性大肠杆菌生产己二酸的工艺。DSM 公司以前主要从事抗生素方面的生产,现在也加大了生物化工的投资力度。在生物化工领域,行业与行业间的划分日趋模糊,企业间的合作不断加强。许多生化公司都有自己的专长,它们之间为了商业利益的合作非常活跃。随着从事传统行业的生产厂家的加入,由于技术与生产方面的原因,它们与从事生物化工开发和生产的企业合作频繁。这些都使生物化工行业的合作越发广泛。如荷兰的 Purac 公司与美国的 Cargill 公司合资建成年产 3.4 万吨 L-乳酸装置,并计划进一步发展到年产 6.8 万吨;荷兰的 DSM 公司与美国的 Maxygen 公司签订了 3 年的研究合同,以利用 Maxygen 的 DNA 重排和分子培养技术,开发在 7-ADCA 和其他青霉素生产中使用的酶和菌种。

（3）生物化工的技术水平

生物化工经过 20 世纪 80 年代以后的蓬勃发展，不仅整个行业技术水平有大幅度提高，而且许多新技术也得到广泛应用。

① 发酵工程技术已见成效　发酵过程是指在活细胞催化剂（主要是整体微生物细胞）作用下，生产生物化工产品的系列串联生物反应过程，包括菌体生长和产物形成两个阶段。现代生物技术的进展及发酵技术的进步，推动了发酵工业的发展，使发酵工业的收率和纯度都比过去有了极大的提高。据估计，全球发酵产品的市场有 120 亿～130 亿美元，其中抗生素占 46%，氨基酸占 16.3%，有机酸占 13.2%，酶占 10%，其他占 14.5%。目前世界最大的串联发酵装置已达 75 m^3。

② 酶工程技术有了长足的进步　酶工程利用细胞中提取得到的酶所具有的生物催化功能，借助工程手段将相应的原料转化成生物化工产品的生物反应过程。酶工程技术包括酶源开发、酶制剂生产、酶分离提纯和固定化技术、酶反应器与酶的应用。据报道，2020 年全球工业酶市场规模约 63 亿美元，并会以每年 6% 的速率增长。其中食用酶占 40%，洗涤用酶占 33%，其他（主要是纺织、造纸和饲料等用酶）占 27%。酶制剂产业是知识十分密集的高技术产业。反应器放大一直是其发展中的一个难题。利用计算机技术对整个生化反应过程进行数字化模拟，从而优化反应过程，是今后的发展方向之一。

③ 提供和制备优质高产的生物催化剂的生物化工"上游技术"有长足发展　利用基因工程技术，不但成倍地提高了酶的活力，而且还可以将生物酶基因克隆到微生物中，构建基因菌产生酶。利用基因工程，使多种淀粉酶、蛋白酶、纤维素酶、氨基酸合成途径的关键酶得到改造、克隆，使酶的催化活性、稳定性得到提高，氨基酸合成的代谢流得以拓宽，产量提高。随着基因重组技术的发展，被称为第二代基因工程的蛋白质工程发展迅速，显示出巨大潜力和光辉前景。利用蛋白质工程，将可以生产具有特定氨基酸顺序、高级结构、理化性质和生理功能的新型蛋白质，可以定向改造酶的性能，从而生产出新型生化产品。

④ 分离与纯化技术有很大进步　酶反应专一性强，转化率高，但成本较高；发酵过程应用面广，成本低，然而反应机理复杂，难以进行控制，产物中常含有杂质，给提取带来困难。将目标产物从反应液中提取、精制，以达到产品质量要求，称为生物化工的"下游技术"。分离与纯化过程是影响生化产品价格的重要因素。分离与纯化过程费用通常占生产成本的 50%～70%，有的甚至高达 90%。分离步骤多、耗时长，往往成为制约生产的"瓶颈"，是下游技术的关键。寻求经济实用的分离纯化技术，是生物化工的研究热点。大规模应用的分离纯化技术有双水相萃取、新型电泳分离、色谱分离、膜分离等。

⑤ 新技术在生物化工中得到了极大的应用　例如,在超临界液体状态下进行酶反应,大大降低酶反应过程的传质阻力,提高酶反应速率。超临界 CO_2 无毒、不可燃、化学惰性、易与反应底物分离。利用超临界 CO_2 取代有机溶剂进行酶反应,具有极大的发展潜力。又如,微胶囊技术已被广泛用于动物细胞的大规模培养、细胞和酶的固定化以及蛋白质等物质的分离方面。

生物学的基础研究是生物工业发展的根本,化学工程学是生物技术化的关键。要将生物技术的基础研究和应用研究的成果应用于实际,达到规模生产,实现商品化,需要解决一系列工程问题,发展相应的商品化技术。化学工业应不断吸收和并入生物技术的新成就,并大力发展生物化学工程学的研究,使之产业化、商品化,促进生物工业的发展。而生物化工的发展将有力地推动化工生产技术的变革和进步,产生巨大的经济效益和社会效益。估计未来在化工领域,将有 20%~30% 的化学工艺过程会被生物技术过程所取代,生物化工将成为 21 世纪的重要化工产业。

(4) 我国生物化工的发展与现状

我国的传统发酵工业,历经长期发展,已有一定基础。现代生物化工研究开发,始于 20 世纪 80 年代。几十年来,我国生物化工取得了可喜的成就,并形成了自己的发展特点。从以仿制、跟踪为主向自主创新转变,从以实验室研究为主向模式化生产转向,从以国内市场为主向国外市场转变,形成了独立自主开拓生物化工技术的能力。

我国在发酵产品方面具有量产优势,发酵产品产量稳居世界首位。2016年,我国主要发酵产品产量达到 2 629 万吨,年总产值首次超过 3 000 亿元,产品出口量 408 万吨。谷氨酸、柠檬酸、山梨醇、酵母等产品的生产技术工艺已经达到国际先进水平,产品市场竞争力大大提高,资源综合利用水平逐步提升,节能减排取得显著成效。其中,谷氨酸、赖氨酸、柠檬酸等产品的产量和贸易量位居世界前列;淀粉糖的产量居世界第二位,仅次于美国;山梨醇、葡萄糖酸钠、木糖醇、麦芽糖醇、甘露糖醇、酵母、酶制剂和功能发酵制品等处于快速发展阶段。行业年产值达到 100 亿元以上的大型企业有 5 家,产品的质量及安全水平不断提高,实现产品标准与国际接轨。

2015 年,我国氨基酸产量约为 370 万吨,产能规模和产值居于世界前列。其中,谷氨酸产量 230 万吨,居世界首位;赖氨酸产量 100 万吨,苏氨酸产量 37 万吨。赖氨酸和谷氨酸生产工艺和产量在世界上都占有一定的优势;赖氨酸生产技术已有重大突破,单套反应器为 200 m^3,广西赖氨酸厂总生产能力达万吨级,已跨进世界大工业生产行列。目前产业规模以上生产厂家已达近百家,且产能高度集中,产能排名前三的企业拥有市场份额的 75%。

有机酸产业,我国的柠檬酸工艺和技术水平位居世界前列,是最大的柠檬酸生产与出口国,产能约占全球的 75%,产量的 70%~80% 用于出口。2015 年,我国柠檬酸产量 212 万吨;葡萄糖酸产量 60 万吨,乳酸产量 12.8 万吨。世界上只有极少数国家从事衣康酸、巴西基酸等产品的工业生产,我国在其生产技术和生产规模方面在世界上占有重要地位。另外,我国的 L-乳酸生产技术近年来已有重大进步,自主开发的生物法长链二元酸工艺居世界领先地位,生产能力达 2.5 万吨。

酶制剂方面,我国食品行业所需酶制剂已有相当基础,制剂品种已达 70 多种,生产能力 20 多万吨。新的酶制剂品种,如碱性蛋白酶和碱性脂肪酶,已有初步基础。国内工业酶市场两极分化,高端市场主要被海外企业所占据。究其原因,国内酶制剂生产仍基本采用传统的发酵、分离提取技术,菌种也是基于传统的诱变筛选。而国外早在几十年前就已经将现代生物技术融入酶制剂的生产当中。通过引进国外先进设备、优良菌株以及新型酶制剂开发,我国取得了酶制剂工业的快速发展。2017 年,我国酶制剂总产量约为 135 万吨。我国酶制剂市场消费量在全球总量中的占比为 9% 以上,国产酶制剂产品的国内市场占有率已提升到近 30%。

在医药方面,抗生素得到迅猛发展,2020 年我国抗生素的产量达到 22.3 万吨,其中 8.4 万吨用于出口,产量和出口量均位居世界第一。饲用抗生素如金霉素、杆菌肽锌、盐霉素、马杜拉霉素、泰乐霉素、土霉素碱等,除满足内需外,有些产品,如金霉素,在国际市场上占有重要地位。甾体激素药物是全球仅次于抗生素的第二大类药物。我国是全球甾体原料药最大的生产和供应基地,目前,我国甾体药物年产量占世界总量的 1/3 左右,生产能力和实际产量均居世界第一位。

在农药方面,生物农药品种达 12 种,主要有苏云金杆菌、井冈霉素、赤霉素等。其中,井冈霉素的产量居世界第一位。存在的问题是品种少、门类不全、防治对象单一,不能满足防治各种病虫害的需要。

近年来,我国完成了乙烯、化工醇等传统石油化工产品的生物质合成路线的开发,实现了生物法合成 DL-丙氨酸、L-氨基丁酸、琥珀酸、苹果酸、戊二胺/尼龙 5X 盐等产品的中试或小规模商业化,取得了显著的品质提升和节能降耗、减少污染排放的效果。我国生物法制丙烯酰胺已实现了工业化生产,生产能力达到 2 万吨,与日本同处于世界领先地位。另外,我国的微生物法生产己二酸、透明质酸、天冬氨酸等产品都已具有一定的工业化生产规模。

我国是世界上第三大生物燃料乙醇生产国和应用国,仅次于美国和巴西,但总产量占比仅为约 3%,与前两者相比差距明显。我国是主要用发酵法生产乙醇的国家,多以玉米和薯干为原料。从 2001 年起,在南阳、吉林、哈尔滨相继建设了以陈粮为原料的乙醇生产工厂,目前共有 8 家燃料乙醇定点生产企业。2016

年,我国燃料乙醇年产量约为 260 万吨(其中玉米燃料乙醇产量不到 200 万吨),调和汽油 2 600 万吨,仅占当年全国汽油消费量的 20%,在生产效率、能源耗费、污染排放等方面还与美国存在较大差距。

我国生物化工取得了举世瞩目的进步,已成为许多重要生化产品的生产大国。但与发达国家相比,我国生物化工行业还存在着许多急需解决的问题。

① 产品结构不合理,品种单一,低档次产品重复生产 调整产品结构的关键在于发展高档产品,如高档医药生化产品、功能性食品及添加剂(主要有低热值、低胆固醇、低脂肪、提高免疫功能、抗炎、抗癌等产品)、生化催化剂等。另外,还应发展众多精细化工产品及用化学法无法生产或很难生产的产品,如微生物多糖、生物色素、工业酶制剂、甜味剂、表面活性剂、高分子材料等。

② 产业结构不健全,主要以食品、轻工、医药为主 要从整体上优化产业结构,需要淘汰一批生产规模小、生产技术落后、没有市场竞争力的企业。一方面,要鼓励在某些方面有一定特色的小型技术创新型生化公司的发展;另一方面,扩大经济规模,建设大型的生物化工企业集团公司,使之集科研、开发、生产、销售于一体,提高企业竞争力。

③ 在生产技术上,工艺、设备不配套,上下游技术不配套,产物的收率低 我国生物技术中上游技术水平与国外相差仅 3~5 年,而下游技术水平则与国外相差 15 年以上。虽然某些产品,如柠檬酸、乳酸等,发酵水平较高,但大多数产品的收率都低于国外。酶制剂的活性也明显低于国外,产品的性能有待提高。数据显示,我国酶制剂制造成本占销售额的 70%~80%,而国外仅占 30%~35%,企业利润率为外企的 25%~50%。酶制剂的活性也明显低于国外,生物反应器和分离纯化技术更是落后国外 15~20 年。我国每年都要花费大量资金从国外进口生物反应器、细胞破碎机、分离纯化设备及分离介质、生物传感器和计算机监控设备。因此应该改造传统发酵产品生产技术,不断提高发酵法产品的生产技术水平;致力于上下游技术结合,加快生物化工产业发展;开发各种类型的生物反应器,提高生物化工产品分离和提纯技术;建立生物反应和分离纯化的动力学模型,发展过程模拟、计算机控制技术应用等都是急需解决的课题。

3. 煤化学工业

煤化学工业简称煤化工,是以煤为原料,经过化学加工使煤转化为气体、液体、固体燃料以及化学品的化工生产过程。按工艺路线可分为煤焦化、煤气化、煤液化;按产品路线可分为煤焦化-焦炭-电石、煤气化-合成氨的传统煤化工,以及包括煤制油、煤制烯烃和煤制醇醚的新型现代煤化工。煤化工产业链如图 8-2 所示。

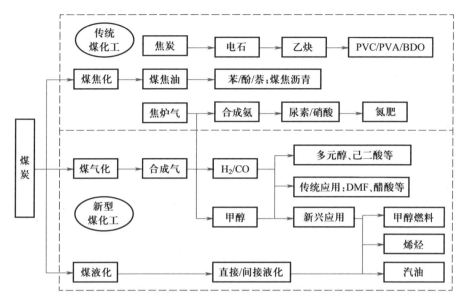

图 8-2 煤化工产业链

在传统煤化工领域,20 世纪 40~60 年代,我国已经有生产化肥等产品的煤化工产业。煤具有不同于石油、天然气等能源的固体特性,化学加工难度较大,表现为加工流程长,装置复杂,投资大,能源利用率低,而且污染排放量高。随着原油勘探技术的发展,全球原油储量持续增长和产量的逐步扩大,原油的价格不断创新低,石油化工技术获得长足进展,传统煤化工发展则停滞不前。煤化工产品与石油化工产品具有较高的重合性,石油化工和煤化工的交替发展主要由原油和煤炭价格决定。据报道,当原油价格在 45~65 美元/桶区间时,煤化工产品保持相对盈亏平衡,而当原油价格在 70~85 美元/桶区间时,煤化工产品具有较强的经济竞争力。21 世纪,国际原油价格的不断高涨和我国原油对外依存度的提升,促使我国煤化工行业的研究投入逐步扩大,现代煤化工发展迅速,形成规模。表 8-3 为 2020 年我国煤化工产品产能概况。

表 8-3 2020 年我国煤化工产品产能概况

现代煤化工		传统煤化工	
类型	产能	类型	产能
煤制油	931 万吨	焦炭	6.3 亿吨
煤制天然气	51 亿立方米	电石	3 348 万吨
煤制烯烃	1 582 万吨	合成氨	6 676 万吨
煤制乙二醇	489 万吨	/	/

我国能源储存特点是相对富煤、贫油、少气,煤炭占化石能源可采储量的 90% 以上。根据 BP 发布的《世界能源统计》数据,在全球已探明的煤炭储量,中国所占份额为 13.33%,位居第四,前三名依次为美国 23.18%、俄罗斯 15.1%、澳大利亚 13.99%。2020 年,我国煤炭产量为 39.02 亿吨。从长远的利益和可持续发展的观点来看,煤炭仍是我国化学工业一个可靠的基础原料来源,大力发展现代煤化工势在必行。

(1) 现代煤化工技术及行业状况

① 煤液化　通过化学加工生产油品和化工产品的煤液化过程,有煤直接液化和煤间接液化两种。

煤直接液化是将煤炭磨成粉后与自身产生的液化重油(循环溶剂)配成浆料,在高温和高压下通过催化加氢直接反应生成液体产品,工艺流程如图 8-3 所示。首先液化备煤装置将原料煤磨制成粒度很细的液化煤粉,催化剂制备装置将原料煤和催化剂混合并磨制得到含催化剂煤粉,液化煤粉和含催化剂煤粉分别与溶剂油混合成油煤浆;油煤浆与氢气在煤液化装置中反应生成液化粗油,液化粗油进入加氢稳定装置中进一步发生加氢反应生成液化油;液化油中的大部分作为溶剂油循环使用,其余部分进入加氢改质装置,与氢气混合后进行脱硫、脱氮、芳烃饱和、结构重整等反应,生成煤油、柴油等成品油;加氢稳定装置及加氢改质装置中的轻组分均进入轻烃装置进行回收。

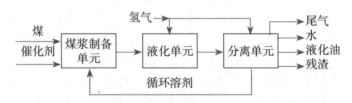

图 8-3　煤直接液化工艺流程

与石油炼制工艺流程相比,煤直接液化反应器生产出的液化粗油保留了液化原料煤的一些性质特点,芳烃含量高,氮、氧杂原子高,稳定性差、十六烷值低,需要对其进行加氢稳定和加氢改质处理,因此煤直接液化工艺经过三次加氢,而石油炼制工艺基本只经过一次加氢。

世界范围内的煤直接液化技术工艺,仅有 100 t/d 级的中试试验,由于各国能源特点不同,并没有工业化项目建成。中国神华集团 2008 年底在内蒙古鄂尔多斯市投资建设总规模为 500 万吨/年的煤直接液化工业示范生产装置,并实现长周期运行,使我国成为世界上首个建成大规模工业化煤直接液化制油的国家,我国自主开发的煤直接液化技术在世界上处于领先地位。

煤间接液化是将原料煤通过煤气化反应制得合成气,再经过费托合成反应将合成气制成油品及其他化学品。煤间接液化根据费托合成反应温度的不同，可以选择性地合成汽油、煤油、柴油、航空油、润滑油等油品，还可以副产烯烃、石蜡等其他化工产品。煤间接液化工艺流程如图 8-4 所示。煤与氧气、水蒸气（部分氧化）将煤全部气化；制得的粗煤气经变换、脱碳、净化制成洁净的合成气（$CO+H_2$）；合成气在催化剂作用下发生合成反应生成产物；将合成的产品进行分离；产品经进一步加工可以生产汽油、柴油和等产品。该工艺通过水煤气转化来调节粗煤气 H/C 比。

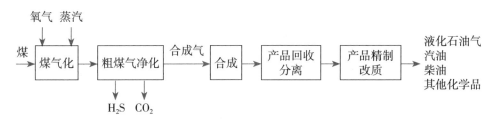

图 8-4 煤间接液化工艺流程

在煤间接液化领域，南非 SASOL 具有世界领先的技术工艺，它的三座煤间接液化工厂年产能已达 760 万吨，其中油品占 60%，化工产品占 40%。美国埃克森-美孚、大陆石油公司、英荷皇家壳牌等公司也都开发了各自的煤间接液化工艺。我国已建成内蒙古伊泰、神华和山西潞安三个年产能 16~18 万吨的煤间接液化示范项目，均采用中科院山西煤化所自主开发的浆态床-固定床两段法催化工艺技术，主要生产柴油、石脑油和 LPG（液化石油气）等产品。

经过多年发展，煤间接液化技术工艺逐步完善，煤间接液化工艺已经成为一种成熟可靠的替代传统石油化工过程的方法。相对于煤直接液化，间接液化对于原料煤粉的质量要求不高，在实际应用中具有更大的实用价值。

② 煤制天然气 利用煤气化制得合成气，再经过净化和甲烷化反应得到热值高于 33.36 MJ/m³ 的代用天然气（SNG）的过程。20 世纪 70 年代起，国外开始研究利用煤生产天然气的可行性，但由于经济上的劣势，最终只有美国北达科他州太平煤制天然气厂实现了商业化运行装置。

与煤制油、煤制烯烃、煤制二甲醚相比，煤制天然气具有能源转化效率高、技术成熟、工艺简单、单位热值投资成本低的优势。在这一背景下，煤制天然气产业受到了国家的大力支持。内蒙古大唐国际克什克腾（40 亿 m³/年），辽宁大唐国际阜新（40 亿 m³/年），内蒙古鄂尔多斯汇能（16 亿 m³/年）和新疆伊犁庆华（55 亿 m³/年）等大型煤制天然气示范项目，都先后获得国家发改委核准，我国将成为继美国之后第二个建设煤制天然气项目的国家，但其中核心技术——甲烷化技术和催化剂还需从国外引进。

　　煤制天然气工艺流程如图 8-5 所示。按单元操作可分为气化用煤制备、煤气化、粗煤气变化、低温甲醛洗涤及甲烷化等单元,配备有锅炉系统、空分系统、冷却系统、压缩机系统、灰处理系统、废水处理系统和火炬系统等公用工程和附属装置。

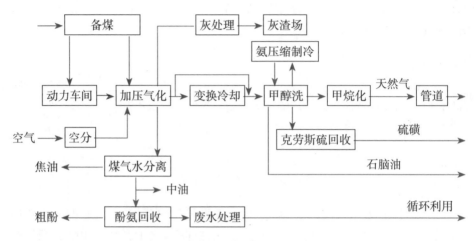

图 8-5　煤制天然气项目主要工艺流程

　　甲烷化反应是煤气化制天然气的关键环节,净化煤气在甲烷化反应器中镍基催化剂的作用下反应生成甲烷气体。目前应用较广泛的是戴维甲烷化技术、丹麦托普索甲烷化技术和鲁奇甲烷化技术三种。

　　③ 煤制烯烃　以煤为原料合成甲醇后,再通过甲醇制取乙烯(MTO)、丙烯(MTP)等烯烃的生产过程。近二十年,我国煤制烯烃过程发展迅速,神华集团 2010 年在内蒙古包头建成 180 万吨/年甲醇、60 万吨/年甲醇制烯烃(DMTO)项目,是世界首套百万吨级煤基甲醇制烯烃大型工业化示范装置。中国石化采用具有自主知识产权技术,于 2011 年在中原石化建成 60 万吨/年甲醇制 20 万吨/年烯烃(SMTO)装置。国内自主研发的煤基甲醇制丙烯技术处在中试阶段,采用国外技术建设的煤基甲醇制丙烯装置已进入工业化阶段。中国石化的固定床甲醇制丙烯技术(SMTP)的中试研究,在扬子石化建设甲醇进料为 5 000 吨/年的工业试验装置;清华大学联合中国化学工程集团、安徽淮化集团共同开发了流化床甲醇制丙烯技术(FMTP),2009 年在淮南建设了规模为 3 万吨/年甲醇进料的流化床甲醇制丙烯中试装置。工业化生产规模上,2010 年神华宁煤在宁夏宁东建设 52 万吨/年的煤基甲醇制丙烯项目,2011 年大唐多伦在内蒙古锡盟多伦建设 46 万吨/年的煤基甲醇制丙烯项目。

与煤制油工艺相比,煤制烯烃的工艺链更长,涉及反应和装置更复杂。煤基甲醇制烯烃工艺主要由煤气化制合成气、合成气制甲醇、甲醇制烯烃及烯烃聚合等关键技术组成。以神华集团包头煤制烯烃(MTO)项目为例,其采用了 GE 水煤浆气化、德国林德公司低温甲醇洗、英国 DAVY 公司甲醇合成、中科院化物所 DMTO 甲醇制烯烃、陶氏 UNIPOL 聚丙烯等多项国际领先技术。其中甲醇制烯烃是工艺链中最关键步骤,它以甲醇为原料,在分子筛催化剂作用下,利用甲醇脱水反应制取乙烯、丙烯。煤制烯烃(MTO)的工艺流程如图 8-6 所示。

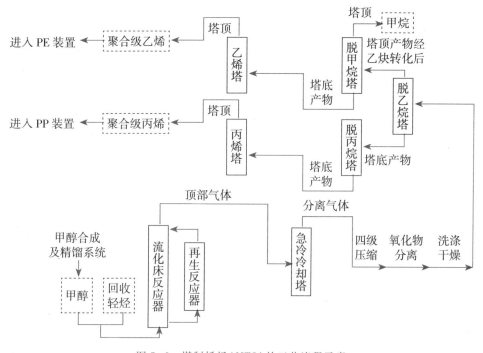

图 8-6　煤制烯烃(MTO)的工艺流程示意

④ 煤制乙二醇　以煤为原料,通过气化、变换、净化及分离提纯后分别得到 CO 和 H_2,其中 CO 通过催化偶联合成及精制生产草酸酯,再经与 H_2 进行加氢反应并通过精制后获得聚酯级乙二醇的过程。该工艺流程短,成本低,是目前国内受到关注最高的煤制乙二醇技术,通常所说的"煤制乙二醇"就是特指该工艺,如图 8-7 所示。

我国开发的煤制乙二醇技术有多种路径,整体达到国际领先水平。国内多家科研院所及企业已掌握煤制乙二醇成套技术。目前我国建成、在建、拟建、规划的煤制乙二醇项目 30 多个,若所述装置全部按计划投产,我国煤制乙二醇产能将达到 1 270 万吨。例如,内蒙古通辽金煤化工有限公司采用中科院福建物

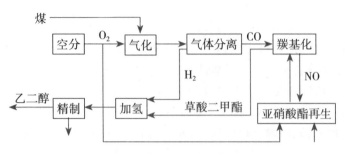

图 8-7　煤制乙二醇工艺流程

构所等开发煤制乙二醇成套技术,建设规模为 20 万吨/年;华东理工大学开展煤制乙二醇催化剂研究,与上海焦化厂合作,建设 1 500 吨/年煤制乙二醇中试装置。

⑤ 煤电气一体化　通过洁净煤利用和转化、热电联产以及废弃物综合利用的优化集成,达到煤炭清洁高效利用的目的。整体气化联合循环发电(IGCC)技术作为煤电气一体化的核心技术,既有高发电效率,资源循环利用,又有较好的环保性能,正在多家企业进行示范应用。2009 年,中国石化的首套 IGCC 装置在福建炼油乙烯一体化工程中建成投产。国内首个拥有自主知识产权的 250 MW 的绿色煤电项目——华能天津 IGCC 电厂示范工程建成投产。东莞 120 MW 级 IGCC 示范工程也在 2012 年建成投产。

(2) 现代煤化工的特征及发展态势

现代煤化工开创了煤炭高效清洁利用和产品差异化发展的崭新途径。煤制油和煤制天然气技术的突破,开创了能源转换和能源清洁利用的新境界;煤制烯烃的突破,开辟了与石油化工相结合的新领域;煤制乙二醇的突破,可以探索煤基液态含氧燃料的新路子;煤制芳烃的突破,可进一步拓展煤化工下游产品的新市场;煤制乙醇的突破,开拓了新能源和精细化工的新空间。

然而,现代煤化工技术仍处于示范阶段,实现大规模工业化还需要一个过程。

现代煤化工发展面临环境制约众所周知。煤的转化过程中有大量的碳要以二氧化碳的形式排放出来。例如,以煤为原料生产 1 t 甲醇,要排放出 3.85 t 二氧化碳;生产 1 t 醋酸,要排放出 1.81 t 二氧化碳;生产 1 t 直接液化油品,要排放出 9.00 t 二氧化碳;生产 1 t 间接液化油品,要排放出 10.64 t 二氧化碳;而生产 1 t 烯烃,排放出的二氧化碳高达 11.63 t。发展煤化工必须高度重视二氧化碳的排放问题,必须及时相应解决碳的封存、捕集以及利用问题(CCUS)。妥善解决二氧化碳的出路是发展现代煤化工的关键。

现代煤化工发展面临水资源短缺的制约。我国是水资源严重短缺的国家，并且煤炭资源与水资源的分布大体呈逆向分布，煤炭资源丰富的地区，大多数缺乏水资源。现代煤化工的发展需要大量的水资源支持。例如，生产 1 t 直接液化的油品需要耗水 10 t 左右，生产 1 t 间接液化合成油需耗水 11 t 左右，不采用空气冷却的甲醇装置生产 1 t 甲醇也耗水 5 t 左右。如果不考虑水资源平衡，盲目发展煤化工必将对当地的水资源以及环境带来破坏性的影响。因此，有效地解决水资源问题是发展现代煤化工产业的又一基本条件，加强水资源的合理利用和节水技术的开发应用对现代煤化工发展至关重要。

现代煤化工发展受到煤炭资源的制约。现代煤化工产业对煤炭资源的消耗非常大，煤制烯烃、煤制油生产 1 t 产品对煤炭的需求量分别为 6 t 和 4 t 左右，拥有丰富、廉价的煤炭资源是发展现代煤化工的前提条件。尽管相对石油、天然气资源，我国煤炭资源较为丰富，但煤炭主要用于发电。2011 年，在我国消耗的 36.9 亿吨煤炭资源中，发电约占 53%，钢铁和建材合计约占 29%，化工仅占 4%。未来煤炭仍将主要用于发电，可供现代煤化工产业发展的煤炭资源量有限。即便在部分煤炭资源相对丰富的地区，由于大多基础设施薄弱，发展仍受到一定的限制。

现代煤化工发展存在一定技术、经济风险。在我国现代煤化工工业示范项目中应用的煤化工技术多数为首次达到大规模工业化，仍存在着以下风险：一是尽管示范阶段在技术上可行，但尚未经过长周期稳定运行的考验；二是煤化工的"三废"处理技术尚不十分完善，距离真正的"零排放"仍有不小距离；三是在工程、技术、经济等方面尚未得到充分验证，还需要进一步的集成优化和升级示范，距技术完全成熟还有一定的距离；四是现代煤化工产业具有较高的投资强度。例如，煤制烯烃万吨产品的投资约 1.6 亿元，是石脑油烯烃万吨产品投资的 3~5 倍；煤制油万吨产品投资约 1.3 亿元，是炼油万吨产品投资的 8~10 倍。因此，发展现代煤化工面临的经济风险不可忽视。

近二十年来，我国现代煤化工产业无论是在产业规模，还是在技术创新等方面都取得了显著进展。但客观讲，中国现代煤化工行业高质量、可持续发展还面临诸多挑战。例如，生产装置连续稳定运行的可靠性还需要长周期验证；产品质量和成本的市场竞争能力还不够强，产品低端化较普遍，同质化竞争趋势日益显现；资源利用与能源转化效率均偏低，环境保护问题仍然比较突出；总体技术水平发展不平衡，还有短板和薄弱环节，应对国际局势动荡的能力急需进一步加强。如何通过实施科技创新驱动战略，走出一条"高端化、差异化、绿色化"的煤化工产业发展新路子，是我国现代煤化工行业的发展方向。

尽管现代煤化工未来发展还会面临诸多问题、矛盾和挑战。但继续高质量发展现代煤化工,对国民经济的高速、健康、可持续发展将起到独特的作用。根据石化工业"十四五"规划指南,我国在"十四五"期间的发展目标是建成煤制气产能 150 亿立方米,煤制油产能 1 200 万吨,煤制烯烃产能 1 500 万吨,煤制乙二醇产能 800 万吨,完成百万吨级煤制芳烃、煤制乙醇、煤焦油深加工,千万吨级低阶煤分质分级利用示范,建成 3 000 万吨长焰煤热解分质分级清洁利用产能规模,转化煤量达到 1.6 亿吨标煤。

我国现代煤化工的未来发展,应坚持以科学发展观为指导,统筹考虑区域经济发展以及煤化工发展对水资源以及环境等因素的影响,坚持控制总量、淘汰落后工艺、保护生态环境、发展循环经济以及煤油化一体化发展的方针,加强自主创新,实现现代煤化工产业的持续健康发展。

8.3　化学工程学前沿

化学工程学经过 100 多年的发展,现已形成一个体系完整、研究内容丰富、研究方法先进的工程技术学科。化学工程学作为学科,化学工艺作为技术,化学工业作为产业,三者相互依托,相互促进,共同繁荣和提高,使化学工程学达到了新的高度。21 世纪,高新技术的迅速发展对每个学科都提出了崭新的要求,化学工程学亦面临新的挑战,有许多要解决的工程技术问题。同时,化学工程学在解决面临的问题中完善自身,也形成了一些具有学科特色、富有开创性的前沿研究。

1. 化学工程学的前沿学科

(1) 材料化学工程

材料化学工程是化学工程学、材料化学与物理学相结合而产生的新学科。高技术的发展要求开发具有高强度和特殊性能的新型材料,除金属材料属于冶金工程学科研究范畴外,聚合物材料、无机非金属材料、复合材料以及纳米材料等都是材料化学工程研究的对象。新型材料的制备、加工处理、性能与组成及结构间关系等都是材料化学工程学的研究领域。

用化学工程学的理论与方法,对基础原材料生产过程进行流程和生态产业链的优化设计,以发展绿色制备技术和可再生资源路线;依托新型分离与反应材料,发展以新材料为基础的过程工程与集成技术,构成了材料化学工程的主要研究方向。材料化学工程学科研究的目标是按应用过程的需要进行材料设计与过程优化,其核心是建立材料结构、性能(应用)与制备(生产)之间的关系,其关键的科学问题是:材料的结构与功能的关系,材料结构与制备过程的关系。

聚合物材料品种很多,它们都是石油化工生产的单体经过聚合反应而制成的。开发的重点是新型树脂(如农用薄膜、汽车用基料、新型建材、光缆等),新型功能材料(如导电高分子、感光树脂、防伪材料等),新型复合材料(如陶瓷基高分子材料、长短纤维增强复合材料等)等,其研究的理论基础为聚合物反应工程、高分子传递过程和黏性物流体力学。

近十几年,无机非金属材料在特种功能陶瓷方面发展迅速。由硅化物、氮化物、氟化物、硼化物等组成的新结构陶瓷,其功能特殊,主要用于耐高温材料、电绝缘材料、发动机材料、生物功能材料和半导体陶瓷等。硅酸盐物理化学和化学工程学是无机非金属材料的理论基础。

当前,世界化工新材料的研究,已经进入了一个以结构功能关系为研究主线,以功能分子设计、合成到结构组装为特点的新阶段。材料化学工程研究的方向,是将材料的结构和功能相结合,使新材料不仅能适应结构上的要求,而且具有特定功能。同时,要求制造开发的新材料能耗小或有助于节能。为了人类的发展,材料制备和废弃过程应尽可能减少对环境的污染,还要求可再生,一方面充分利用自然资源,另一方面不给地球积存太多废物。

材料化学工程扮演着战略角色,它在水资源领域,能淡化海水、净化饮用水、优化城市废水;在能源领域,它可以提高天然气、生物质、燃料电池的使用率;在生态环境领域,它作用于 CO_2 控制、除尘、洁净燃烧;在传统工业领域,它与冶金、制药、食品、化工与石化、电子等行业生产过程密不可分。

随着材料化学工程理论研究和应用开发的深入进行,未来多种新材料将会问世和投入应用,如纳米材料中超细催化剂的开发;医用材料中新型人造血管、人造心脏、牙质材料、骨质材料的临床使用;记忆材料或称智能材料的开发;新型仿生材料、固氮材料的突破;有机高分子组成的分子器件的研制;国防上耐高温、抗低温、耐高压材料的投入,等等。

(2) 生物化学工程

生物化学工程是生物工程和化学工程相结合的交叉学科。发酵工程(各种抗生素医药、维生素药物、氨基酸、柠檬酸、乳酸等的生产)、酶工程(各类酶制剂与辅酶、核酸与核苷药物等的制备)、基因工程(各种 α- 与 γ- 干扰素的研制、DNA 重组等)和细胞工程(各类动植物细胞培养疫苗、免疫试剂等)都是生物化学工程的研究与开发领域。通过发酵,酶催化、基因工程、细胞培养等技术,可以在条件温和、设备简单、选择性好、副反应少、产品性能优良、污染少的条件下生产多种化学品。生物化工对人类面临的健康、粮食、能源、资源、环境等重大问题的解决展示了诱人的前景。

生物化工产品的生产由"上游""中游""下游"组成。"上游"是菌种培养与优选,更多的是生物化学工作者的工作;"中游"是反应(如发酵、细胞培养);"下游"是生物产品的提取、分离和精制,主要是化学工作者和化学工程师的工作。因此生物工程的发展要靠化学工程的基本理论和技术,这是生物化学工程产业化的关键和保证。生物化学工程的研究与开发的重大课题有以下几个方面:

① 生化反应动力学的研究　包括微生物或细胞生长动力学、酶反应动力学、发酵动力学、产物消耗和产物生成动力学等。研究和建立这些动力学模型,为提高生产强度、产物生成率,降低消耗,提高发酵单位,实现计算机优化控制提供依据。

② 各类生化反应器的研制和放大设计　生化反应器为活细胞和酶提供适宜的环境,以达到增殖细胞、进行生化反应和产生产物的目的。生化反应速率通常较常规化学反应速率小 2~3 个数量级,为提高产量和生产率,生化反应器正趋向大型化,解决其放大设计的问题十分重要。

③ 生物产品的提取、分离和精制技术　生物化工产品成本高,无法与化学法相竞争的一个重要原因是生物产品提取、分离和纯化困难,投资大,步骤多,收率低。据统计生物产品的投资及成本中有 50%~70% 用于"下游"过程,而产品的收率为 50% 左右,许多基因工程产品的收率仅为 10%~20%。生物反应体系中组成多且复杂、性质相近,产物浓度低,活性物质易失活,常用的化工分离单元操作难以满足要求,高效的分离技术和工艺的开发成为关键。

（3）能源和资源化学工程

21 世纪,我国工业经济快速发展,但能源和资源的消耗是世界水平的 2~3 倍。我国已成为世界第一资源加工消费大国和世界第二能源耗用大国。化学工业是高能耗产业,存在能量供求平衡问题;又是资源消耗大户,亦面临着资源匮乏的挑战。如何充分利用能源和资源,便产生化学工程学与能源技术、资源学、人类生态学相结合而产生的新领域:能源和资源化学工程。

20 世纪内人类社会文明的高速发展是伴随着巨大的能源消耗进行的。21 世纪,随着化石资源的日趋枯竭,而可再生能源如水电、风能、光电转化等,一时难以大规模替代,裂变核能发展又受到很多制约,能源短缺将是经济发展的主要障碍,这一情况对我国来讲更加急迫。发展中国家与发达国家技术水平差距之一就表现在单位国民生产总值所消耗的能源要数倍于发达国家。因而依靠科技进步,开发新能源,充分利用现有能量及回收化工过程排放的废热,是能源和资源化学工程的主要研究内容。

① 能源开发 各种新能源,如核能、氢能、太阳能、生物能及城市废物等,开发过程中的化学工程问题备受重视。氢能是未来理想的能源。氢能储量丰富,氢作为水的组成用之不竭,而且氢燃烧后唯一的产物是水,没有环境污染问题,是最洁净的能源。氢能能量密度高,氢作为能源放出的能量远大于煤、石油和天然气。1 g 氢燃料可以释放出 142 kJ 热量,是油气发热量的 3 倍。氢能开发利用的关键技术是储氢方法。金属氢化物合成与分解反应兼有储氢和储热双重功能,研究各种氢化物的合成与分解反应,筛选出最佳的金属氢化物是储氢合金开发的关键。碳纳米管是一种理想的储氢材料,在一定的温度和氢压力下,能可逆地大量吸收储存和释放氢气,具有十分诱人的应用前景。太阳能的直接开发利用需要将光能转变为化学能或热能,应用化学工程学知识研究某些物质的特殊反应可实现这一过程。如利用偶冠醚的反式体和顺式体异构化可逆反应,正向将光能转变为化学能,逆向则由化学能转变为热能。

② 节能技术 节能是化工企业技术改造中的一项主要任务,提高煤与油的燃烧效率,大力推广热管或换热器,研究新一代的热泵技术,研制高效强化传热表面,开发节能的分离过程和新型的生产系统,以及各类新型节能设备等都是能源化学工程的研究范畴。例如,世界各地的蒸馏过程耗能可占到全球能源消耗的 10%~15%。如果将节能的化学品净化方法,如膜分离,应用于美国石油、化工和造纸行业,每年可减少 1 亿吨二氧化碳排放和 40 亿美元的能源成本。

③ 煤化工 煤深加工中的化工问题是能源利用中的热门课题。新型煤气化工艺与煤气化炉,煤制合成气的先进工艺,以煤为原料的联合循环发电等都涉及一系列化学工程学问题。煤化工中化学工程学研究的目的是在煤深加工中充分和方便地利用煤燃料,并除去煤中有害物,避免对环境的污染。

随着自然资源特别是矿物资源的开发,其数量不断减少,同时品质也不断劣化。例如,国内原油重质化,进口原油硫分不断增加,均显示了资源低品位化。我国许多资源构成具有特殊性,如钒钛铁矿、高硅铝矿、共生稀土矿等大量共生矿的利用是没有国外现成技术可以借鉴的,要高附加值地利用这些资源,需要研究开发更为先进的技术。另外,更重要、更长远地适应资源结构变化的研究工作,如开发以煤、煤田气为原料的成套化学工程技术,可再生物质资源转化技术,低品位铜矿、铀矿、金矿的生物冶金技术等都是资源化学工程学要研究的领域。

(4) 环境化学工程

由化学工程学和环境化学、生态化学相结合而形成的环境化学工程学,从环境问题入手,以化学工程的方法和技术解决工业生产过程所带来的环境问题。环境化学工程的研究旨在探索解决环境污染治理的方法和技术、开发循环生产的工程技术、实现绿色化工生产。环境化学工程研究领域涉及几个不同层次上的工作。

① 现有化工厂生产中的"三废"治理 通过工艺和工程改造尽可能地在正常运行条件下把污染消化于化工厂内部,开发各种"三废"处理的化学和生物方法、工艺和设备,实现达标排放。这是低层次的"末端"治理技术。

② 化工工艺无害化的研究与开发 用无污染工艺代替有污染的生产过程,即实现清洁生产,旨在从产品的源头和在生产过程中预防污染。

③ 建立"生态化工"的概念 即通过跟踪监察所合成的各种物质的生产、使用的自然代谢的全过程来规划生产。追求从产品"诞生"到"消亡"的全过程都与自然生态循环过程友好协调。例如,尿素在土壤中的分解速度远高于植物的吸收速度,未得到利用的氮肥会分解渗入土壤成为蔬菜等多种作物亚硝酸污染的来源;过剩尿素渗入河流、湖泊,将增加水质的营养程度,造成藻类对水域的污染。发展缓释化肥,既可使化肥得以合理利用,又减少了对环境的污染,如能进一步根据不同植物生长的各个阶段对肥料的需要,生产出释放速度和植物对氮、磷、钾等组成的需求相匹配的复合"功能"肥料,就十分符合生态化工的立意。

另外,一些重要的环境化学工程问题,如化工原料的无害化、CO_2 的综合利用、提升燃料品质,降低 SO_x 排放、机动车尾气净化等都是实现可持续发展战略要解决的课题。

化学工程学在环境治理中有重要作用。经典的化学工程技术已成功地应用于典型的环保问题,如废水处理、厌氧消化、生物过滤等;在固体废物处理方面,将不同种类的固体废物转换成再生的制品是化学工程学迅速应用的研究领域;在废水处理上,新近的研究着力于废水中污染物的清除,以及如何转化为生物塑料制品。

随着社会发展,新兴技术与产业对高新合成物质与工艺及设备的需求剧增,对化学工程学的发展予以强大的外部推动力,促使其向新的学科与技术领域发展,上述新兴的交叉技术学科只是几个典型。预计化学工程学还将向更广阔的领域延伸,如超细粉体化学工程、表面与界面化学工程、微电子化学工程、信息化学工程、电子化学工程、海洋化学工程、生态化学工程等都将成为化学工程学渗透发展的方向。

2. 化学工程学的前沿研究

(1) 过程耦合技术

采用反应-分离、反应-反应等耦合研究技术,在同一设备中完成两个或多个过程,是反应工程及反应器开发的一个热点。反应蒸馏已在工业生产中获得成功应用,如由甲醇与含异丁烯的混合气体反应生成甲基叔丁基醚(MTBE)的过程,为强放热可逆反应,产物包含两种共沸物,分离困难。传统装置包括两个列管式固定床反应器、两个蒸馏塔和一个甲醇水洗塔。而采用反应蒸馏,只需一个放置有催化剂的反应蒸馏塔。技术核心是通过耦合突破了平衡转化率的限制,蒸馏过程又避免了共沸物出现,反应热还可供蒸馏使用,大大节省了投资和能源消耗。反应与膜分离结合的膜反应器,可在反应过程中不断除去产物,以增大反应速率和转化率,适用于各类可逆反应和产物对反应有抑制作用的过程。膜反应器首先在生化工程中获得应用,1982年已用于生产光学活性氨基酸,其主要问题是膜通过量小,且膜表面浓度极化问题未能很好解决,故膜材料、膜传递的强化、膜反应器的结构、数学模拟和设备优化都要进一步研究。近期有工业化的反应与分离结合的技术还有反应萃取、反应吸附、反应结晶等。

在同一反应器中同时进行多个反应,实质是把反应工程和反应工艺相结合,从而达到简化流程和设备、强化生产过程的目的。许多工业生产过程,从原料到产品要经历多个中间反应,生成多个中间产物,需要采用多个反应设备来完成。若能在一个反应器中同时促进这几个反应进行,可从原料直接获得产品。例如,用淀粉生产果糖,需要经过淀粉糖化为葡萄糖和葡萄糖异构化为果糖两个反应,如在反应系统中同时存在淀粉酶和葡萄糖异构酶两种酶并很好地配合,便可一步获得果糖。

(2)新催化技术

以催化作用为基础的化学合成品占当今化工产品的60%~70%,具有优势的催化技术还将成为今后化工合成的重点。研究开发新型催化剂,包括生物催化剂、固体酸和碱催化剂、相转移催化剂以及膜催化与纳米级催化材料等具有重要意义。研究方法上更着重于催化剂组分的预测,包括将神经网络与专家系统用于实用催化剂活性组分、助剂与制备方法的优选。在催化工艺上,将会用对环境无害的过程代替有害过程。场效催化(如光催化、电催化、等离子催化技术)将进入实用阶段。

(3)非传统反应技术

非传统反应技术指采用极端操作条件,如超短接触、超重力、超临界、等离子体、微波、光、电、磁能、深冷、高温高压、非稳态操作等去完成常规操作条件下难于进行的诸多过程。其中利用超临界流体的高化学活性、高渗透性、高溶解力等进行新型反应-再生系统的开发,从生物质中高效提取高价值的有机物,超细粉体的制备,甚至设想含硫煤及重油在超临界水中氧化燃烧以防止污染等都是有前途的发展方向。

（4）新型分离技术

化学工业现有的分离工艺和生产体系是依据传统分离技术（热分离，如蒸馏、蒸发；辅助相过程，如吸收、吸附和液体萃取）设计的，由于以下几个原因，分离工艺将发生重大变化：

① 在原料方面 当今化学工业原料几乎完全使用化石资源（石油、天然气和煤炭）。通过生物精炼概念转向可再生原材料（如淀粉、纤维素、脂质或从植物或树木中提取的蛋白质）的研究正在深入进行，并将深刻地改变化学工厂的分离工艺和设计方法。生物精炼厂的原料是具有复杂结构的水性混合物（而不是传统的油基精炼厂的有机物），目标产物通常被稀释，并且对热敏感，以蒸馏为主的热分离技术将完全不适用。除生物精炼外，还有更先进的概念，如电力作为能源驱动、二氧化碳作为碳源的电力精炼厂。显而易见，与炼油厂相比，这些分离过程的作用和地位会发生很大的变化。

② 在能源方面 分离过程需要使用大量能源，能耗是另一个关键问题。几十年来，热能以及相关的分离过程，如蒸馏，一直是化工厂的首选。如今，能源效率至关重要，趋势是理想地综合热能和电能以提高整个过程效率，开发新型的节能分离过程和生产系统以获得较大的经济收益。此外，新的生产系统很可能会使用分布式、减少碳排放和数字化的能源模式，而少采用过去使用的集中式、基于化石原料和热能的能源模式。

③ 在环境方面 分离过程必须考虑废物产生、耗水量大小和温室气体的排放，环境保护是选择分离过程标准之一，3R（减少、回收和重用）影响着分离系统设计或改造的决策。

④ 在经济方面 随着循环经济、精益制造、分布式、零时间、零违约和基于消费者的生产方案的出现，化工过程设计所遵循的规则和方法正在发生变化，由此影响着分离过程在未来生产系统中的类型、地位和作用。

分离过程面临的科技挑战：

① 通过新颖的材料和生产技术进行创新 新材料不断出现为分离过程带来了新的可能性。新型分离材料，如用于吸收的离子液体，用于吸附的金属氧化物、石墨烯，以及碳基膜等，可以实现以前不能达到分离效果。基于生物分子特性的仿生技术开发的新分离过程，如用于水淡化的水通道蛋白、用于捕获碳的碳酸酐酶。在生产技术方面，3D 打印为制造复杂形状的新填料提供了可能，最优化形状填料可以呈现最佳接触面积，从而实现最大的质量传递和最小的能量耗损。

② 能源效率和工艺集约化 在选择分离技术时通常会评估能源需求，然而分离过程的能源效率策略的一般问题仍在研究中。在新的能源环境中，迫切需

要专门的方法来考察并制定最佳的能源效率战略。系列分离过程和辅助设备的热能和电力网络的组合需要新的方法。分离的最佳驱动力问题(如用于吸收、吸附,以及膜过程的热量或压力)是特别令人感兴趣课题,但在很大程度上仍未得到探索。提高生产和能源效率应该满足工艺过程集约化的目标。

③ 多维尺度建模　分离过程的设计应该基于对分子、单元过程和整个系统级别的综合了解,由此产生的多尺度建模还远未实现,尤其是当涉及复杂流体(聚合物、离子系统等)和复杂分离系统(多孔介质、反应流体等)时。最近在分子尺度上取得了重大进展,特别是分子动力学的发展。在一些情形下,可以相当精确地预测相平衡情况,然而在涉及传输过程或反应系统时,还存在许多未知和偏差。随着高性能预测技术的发展,期待将来计算机辅助分离过程设计的出现。

④ 高能计算和过程综合　高能计算为一般的化学工程特别是分离过程的优化提供了巨大的可能性。复杂的分离过程、混合过程、反应和分离综合系统可以通过所谓的过程综合方法来设计。长期以来,此类系统的规模化组合一直是系统设计的障碍,现代高技术,如神经网络、机器学习以及超结构程序,将开拓系统设计新进展。

新型分离技术的科技进步,新颖、高效和可持续的分离工艺的开发成功将对创建新的可持续物质和能源化工生产体系起到关键作用。

应用于水处理和节能相关过程的分离技术是最值得大力研发的。由于膜分离具有卓越的能源效率,用于生产饮用水的第一代蒸发工艺已逐渐被反渗透膜装置所取代。然而,反渗透膜处理水速率有限,需要投资大型工厂来产生足够的流量。海水反渗透已经在中东和澳大利亚以商业规模进行。但是,处理污染严重的水的存在实际困难,生物膜形成、颗粒沉积、结垢和腐蚀都需要投资昂贵的处理系统。开发更具生产力和抗污染性的膜以降低海水淡化系统的运营和资本成本,从而使该技术即使在高度污染的水源中也具有商业可行性。创新的离子交换树脂、电化学工艺以及基于太阳能的蒸发工艺可能会在不久的将来获得实际应用。通过压力延迟渗透或反向电渗析概念从海水中回收能量,以提高水处理系统的能源效率的分离过程亦正在研究中。

原油蒸馏需要大量热能,然而寻找替代原油蒸馏的节能分离方法相当困难,原因是原油中含有许多复杂的分子(其中一些具有高黏度)以及众多的污染物,包括硫化合物和金属汞和镍。根据碳氢化合物的分子特性,如化学亲和力或分子大小,采用膜分离原则上是可行的,能源效率也高。关键是需要找到能够同时能分离诸多分子组分的耐高温膜材料,并且能保持重油流动流畅而不被污染物阻塞。

制造聚乙烯和聚丙烯等塑料需要烯烃。全球乙烯和丙烯的年产量超过 2 亿吨,仅乙烯和丙烯的提纯耗能就占全球能源使用量的 0.3%,大致相当于新加坡的年能源消耗量。与原油一样,找到无须相变的分离系统可以将过程的能源强度(每单位体积或重量的产品使用的能量)降低 10 倍。正在研发中的多孔碳膜可以在室温和温和压力(小于 10 bar)下分离气态烯烃和烷烃,但还不能达到化学产品所需纯度(99.9%)的烯烃。另一个难题是工业实施的可行性,放大到工厂规模需要高达 100 万平方米的膜表面积。实现该工艺大规模实施,需要性能更佳的膜材和新的膜制造技术。

分离技术面临诸多挑战,涉及非常广泛的领域,一些重大的分离技术研究进展可能有划时代的意义。例如:

从矿石中分离稀土采用的机械方法(如磁选和静电分离)和化学处理(如泡沫浮选),生产效率低下。由于矿石的成分复杂,过度使用化学品会产生大量废物和放射性副产品,迫切需要技术改造和工艺创新。

核电对于未来的低碳能源发电至关重要。已探明的铀地质储量为 450 万吨,按目前的消耗速度,可能会持续一个世纪。海水中的铀储量超过 40 亿吨,含量却是十亿分之一的水平。几十年来,科学家们一直在寻找从海水中吸附分离铀的方法。一些分子具有“笼子”的材料,如含有偕胺肟基团的多孔聚合物,不但能够捕获铀,也能捕获其他金属,包括锂、钒、钴和镍。

二氧化碳和其他碳氢化合物的人为排放,是全球气候变化的关键因素。从发电厂、炼油厂废气回收和从大气中捕获这些气体,既投资巨大,又技术困难。CO_2 的捕集、使用和储存(CCUS)是分离过程的巨大挑战,将在温室气体减排方面发挥决定性作用。

(5) 超细粉体技术

超细粉体是指粒径在微米级到纳米级的一系列超细材料。按照我国矿物加工行业的共识,将超细粉体定义为粒径 100% 小于 30 μm 的粉体。通常把粒径小于 100 nm 的微粒,又称为纳米材料。进入纳米数量级的粒子其表面电子结构和晶体结构发生变化,产生了块状材料所不具有的表面效应、小尺寸效应、量子效应和宏观量子隧道效应,从而具备一系列优异的物理和化学性质,使之在电子、冶金、化学、生物和医学等领域展示出广阔的应用前景。

超细粉体现已成为材料领域的热门研究对象,然而超细粉体的开发与应用却进展缓慢。原因是超细粉体制备技术涉及物理、化学、化工、材料、表面、胶体等众多学科,且在制备过程中还涉及诸多工程问题。因而从化学工程学的角度,研究超细粉体在大规模制备过程中涉及的单元操作的特殊性,在工业装置上,重现小尺寸设备所得超细粉体的物理形态与结构,都是超细粉体放大过程涉及的新课题。对超细粉体的研究还包括粉体表面改性和产品表征两个内容。超细粉体小颗粒、高表面活性的特性,使其在制备和后处理过程中易发生粒子凝并、团聚;同时粉体-介质间的界面性质决定着超微粒子性能是否得以充分发挥,所以表面改性(表面反应和包覆处理)是超细粉体研究与开发中不可缺少的研究内容。超细粉体的形态决定了其功能,是超细粉体制备过程中最为主要的优化指标,因而超细粉体形态表征方法的研究开发也十分重要。

(6) 工程放大及过程开发

化工过程本身的复杂性,使工程放大过去只能主要依赖于经验放大。这首先因为化工装置中许多都是多相湍流场,而且其温度、压力、相含率等操作条件变化范围宽,黏度、表面张力等物性也有很大变化,再加上传热、扩散及反应同时发生,为一个非均匀、非线性、非稳定的混沌体系,对其进行定量预测分析是个十分困难的问题,但又是设备大型化所必须解决的问题。随着现代计算机技术的发展,特别是计算流体力学、计算传递学的发展,解决这一工程难题应有所突破。

新近的研究提出将化学过程视为一种复杂系统(多尺度、介尺度及各尺度之间的相互作用),由此建立起化工复杂系统多层次结构的研究平台(复杂系统理论),凭借计算技术的进展和测试技术的发展,寻求易于了解化工复杂系统新的切入点,试图摆脱以往化学工程学中惯用的忽视非均相多尺度结构和界面存在的思维方法(认为这是造成预测偏差和调控、放大困难的主要原因),而从物质传递、反应、分离整体上认识化工过程系统及其对产品结构和性能的影响。

今后,化工过程放大将会更多地使用数字模拟法、专家系统及自动化合成程序。大宗产品的生产过程将会专注于新工艺的开发,如选择催化过程替代蒸汽裂化。对精细化工产业,将着重开发适宜多种产品生产或可用于多项目生产的化工厂。

(7) 化工动态过程的优化

利用计算机技术及快速、高精度的分析和监测仪器,可在短时间内获取动态过程的大量信息,以了解达到定态过程中出现的各种现象及其中的速率控制步骤、过程的本质和机理,可对过程的改善、强化和优化控制提供依据。分批操作的动态模拟和过程优化,在近年精细化工迅速发展形势下日显重要。对各类间歇操作的操作参数进行深入研究,并建立比较精确和实用的模型,以实现优化设计和操作,可明显提高设备效率和降低能耗。利用强制周期改变操作参数的方法以强化反应或分离过程,是化学工程学的一个重要研究前沿。对反应过程周期性地改变入口的浓度、温度、流速或流动方向,有不少实例表明无论是转化率还是选择性均比定态操作有很大的改善,但基本原因和机理尚未弄清,有待开展进一步的研究。

以上对化学工程学的几个研究前沿做了简要介绍,一些已在工业生产中获得某些应用,有的可能会在短期内取得突破,另一些技术虽尚难很快转变为生产力,但值得从战略上予以注意。可以相信,伴随着化学工程学的发展,化学工业将会给人类创造出更多的物质财富,对社会文明的繁荣做出更大贡献。

小结

本节介绍了化学工业的发展趋势、新兴化学工业及其发展前景和化学工程学的前沿,旨在扩展知识、开阔视野,为读者进一步学习开设一个"窗口"。读者可通过参考文献提供的专业期刊和书目以及它们所引用的一次文献,获得有关内容的进一步信息和知识,以此锻炼自我获取知识、更新知识的能力。

复习题

1. 比较传统化工与精细化工、大宗化学品与精细化学品,简述化学工业的发展趋势。

2. 简要说明精细化学品的特点和分类,哪些是传统精细化学品? 哪些是新型精细化学品? 你能举出一两个新型精细化学品实例吗?

3. 论述精细化工生产的特点及关键技术。

4. 从生物产品的发展历史,论述生物化工的发展,分析传统生物化工技术与新型生物化工的技术。

5. 为什么要大力发展生物化工? 生物化工的特点是什么? 生物化工的关键技术是什么?

6. 生物化工生产的"上游""中游""下游"各指的是什么?

7. 以煤制合成氨属于传统煤化工。复习煤制合成氨工艺过程,对不同原料制氨进行技术经济分析。

8. 现代煤化工发展面临哪些制约因素? 我国现代煤化工的发展应对策略是什么?

9. 简述绿色化工技术的含义和内容。

10. 环境化学工程研究领域涉及几个不同层次上的工作? 试举出一两个需要环境化学工程解决问题的实例。

11. 化学工业的可持续发展的要点是什么?

参考书目与文献

附　　录

附录1　化工常用法定计量单位

（1）基本单位

量的名称	单位名称	单位符号
长度	米	m
质量	千克（公斤）	kg
时间	秒	s
热力学温度	开[尔文]	K
物质的量	摩[尔]	mol

（2）具有专门名称的导出单位

量的名称	名　　称	代　　号	与基本单位的关系
力	牛顿	N	$1\ N=1\ kg \cdot m \cdot s^{-2}$
压强，压力	帕斯卡	Pa	$1\ Pa=1\ N \cdot m^{-2}$
能、功、热量	焦耳	J	$1\ J=1\ N \cdot m$
功率	瓦特	W	$1\ W=1\ J \cdot s^{-1}$

附录2　常用单位的换算

（1）长度

m（米）	in（英寸）	ft（英尺）	yd（码）
1	39.370 1	3.280 8	1.093 61
0.025 400	1	0.083 333	0.027 78
0.304 80	12	1	0.333 33
0.914 4	36	3	1

（2）质量

kg(千克)	t(吨)	lb(磅)
1	0.001	2.204 62
1 000	1	2 204.62
0.453 6	4.536×10^{-4}	1

（3）力

N(牛顿)	kgf[千克(力)]	lbf[磅(力)]	dyn(达因)
1	0.102	0.224 8	1×10^5
9.806 65	1	2.204 6	$9.806 65 \times 10^5$
4.448	0.453 6	1	4.448×10^5
1×10^{-5}	1.02×10^{-6}	2.248×10^{-6}	1

（4）压力

Pa(帕斯卡)	bar(巴)	$kgf \cdot cm^{-2}$ (工程大气压)	atm (物理大气压)	mmHg	$1b \cdot in^{-2}$
1	1×10^{-5}	1.02×10^{-5}	0.99×10^{-5}	0.007 5	14.5×10^{-5}
1×10^5	1	1.02	0.986 9	750.1	14.5
98.07×10^3	0.980 7	1	0.967 8	735.56	14.2
$1.013 25 \times 10^5$	1.013	1.033 2	1	760	14.697
133.32	1.333×10^{-3}	0.136×10^{-4}	0.001 32	1	0.019 34
6 894.8	0.068 95	0.070 3	0.068	51.71	1

（5）动力黏度（简称黏度）

$Pa \cdot s$	P(泊)	cP(厘泊)	$kgf \cdot s \cdot m^{-2}$	$1b \cdot ft^{-1} \cdot s^{-1}$
1	10	1×10^3	0.102	0.672
1×10^{-1}	1	1×10^2	0.010 2	0.067 20
1×10^{-3}	0.01	1	0.102×10^{-3}	6.720×10^{-4}
1.488 1	14.881	1 488.1	0.151 9	1
9.81	98.1	9 810	1	6.59

（6）运动黏度、扩散系数

$m^2 \cdot s^{-1}$	$cm^2 \cdot s^{-1}$	$ft^2 \cdot s^{-1}$
1	1×10^4	10.76
10^{-4}	1	1.076×10^{-3}
92.9×10^{-3}	929	1

注：$cm^2 \cdot s^{-1}$又称斯托克斯，以 St 表示。

（7）能量、功、热量

J	kgf·m	kW·h	英制马力·时	kcal	Btu
1	0.102	2.778×10^{-7}	3.725×10^{-7}	2.39×10^{-4}	9.485×10^{-4}
9.806 7	1	2.724×10^{-6}	3.653×10^{-6}	2.342×10^{-3}	9.296×10^{-3}
3.6×10^{6}	3.671×10^{5}	1	1.341 0	860.0	3 413
2.685×10^{6}	273.8×10^{3}	0.745 7	1	641.33	2 544
$4.186\ 8 \times 10^{3}$	426.9	$1.162\ 2 \times 10^{-3}$	$1.557\ 6 \times 10^{-3}$	1	3.963
1.055×10^{3}	107.58	2.930×10^{-4}	3.926×10^{-4}	0.252 0	1

（8）功率、传热速率

W	kgf·m·s^{-1}	英制马力	kcal·s^{-1}	Btu·s^{-1}
1	0.101 97	1.341×10^{-3}	$0.238\ 9 \times 10^{-3}$	$0.948\ 6 \times 10^{-3}$
9.806 7	1	0.013 15	$0.234\ 2 \times 10^{-2}$	$0.929\ 3 \times 10^{-2}$
745.69	76.037 5	1	0.178 03	0.706 75
4 186.8	426.93	5.613 5	1	3.968 3
1 055	107.58	1.414 8	0.251 996	1

（9）比热容

J·g^{-1}·K^{-1}	cal·g^{-1}·℃$^{-1}$	Btu·lb^{-1}·°F^{-1}
1	0.238 9	0.238 9
4.186 8	1	1

（10）热导率（导热系数）

W·m^{-1}·℃$^{-1}$	kcal·m^{-1}·h^{-1}·℃$^{-1}$	cal·cm^{-1}·s^{-1}·℃$^{-1}$	Btu·ft^{-1}·h^{-1}·°F^{-1}
1	0.86	2.389×10^{-3}	0.578
1.163	1	2.778×10^{-3}	0.672 0
418.6	360	1	241.9
1.73	1.488	4.134×10^{-3}	1

（11）传热系数

W·m^{-2}·℃$^{-1}$	kcal·m^{-2}·h^{-1}·℃$^{-1}$	cal·cm^{-2}·s^{-1}·℃$^{-1}$	Btu·ft^{-2}·h^{-1}·°F^{-1}
1	0.86	2.389×10^{-5}	0.176
1.163	1	2.778×10^{-5}	0.204 8
4.186×10^{4}	3.6×10^{4}	1	7 374
5.678	4.882	1.356×10^{-4}	1

附录 3　某些气体的重要物理性质

名称	分子式	密度 ρ/(kg·m^{-3}) (0 ℃,101.3 kPa)	比定压热容 c_p/(kJ·kg^{-1}·℃$^{-1}$)	黏度 μ/(10^{-5}Pa·s)	沸点 t_b/℃ (101.3 kPa)	汽化热 r/(kJ·kg^{-1})	临界点 温度 t_c/℃	临界点 压力 p_c/kPa	热导率 λ/(W·m^{-1}·℃$^{-1}$)
空气		1.293	1.009	1.73	−195	197	−140.7	3 768.4	0.024 4
氧	O_2	1.429	0.653	2.03	−132.98	213	−118.82	5 036.6	0.024 0
氮	N_2	1.251	0.745	1.70	−195.78	199.2	−147.13	3 392.5	0.022 8
氢	H_2	0.089 9	10.13	0.842	−252.75	454.2	−239.9	1 296.6	0.163
氦	He	0.178 5	3.18	1.88	−268.95	19.5	−267.96	228.94	0.144
氩	Ar	1.782 0	0.322	2.09	−185.87	163	−122.44	4 862.4	0.017 3
氯	Cl_2	3.217	0.355	1.29(16 ℃)	−33.8	305	+144.0	7 708.9	0.007 2
氨	NH_3	0.771	0.67	0.918	−33.4	1 373	+132.4	11 295	0.021 5
一氧化碳	CO	1.250	0.754	1.66	−191.48	211	−140.2	3 497.9	0.022 6
二氧化碳	CO_2	1.976	0.653	1.37	−78.2	574	+31.1	7 384.8	0.013 7
二氧化硫	SO_2	2.927	0.502	1.17	−10.8	394	+157.5	7 879.1	0.007 7
二氧化氮	NO_2	—	0.615	—	+21.2	712	+158.2	10 130	0.040 0
硫化氢	H_2S	1.539	0.804	1.166	−60.2	548	+100.4	19 136	0.013 1
甲烷	CH_4	0.717	1.70	1.03	−161.58	511	−82.15	4 619.3	0.030 0
乙烷	C_2H_6	1.357	1.44	0.850	−88.50	486	+32.1	4 948.5	0.018 0
丙烷	C_3H_8	2.020	1.65	0.795(18 ℃)	−42.1	427	+95.6	4 355.9	0.014 8
正丁烷	C_4H_{10}	2.673	1.73	0.810	−0.5	386	+152	3 798.8	0.013 5
正戊烷	C_5H_{12}	—	1.57	0.874	−36.08	151	+197.1	3 342.9	0.012 8
乙烯	C_2H_4	1.261	1.222	0.935	+103.7	481	+9.7	5 135.9	0.016 4
丙烯	C_3H_6	1.914	1.436	0.835(20 ℃)	−47.7	440	+91.4	4 599.0	—

续表

名称	分子式	密度 ρ/(kg·m⁻³)(0℃,101.3 kPa)	比定压热容 c_p/(kJ·kg⁻¹·℃⁻¹)	黏度 μ/(10⁻⁵Pa·s)	沸点 t_b/℃(101.3 kPa)	汽化热 r/(kJ·kg⁻¹)	临界点 温度 t_c/℃	临界点 压力 p_c/kPa	热导率 λ/(W·m⁻¹·℃⁻¹)
乙炔	C₂H₂	1.171	1.352	0.935	−83.66(升华)	829	+35.7	6 240.0	0.018 4
氯甲烷	CH₃Cl	2.303	0.582	0.989	−24.1	406	+148	6 685.8	0.008 5
苯	C₆H₆	—	1.139	0.72	+80.2	394	+288.5	4 832.0	0.008 8
三氯甲烷	CHCl₃	1 489	61.2	253.7	+0.992	0.58	+0.133(30℃)	12.6	28.5(10℃)
四氯化碳	CCl₄	1 594	76.8	195	+0.850	1.0	+0.12		26.8
1,2-二氯乙烷	C₂H₄Cl₂	1 253	83.6	324	+1.260	0.83	+0.14(50℃)		30.8

附录 4　某些液体的重要物理性质

名称	分子式	密度 ρ/(kg·m⁻³)(20℃)	沸点 t_b/℃(101.3 kPa)	汽化热 r/(kJ·kg⁻¹)	比定压热容 c_p/(kJ·kg⁻¹·℃⁻¹)(20℃)	黏度 μ/(mPa·s)(20℃)	热导率 λ/(W·m⁻¹·℃⁻¹)(20℃)	体膨胀系数 β/(10⁻⁴℃⁻¹)(20℃)	表面张力 σ/(10⁻³N·m⁻¹)(20℃)
水	H₂O	998	100	2 258	4.183	1.005	0.599	1.82	72.8
w_{NaCl}＝25%	—	1 186(25℃)	107	—	3.39	2.3	0.57(30℃)	(4.4)	—
w_{CaCl_2}＝25%	—	1 228	107	—	2.89	2.5	0.57	(3.4)	—
硫酸	H₂SO₄	1 831	340(分解)	—	1.47(98%)	—	0.38	5.7	—
硝酸	HNO₃	1 513	86	481.1	—	1.17(10℃)	—	—	—

续表

名称	分子式	密度 ρ/(kg·m⁻³) (20℃)	沸点 t_b/℃ (101.3 kPa)	汽化热 r/(kJ·kg⁻¹)	比定压热容 c_p/(kJ·kg⁻¹·℃⁻¹)(20℃)	黏度 μ/(mPa·s) (20℃)	热导率 λ/(W·m⁻¹·℃⁻¹)(20℃)	体胀系数 β/(10⁻⁴℃⁻¹) (20℃)	表面张力 σ/(10⁻³N·m⁻¹) (20℃)
$w_{HCl}=30\%$	—	1 149	—	—	2.55	2(31.5%)	0.42	—	—
二硫化碳	CS_2	1 262	46.3	352	1.005	0.38	0.16	12.1	32
戊烷	C_5H_{12}	626	36.07	357.4	2.24(15.6℃)	0.229	0.113	15.9	16.2
己烷	C_6H_{14}	659	68.74	335.1	2.31(15.6℃)	0.313	0.119	—	18.2
庚烷	C_7H_{16}	684	98.43	316.5	2.21(15.6℃)	0.411	0.123	—	20.1
辛烷	C_8H_{18}	763	125.67	306.4	2.19(15.6℃)	0.540	0.131	—	21.8
甲醇	CH_3OH	791	64.7	110.1	2.48	0.6	0.212	12.2	22.6
乙醇	C_2H_5OH	789	78.2	845.2	2.39	1.15	0.172	11.6	22.8
乙二醇	$C_2H_4(OH)_2$	1 113	197.6	780	2.35	23	—	—	47.7
甘油	$C_3H_5(OH)_3$	1 261	290(分解)	—	—	1 499	0.59	5.3	63
乙醚	$(C_2H_5)_2O$	714	34.6	360	2.34	0.24	0.140	16.3	18
乙醛	CH_3CHO	783(18℃)	20.2	574	1.9	1.3(18℃)	—	—	21.2
糠醛	$C_5H_4O_2$	1 168	161.7	452	1.6	1.15(50℃)	—	—	43.5
丙酮	CH_3COCH_3	792	56.2	523	2.35	0.32	—	—	23.7
甲酸	$HCOOH$	1 220	100.7	494	2.17	1.9	—	—	39.9
醋酸	CH_3COOH	1 049	118.1	406	1.99	1.3	0.17	10.7	27.8
醋酸乙酯	$CH_3COOC_2H_5$	901	77.1	368	1.92	0.48	0.14(10℃)	—	23.9

续表

名称	分子式	密度 $\rho/(kg \cdot m^{-3})$ (20 ℃)	沸点 $t_b/$℃ (101.3 kPa)	汽化热 $r/(kJ \cdot kg^{-1})$	比定压热容 $c_p/(kJ \cdot kg^{-1} \cdot$℃$^{-1})(20$℃$)$	黏度 $\mu/(mPa \cdot s)$ (20 ℃)	热导率 $\lambda/(W \cdot m^{-1} \cdot$℃$^{-1})(20$℃$)$	体膨胀系数 $\beta/(10^{-4}$℃$^{-1})$ (20 ℃)	表面张力 $\sigma/(10^{-3} N \cdot m^{-1})$ (20 ℃)
三氯甲烷	$CHCl_3$	1 489	61.2	253.7	0.992	0.58	0.14	12.6	27.1
四氯化碳	CCl_4	1 594	76.8	195	0.850	0.97	0.12	—	26.8
苯	C_6H_6	879	80.10	393.9	1.701	0.652	0.148	12.21	28.6
甲苯	C_7H_8	867	110.63	363.4	1.70	0.590	0.138	—	27.9
邻二甲苯	C_8H_{10}	880	144.42	346.3	1.742	0.810	0.142	10.9	30.2
间二甲苯	C_8H_{10}	864	139.10	342.9	1.70	0.620	0.167	—	29.0
对二甲苯	C_8H_{10}	861	138.35	340	1.704	0.648	0.129	10.1	28.0

附录 5   干空气的物理性质（101.3 kPa）

温度 $t/℃$	密度 $\rho/(\text{kg·m}^{-3})$	比定压热容 $c_p/(\text{kJ·kg}^{-1}\text{·℃}^{-1})$	热导率 $\lambda/(10^{-2}\text{ W·m}^{-1}\text{·℃}^{-1})$	黏度 $\mu/(10^{-5}\text{ Pa·s})$	普朗特数 Pr
−50	1.584	1.013	2.035	1.46	0.728
−40	1.515	1.013	2.117	1.52	0.728
−30	1.453	1.013	2.198	1.57	0.723
−20	1.395	1.009	2.279	1.62	0.716
−10	1.342	1.009	2.360	1.67	0.712
0	1.293	1.009	2.442	1.72	0.707
10	1.247	1.009	2.512	1.76	0.705
20	1.205	1.013	2.593	1.81	0.703
30	1.165	1.013	2.675	1.86	0.701
40	1.128	1.013	2.756	1.91	0.699
50	1.093	1.017	2.826	1.96	0.698
60	1.060	1.017	2.896	2.01	0.696
70	1.029	1.017	2.966	2.06	0.694
80	1.000	1.022	3.047	2.11	0.692
90	0.972	1.022	3.128	2.15	0.690
100	0.946	1.022	3.210	2.19	0.688
120	0.898	1.026	3.338	2.28	0.686
140	0.854	1.026	3.489	2.37	0.684
160	0.815	1.026	3.640	2.45	0.682
180	0.779	1.034	3.780	2.53	0.681
200	0.746	1.034	3.931	2.60	0.680
250	0.674	1.043	4.268	2.74	0.677
300	0.615	1.047	4.605	2.97	0.674
350	0.566	1.055	4.908	3.14	0.676
400	0.524	1.068	5.210	3.30	0.678
500	0.456	1.072	5.745	3.62	0.687
600	0.404	1.089	6.222	3.91	0.699
700	0.362	1.102	6.711	4.18	0.706
800	0.329	1.114	7.176	4.43	0.713
900	0.301	1.127	7.630	4.67	0.717
1 000	0.277	1.139	8.071	4.90	0.719
1 100	0.257	1.152	8.502	5.12	0.722
1 200	0.239	1.164	9.153	5.35	0.724

附录 6　水的物理性质

温度 $t/℃$	饱和蒸气压 p/kPa	密度 $\rho/$ ($kg\cdot m^{-3}$)	焓 $H/$ ($kJ\cdot kg^{-1}$)	比定压热容 $c_p/$($kJ\cdot kg^{-1}\cdot ℃^{-1}$)	热导率 $\lambda/(10^{-2}\ W\cdot m^{-1}\cdot ℃^{-1})$	黏度 $\mu/$ ($10^{-5}\ Pa\cdot s$)	体积膨胀系数 $\beta/$ ($10^{-4}℃^{-1}$)	表面张力 $\sigma/(10^{-3}$ $N\cdot m^{-1})$	普朗特数 Pr
0	0.608 2	999.9	0	4.212	55.13	179.21	0.63	75.6	13.66
10	1.226 2	999.7	42.04	4.191	57.45	130.77	0.70	74.1	9.52
20	2.334 6	998.2	83.90	4.183	59.89	100.50	1.82	72.6	7.01
30	4.247 4	995.7	125.69	4.174	61.76	80.07	3.21	71.2	5.42
40	7.376 6	992.2	167.51	4.174	63.38	65.60	3.87	69.6	4.32
50	12.31	988.1	209.30	4.174	64.78	54.94	4.49	67.7	3.54
60	19.923	983.2	251.12	4.178	65.94	46.88	5.11	66.2	2.98
70	31.164	977.8	292.99	4.178	66.76	40.61	5.70	64.3	2.54
80	47.379	971.8	334.94	4.195	67.45	35.65	6.32	62.6	2.22
90	70.136	965.3	376.98	4.208	67.98	31.65	0.95	60.7	1.96
100	101.33	958.4	419.10	4.220	68.04	28.38	7.52	58.8	1.76
110	143.31	951.0	461.34	4.238	68.27	25.89	8.08	56.9	1.61
120	198.64	943.1	503.67	4.250	68.50	23.73	8.64	54.8	1.47
130	270.25	934.8	546.38	4.266	68.50	21.77	9.17	52.8	1.36
140	361.47	926.1	589.08	4.287	68.27	20.10	9.72	50.7	1.26
150	476.24	917.0	632.20	4.312	68.38	18.63	10.3	48.6	1.18
160	618.28	907.4	675.33	4.346	68.27	17.36	10.7	46.6	1.11
170	792.59	897.3	719.29	4.379	67.92	16.28	11.3	45.3	1.05
180	1 003.5	886.9	763.25	4.417	67.45	15.30	11.9	42.3	1.00
190	1 255.6	876.0	807.63	4.460	66.99	14.42	12.6	40.8	0.96
200	1 554.77	863.0	852.43	4.505	66.29	13.63	13.3	38.4	0.93
210	1 917.72	852.8	897.65	4.555	65.48	13.04	14.1	36.1	0.91
220	2 320.88	840.3	943.70	4.614	64.55	12.46	14.8	33.8	0.89
230	2 798.59	827.3	990.18	4.681	63.73	11.97	15.9	31.6	0.88
240	3 347.91	813.6	1 037.49	4.756	62.80	11.47	16.8	29.1	0.87
250	3 977.67	799.0	1 085.64	4.844	61.76	10.98	18.1	26.7	0.86
260	4 693.75	784.0	1 135.04	4.949	60.84	10.59	19.7	24.2	0.87
270	5 503.99	767.9	1 185.28	5.070	59.96	10.20	21.6	21.9	0.88
280	6 417.24	750.7	1 236.28	5.229	57.45	9.81	23.7	19.5	0.89
290	7 443.29	732.3	1 289.95	5.485	55.82	9.42	26.2	17.2	0.93
300	8 592.94	712.5	1 344.80	5.736	53.96	9.12	29.2	14.7	0.97
310	9 877.96	691.1	1 402.16	6.071	52.34	8.83	32.9	12.3	1.02
320	11 300.3	667.1	1 462.03	6.573	50.59	8.53	38.2	10.0	1.11

续表

温度 t/℃	饱和蒸气压 p/kPa	密度 ρ/ (kg·m⁻³)	焓 H/ (kJ·kg⁻¹)	比定压热容 c_p/(kJ· kg⁻¹·℃⁻¹)	热导率 λ/(10⁻² W· m⁻¹·℃⁻¹)	黏度 μ/ (10⁻⁵ Pa·s)	体积膨胀系数 β/ (10⁻⁴℃⁻¹)	表面张力 σ/(10⁻³ N·m⁻¹)	普朗特数 Pr
330	12 879.6	640.2	1 526.19	7.243	48.73	8.14	43.3	7.82	1.22
340	14 615.8	610.1	1 594.75	8.164	45.71	7.75	53.4	5.78	1.38
350	16 538.5	574.4	1 671.37	9.504	43.03	7.26	66.8	3.89	1.60
360	18 667.1	528.0	1 761.39	13.984	39.54	6.67	109	2.06	2.36
370	21 040.9	450.5	1 892.43	40.319	33.73	5.69	264	0.48	6.80

附录 7 饱和水蒸气表(按温度排列)

温度 t/℃	绝对压力 p/kPa	水蒸气的密度 ρ/(kg·m⁻³)	焓 H/(kJ·kg⁻¹) 液体	焓 H/(kJ·kg⁻¹) 水蒸气	汽化热 r/(kJ·kg⁻¹)
0	0.608 2	0.004 84	0	2 491.1	2 491.1
5	0.873 0	0.006 80	20.94	2 500.8	2 479.7
10	1.226 2	0.009 40	41.87	2 510.4	2 468.5
15	1.706 8	0.012 83	62.80	2 520.5	2 457.7
20	2.334 6	0.017 19	83.74	2 530.1	2 446.3
25	3.168 4	0.023 04	104.67	2 539.7	2 435.0
30	4.247 4	0.030 36	125.60	2 549.3	2 423.7
35	5.620 7	0.039 60	146.54	2 559.0	2 412.1
40	7.376 6	0.051 14	167.47	2 568.6	2 401.1
45	9.583 7	0.065 43	188.41	2 577.8	2 389.4
50	12.340	0.083 0	209.34	2 587.4	2 378.1
55	15.743	0.104 3	230.27	2 596.7	2 366.4
60	19.923	0.130 1	251.21	2 606.3	2 355.1
65	25.014	0.161 1	272.14	2 615.5	2 343.1
70	31.164	0.197 9	293.08	2 624.3	2 331.2
75	38.551	0.241 6	314.01	2 633.5	2 319.5
80	47.379	0.292 9	334.94	2 642.3	2 307.8
85	57.875	0.353 1	355.88	2 651.1	2 295.2
90	70.136	0.422 9	376.81	2 659.9	2 283.1
95	84.556	0.503 9	397.75	2 668.7	2 270.5
100	101.33	0.597 0	418.68	2 677.0	2 258.4
105	120.85	0.703 6	440.03	2 685.0	2 245.4
110	143.31	0.825 4	460.97	2 693.4	2 232.0

续表

温度 t/℃	绝对压力 p/kPa	水蒸气的密度 ρ/(kg·m⁻³)	焓 H/(kJ·kg⁻¹) 液体	焓 H/(kJ·kg⁻¹) 水蒸气	汽化热 r/(kJ·kg⁻¹)
115	169.11	0.963 5	482.32	2 701.3	2 219.0
120	198.64	1.119 9	503.67	2 708.9	2 205.2
125	232.19	1.296	525.02	2 716.4	2 191.8
130	270.25	1.494	546.38	2 723.9	2 177.6
135	313.11	1.715	567.73	2 731.0	2 163.3
140	361.47	1.962	589.08	2 737.7	2 148.7
145	415.72	2.238	610.85	2 744.4	2 134.0
150	476.24	2.543	632.21	2 750.7	2 118.5
160	618.28	3.252	675.75	2 762.9	2 037.1
170	792.59	4.113	719.29	2 773.3	2 054.0
180	1 003.5	5.145	763.25	2 782.5	2 019.3
190	1 255.6	6.378	807.64	2 790.1	1 982.4
200	1 554.77	7.840	852.01	2 795.5	1 943.5
210	1 917.72	9.567	897.23	2 799.3	1 902.5
220	2 320.88	11.60	942.45	2 801.0	1 858.5
230	2 798.59	13.98	988.50	2 800.1	1 811.6
240	3 347.91	16.76	1 034.56	2 796.8	1 761.8
250	3 977.67	20.01	1 081.45	2 790.1	1 708.6
260	4 693.75	23.82	1 128.76	2 780.9	1 651.7
270	5 503.99	28.27	1 176.91	2 768.3	1 591.4
280	6 417.24	33.47	1 225.48	2 752.0	1 526.5
290	7 443.29	39.60	1 274.46	2 732.3	1 457.4
300	8 592.94	46.93	1 325.54	2 708.0	1 382.5
310	9 877.96	55.59	1 378.71	2 680.0	1 301.3
320	11 300.3	65.95	1 436.07	2 468.2	1 212.1
330	12 879.6	78.53	1 446.78	2 610.5	1 116.2
340	14 615.8	93.98	1 562.93	2 568.6	1 005.7
350	16 538.5	113.2	1 636.20	2 516.7	880.5
360	18 667.1	139.6	1 729.15	2 442.6	713.0
370	21 040.9	171.0	1 888.25	2 301.9	411.1
374	22 070.9	322.6	2 098.0	2 098.0	0

附录 8　饱和水蒸气表(按压力排列)

绝对压力 p/kPa	温度 t/℃	水蒸气的密度 ρ/(kg·m⁻³)	焓 H/(kJ·kg⁻¹)		汽化热 r/(kJ·kg⁻¹)
			液体	水蒸气	
1.0	6.3	0.007 73	26.48	2 503.1	2 476.8
1.5	12.5	0.011 33	52.26	2 515.3	2 463.0
2.0	17.0	0.014 86	71.21	2 524.2	2 452.9
2.5	20.9	0.018 36	87.45	2 531.8	2 444.3
3.0	23.5	0.021 79	98.38	2 536.8	2 438.1
3.5	26.1	0.025 23	109.30	2 541.8	2 432.5
4.0	28.7	0.028 67	120.23	2 546.8	2 426.6
4.5	30.8	0.032 05	129.00	2 550.9	2 421.9
5.0	32.4	0.035 37	135.69	2 554.0	2 416.3
6.0	35.6	0.042 00	149.06	2 560.1	2 411.0
7.0	38.8	0.048 64	162.44	2 566.3	2 403.8
8.0	41.3	0.055 14	172.73	2 571.0	2 398.2
9.0	43.3	0.061 56	181.16	2 574.8	2 393.6
10.0	45.3	0.067 98	189.59	2 578.5	2 388.9
15.0	53.5	0.099 56	224.03	2 594.0	2 370.0
20.0	60.1	0.130 68	251.51	2 606.4	2 354.9
30.0	66.5	0.190 93	288.77	2 622.4	2 333.7
40.0	75.0	0.249 75	315.93	2 634.1	2 312.2
50.0	81.2	0.307 99	339.80	2 644.3	2 304.5
60.0	85.6	0.365 14	358.21	2 652.1	2 393.9
70.0	89.9	0.422 29	376.61	2 659.8	2 283.2
80.0	93.2	0.478 07	390.08	2 665.3	2 275.3
90.0	96.4	0.533 84	403.49	2 670.8	2 267.4
100.0	99.6	0.589 61	416.90	2 676.3	2 259.5
120.0	104.5	0.698 68	437.51	2 684.3	2 246.8
140.0	109.2	0.807 58	457.67	2 692.1	2 234.4
160.0	113.0	0.829 81	473.88	2 698.1	2 224.2
180.0	116.6	1.020 9	489.32	2 703.7	2 214.3
200.0	120.2	1.127 3	493.71	2 709.2	2 204.6
250.0	127.2	1.390 4	534.39	2 719.7	2 185.4
300.0	133.3	1.650 1	560.38	2 728.5	2 168.1
350.0	138.8	1.907 4	583.76	2 736.1	2 152.3
400.0	143.4	2.161 8	603.61	2 742.1	2 138.5
450.0	147.7	2.415 2	622.42	2 747.8	2 125.4

续表

绝对压力 p/kPa	温度 t/℃	水蒸气的密度 ρ/(kg·m⁻³)	焓 H/(kJ·kg⁻¹) 液体	水蒸气	汽化热 r/(kJ·kg⁻¹)
500.0	151.7	2.667 3	639.59	2 752.8	2 113.2
600.0	158.7	3.168 6	676.22	2 761.4	2 091.1
700.0	164.0	3.665 7	696.27	2 767.8	2 071.5
800.0	170.4	4.161 4	720.96	2 773.7	2 052.7
900.0	175.1	4.652 5	741.82	2 778.1	2 036.2
1×10³	179.9	5.143 2	762.68	2 782.5	2 019.7
1.1×10³	180.2	5.633 3	780.34	2 785.5	2 005.1
1.2×10³	187.8	6.124 1	797.92	2 788.5	1 990.6
1.3×10³	191.5	6.614 1	814.25	2 790.9	1 976.7
1.4×10³	194.8	7.103 4	829.06	2 792.4	1 963.7
1.5×10³	198.2	7.593 5	843.86	2 794.5	1 950.7
1.6×10³	201.3	8.081 4	857.77	2 796.0	1 938.2
1.7×10³	204.1	8.567 4	870.58	2 797.1	1 926.1
1.8×10³	206.9	9.053 3	883.39	2 798.1	1 914.8
1.9×10³	209.8	9.539 2	896.21	2 799.2	1 903.0
2×10³	212.2	10.033 8	907.32	2 799.7	1 892.4
3×10³	233.7	15.007 5	1 005.4	2 798.9	1 793.5
4×10³	250.3	20.096 9	1 082.9	2 789.8	1 706.8
5×10³	263.8	25.366 3	1 146.9	2 776.2	1 629.2
6×10³	275.4	30.849 4	1 203.2	2 759.5	1 556.3
7×10³	285.7	36.574 4	1 253.2	2 740.8	1 487.6
8×10³	294.8	42.576 8	1 299.2	2 720.5	1 403.7
9×10³	303.2	48.894 5	1 343.5	2 699.1	1 356.6
10×10³	310.9	55.540 7	1 384.0	2 677.1	1 293.1
12×10³	324.5	70.307 5	1 463.4	2 631.2	1 167.7
14×10³	336.5	87.302 0	1 567.9	2 583.2	1 043.4
16×10³	347.2	107.801 0	1 615.8	2 531.1	915.4
18×10³	356.9	134.481 3	1 699.8	2 466.0	766.1
20×10³	365.6	176.596 1	1 817.8	2 364.2	544.9

附录 9　常用固体材料的重要物理性质

名称	ρ/(kg·m⁻³)	λ/(W·m⁻¹·K⁻¹)	c_p/(kJ·kg⁻¹·K⁻¹)
(1) 金属			
钢	7 850	45.4	0.46
不锈钢	7 900	17.4	0.50

名称	$\rho/(\mathrm{kg \cdot m^{-3}})$	$\lambda/(\mathrm{W \cdot m^{-1} \cdot K^{-1}})$	$c_p/(\mathrm{kJ \cdot kg^{-1} \cdot K^{-1}})$
铸铁	7 220	62.8	0.50
铜	8 800	383.8	0.406
青铜	8 000	64.0	0.381
黄铜	8 600	85.5	0.38
铝	2 670	203.5	0.92
镍	9 000	58.2	0.46
铅	11 400	34.9	0.130
(2) 建筑材料、绝热材料、耐酸材料及其他			
干砂	1 500~1 700	0.45~0.58	0.75(−20~20 ℃)
黏土	1 600~1 800	0.47~0.53	
锅炉炉渣	700~1 100	0.19~0.30	
黏土砖	1 600~1 900	0.47~0.67	0.92
耐火砖	1 840	1.0(800~1 100 ℃)	0.96~1.00
绝热砖(多孔)	600~1 400	0.16~0.37	
混凝土	2 000~2 400	1.3~1.55	0.84
松木	500~600	0.07~0.10	2.72(0~100 ℃)
软木	100~300	0.041~0.064	0.96
石棉板	700	0.12	0.816
石棉水泥板	1 600~1 900	0.35	
玻璃	2 500	0.74	0.67
耐酸陶瓷制品	2 200~2 300	0.9~1.0	0.75~0.80
耐酸砖和板	2 100~2 400		
耐酸搪瓷	2 300~2 700	0.99~1.05	0.84~1.26
橡胶	1 200	0.16	1.38
冰	900	2.3	2.11
(3) 塑料			
酚醛	1 250~1 300	0.13~0.26	1.3~1.7
脲醛	1 400~1 500	0.30	1.3~1.7
聚氯乙烯	1 380~1 400	0.16	1.84
聚苯乙烯	1 050~1 070	0.08	1.34
低压聚乙烯	940	0.29	2.55
高压聚乙烯	920	0.26	2.22
有机玻璃	1 180~1 190	0.14~0.20	

附录 10 管 子 规 格

(1) 水煤气输送钢管

公称直径/mm（in）	外径/mm	普通管壁厚/mm	加厚管壁厚/mm
$8\left(\dfrac{1}{4}\right)$	13.50	2.25	2.75
$10\left(\dfrac{3}{8}\right)$	17.00	2.25	2.75
$15\left(\dfrac{1}{2}\right)$	21.25	2.75	3.25
$20\left(\dfrac{3}{4}\right)$	26.75	2.75	3.50
25（1）	33.50	3.25	4.00
$32\left(1\dfrac{1}{4}\right)$	42.25	3.25	4.00
$40\left(1\dfrac{1}{2}\right)$	48.00	3.50	4.25
50（2）	60.00	3.50	4.50
$65\left(2\dfrac{1}{2}\right)$	75.50	3.75	4.50
80（3）	88.50	4.00	4.75
100（4）	114.00	4.00	5.00
125（5）	140.00	4.50	5.50
150（6）	165.00	4.50	5.50

（2）无缝钢管规格简表

冷拔无缝钢管

外径/mm	壁厚/mm		外径/mm	壁厚/mm		外径/mm	壁厚/mm	
	从	到		从	到		从	到
6	0.25	2.0	20	0.25	6.0	40	0.40	9.0
7	0.25	2.5	22	0.40	6.0	42	1.0	9.0
8	0.25	2.5	25	0.40	7.0	44.5	1.0	9.0
9	0.25	2.8	27	0.40	7.0	45	1.0	10.0
10	0.25	3.5	28	0.40	7.0	48	1.0	10.0
11	0.25	3.5	29	0.40	7.5	50	1.0	12
12	0.25	4.0	30	0.40	8.0	51	1.0	12
14	0.25	4.0	32	0.40	8.0	53	1.0	12
16	0.25	5.0	34	0.40	8.0	54	1.0	12
18	0.25	5.0	36	0.40	8.0	56	1.0	12
19	0.25	6.0	38	0.40	9.0			

　　壁厚有 0.25 mm,0.30 mm,0.40 mm,0.50 mm,0.60 mm,0.80 mm,1.0 mm,1.2 mm,1.4 mm,1.5 mm,
1.6 mm,1.8 mm,2.0 mm,2.2 mm,2.5 mm,2.8 mm,3.0 mm,3.2 mm,3.5 mm,4.0 mm,4.5 mm,5.0 mm,
5.5 mm,6.0 mm,6.5 mm,7.0 mm,7.5 mm,8.0 mm,8.5 mm,9.0 mm,9.5 mm,10 mm,11 mm,12 mm。

热轧无缝钢管

外径/mm	壁厚/mm		外径/mm	壁厚/mm		外径/mm	壁厚/mm	
	从	到		从	到		从	到
32	2.5	8.0	63.5	3.0	14	102	3.5	22
38	2.5	8.0	68	3.0	16	108	4.0	28
42	2.5	10	70	3.0	16	114	4.0	28
45	2.5	10	73	3.0	19	121	4.0	28
50	2.5	10	76	3.0	19	127	4.0	30
54	3.0	11	83	3.5	19	133	4.0	32
57	3.0	13	89	3.5	22	140	4.5	36
60	3.0	14	95	3.5	22	146	4.5	36

壁厚有 2.5 mm,3 mm,3.5 mm,4 mm,4.5 mm,5 mm,5.5 mm,6 mm,6.5 mm,7 mm,7.5 mm,8 mm,
8.5 mm,9 mm,9.5 mm,10 mm,11 mm,12 mm,13 mm,14 mm,15 mm,16 mm,17 mm,18 mm,19 mm,
20 mm,22 mm,25 mm,28 mm,30 mm,32 mm,36mm。

附录 11　物质的热导率

（1）某些固体材料的热导率

名称		密度 $\rho/(kg \cdot m^{-3})$	热导率 $\lambda/(W \cdot m^{-1} \cdot K^{-1})$	名称		密度 $\rho/(kg \cdot m^{-3})$	热导率 $\lambda/(W \cdot m^{-1} \cdot K^{-1})$
金属	钢	7 850	45.4	塑料	酚醛	1 250~1 300	0.128~0.256
	不锈钢	7 900	17.4		脲醛	1 400~1 500	0.302
	铸铁	7 220	62.8		聚氯乙烯	1 380~1 400	0.16
	铜	8 800	383.8		聚苯乙烯	1 050~1 070	0.08
	青铜	8 000	64.0		低压聚乙烯	940	0.29
	黄铜	8 600	85.5		高压聚乙烯	920	0.26
	铝	2 670	203.5		有机玻璃	1 180~1 190	0.14~0.20
	镍	9 000	58.2		玻璃	2 500	0.70~0.81
	铅	11 400	34.9				

（2）某些常用绝热材料的热导率

类别	名称	密度 $\rho/(kg \cdot m^{-3})$	热导率 $\lambda/(W \cdot m^{-1} \cdot K^{-1})$	适用温度 $t/℃$
玻璃棉制品	沥青玻璃棉毡	50~85	0.035~0.052	250
	酚醛玻璃棉毡	50~80	0.038~0.047	300
	酚醛玻璃棉板、管	60~150	0.035~0.058	250
	淀粉玻璃棉管	70~90	0.038~0.041	350
	超细玻璃棉毡	15~18	0.033~0.035	-150~+450

续表

类别	名称	密度 $\rho/(kg \cdot m^{-3})$	热导率 $\lambda/(W \cdot m^{-1} \cdot K^{-1})$	适用温度 $t/\text{℃}$
矿渣棉制品	矿渣棉(长纤维)	70~120	0.041~0.049	750
	矿渣棉(普通)	110~130	0.043~0.052	750
	沥青矿渣棉毡	100~120	0.041~0.052	250
	矿渣棉半硬质板、管	200~300	0.052~0.058	300
蛭石制品	膨胀蛭石	80~280	0.052~0.070	1 000~1 150
	水泥蛭石板、管	430~500	0.089~0.140	700~900
	沥青蛭石板、管	350~400	0.081~0.105	−20~+90
泡沫塑料	聚苯乙烯泡沫塑料	16~220	0.025~0.067	−160~+75
	聚氯乙烯泡沫塑料	33~220	0.043~0.047	−200~+80
	聚氨基甲酸酯泡沫塑料	20~45	0.030~0.042	−40~+140
	脲甲醛泡沫塑料	13~20	0.014~0.030	−190~+500
软木制品	软木砖	150~260	0.052~0.093	−50~+120
	软木管	150~300	0.045~0.081	−50~+120
多孔混凝土	水泥泡沫混凝土 400#或450#(硅酸盐水泥)	400~450	400#水泥 0.091 450#水泥 0.10	250
	粉煤灰泡沫混凝土	300~700	0.05	500
石棉制品	石棉绒	35~230	0.055~0.077	<700
	硅藻土石棉灰	280~380	109 ℃时 0.085 314 ℃时 0.114	900
	碳酸镁石棉灰	240~490	0.077~0.086	450~600
	石棉碳酸镁板、管	360~450	0.080~0.105(50 ℃)	300~450
	石棉绳	590~730	0.070~0.209	500
硅藻土制品	硅藻土绝热砖	500~650	67 ℃时 0.096 160 ℃时 0.109 334 ℃时 0.114	<900~1 000
	硅藻土绝热板、管	450~550	130 ℃时 0.077 262 ℃时 0.093	<900~1 000

附录 12 一些气体溶于水时的亨利系数

气体	$t/\text{℃}$								
	0	10	20	30	40	50	60	80	100
	$E/10^9$ Pa								
H_2	6.04	6.44	6.92	7.39	7.61	7.75	7.73	7.65	7.55
N_2	5.36	6.77	8.15	9.36	10.54	11.45	12.16	12.77	12.77

气体	t/℃								
	0	10	20	30	40	50	60	80	100
	$E/10^9$ Pa								
空气	4.38	5.56	6.73	7.81	8.82	9.59	10.23	10.84	10.84
CO	3.57	4.48	5.43	6.28	7.05	7.71	8.32	9.56	8.57
O_2	2.58	3.31	4.06	4.81	5.42	5.96	6.37	6.69	7.10
CH_4	2.27	3.01	3.81	4.55	5.27	5.85	6.34	6.91	7.10
NO	1.71	1.96	2.68	3.14	3.57	3.95	4.24	4.54	4.60
C_2H_6	1.28	1.57	2.67	3.47	4.29	5.07	5.73	6.70	7.01
C_2H_4	0.56	0.78	1.03	1.29	—	—	—	—	—
	$E/10^7$ Pa								
N_2O	—	14.29	20.06	26.24	—	—	—	—	—
C_2H_2	7.30	9.73	12.26	14.79	—	—	—	—	—
CO_2	7.38	10.54	14.39	18.85	23.61	28.68	—	—	—
Cl_2	2.72	3.99	5.37	6.69	8.01	9.02	9.37	—	—
H_2S	2.72	3.72	4.89	6.17	7.55	8.96	10.44	13.68	15.00
Br_2	0.22	0.37	0.60	0.92	1.35	1.94	2.54	4.09	—
SO_2	0.17	0.25	0.36	0.49	0.56	0.87	1.12	1.70	—
	$E/10^3$ Pa								
HCl	2.46	2.62	2.79	2.94	3.03	3.06	2.99	—	—
NH_3	2.08	2.40	2.77	3.21	—	—	—	—	—

附录 13　物质的扩散系数

（1）一些物质在 H_2、CO_2、空气中的扩散系数（0 ℃，101.325 kPa）$D/(cm^2 \cdot s^{-1})$

物质名称	H_2	CO_2	空气	物质名称	H_2	CO_2	空气
H_2		0.550	0.611	NH_3			0.198
O_2	0.697	0.139	0.178	Br_2	0.563	0.036 3	0.086
N_2	0.674		0.202	I_2			0.097
CO	0.651	0.137	0.202	HCN			0.133
CO_2	0.550		0.138	H_2S			0.151
SO_2	0.479		0.103	CH_4	0.625	0.153	0.223
CS_2	0.368 9	0.063	0.089 2	C_2H_4	0.505	0.096	0.152
H_2O	0.751 6	0.138 7	0.220	C_6H_6	0.294	0.052 7	0.075 1
空气	0.611	0.138		甲醇	0.500 1	0.088 0	0.132 5
HCl			0.156	乙醇	0.378	0.068 5	0.101 6
SO_3			0.102	乙醚	0.296	0.055 2	0.077 5
Cl_2			0.108				

（2）一些物质在水溶液中的扩散系数

溶质	浓度 $c/(\text{mol·L}^{-1})$	温度 $t/℃$	扩散系数 $D/(10^{-5}\ \text{cm}^2·\text{s}^{-1})$	溶质	浓度 $t/(\text{mol·L}^{-1})$	温度 $t/℃$	扩散系数 $D/(10^{-5}\ \text{cm}^2·\text{s}^{-1})$
HCl	9	0	2.7	HCl	0.5	10	2.1
	7	0	2.4		2.5	15	2.9
	4	0	2.1		3.2	19	4.5
	3	0	2.0		1.0	19	3.0
	2	0	1.8		0.3	19	2.7
	0.4	0	1.6		0.1	19	2.5
	0.6	5	2.4		0	20	2.8
	1.3	5	1.9	CO_2	0	10	1.46
	0.4	5	1.8		0	15	1.60
	9	10	3.3		0	18	1.71±0.03
	6.5	10	3.0		0	20	1.77
	2.5	10	2.5	NH_3	0.686	4	1.22
	0.8	10	2.2		3.5	5	1.24
NH_3	0.7	5	1.24	H_2S	0	20	1.63
	1.0	8	1.36	CH_4	0	20	2.06
	饱和	8	1.08	N_2	0	20	1.90
	饱和	10	1.14	O_2	0	20	2.08
	1.0	15	1.77	SO_2	0	20	1.47
	饱和	15	1.26	Cl_2	0.138	10	0.91
		20	2.04		0.128	13	0.98
C_2H_2	0	20	1.80		0.11	18.3	1.21
Br_2	0	20	1.29		0.104	20	1.22
CO	0	20	1.90		0.099	22.4	1.32
C_2H_4	0	20	1.59		0.092	25	1.42
H_2	0	20	5.94		0.083	30	1.62
HCN	0	20	1.66		0.07	35	1.8

常用化工术语汉英对照及索引

绝热温升　adiabatic temperature rise　6.5.1

绝热温降　adiabatic temperature drop
6.5.1

矩鞍填料　Intalox saddle　5.1.3

轴向扩散系数　axial dispersion coefficient
6.4.4

脉冲输入法　impulse input　6.4.3

逆流　counter-current　4.4.3

相平衡　phase equilibrium　5.2.2

相对挥发度　relative volatility　5.3.2

相界面　inter-phase　5.2.2

施密特数　Schmit number　5.2.3

总传热方程　overall heat transfer equation
4.4.1

总吸收速率　overall heat transfer coefficient
4.4.2

总投资　total investment　7.4.2

活塞流反应器(PFR)　plug flow reactor
6.2.2

相似放大法　the method of scale-up by simula-
tion　7.2.2

盈利　profit　7.4.2

十画

换热式反应器　heat exchange reactor
6.5.2

起燃(着火)温度　initiate(ignition)
temperature　2.3.2

速率控制步骤　rate limiting step　6.5.1

氨生产全流程　ammonia production overall
flow sheet　2.3.5

部分气化　partial vaporization　5.3.3

部分冷凝　partial condensation　5.3.3

部分解析法　the method of scale-up by partly
analysis　7.2.4

翅片管　finned tube　4.1.3

浮阀塔板　floating-valve plate　5.1.3

格拉晓夫数　Grashof number　4.3.2

离心泵　centrifugal pump　3.4.1

离心泵特性曲线　characteristic curves of cen-
trifugal pump　3.4.1

流化床催化反应器　fluidized bed catalytic re-
actor　6.5.3

流动模型　flow model　6.1.4

流体的流动　flow of fluid　3.2,3.3

流体的输送　transportation of fluid　3.4

流态化　fluidization　6.5.3

流速　velocity of flow　3.1.4

流程　flow scheme,flow-sheet　4.1.3

真空度　vacuum gauge pressure　3.1.3

载热体　heating medium　4.4.4

资源　resource　8.3.1

能源　energy resource　8.3.1

能量守恒　conservation of energy　3.2.3

能量衡算　energy balance　3.2.3

能量综合利用　comprehensive utilization of
energy　2.3.6

诺森扩散　Knudsen diffusion　6.5.1

热流量　heat flow rate　4.4.4

热传导公式　equation of thermal conduction
4.2.5

热损失　heat loss　4.4.4

热强度　intensity of heat　4.4.4

热量衡算　heat balance　1.3.3,4.4.4

热量传递　heat transfer　4.1

容积扩散　bulk diffusion　6.5.1

容积效率　volumetric effectiveness　6.3.1

套管式换热器　double pipe heat exchanger
4.1.3

特性曲线　characteristic curves　3.4.1

涡流扩散　eddy diffusion　5.3.2

效率　efficiency　3.2.4,5.3.5

圆筒壁热传导　thermal conduction of circular
wall　2.3.4

逐级放大法　the method of scale-up by step by
step　7.2.1

郑重声明

高等教育出版社依法对本书享有专有出版权。任何未经许可的复制、销售行为均违反《中华人民共和国著作权法》,其行为人将承担相应的民事责任和行政责任;构成犯罪的,将被依法追究刑事责任。为了维护市场秩序,保护读者的合法权益,避免读者误用盗版书造成不良后果,我社将配合行政执法部门和司法机关对违法犯罪的单位和个人进行严厉打击。社会各界人士如发现上述侵权行为,希望及时举报,我社将奖励举报有功人员。

反盗版举报电话　(010) 58581999　58582371

反盗版举报邮箱　dd@hep.com.cn

通信地址　北京市西城区德外大街 4 号　高等教育出版社法律事务部

邮政编码　100120

读者意见反馈

为收集对教材的意见建议,进一步完善教材编写并做好服务工作,读者可将对本教材的意见建议通过如下渠道反馈至我社。

咨询电话　400-810-0598

反馈邮箱　hepsci@pub.hep.cn

通信地址　北京市朝阳区惠新东街 4 号富盛大厦 1 座

　　　　　高等教育出版社理科事业部

邮政编码　100029